普通高等教育"十三五"应用型高职高专规划教材

U0719615

药物制剂技术

主　审　涂　冰（常德职业技术学院）

主　编　刘　汉（常德职业技术学院）
　　　　蒋　诚（常德职业技术学院）
　　　　曹建平（湖南环境生物职业技术学院）

副主编　陈　丹（湘潭医卫职业技术学院）
　　　　张旆珈（常德职业技术学院）
　　　　周振华（永州职业技术学院）

编　者　（以姓氏笔划为序）
　　　　王　威（常德职业技术学院）
　　　　王宪庆（常德职业技术学院）
　　　　王振涛（常德职业技术学院）
　　　　龙　伟（常德职业技术学院）
　　　　朱邻遐（常德职业技术学院）
　　　　呙爱秀（湖南环境生物职业技术学院）
　　　　罗芳贞（湖南环境生物职业技术学院）
　　　　徐雅岚（常德职业技术学院）
　　　　唐文力（常德职业技术学院）

西安交通大学出版社
XI'AN JIAOTONG UNIVERSITY PRESS

图书在版编目(CIP)数据

药物制剂技术 / 刘汉,蒋诚,曹建平主编.—西安:西安
交通大学出版社,2019.8
ISBN 978-7-5693-1210-2

Ⅰ.①药… Ⅱ.①刘… ②蒋… ③曹… Ⅲ.①药物-
制剂-技术 Ⅳ.①TQ460.6

中国版本图书馆 CIP 数据核字(2019)第 124640 号

书　名	药物制剂技术
主　编	刘　汉　蒋　诚　曹建平
责任编辑	杨　花　赵丹青
出版发行	西安交通大学出版社
	(西安市兴庆南路 1 号　邮政编码 710048)
网　址	http://www.xjtupress.com
电　话	(029)82668357　82667874(发行中心)
	(029)82668315(总编办)
传　真	(029)82668280
印　刷	陕西省富平县万象印务有限公司

开　本	787mm×1092mm　1/16	印张 27.625	字数 677 千字
版次印次	2019 年 8 月第 1 版　2019 年 8 月第 1 次印刷		
书　号	ISBN 978-7-5693-1210-2		
定　价	78.00 元		

读者购书、书店添货,或发现印装质量问题,请与本社发行中心联系、调换。
订购热线:(029)82665248　(029)82665249
投稿热线:(029)82668803　(029)82668804
读者信箱:med_xjup@163.com

前 言

随着 2015 年版《中华人民共和国药典》和《药品生产质量管理规范》的实施，药物制剂生产水平不断提高，制药行业对药物制剂技术人才的技能和素质提出了更高要求。为了适应我国职业教育教学改革与发展的需要，本教材的编写按照药品生产实际岗位要求，以职业能力培养为核心，以生产流程为主线，以工作任务为载体，旨在使学生掌握药物制剂技术，培养学生良好的职业素养，以便日后能胜任药品生产岗位工作。本教材既可用于高职高专药品类专业教学，又可用作国家执业药师考试的参考资料。本教材的特点如下所述。

一是突出实践性，根据药企药物制剂生产操作实际，确定知识和技能目标，精炼理论知识，突出技能培养，实行模块教学。全书共分为八大模块，即药物制剂基本技能、固体制剂技术、液体制剂技术、无菌制剂技术、其他制剂技术、浸出制剂技术、制剂新技术和药物制剂评价技术。

二是突出实用性，实施理实一体化教学模式，采用 43 个项目，68 个工作任务，实行教学做合一，使学生"做中学，学中做"。

三是突出可操作性，教材中每个任务、每项操作都有评价标准，利于师生在操作中及时检测和反馈，掌握药物制剂生产的核心工序及操作要点。

本教材在编写过程中得到了参编老师所在院校领导的大力支持，在此表示衷心感谢。书中不足之处，敬请读者批评指正。

编 者
2019 年春

目 录

模块一　药物制剂基本技能

药物制剂技术是以药剂学、工程学等相关理论和技术为基础,在《药品生产质量管理规范》(GMP)等法规的指导下,研究药物制剂的处方设计、制备与生产工艺和质量控制等的一门综合性技术学科。它是以药物剂型和药物制剂为研究对象,以用药者获得理想的药品为研究目的,研究内容为将原料药物与辅料制成制剂成品。其任务是将药物制成适合于临床应用的剂型,并能批量生产安全、有效、稳定、使用方便的药物制剂。

药物制剂的生产离不开制剂的基本理论,主要包括制剂的处方、工艺设计、质量控制、合理应用等方面的基本理论。如药物制剂的稳定性,微粒分散理论在液体制剂中的应用,表面活性剂在制剂中的重要作用,固体物料的粉体性质,乳剂、混悬剂、软膏剂的流变性,生物药剂学和药物动力学对制剂的质量评价等,对开发新剂型、新技术、新产品及提高产品的质量有着重要的指导意义。

新技术、新辅料、新设备可促进制剂生产的发展,生产出更适合临床需要的剂型。如微囊化技术、固体分散技术、包合技术、脂质体技术、球晶制粒技术、包衣新技术、纳米技术等,为新剂型的开发和制剂质量的提高奠定了技术基础;聚乳酸、聚乳酸-聚乙醇酸共聚物等体内可降解辅料,促进了长时间缓释微球注射剂的发展;微晶纤维素、可压性淀粉等辅料使粉末直接压片技术实现了工业化;制剂生产设备向封闭、高效、多功能、连续化和自动化的方向发展,减少了药品与人接触的机会,尽量避免操作人员对生产过程的污染,使药品的质量和产量大大提高。

制剂的生产有着严格的规定和要求,有硬件要求,也有软件要求;有主药成分、辅料的相关要求,也有包装材料的要求。所有的操作需按照标准化程序进行,制备出安全、有效、稳定、使用方便的药物制剂。

项目一　药物剂型与制剂生产应用技术

一、药物制剂的基本要求

药物制剂的基本要求包括以下几个方面。

1.安全性

安全性是药品的首要要求。药物制剂在设计、生产和应用中的不当会引发许多药害事件,造成很大的危害。一般来讲,吸收迅速的药物在体内的药理作用强,同时毒副作用也大,对机体具有较强的刺激性,可通过调整制剂处方和设计合适的剂型降低刺激性。药物制剂的设计、生产和使用应能提高药物治疗的安全性。

2.有效性

有效性是药品发挥作用的前提,尽管原料药物被认为是药品中发挥疗效的最主要因素,但其作用往往受到剂型因素的限制。药物制成制剂应增强药物治疗的有效性,至少不能减弱药物的疗效。增强药物的治疗作用可从药物本身特点或治疗目的出发,采用制剂的手段克服其弱点,充分发挥其作用。

3.可控性和均一性

药品的质量是决定其有效性与安全性的重要保证,因此制剂设计必须做到质量可控,这是审批药物制剂的基本要求之一。按已建立的工艺技术制备的合格制剂,应完全符合质量标准的要求。均一性指质量的稳定性,即不同批次生产的制剂均应达到质量标准的要求,不应有大的变异。

4.稳定性

稳定性也是有效性和安全性的保证。药物的不稳定可能导致药物含量降低,产生有毒副作用的物质。如液体制剂产生沉淀、分层,固体制剂发生形变、破裂等现象,有时还会发生霉变、染菌等问题。

5.顺应性

顺应性指患者或医护人员对所用药物的接受程度,包括制剂的使用方法、外观、大小、形状、色泽、气味等多个方面。难以为患者所接受的给药方式或剂型则不利于治疗。

二、常用术语

(一)药物与药品

1.药物

用于治疗、预防、诊断疾病及有目的地调节人的生理功能的物质总称为药物,简称为药,包括原料药和药品。药物一般可分为天然药物、人工合成药物及生物技术药物三大类。

所有药物对患者既有益又有害,因此其安全性是相对的。有效剂量和产生严重不良反应的剂量之间范围越宽,药物的安全性就越大。

2.药品

用于预防、治疗、诊断疾病及有目的地调节人的生理功能,并规定有适应证或者功能主治、用法和用量的物质称为药品,包括中药材、中药饮片、中成药、化学原料药及其制剂、抗生素、生化药品、放射性药品、血清制品、疫苗、血液制品和诊断药品等。

药品是一种特殊的商品,具有以下特点。

(1)种类复杂:药品按照功能与用途可分为抗生素类、心脑血管类、消化系统类、呼吸系统类等19种类型,每类用药又可进一步分类,如抗生素可分为氨基糖苷类、β-内酰胺类、大环内酯类、酰胺醇类等11种类型。由此可见,药品的种类复杂、品种繁多。

(2)专属性强:药品是一种特殊商品,与医学紧密结合,与生命和健康息息相关。患者应在医生的指导下用药,才能达到治疗疾病、保护健康的目的。

(3)质量严格:药品直接关系到人的身体健康甚至生命,其质量不能有半点马虎,必须确保其安全、有效、均一、稳定,只有符合规定的产品,才允许销售。

（二）药物制剂与药物剂型

1.药物制剂

根据《中华人民共和国药典》(以下简称《中国药典》)、国家相关标准或其他规定处方,将原料药物加工制成具有一定规格的药物制品,称为药物制剂,简称制剂。如阿司匹林片、胰岛素注射剂、红霉素眼膏剂等。

药物制剂解决药物临床应用和产生治疗作用的问题。例如,胰岛素是一种蛋白质,口服会被胃酸和酶分解,从而失去效用,但若将胰岛素制成注射剂,直接注射,可避免口服造成的分解,从而发挥降糖作用。

2.药物剂型

将原料药加工制成适合于医疗或预防应用的形式,称为药物剂型,简称剂型,如汤剂、散剂、丸剂、片剂、胶囊剂、注射剂等。

为了达到临床最佳治疗效果,根据治疗作用不同,同一种药物可加工成不同的剂型供临床使用。例如,左氧氟沙星有注射剂、滴眼剂、片剂、胶囊剂、软膏剂等。

（三）制剂学与调剂学

1.制剂学

制剂学是研究药物制成适宜形式(剂型),以满足医疗用途需要的一门综合性应用技术学科。

2.调剂学

调剂指依据医师的处方笺,将药品调制成患者易于服用、能发挥预期疗效的剂型,以供特定的患者在一定时间内服用的操作技术。将研究此种技术的学问称为调剂学。中药调剂技术指调剂人员根据医师处方,按照中药配方程序和原则,及时、准确地配制和发售药剂的一项操作技术。

三、药物剂型的重要性、分类及特点

（一）药物剂型及其重要性

药物剂型是适合于疾病的诊断、治疗或预防的需要而制备的不同给药形式,简称剂型。常用的剂型有40多种,如散剂、颗粒剂、片剂、胶囊剂、注射剂、溶液剂、乳剂、混悬剂、软膏剂、栓剂、气雾剂等。根据药物的使用目的和药物的性质不同,可制备不同的剂型;不同剂型的给药方式不同,使药物在体内的行为也不同。

剂型是药物的传递体,其作用是将药物输送到体内发挥疗效。一般来说,一种药物可以制备多种剂型,药理作用相同,但给药途径不同。纵观人体,可以找到十余种给药途径,如口腔、舌下、颊部、胃肠道、直肠、子宫、阴道、尿道、耳道、鼻腔、咽喉、支气管、肺部、皮内、皮下、肌内、静脉、动脉、皮肤、眼等,可能产生不同的疗效,应根据药物的性质、不同的治疗目的选择合理的剂型与给药方式。药物剂型的选择与给药途径密切相关。

药物剂型的重要性主要体现在以下几个方面。

1.不同剂型改变药物的作用性质

多数药物改变剂型后作用的性质不变,但有些药物能改变作用性质,如硫酸镁口服剂型用作泻下药,但5%注射液静脉滴注能抑制大脑中枢神经,有镇静、镇痉作用;又如依沙吖啶,1%注射液用于中期引产,但0.1%~0.2%溶液局部涂抹有杀菌作用。

2.不同剂型改变药物的作用速度

例如注射剂、吸入气雾剂等,起效快,常用于急救;丸剂、缓控释制剂、植入剂等作用缓慢,属长效制剂。

3.不同剂型改变药物的毒副作用

氨茶碱治疗哮喘效果很好,但有引起心跳加快的副作用,若制成栓剂,则可消除这种副作用;缓、控释制剂能保持血药浓度平稳,避免血药浓度的峰谷现象,从而降低药物的副作用。

4.有些剂型可产生靶向作用

含微粒结构的静脉注射剂如脂质体、微球、微囊等进入血液循环系统后,被网状内皮系统的巨噬细胞所吞噬,从而使药物浓集于肝、脾等器官,起到肝、脾的被动靶向作用。

5.有些剂型影响疗效

固体剂型如片剂、颗粒剂、丸剂的制备工艺不同,会对药效产生显著的影响,特别是药物的晶型、粒子的大小发生变化时直接影响药物的释放,从而影响药物的治疗效果。

(二)剂型的分类及其特点

1.按给药途径分类

(1)经胃肠道给药剂型:药物制剂经口服用后进入胃肠道,在胃肠道起局部作用,或经肠道吸收而发挥全身作用。如常用的散剂、片剂、颗粒剂、胶囊剂、溶液剂、乳剂、混悬剂等。易在胃肠道中被酸或酶破坏的药物一般不能采用简单的口服剂型。经口腔黏膜吸收的剂型不属于胃肠道给药剂型。

(2)非经胃肠道给药剂型:除口服给药途径以外的所有其他剂型,这些剂型可在给药部位局部发挥作用,或被吸收后发挥全身作用。

1)注射给药剂型:如注射剂,包括静脉注射、肌内注射、皮下注射、皮内注射及腔内注射等多种注射途径。

2)呼吸道给药剂型:如喷雾剂、气雾剂、粉雾剂等。

3)皮肤给药剂型:如外用溶液剂、洗剂、搽剂、软膏剂、硬膏剂、糊剂、贴剂等。

4)黏膜给药剂型:如滴眼剂、滴鼻剂、眼用软膏剂、含漱剂、舌下片剂、粘贴片及贴膜剂等。

5)腔道给药剂型:如栓剂、泡腾片、滴耳剂、滴鼻剂及滴丸剂等,用于直肠、阴道、尿道、鼻腔、耳道等。

这种分类方法将给药途径相同的剂型作为一类,与临床使用紧密结合,反映给药途径和应用方法对剂型制备的特殊要求。其缺点是一种制剂由于给药途径或给药方式不同,可在多种剂型中出现,同时也不能反映制剂内在结构的特性和工艺学上的要求。

2.按分散系统分类

(1)溶液型:药物以分子或离子状态(质点直径<1 nm)分散在分散介质中所形成的均匀分散体系,也称为低分子溶液,如芳香水剂、溶液剂、糖浆剂、甘油剂、酊剂、注射剂等。

(2)胶体溶液型:主要以高分子(质点直径在1~100 nm)分散在分散介质中所形成的均匀分散体系,也称高分子溶液,如胶浆剂、火棉胶剂、涂膜剂等。

(3)乳剂型:油性药物或药物油溶液以液滴状态分散在分散介质中所形成的非均匀分散体系,如口服乳剂、静脉注射乳剂、部分搽剂等。

(4)混悬型:固体药物以微粒状态分散在分散介质中所形成的非均匀分散体系,如合剂、洗剂、混悬剂等。

(5)气体分散型:液体或固体药物以微粒状态分散在气体分散介质中所形成的分散体系,如气雾剂。

(6)微粒分散型:药物以不同大小微粒呈液体或固体状态分散,如微球制剂、微囊制剂、纳米囊制剂等。

(7)固体分散型:固体药物以聚集体状态存在的分散体系,如片剂、散剂、颗粒剂、胶囊剂、丸剂等。

这种分类方法以剂型内在的结构特性来进行分类,基本上可反映出药剂的均匀性、稳定性及对制法的要求等,便于应用物理、化学的原理来阐明各类制剂特征,但不能反映用药部位与用药方法对剂型的要求,甚至一种剂型可以分到几个分散体系中。

3.按制法分类

(1)浸出制剂:用浸出方法制成的剂型,如流浸膏剂、酊剂等。

(2)无菌制剂:用灭菌方法或无菌技术制成的剂型,如注射剂、滴眼剂等。

这种分类方法是将同样方法制备的剂型列为一类,强调制备工艺的一致性,对实际应用指导意义较小,且不能包含全部剂型,现已少用。

4.按形态分类

(1)液体剂型:如芳香水剂、溶液剂、注射剂、合剂、洗剂、酒剂等。

(2)气体剂型:如气雾剂、喷雾剂等。

(3)固体剂型:如散剂、丸剂、片剂、栓剂、膜剂等。

(4)半固体剂型:如软膏剂、糊剂等。

这类剂型按物质形态分类,其制备特点和医疗用途有类似之处,在制备、储存和运输上有一定指导意义。

四、药物传递系统

药物制剂的宗旨是制备安全、有效、稳定、使用方便的药品。剂型的发展初期只是为了适应给药途径而设计的形态,而新剂型与新技术的发展使制剂具有功能或制剂技术的含义,如缓释制剂、控释制剂、靶向制剂、透皮吸收制剂、固体分散技术制剂、包合技术制剂、脂质体技术制剂、生物技术制剂、微囊化技术制剂等。在20世纪70年代初,出现了药物传递系统的概念,新型药用辅料的出现为其发展提供了坚实的物质基础。缓释制剂、控释制剂、透皮药物的传递系统、黏膜给药系统、脉冲给药系统、择时给药系统以及以脂质体、微囊、微球、微乳、纳米囊、纳米球等作为药物载体的靶向制剂,不仅有效地提高了药物的治疗效果,而且可以减少药物本身的毒副作用,提高患者的顺应性。

药物制剂技术的发展能使制剂的制备过程更加顺利和方便,但理想制剂最好是将药物作用在需要的部位,按需要的时间、给予需要的药量起效(定位、定时、定量),这不仅使得药物高效、速效、长效,最大限度地发挥药效,而且最大限度地减少了药物的毒副作用。

现代药物制剂的发展分为四个时代,基本反映了制剂发展的阶段和层次。

第一代:传统的片剂、胶囊剂、注射剂等,约在1960年前建立。

第二代:缓释制剂、肠溶制剂等,以控制释放速度为目的的第一代药物递送系统(DDS)。

第三代:控释制剂及利用单克隆抗体、脂质体、微球等药物载体制备的靶向给药制剂,为第二代DDS。

第四代:由体内反馈情报靶向于细胞水平的给药系统,为第三代 DDS。

五、药品生产质量管理

药品生产是将药物原料加工制备成能供医疗应用的剂型的过程。一般制剂的生产过程见图 1-1。

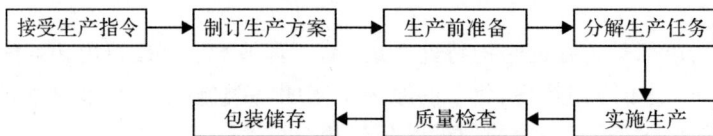

接受生产指令 → 制订生产方案 → 生产前准备 → 分解生产任务

包装储存 ← 质量检查 ← 实施生产 ←

图 1-1 制剂生产流程图

药品生产是一项系统工程,涉及物料、设备、环境、人等多个方面,药品生产应建立药品质量管理体系,确保药品质量符合预定用途。药品生产岗位必须对所生产的药品质量负责,从质量保证角度对生产的各个方面全面监控并贯彻始终,防止事故的发生,防止污染、交叉污染、差错与混淆的发生,尽一切可能将药品缺陷及差错消灭在制造完成之前,从而确保合格药品的长期稳定生产。

任务一　进入洁净区前洗手消毒操作

【知识目标】

(1)了解洁净区洗手消毒的重要性。
(2)掌握洗手消毒的正确方法。

【技能目标】

能按规范进行洗手消毒,并在规定时间内完成任务。

【基本知识】

人既是药品生产的操作者,也是药品受污染的污染源之一。人体的外表皮肤、毛发及穿戴的鞋、帽、衣服上都带有微生物,尤以手上更多,所以进入洁净区前要洗手和更衣。

七步洗手法是常用洗手方法,能清洁自己的双手,清除手部污物和细菌,保证药物免受外源性污染,见图 1-2。

第一步:洗手掌。用流水湿润双手,涂抹洗手液(或肥皂),掌心相对,手指并拢相互揉搓。

第二步:洗背侧指缝。手心对手背沿指缝相互揉搓,双手交换进行。

第三步:洗掌侧指缝。掌心相对,双手交叉沿指缝相互揉搓。

第四步:洗拇指。一手握另一手大拇指旋转揉搓,双手交换进行。

第五步:洗指背。弯曲各手指关节,半握拳把指背放在另一手掌心旋转揉搓,双手交换进行。

第六步:洗指尖。弯曲各手指关节,把指尖合拢在另一手掌心旋转揉搓,双手交换进行。

第七步:洗手腕、手臂。揉搓手腕、手臂,双手交换进行。

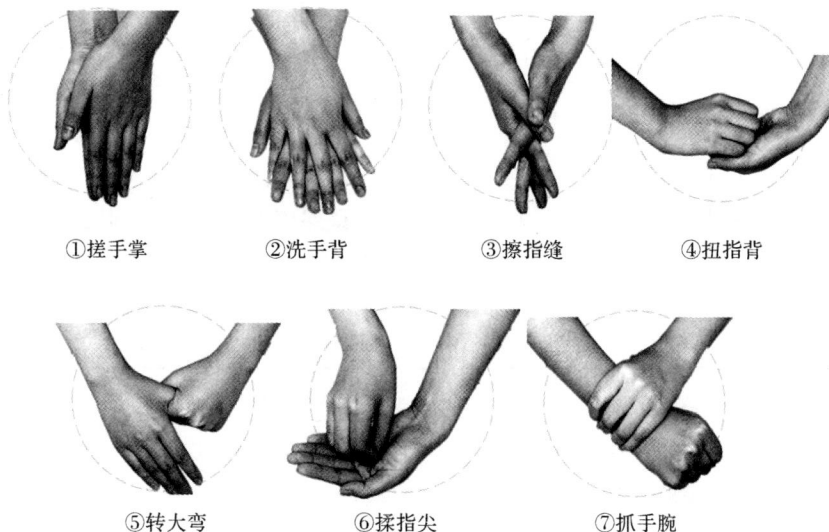

①搓手掌　　②洗手背　　③擦指缝　　④扭指背

⑤转大弯　　⑥揉指尖　　⑦抓手腕

图 1-2 七步洗手法示意图

【技能操作】

一、任务描述

按照 GMP 要求,进入洁净区前及进入更衣室前正确洗手消毒。

二、操作步骤

要求在 30 分钟内完成下列任务。

1. 课前准备

查到,检查工作服穿戴规范,清点相关设备,熟知任务报告单。

2. 洗手

(1)走到洗手池旁。

(2)用手肘弯推开水开关,双手掌伸入水池上方和开关下方的位置,让水冲洗双手掌至腕上 5 cm。双手触摸清洁剂,相互摩擦,使手心、手背及手腕上 5 cm 的皮肤均匀充满泡沫,摩擦约 10 秒。

(3)双手伸入水池,让水冲洗双手,同时双手上下翻动、相互摩擦,使清水冲至所有带泡沫的皮肤上,直至双手掌摩擦不感到滑腻为止。

(4)翻动双手掌,用眼检查双手是否已清洗干净。

(5)用肘弯推关水开关。

(6)走到电热烘手机前,伸手掌至烘手机下 8~10 cm 处,电热烘手机自动开启,上下翻动双手掌,直到双手掌烘干为止。

3. 消毒

(1)走到自动酒精喷雾器前,伸双手掌至喷雾器下 10 cm 左右处。

(2)喷雾器自动开启,翻动双手掌,使酒精均匀喷在双手掌上各处。

(3)缩回双手,酒精喷雾器停止工作。

三、操作注意事项

(1)注意洗手习惯,不能用衣服擦手,也不能把水甩到洗手池外。

(2)每步洗手步骤需重复2次以上,全过程要认真揉搓双手15秒以上。

四、实施条件

进入洁净区前洗手消毒实施条件

项目	基本实施条件
场地	$30 \ m^2$ 以上的洁净服更衣间
设备、工具	烘手机1台、酒精喷雾器1台
物料	洗手液、医用酒精

五、评价标准

进入洁净区前洗手消毒评价标准

评价内容	分值	考核点及评分细则
职业素养与操作规范 20分	5	工作服穿着规范,双手洁净,不染指甲,不留长指甲,不披发得5分
	5	爱护仪器,不浪费药品、试剂,及时记录实验数据得5分
	5	实验完毕后将仪器、药品、试剂等清理复位得5分
	5	清场得5分
技能 80分	15	进入缓冲室:坐在鞋柜上,面朝外门得5分
		从鞋柜内侧取鞋套,弯腰套上鞋套得5分
		坐着转身180°得5分
	25	用肘弯推开门进入更衣室得2分
		走到洗手池旁,推开开关,让水冲洗双手掌至腕上5 cm得3分
		双手触摸清洁剂后,相互摩擦,使手心、手背及手腕上5 cm的皮肤均匀充满泡沫得5分
		手心、手背及手腕上充分摩擦10秒左右得5分
		水冲洗双手,同时双手上下翻动、相互摩擦,直至双手掌摩擦不感到滑腻为止得5分
		用肘弯推关水开关得5分

评价内容	分值	考核点及评分细则
技能 80分	15	走到自动烘手机前,伸手掌至烘手机下 8～10 cm 处得 5 分
		上下翻动双手掌,直到烘干为止得 10 分
	15	走到自动酒精喷雾器前,伸双手至喷雾器下 10 cm 左右处得 5 分
		喷雾器自动开启,翻动双手,使酒精均匀喷在双手掌上各处得 5 分
		缩回双手,酒精喷雾器停止工作,挥动双手,让酒精挥干得 5 分
	10	退出更衣室:坐在鞋柜上,转身 180°面朝外门,脱掉鞋套得 10 分

六、任务报告单

进入洁净区前洗手消毒任务报告单

任务名称		实训时间	
温度		湿度	
实训工具			
实训物料			
操作步骤			
结论			
操作者			

任务二 进入洁净区前更衣操作

【知识目标】

(1)了解洁净衣的种类及特点。
(2)掌握更衣的正确方法。

【技能目标】

能按规范进行更衣,并在规定时间内完成任务。

【基础知识】

药品生产车间要达到一定洁净等级。根据药品生产管理规范要求,任何进入药品生产区的人员均应按规定更衣。更衣就是将个人衣服更换成相应的洁净工作服的过程,不同的洁净区对工作服的要求和更衣的方式不同,它是保证药品不受污染的重要措施。

固体制剂生产车间更衣流程及更衣示意图(分体式)见图1-3、1-4。

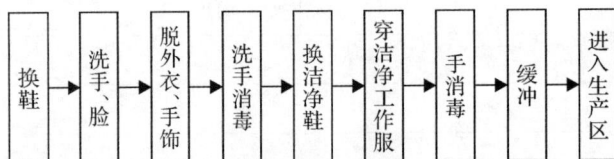

图1-3 固体制剂生产车间更衣流程

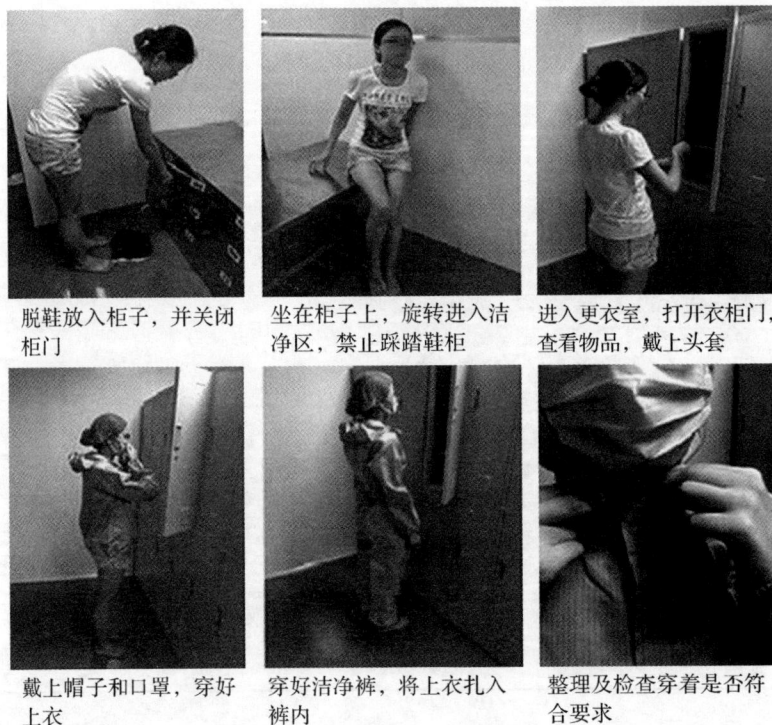

脱鞋放入柜子,并关闭柜门

坐在柜子上,旋转进入洁净区,禁止踩踏鞋柜

进入更衣室,打开衣柜门,查看物品,戴上头套

戴上帽子和口罩,穿好上衣

穿好洁净裤,将上衣扎入裤内

整理及检查穿着是否符合要求

图1-4 洁净室更衣示意图

【技能操作】

一、任务描述

按照 GMP 要求,进入洁净区前及进入更衣室正确穿戴洁净工作服(分体式)。

二、操作步骤

要求在 20 分钟内完成下列任务。

1.课前准备

查到,检查工作服穿戴规范,做好相关准备,熟知任务报告单。

2.更衣

(1)用肘弯推开房门,走到洁净工衣柜前,取出自己号码的洁净工作服袋。

(2)取出洁净工作上衣,穿上,拉上拉链。

(3)取出洁净工作帽,对着镜子戴帽,注意把头发全部塞入帽内。

(4)取出一次性口罩戴上,注意口罩要罩住口、鼻;在头顶位置上系口罩带。

(5)取出洁净工作裤,穿上,拉正,将上衣扎到工作裤内。

(6)对着镜子检查衣领是否已翻好、拉链是否已拉至喉部、帽和口罩是否已戴正。

3.消毒

(1)走到自动酒精喷雾器前,伸双手掌至喷雾器下 10 cm 左右处。

(2)喷雾器自动开启,翻动双手掌,使酒精均匀喷在双手掌上各处。

(3)缩回双手,酒精喷雾器停止工作。

三、操作注意事项

(1)上衣要扎在裤子里。

(2)头发全部塞入帽内。

(3)口罩要罩到鼻部。

四、实施条件

进入洁净区前更衣实施条件

项目	基本实施条件
场地	40 m^2 以上的洁净服更衣间
设备、工具	烘手机 1 台、酒精喷雾器 1 台
物料	一次性口罩、洁净工作服(分体式)

五、评价标准

进入洁净区前更衣评价标准

评价内容	分值	考核点及评分细则
职业素养与操作规范 20分	10	爱护工作服,不披发、化妆和佩戴首饰,双手干净得10分
	10	清场,退出洁净区,工作服摆放整齐得10分
技能 80分	15	进入缓冲室:坐在鞋柜上,面朝外门得5分
		从鞋柜内侧取鞋套,弯腰套上鞋套得5分
		坐着转身180°得5分
	15	用肘弯推开门进入更衣室得5分
		在更衣柜内取出自己号码的洁净工作服和一次性口罩得5分
		戴上一次性口罩,罩住口、鼻得5分
	15	取出洁净工作上衣,穿上得5分
		戴帽得5分
		注意把头发全部塞入帽内得5分
	10	取出洁净工作裤,穿上得5分
		将上衣下部全部扎入裤内得5分
	10	对着镜子检查衣领是否已翻好,拉链是否已拉到喉部得5分
		帽和口罩是否已戴正得5分
	5	手消毒正确得5分
	10	退出更衣室:坐在鞋柜上,转身180°面朝外门,脱掉鞋套得10分

六、任务报告单

进入洁净区前更衣任务报告单

任务名称		实训时间	
温度		湿度	
实训工具			
实训物料			
操作步骤			
结论			
操作者			

项目二　药品标准和法律法规

药品标准是国家对药品的质量、规格和检验方法所做的技术规定。药品标准是保证药品质量,进行药品生产、经营、使用、管理及监督检验的法定依据。法定的药品质量标准属于强制性标准,具有法律效力。生产、销售、使用不符合药品质量标准的药品是违法行为。

我国的国家药品标准是国家食品药品监督管理部门颁布的《中华人民共和国药典》(2015年版)、药品注册标准和其他药品标准,其内容包括质量指标、检验方法及生产工艺等技术要求。

我国的国家药品注册标准是国家食品药品监督管理部门批准给申请人特定药品的标准,生产该药品的药品生产企业必须严格执行该注册标准,也属国家药品标准范畴。

目前所有药品执行的标准均为国家药品标准,主要包括药典标准、国家卫生管理部门颁布的药品标准、国家食品药品监督管理部门颁布或批准的药品标准。

一、现行药品标准

我国现行的药品标准有《中华人民共和国药典》(2015年版)、国家药品标准(局标准或部颁标准)及省级的《中药饮片炮制规范》,前两者均由国家药典委员会制定和修订、国家食品药品监督管理部门颁布,后者由省级医药行政单位制定、颁布执行。《中华人民共和国药品管理法》规定,药品必须符合上述三种药品标准,故药品标准为法定的、强制性的标准。

1. 药典

药典是一个国家记载药品标准、规格的法典,是国家为保证药品质量可控、确保人民用药安全有效而依法制定的药品法典,是药品研制、生产、经营、使用和管理都必须严格遵守的法定依据,是国家药品标准体系的核心。药典由国家药典委员会组织编纂、出版,并由政府颁布、执行,具有法律约束力。药典收载的品种是那些疗效确切、副作用小、质量稳定的常用药品及其制剂,并明确规定了这些品种的质量标准。不同时代的药典代表着当时医药科技的发展与进步,一个国家的药典反映这个国家的药品生产、医疗和科学技术的水平。随着科学技术的发展和新药的相继出现,药典内容、检验方法等将随之修订和更新,我国药典每5年修订一次。

我国目前使用的是《中国药典》(2015年版),分为四部,每部前有"凡例",一部收载药材和饮片、植物油脂和提取物、成方制剂和单味制剂等;二部收载化学药品、抗生素、生化药品及放射性药品等;三部收载生物制品;四部收载通则,包括制剂通则、检验方法、指导原则、标准物质和试液试药相关通则、药用辅料等。

(1)凡例是为正确使用《中国药典》(2015年版)进行药品质量检定的基本原则,是对《中国药典》(2015年版)正文、通则及与质量检定有关的共性问题的统一规定,同样具有法定的约束力。

(2)正文指《中国药典》(2015年版)收载的品种,其项下根据品种和剂型不同,按顺序分别列有品名(包括中文名称、汉语拼音与英文名)、有机药物的结构式、分子式与分子量、来源或有机药物的化学名称、含量或效价规定、处方、制法、性状、鉴别、检查、含量或效价测定、类别、规格、贮藏、制剂等。

正文所设各项规定是针对符合《药品生产质量管理规范》(GMP)的产品而言。任何违反GMP或有未经批准添加物质所生产的药品,即使符合《中国药典》(2015 年版)或按照《中国药典》(2015 年版)没有检出其添加物质或相关杂质,亦不能认为其符合规定。

(3)四部通则对收载的相关内容做了明确的规定。制剂通则是按照药物剂型分类,针对剂型特点所规定的基本技术要求;通用检测方法是各部正文品种进行相同检查项目的检测时所应采用的统一的设备、程序、方法及限度等;指导原则是为执行药典、考察药品质量、起草与复核药品标准等所制定的指导性规定;标准物质指供国家法定药品标准中药品的物理、化学和生物学等测试使用,具有确定的特性或量值,用于校准设备、评价测量方法、给供试药品赋值或鉴别物质;试药指供药典各项试验使用的试剂,不包括各种色谱用的吸附剂、载体与填充剂。除生化试剂与指示剂外,一般常用的化学试剂分为基准试剂、优级纯、分析纯与化学纯四个等级。

凡例和通则中采用的"除另有规定外"这一用语,表示存在与凡例或通则有关规定不一致的情况时,则在正文中另做规定,并按此规定执行。

2. 国家药品标准

国家药品标准包括:卫生部中药成方制剂 1～21 册;卫生部化学、生化、抗生素药品第一分册;卫生部药品标准(二部)1～6 册;卫生部药品标准藏药第一册、蒙药分册、维吾尔药分册;新药转正标准 1～88 册(不断增加);国家药品标准化学药品地标升国标 1～16 册;国家中成药标准汇编〔内科心系分册,内科肝胆分册,内科脾胃分册,内科气血津液分册,内科肺系(一)、(二)分册,内科肾系分册,外科妇科分册,骨伤科分册,口腔肿瘤儿科分册,眼科耳鼻喉皮肤科分册,经络肢体脑系分册〕;国家注册标准(针对某一企业的标准,但同样是国家药品标准);进口药品标准(根据需要增加)。

3. 国外药典

世界上许多国家都有自己的药典,也有国际和区域性药典,影响较大的药典有《美国药典》(*Pharmacopoeia of the United States*)、《英国药典》(*British Pharmacopoeia*)、《日本药局方》(*Japanese Pharmacopoeia*)、《欧洲药典》(*European Pharmacopoeia*)、《国际药典》(*Pharmacopoeia Internationalis*)。

《欧洲药典》是欧洲药品质量检查的唯一指导文献,所有药品在欧洲范围内销售和使用的过程中,必须遵循《欧洲药典》的质量标准;《国际药典》由世界卫生组织(World Health Organization,WHO)出版,对各国无法律的约束力,仅供各国编纂药典时作为参考标准。

二、药品标准的特性

药品应具有安全、有效、稳定及可控的性质。药品标准在保证药品上述性质的同时,其本身又具有如下特性。

1. 权威性

药品质量必须符合国家药品标准。

2. 科学性

药品标准是对具体对象研究的结果,专属性和科学性强。

3.进展性

药品标准是对客观事物认识的阶段总结,随着科学技术的发展,分析、检测技术将不断提高,药品标准将不断修订和完善。

三、企业药品标准

企业药品标准是药品生产企业为控制产品质量制订的内控标准,其部分或全部指标应高于国家法定标准,主要是通过增加检测项目或提高检测指标来保证生产、流通、使用各个环节中药品的质量,以确保药品使用时的安全有效。同时,药品生产企业还应有相应的物料、中间品、待包装产品和成品的内控质量标准。企业药品标准对外没有法律效力,但必须等于或高于国家法定标准,企业内部必须严格执行。

四、药品法律法规

1.药品生产质量管理规范

《药品生产质量管理规范》(Good Manufacturing Practice,GMP)是提高药品质量的重要措施,是药品生产和质量管理的基本准则,适用于药品生产的全过程和原料药生产中影响成品质量的关键工序。GMP是一套行业的强制性标准,要求制药企业从原料、人员、设施设备、生产过程、包装运输、质量控制等方面按国家有关法规达到相应的要求,形成一套可操作的作业规范。其主要内容是对制药企业生产过程的合理性、生产设备的适用性和生产操作的精确性、规范性提出强制性要求,即要求制药企业应具备良好的生产设备、合理的生产过程、完善的质量管理和严格的检测系统,确保最终产品质量符合法规要求。其目的是为了最大限度地避免药品生产过程中的污染和交叉污染,降低各种差错的发生。

GMP的中心指导思想:药品质量是在生产过程中形成的,不是检验出来的。

GMP的目标:将影响药品质量的人为差错减少到最低程度;防止一切对药品的污染和交叉污染,防止产品质量下降的情况发生;建立和健全完善的质量保证体系,确保GMP的有效实施。

GMP是药品生产质量全面管理控制的准则,其内容包括硬件和软件。硬件指人员、厂房与设施、设备等方面的规定;软件指组织、规程、操作、卫生、记录、标准等管理规定。GMP是国际性药品生产质量控制和检查的依据,已成为国际公认和通行的从事药品生产所必须遵循的基本准则。

2.药品经营质量管理规范

《药品经营质量管理规范》(Good Supplying Practice,GSP)是药品经营管理和质量控制的基本准则,是针对药品计划、采购、验收、储存、销售及售后服务等环节制定的保证药品质量的管理制度。其核心是通过严格的管理制度来约束企业的行为,对药品经营全过程进行质量控制,使企业在药品采购、储存、销售、运输等环节采取有效的质量控制措施,确保向用户提供优质的药品。

GSP的基本作用和实施的根本目的是国家为规范我国药品经营企业行为而制定的质量管理规范,具有很强的专属性。根据药品流通过程中表现出来的许多特点,在药品的流通环节采用严格和具有针对性的措施。如建立企业质量保证体系,提高企业员工素质,改善经营条件,严格管理和规范药品的经营行为等,以控制可能影响药品质量的各种因素,减少发生质量问题的隐患,保证药品安全性和稳定性。

　　GSP 对药品经营企业的各个经营环节、经营条件都做了详细的规定,对药品经营企业硬件、软件系统,包括质管制度、文件制度、原始记录、人员培训等都提出了相应的要求,比如硬件设施要齐全、科学,尤其是应配备养护室,仓库则应严格要求实行色标管理等。药品经营企业应根据 GSP 要求,从药品管理和人员、设备、采购、入库、储存、出库、销售等环节建立一套完整的质量保证体系。通过层层把关,有效地杜绝假劣药品的进入和药品差错事故发生,确保用药安全有效。

任务　《中国药典》(2015 年版)查阅操作

【知识目标】

(1)了解《中国药典》(2015 年版)的定义、收录原则及作用。
(2)熟知《中国药典》(2015 年版)的编排特点。

【技能目标】

能正确使用最新版《中国药典》(2015 年版),查阅相关内容,并在规定时间完成任务。

【技能操作】

一、任务描述

　　在给定的《中国药典》(2015 年版)中正确查阅到甘油栓贮存法、甘油的相对密度、注射用水质量检查项目、滴眼剂质量检查项目、葡萄糖注射液规格、微生物限度检查法、青霉素 V 钾片溶出度检查方法、盐酸吗啡类别等 16 个条目。

二、操作步骤

要求在 30 分钟内完成下列任务。

1.课前准备
查到,检查工作服穿戴规范,清点药典的版本和部数,熟知任务报告单。

2.查阅相关内容
(1)选择部数,估计所查内容在第几部中。
(2)通过笔画、索引等方式确定位置。
(3)找到相应页码。
(4)记录内容。

3.清场
清洁工作台面,整理好药典。

三、操作注意事项

(1)轻拿轻翻,注意不要损坏药典。
(2)及时记录相关内容。

四、实施条件

《中国药典》(2015 年版)的查阅实施条件

项目	基本实施条件
场地	50 m² 实训室一间
设备、工具	《中国药典》(2015 年版)全套
材料	无

五、评价标准

《中国药典》(2015 年版)查阅评价标准

评价内容	分值	考核点及评分细则
职业素养与操作规范 20 分	5	工作服穿着规范,双手洁净,不染指甲,不留长指甲,不披发得 5 分
	5	爱护药典,没有损坏和污染得 5 分
	5	字迹工整得 5 分
	5	查阅后将药典复位得 5 分
技能 80 分	5	查阅到甘油栓贮存法得 5 分
	5	查阅到甘油的相对密度得 5 分
	5	查阅到注射用水质量检查项目得 5 分
	5	查阅到滴眼剂质量检查项目得 5 分
	5	查阅到葡萄糖注射液规格得 5 分
	5	查阅到微生物限度检查法得 5 分
	5	查阅到青霉素 V 钾片溶出度检查方法得 5 分
	5	查阅到盐酸吗啡类别得 5 分
	5	查阅到热原检查法得 5 分
	5	查阅到密闭、密封、冷处、阴凉处的含义得 5 分
	5	查阅到甘草性状得 5 分
	5	查阅到甘草浸膏制备方法得 5 分
	5	查阅到丸剂重量差异检查方法得 5 分
	5	查阅到流浸膏剂制备方法得 5 分
	5	查阅到益母草流浸膏乙醇量得 5 分
	5	查阅到细粉得 5 分

六、任务报告单

《中国药典》(2015 年版)查阅任务报告单

顺序	查阅项目	页数		查阅结果
1	甘油栓贮存法	部	页	
2	甘油的相对密度	部	页	
3	注射用水质量检查项目	部	页	
4	滴眼剂质量检查项目	部	页	
5	葡萄糖注射液规格	部	页	
6	微生物限度检查法	部	页	
7	青霉素 V 钾片溶出度检查方法	部	页	
8	盐酸吗啡类别	部	页	
9	热原检查法	部	页	
10	密闭、密封、冷处、阴凉处的含义	部	页	
11	甘草性状	部	页	
12	甘草浸膏制备方法	部	页	
13	丸剂重量差异检查方法	部	页	
14	流浸膏剂制备方法	部	页	
15	益母草流浸膏乙醇量	部	页	
16	细粉	部	页	
操作者		实训时间		

项目三 药用辅料应用技术

一、概述

药用辅料是药物制剂中除主药以外的一切成分的统称,是影响药品质量、安全和效用的重要成分。它是药物制剂的基础材料和重要组成部分,是保证药物制剂生产和发挥作用的物质基础,在制剂生产中起着关键的作用。它不仅赋予药物一定剂型,而且与患者的顺应性、药物的疗效和不良反应密切联系,具有保障、提升药品质量的作用,在药品中除了充当载体、赋形、提高药物稳定性外,还具有增溶、助溶、缓释、控释等重要功能。

由于药用辅料与药物一同作用于人体,因此需进行安全性评估,应对人体无毒无害,化学性质稳定,不易受温度、pH、储存时间等影响,与主药无配伍禁忌,不影响药物检验,并尽可能用较小的用量。

二、分类

药用辅料可从来源、作用和用途、给药途径等进行分类。

1.按辅料来源分类

药用辅料按辅料来源可分为天然物、半合成物和全合成物。天然高分子辅料包括淀粉、阿拉伯胶、琼脂等天然产物;半合成高分子辅料是在天然高分子材料的基础上进行改构或衍生化而得,包括淀粉衍生物、纤维素衍生物、聚氧乙烯蓖麻油等;全合成高分子辅料是由简单的小分子化合物经过聚合反应或缩聚反应而成,包括各种单聚物(如聚乳酸、聚羟基乙酸、聚乙二醇、聚乙烯吡咯烷酮等)和共聚物(如乳酸-羟基丙酸共聚物、泊洛沙姆等)。

2.按辅料作用分类

药用辅料按其作用的不同,可分为溶媒、抛射剂、增溶剂、助溶剂、乳化剂、着色剂、黏合剂、崩解剂、填充剂、润滑剂、润湿剂、渗透压调节剂、稳定剂、助流剂、矫味剂、防腐剂、助悬剂、包衣材料、芳香剂、抗黏着剂、抗氧剂、抗氧增效剂、螯合剂、渗透促进剂、pH调节剂、增塑剂、表面活性剂、发泡剂、消泡剂、增稠剂、包合剂、保湿剂、吸收剂、稀释剂、絮凝剂与反絮凝剂、助滤剂等。

3.按辅料用途分类

药用辅料按其用途的不同,可分为固体制剂辅料、半固体制剂辅料、液体制剂辅料、气体制剂辅料和其他制剂辅料。

4.按辅料给药途径分类

药用辅料按给药途径可分为口服给药、注射给药、黏膜给药、经皮给药、吸入给药、眼部给药等辅料。

三、药用辅料与药物制剂的关系

随着对剂型研究的不断深入,人们认识到药用辅料可改变药物从制剂中的释放速度、释放时间和药物吸收,从而影响药物的生物利用度、治疗效果、治疗方向和毒副作用。药物辅料与药物制剂相互依存、相互促进、共同发展,药物辅料的发展推动着药物制剂的发展。

辅料在药物制剂中起四方面的作用。

1.有利于制剂形态的形成

液体制剂中加入溶剂,片剂中加入稀释剂、黏合剂,软膏剂、栓剂中加入基质等使制剂具有形态特征。同一药物因使用辅料不同,可制成不同剂型,可满足药物的不同治疗用途,如胰酶采用肠溶衣辅料制备成包衣片,供口服,有帮助脂肪消化的作用;胰酶制成注射液,对胸腔积液、血栓性静脉炎和毒蛇咬伤有明显治疗效果。

2.使制备过程顺利进行

液体制剂中加入助溶剂、助悬剂、乳化剂等,固体制剂中加入助流剂、润滑剂可改善物料的粉体性质,使固体制剂的生产顺利进行。难溶性药物可采用助溶剂来增加药物溶解,常采用表面活性剂增溶难溶性药物。难溶性药物固体剂型可采用分散载体辅料,制成固体分散体,使药物以微晶甚至分子形式分散在固体中,从而改善剂型的分散速度,提高药物的溶出、释放速度。

3.提高药物稳定性

辅料可提高药物稳定性,如化学稳定剂、物理稳定剂(助悬剂、乳化剂等)、生物稳定剂(防腐剂)等。药物制剂是药物与辅料组成的复杂物理化学系统,对药物制剂的类别、给药部位、给药方式及药品质量优劣起着决定作用,对药物制剂的作用显效、强度、速度和持续时间均有重大影响。

4.调节有效成分作用或改善生理要求

辅料可调节有效成分作用或改善生理要求,如使制剂具有速释性、缓释性、肠溶性、靶向性、热敏性、生物黏附性、体内可降解的各种辅料;还有生理需求的缓冲剂、等渗剂、矫味剂、止痛剂、色素等。辅料可改变药物的理化特性、释药特性、溶出性能,从而使药物在制剂中按一定的程序将药物运送到确定的组织部位,按设计要求的速度和时间释放。从而有目的地控制不同的药物剂型有不同的药物吸收速度。其吸收速度为溶液型＞胶体型＞乳浊型＞混悬型。

四、药用辅料的安全性

长期以来,药用辅料被认为是惰性物质,与人体、主药不发生反应,安全无毒。但事实上,理想的、完全没有活性的辅料并不存在,辅料并非惰性物质。近年临床上由辅料引起的不良反应越来越多,如铬胶囊事件、"齐二药事件"、中药注射剂中吐温-80引发的过敏性事件及塑化剂邻苯二甲酸酯类污染药品事件等,辅料对药品安全性的影响日益严重,引起药品监管部门的高度重视。

药用辅料与药物同样参与体内的吸收、分布、代谢、排泄过程,直接影响到药物制剂的安全性和有效性。因此,药用辅料不能随意添加、无节制使用。有些药用辅料本身有一定的毒性,有些药用辅料本身没有毒性,但对于特殊人群可出现毒性,如乳糖是固体制剂常用辅料,对正常人没有毒性,但对体内缺乏乳糖酶的人(乳糖不耐受患者),乳糖在肠道内不能被消化、吸收,反而在肠腔内受细菌作用发酵产气,导致腹胀、肠鸣、排气、腹痛、腹泻等症状。硬脂酸镁是片剂压片时常用的润滑剂,能与阿司匹林形成相应的乙酰水杨酸镁,使其溶解度增加;同时硬脂酸镁为弱碱性,具有催化降解阿司匹林的作用。

药用辅料的品种众多,成分复杂,影响药用辅料的安全性因素也复杂。近年来发生了多种药用辅料引起的药害事件,其原因既有药用辅料质量不合格、人为使用假辅料的问题,也有处方设计人员对药用辅料的功能、性质不了解而不合理使用的问题。因此,安全的药品离不开优良的辅料,更离不开辅料的合理使用。正确地使用辅料,首先应注意辅料自身的毒性,尽量避免使用有毒辅料,如果必须使用有毒辅料,应特别注意安全的用量范围,并在药品使用说明书中指明,提醒医师在开处方时注意;第二,还应注意药物和辅料的配伍禁忌,在处方设计时,避免能与药物发生配伍反应的辅料;第三,应注意药用辅料的质量,应对供应商的资质进行严格审查,选取纯度高的药用辅料,避免辅料中的杂质引起的毒性。

任务　药用辅料认知

【知识目标】

(1)了解辅料的定义、目的及要求。
(2)熟知常用药用辅料作用及中英文简写。

【技能目标】

能根据制剂要求和辅料的特点,正确分析和使用辅料。

【基本知识】

药用辅料指生产药品和调配处方时使用的赋形剂和附加剂,是除活性成分以外,在安全性方面已进行了合理的评估,且包含在药物制剂中的物质。药用辅料除了赋形、充当载体、提高稳定性外,还具有增溶、助溶、缓控释等重要功能,是可能会影响到药品的质量、安全性和有效性的重要成分。

常用的辅料有:①在液体药剂中,有表面活性剂、助悬剂和乳化剂,除了聚山梨酯(吐温)、聚山梨坦(司盘)、十二烷基硫酸钠等常用表面活性剂以外,也有为静脉乳的制备提供了更好选择的泊洛沙姆、磷脂、聚氧乙烯蓖麻油;②在固体药物制剂中,有羧甲基淀粉钠(CMS-Na)、交联聚维酮(交联PVP)、交联羧甲基纤维素钠(交联CMC-Na)、L-HPC、微晶纤维素、可压性淀粉等;③在皮肤给药制剂中,月桂氮草酮的问世使药物透皮吸收制剂的研究更加活跃,有不少产品上市;④在注射剂中,出现了聚乳酸(PLA)、聚乳酸聚乙醇酸共聚物(PLGA)等。

【技能操作】

一、任务描述

利用互联网查阅相关资料,完成给定的辅料中英文缩写或辅料的作用任务。

二、操作步骤

要求在30分钟内完成下列任务。

1. **课前准备**
查到,检查工作服穿戴规范、手机网络,熟知任务报告单。

2. **查阅相关内容**
通过给定的常用辅料表查找需要的内容。

三、操作注意事项

(1)注意相似英文缩写。

(2)同一种辅料可以起不同的作用。

四、实施条件

药用辅料认知实施条件

项目	基本实施条件
场地	40 m² 实训室一间
设备、工具	自制常用辅料表
材料	无

五、评价标准

药用辅料认知评价标准

评价内容	分值	考核点及评分细则
职业素养与操作规范 20 分	5	工作服穿着规范,双手洁净,不染指甲,不留长指甲,不披发得 5 分
	5	工作纪律好得 5 分
	5	字迹工整得 5 分
	5	清场得 5 分
技能 80 分	5	查得 L-HPC 对应中文得 5 分
	5	查得聚山梨酯和聚山梨坦的商品名称得 5 分
	5	查得聚山梨酯和聚山梨坦作为辅料的主要作用得 5 分
	5	查得月桂氮䓬酮辅料作用得 5 分
	5	查得 MCC 对应中文得 5 分
	5	查得微粉硅胶辅料作用得 5 分
	5	查得交联聚维酮对应英文缩写得 5 分
	5	查得 CAP 对应中文得 5 分
	5	查得羟丙基甲基纤维素英文缩写得 5 分
	5	查得二氧化钛作为辅料的主要作用得 5 分
	5	查得商品名为苄泽的全名得 5 分
	5	查得商品名为泊洛沙姆的全名得 5 分
	5	查得泡腾剂的组成得 5 分
	5	查得对羟基苯甲酸酯类的商品名得 5 分
	5	查得对羟基苯甲酸酯类的作用得 5 分
	5	查得 PVA 的全称及作用得 5 分

六、任务报告单

药用辅料认知任务报告单

顺序	任务	结果
1	L-HPC 对应中文	
2	聚山梨酯和聚山梨坦的商品名称	
3	聚山梨酯和聚山梨坦作为辅料的主要作用	
4	月桂氮䓬酮辅料作用	
5	MCC 对应中文	
6	微粉硅胶辅料作用	
7	交联聚维酮对应英文缩写	
8	CAP 对应中文	
9	羟丙基甲基纤维素英文缩写	
10	二氧化钛作为辅料的主要作用	
11	商品名为苄泽的全名	
12	商品名为泊洛沙姆的全名	
13	泡腾剂的组成	
14	对羟基苯甲酸酯类的商品名	
15	对羟基苯甲酸酯类的作用	
16	PVA 的全称及作用	
操作者		实训时间

项目四 药物制剂基本操作

一、称量操作

称量操作是制剂生产与分析的基本操作之一。称量操作的准确性对于保证制剂质量及发挥其临床效果具有重大意义。多数情况下,药物作用与用量的关系不仅呈量效关系(即药物用量越大,其作用越强),且符合由量变到质变的规律,实践证明,药物使用量的多少,不仅影响药物作用的大小(量变),甚至会使其发生不同的效能(质变)。例如,苯巴比妥服用 0.015～0.03 g 呈镇静作用,如睡前服用 0.06～0.1 g 即呈现催眠作用,若药物用量超过了极限,还会对人体产生毒害作用。因此,为了保障用药的安全有效,在药剂生产中,不仅要严格掌握药物的剂量,还要确保称量的准确性。

称重操作就是称取物体的重量操作。制剂生产中,称重操作主要用于称取固体或半固体药物。常用的衡器有天平和戥称。

1. 天平

天平是药剂工作中主要应用的衡器,一般多采用电子天平,凡天平都有固定的"分度值"和"最大称量"。"分度值"(感量)指天平的最小称量量,数值越小,则天平越灵敏。"最大称量"为天平所允许负荷的最大称重量。

(1)电子天平:人们把用电磁力平衡被称物体重力的天平称为电子天平。其特点是称量准确可靠、显示快速清晰,并且具有自动检测系统、简便的自动校准装置及超载保护等装置。

(2)架盘天平:又称上皿天平,是等臂天平的一种。药房中常用的上皿天平有两种:一种是秤梁前面没有标尺和游码,另一种是秤梁前附有标尺和游码,标尺的刻度一般分 10 大格,每一大格又分为 5 小格,可供 1～10 g 以内的物品称量使用。

2. 戥秤

戥秤又名手秤,是一种不等臂称器,其主要结构为秤盘、秤杆及秤锤。秤杆上刻有刻度,一般分为 10 大格,每一大格分为 10 小格。其中,10 大格所示者为最大称重量,一小格所示者为感量(分度值)。称量时,秤盘中放置被称物体,将秤锤沿秤杆移动,当达到平衡时,其所示刻度即为物体的质量。

有的戥秤支点为两个绳纽,近于秤盘的绳纽用于称较重的物品,较远的绳纽用以称较轻的物品。

二、量取操作

量取操作就是通过容器的刻度来测定液体体积的操作。由于量取受到许多因素影响,如液体的相对密度、黏度、液量的多少、量器的体积、量器的准确度及操作方法等,准确度不及称重操作准确,但对于液体药物,量取具有操作简便、迅速的特点。一般情况下,量器选用得当,操作正确,其准确度亦能符合要求。

药剂工作中常用的量器有量筒、量杯、量瓶、滴定管等,均系玻璃制品,带有容量刻度;也有的量杯用陶瓷制成,可用于量取加热的液体。量取小量液体(1 mL 以下)须用"滴"作单位,一般应用规定的"标准滴管"来量取,按《中国药典》(2015 年版)规定,液体的"滴"指在 20 ℃时 1 mL 水相当于 20"滴"。

量器和衡器一样,为了保证其准确性,国家计量局规定了允许误差限度,一般制品的容量均已经过检定其容量限度,凡量杯是按倾出量刻度的,即自量器中倾出液体的体积。量瓶则一般按量入量刻度,指量器所容纳液体的体积。量筒有按倾出量刻度和按量入量刻度两种规格。量杯由于上口大,准确度不及量筒及滴定管,但便于注入、倾出及溶解操作,故应用广泛。

任务一　称重操作

【知识目标】

(1)掌握架盘天平、电子天平的结构和性能。
(2)掌握两种天平的使用方法及称重操作中的注意事项。
(3)掌握天平准确性及灵敏度的测定方法。

【技能目标】

能选择适当的电子天平准确称出药物的重量。

【技能操作】

一、任务描述

根据所给出的药物质量,选择适当的天平,按标准规范操作并准确称出重量。

二、操作步骤

要求在 20 分钟内完成下列任务。

1.课前准备

查到,检查工作服穿戴规范,清点仪器、药品、试剂,熟知任务报告单。

2.选择天平

根据所给的任务,通过相对误差计算,选择符合要求的天平。

3.天平预热与校正

将天平放在平稳的操作台上,调平,进行预热后校正。

4.称重

放上适当的称量纸或容器,去皮后按天平的标准操作称量药品。

5.填写

根据称量值,将结果填于相应表格中。

6.清场

任务完成后,将天平、试剂、药品等归还于原位,并清理实验桌面。

三、操作注意事项

(1)按药物的重量和称重的允许误差,正确选用天平。一般可用天平的分度值(感量)来计

算相对误差,如下式:

$$相对误差 = P/Q \times 100\%$$

P 为天平的分度值(感量),Q 为所要称重的量。

(2)天平放置在水平的地方。

(3)严禁不使用称量纸或其他容器直接称量,每次称量后应清洁天平,避免对天平造成污染而影响称量精度,以及影响他人的工作。

四、实施条件

称重操作实施条件

项目	基本实施条件
场地	药物制剂实训室
设备、工具	三台电子天平(分度值分别为 0.01,0.001,0.0001)
物料	碳酸氢钠、碘化钾、凡士林、液状石蜡、碘

五、评价标准

称重操作评价标准

评价内容	分值	评分细则
职业素养与操作规范 20分	5	工作服穿着规范,双手洁净,不染指甲,不留长指甲,不披发得 5 分
	5	爱护仪器,及时记录实验数据得 5 分
	5	字迹工整得 5 分
	5	清场得 5 分
技能 80分	10	正确选取相应天平得 10 分
	10	安装称盘,调整水平调节脚,使气泡在中心得 10 分
	10	通电预热 10 秒左右得 10 分
	10	校准得 10 分
	10	放上适当的称量纸或容器操作得 10 分
	10	去皮操作得 10 分
	10	放入相应药品进行称取得 10 分
	10	记录数据,并及时关闭电源,完成后清洁和干燥天平得 10 分

六、任务报告单

称重操作任务报告单

任务名称		实训时间	
温度		湿度	
实训工具			
实训物料			
操作步骤			
结论			

药物	所称重量/g	药物性质	选用天平
碳酸氢钠	0.6		
碘化钾	1.4		
凡士林	3		
液状石蜡	5		
碘	0.5		
操作者			

任务二 量取操作

【知识目标】

(1)了解常用量器的种类及特点。

(2)掌握常用量器的使用方法及注意事项。

【技能目标】

能选择适当的量器量取液体的体积。

【技能操作】

一、任务描述

根据所给出的液体药物体积,选择适当的量器,按标准规范操作量取相应的物质。

二、操作步骤

要求在 20 分钟内完成下列任务。

1.课前准备

查到,检查工作服穿戴规范,清点仪器、药品、试剂,熟知任务报告单。

2.选择量器

根据所给的任务,选择符合要求的量器。

3.量取

按量取的标准操作量取药品。

4.填写

按要求将结果填于相应表格中。

5.清场

任务完成后,将量器、试剂、药品等归还于原位,并清理实验桌面。

三、操作注意事项

(1)用量杯或量筒量取液体时,应左手持量器和瓶盖,右手取药瓶,并使瓶签朝上,以免瓶口药液下流而污染瓶签。操作中瓶盖最好不离手,且取用后立即盖回原药瓶,以免错塞在别的瓶上,而影响药物的纯度。

(2)量取时,应尽量保持量器垂直,并使液面与视线水平。读数时,透明液体以液体凹面最低处(弯月面)为准;不透明液体或暗褐色液体则以液面(表面)为准,以免产生视线误差。

(3)测量液体时,应按所需量取的液体量及准确度选用适当大小的量器。一般量取液体量以不少于量器总量的五分之一为度。

(4)用量器量取液体时,应将药瓶口紧靠量器边缘,让药液沿内壁徐徐注入,以防药液溅溢出量器外。如加入量太多,其多余部分不得倒回原药瓶。

(5)我国规定量器刻度是在 20℃校正的。如果温度变化较大时,可能引起偏差。特别应避免冷天量取过热的液体,防止发生破裂。

(6)在量取黏稠性液体如浸膏、糖浆、甘油等,不论在注入或倾出时,均须以充分时间使其按刻度流尽,以保证容量的准确度。

四、实施条件

量取操作实施条件

项目	基本实施条件
场地	50 m² 药物制剂实训室
设备、工具	移液管、量筒、烧杯(不同容量)、滴管等
物料	纯化水、乙醇、甘油、液状石蜡

五、评价标准

量取操作评价标准

评价内容	分值	评分细则
职业素养与操作规范 20分	5	工作服穿着规范,双手洁净,不染指甲,不留长指甲,不披发得 5 分
	5	爱护仪器,及时记录实验数据得 5 分
	5	字迹工整得 5 分
	5	操作完毕上交报告得 5 分
技能 80分	10	正确选取相应量器得 10 分
	10	清洗及干燥得 10 分
	10	左手持量器和瓶盖,右手取药瓶,并使瓶签朝上得 10 分
	20	药瓶口紧靠量器边缘,让药液沿内壁徐徐注入得 20 分
	10	正确观察读数得 10 分
	10	及时记录得 10 分
	10	用完清洁和干燥量器得 10 分

六、任务报告单

量取操作任务报告单

任务名称		实训时间	
温度		湿度	
实训工具			
实训物料			
操作步骤			
结论			

药品名称	量取容积/mL	药物性质	选用量器
纯化水	20		
乙醇	0.5		
甘油	2		
液状石蜡	0.8		
稀盐酸	0.6		
操作者			

模块二　固体制剂技术

固体制剂指以固体形态存在的各种制剂,包括散剂、颗粒剂、胶囊剂、片剂等,是目前新药开发或临床使用中的首选剂型,在市场中的占有率高达70%以上。该类剂型具有以下特点。

(1)相比液体制剂而言,固体制剂的物理、化学稳定性好。

(2)对于生产制备而言,固体制剂生产成本较低,工艺流程较为简单。

(3)服用与携带方便。

同时,固体制剂也存在一定的缺点。

(1)在生产制备过程中因有粉碎、筛分、混合操作,易造成粉尘飞扬,不利于劳动保护。

(2)在质量控制方面,易存在含量不均匀的问题。

(3)在吸收方面,相比于液体制剂,生物利用度低。

固体制剂共同的吸收路径是将固体制剂口服给药后,须经过药物的溶解过程,才能经胃肠道上皮细胞膜吸收进入血液循环中而发挥其治疗作用。特别是对一些难溶性药物来说,药物的溶出过程将成为药物吸收的限速过程。若溶出速度小、吸收慢,则血药浓度就难以达到治疗的有效浓度。口服制剂吸收的快慢顺序:溶液剂>混悬剂>散剂>颗粒剂>胶囊剂>片剂>丸剂。为了加快固体制剂在体内的吸收,提高溶出速度,可通过增大药物的溶出表面积或提高药物的溶解度来实现。粉碎技术、药物的固体分散技术、药物的包合技术等可以有效地提高药物的溶解度或溶出表面积。

在固体剂型的制备过程中,首先将药物进行粉碎与过筛后才能加工成各种剂型。如与其他组分均匀混合后直接分装,可获得散剂;如将混合均匀的物料进行制粒、干燥后分装,即可得到颗粒剂;如将制备的颗粒压缩成形,可制备成片剂;如将混合的粉末或颗粒分装入胶囊中,可制备成胶囊剂等。对于固体制剂来说,物料的混合度、流动性、充填性显得非常重要,如粉碎、过筛、混合是保证药物的含量均匀度的主要单元操作,几乎所有的固体制剂都要经历。固体物料的良好流动性、充填性可以保证产品的准确剂量。制粒或助流剂的加入是改善流动性、充填性的主要措施之一。固体制剂的制备工艺流程见图2-1。

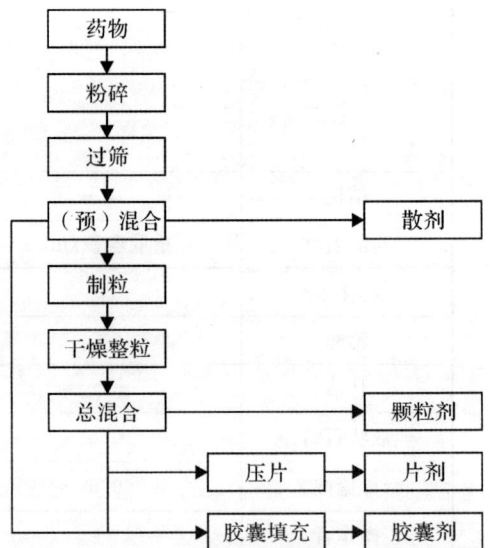

图2-1　固体制剂制备工艺流程图

项目一 粉体应用技术

粉体是无数个固体粒子的集合体。粉体学是研究粉体的基本性质及其应用的科学,通常所说的"粉""粒"都属于粉体。通常将小于 $100\ \mu m$ 的粒子称为"粉",大于 $100\ \mu m$ 的粒子称为"粒"。粉体的本质是固体,但又具备液体和气体的某些性质,如具有流动性、充填性、压缩成形性等,因此常把粉体视为第四种物态来进行研究。在生产过程中,这些固体粉粒混合的均匀与否直接影响到药品的疗效与安全,而混合的均匀性与粉体的性质如粒度、相对密度、粒子形态等有关。粉粒的粉体学性质对制剂的处方设计、制备、质量控制、包装等都有重要的指导意义。

粉体的性质有粉体的密度与孔隙率、粉体的比表面积、粉体的润湿性与吸湿性、粉体的流动性。

1.粉体的密度

粉粒的密度指单位体积粉体的质量,粉体的体积既包括粉粒自身的体积,也包括粉粒内的空隙和粉粒间的空隙。根据粉体体积的不同表示方法,分为真密度、粒密度、堆密度。

(1)真密度:粉体质量与其真实体积(不包括粉体内外空隙)之比。

(2)粒密度:粉体质量与其粒容积(不包括粉体间空隙)之比。

(3)堆密度:粉体质量与其堆容积(该粉体所占容积)之比。

测定堆密度时,可将粉体装入量筒中,按一定规律经多次振动或轻敲,直至体积不再变化,此时测定体积而求得的密度又称振实密度。

2.粉体的孔隙率

粉体的孔隙率指粒子间的空隙和粒子本身孔隙所占的总体积与粉体总体积之比值。粉体是由固体粒子和空气所组成的非均相体系,粉体在压缩过程中之所以体积减小,主要是由于粉体内部空隙减少的缘故,片剂在崩解前吸水也受空隙率大小的影响。一般片剂的孔隙率为 $5\%\sim35\%$ 。

3.粉体的比表面积

粉体的比表面积分为体积比表面积和重量比表面积。体积比表面积指单位体积粉体的表面积,重量比表面积指单位重量粉体的表面积。由于多数粉体的粒子有裂缝或裂隙,有的粒子表面粗糙,因此粉体的真实比表面积既包括其外表面积,也包括粒子裂缝及孔隙中的内表面积。比表面积是表征粉体中粒子粗细的一种度,也是表示固体吸附能力的重要参数。比表面积不仅对粉体性质,而且对制剂性质和药理性质都具有重要意义。

4.粉体的润湿性与吸湿性

(1)润湿性:固体界面由固-气界面变成固-液界面的现象。当一滴液体置于固体表面上并达到平衡时,可能会出现四种情况。①完全润湿:液滴在固体表面铺成薄层状,即接触角(液滴在固液接触边缘的切线与固体平面间的夹角)$\theta=0°$。②完全不润湿:液滴在固体表面呈一完整的球形,$\theta=180°$。③可以润湿:$0°<\theta<90°$。④不能润湿:$90°<\theta<180°$,见图 2-2。

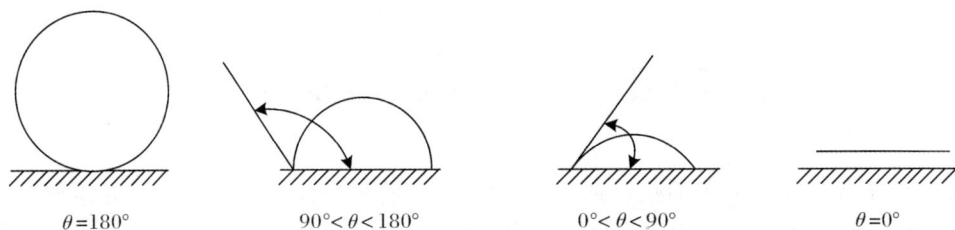

$\theta = 180°$ $90° < \theta < 180°$ $0° < \theta < 90°$ $\theta = 0°$

图 2-2 液体在固体表面的润湿

粉体的润湿性在制剂生产中有着十分重要的意义。例如,药物粉末与润湿剂、液体黏合剂包衣过程中片心与液体包衣液间接触角的大小,片剂、胶囊剂、颗粒剂的崩解与溶出,混悬剂制备及其物理稳定性都与润湿性有关。

(2)吸湿性:固体表面吸附水分的现象。粉体的流动性常用的表示方法有休止角、流出速度和压缩度。药物粉体的吸湿性与空气状态有关。当空气中的水蒸气分压大于固体药物中水分产生的饱和水蒸气分压时,药物则会吸附大量的水分子而发生潮解;当空气中的水蒸气分压小于固体药物中水分产生的饱和水蒸气分压时,药物则部分或全部失去结晶水,即发生风化。粉体药物的吸湿性会导致粉体流动性下降、固结,甚至液化,影响到粉体的物理和化学稳定性。

5. 粉体的流动性

粉体的流动性对散剂、颗粒剂、胶囊剂、片剂的分包装及填充影响较大。粉体流动性的表示方法主要有休止角和流速。影响粉体流动性的因素及相应措施如下。

(1)粉体大小:一般粉状物料流动性差,大颗粒可有效降低粒子间的黏附力和凝聚力,有利于流动,在制剂生产中通常将粉末制成颗粒,增加其流动性,以满足制剂需要。

(2)粒子形态及表面粗糙度:球形或近球形粉粒表面光滑,在流动时多发生滚动,粒子间摩擦力较小,流动性好;不规则粉粒表面粗糙,流动性差。在制剂生产中可加入助流剂,以填平粉粒粗糙的表面而形成光滑面,降低粉粒间的摩擦力,增加流动性。

(3)密度:在重力流动时,粉体的密度大有助于流动。一般粉体的密度大于 $0.4~\mathrm{g/cm^3}$ 时,可满足粉体操作中流动性的要求。

(4)含湿量:粉体含湿量较高时,粉粒间的黏附力增强,休止角增加,流动性减小。因此,适当干燥有利于减弱粒子间的作用力,保证其流动性。

任务 休止角测定操作

【知识目标】

(1)掌握常用流动性参数的测定方法。
(2)熟悉影响粉体流动性的因素。
(3)了解粉体的性质及助流原理。

【技能目标】

能进行粉体休止角的测定。

【基本知识】

固体药物制剂制备中,物料或半成品的流动性至关重要。粉末或颗粒状物料的流动性对于辅料的混匀、沸腾制粒、分装、压片等工艺过程影响很大,特别是在压片工艺过程中,为了使颗粒能自由连续流入冲模,保证均匀填充,减小压片时对冲模内壁的摩擦和黏附,降低片重差异,必须设法使颗粒具有良好的流动性。

影响流动性的因素比较复杂,除了粉末和颗粒间的摩擦力、附着力之外,颗粒的粒径、形态、松密度等对流动性也有影响。为改善粉末或颗粒的流动性,可从添加润滑剂或助流剂、改变粒径和形态等角度入手。

表示流动性的参数主要有休止角、滑角、摩擦系数和流动速度等。其中,以休止角比较常用,休止角的大小可以间接反映流动性的大小。一般认为,粒径越小或粒度分布越大的颗粒,其休止角越大,而粒径大且均匀的颗粒,颗粒间摩擦力小,休止角小,易于流动。所以,休止角可以作为选择润滑剂或助流剂的参考指标。一般认为,休止角小于30°者流动性好,大于40°者流动性不好。

休止角是粉体堆积层的自由斜面在静止的平衡状态下,与水平面所形成的最大角。常用的测定方法是固定圆锥法。将粉体注入圆盘中心上,直到粉体堆积层斜边的物料沿圆盘边缘自动流出为止,停止注入,测定休止角 θ。

$$\tan\theta = h/r \qquad \theta = \arctan(h/r)$$

式中,h 为圆锥的高,r 为圆锥的半径。

【技能操作】

一、任务描述

根据所给出的粉料,利用自制休止角测定仪(铁架台、铁圈、漏斗、培养皿)测定,记录相应的数据,按要求计算出相应的休止角。

二、操作步骤

要求在60分钟内完成下列任务。

1. 课前准备

查到,检查工作服穿戴规范,清点仪器、药品,熟知任务报告单。

2. 仪器安装与调试

将铁架台、铁圈、漏斗、培养皿组合成休止角测定设备,并调试。

3. 称重

按称重的标准操作称取药品。

(1)分别取微晶纤维素10 g和淀粉8 g,测定休止角,比较不同物料对休止角的影响。

(2)称取淀粉8 g,共3份,分别向其中加入1%的滑石粉、微粉硅胶、硬脂酸镁,混合均匀后测定休止角,比较不同润滑剂的助流效果。

4. 操作

使待测物料轻轻地、均匀地落入圆盘的中心部,使粉体形成圆锥体,当物料从粉体斜边沿圆盘边缘中自由落下时停止加料,测定圆盘半径和粉体高度,计算休止角。

5. 填写

将测量结果填于相应表格中。

6. 清场

任务完成后,将仪器设备、试剂、药品等归还于原位,并清理实验桌面。

三、操作注意事项

(1)多方面的因素会影响休止角的大小,操作过程要保持一致性。

(2)注意锥体形成后要原位测量,不要移动。

(3)漏斗内壁应该光滑、干燥,每次操作前都应擦净。

(4)物料滑落的方式可以选择:①沿内壁环形撒入;②用针尖或牙签拨入;③用药匙少量多次撒入;④戴一次性手套以手指轻捻撒入。

(5)测定锥体的高度是关键。可以采用直接测定法和间接测定法两种。后者主要通过测定维体底面的周长,折算成半径来实现,适用于所成圆锥体比较对称和均匀的情况。

(6)锥体的形成应自然、匀称,应避免异型圆锥体(如"飞来石"、偏心、长尖、"雪崩"、结块等情况)的出现,否则测定会有较大误差。

(7)培养皿宜倒扣在衬纸上,先在纸上用笔标记一个圆点,使表面皿、圆点、漏斗下料口三点成一线,以保证漏斗垂直,所成锥体也均匀、对称。

(8)时间所限,每个配方只做 1 次。要获得精确的数据,应至少重复 3 次。

四、实施条件

休止角测定实施条件

项目	基本实施条件
场地	50 m² 药物制剂实训室
设备、设备	铁架台、铁圈、漏斗、培养皿、尺子等
物料	微晶纤维素、淀粉、滑石粉、硬脂酸镁、微粉硅胶

五、评价标准

休止角测定评价标准

评价内容	分值	评分细则
职业素养与 操作规范 20 分	5	工作服穿着规范,双手洁净,不染指甲,不留长指甲,不披发得 5 分
	5	爱护仪器,及时记录实验数据得 5 分
	5	字迹工整得 5 分
	5	操作完毕上交报告得 5 分

续表

评价内容	分值	评分细则
技能 80 分	10	正确安装调试设备得 10 分
	10	选用正确的天平称量物料得 10 分
	10	标准化称量操作得 10 分
	10	物料轻轻地加入,防止飞溅得 10 分
	10	物料从粉体斜边沿圆盘边缘中自由落下时停止加料得 10 分
	10	测量高度和半径得 10 分
	10	及时记录及计算得 10 分
	10	规定时间内完成任务得 10 分

六、任务报告单

休止角测定任务报告单

任务名称		实训时间					
温度		湿度					
实训工具							
实训物料							
操作步骤	润滑剂	用量/g	润滑剂的比例/%	r	h	$\tan\theta$	θ
	微晶纤维素	10	0				
	淀粉	8	0				
	淀粉+硬脂酸镁	8+0.08	1				
	淀粉+滑石粉	8+0.08	1				
	淀粉+微粉硅胶	8+0.08	1				
结论							
操作者							

项目二　固体制剂前处理技术

粉碎、过筛、混合等是固体制剂制备的基本操作,在药物制剂的应用上具有普遍的意义。

一、粉碎

粉碎指将大块物料借助机械力破碎成适宜大小的颗粒或细粉的操作过程。意义在于:①有利于提高难溶性药物的溶出速度及生物利用度;②有利于各成分的混合均匀;③有利于提高固体药物在液体、半固体、气体中的分散度;④有助于从天然药物中提取有效成分。粉碎的程度用粉碎度或粉碎比(n)来表示。它等于粉碎前的粒度 D_1 与粉碎后的粒度 D_2 之比(即 $n=\dfrac{D_1}{D_2}$)。

粉碎过程主要是依靠外加机械力的作用破坏物质分子间的内聚力来实现的。被粉碎的物料受到外力的作用后,在局部产生很大应力或形变,开始表现为弹性变形,当施加应力超过物质的屈服应力时,物料发生塑性变形,当应力超过物料本身的分子间力时,即可产生裂隙并发展成为裂缝,最后则破碎或开裂。

1.粉碎方法

粉碎过程常用的外加力有冲击力、压缩力、剪切力、弯曲力、研磨力等,物料的粉碎一般是多种外加力综合作用的结果。常用的粉碎方法有五类:自由粉碎与闭塞粉碎、开路粉碎与循环粉碎、干法粉碎与湿法粉碎、单独粉碎与混合粉碎、低温粉碎。

(1)自由粉碎与闭塞粉碎:在粉碎过程中,能及时地将已达到粒度要求的固体粉末从粉碎机中分出,使粗粒子继续进行粉碎,这种粉碎方法称为自由粉碎。反之,已达到粉碎要求的粉末仍滞留在粉碎机中和粗粉一起重复粉碎的操作称为闭塞粉碎。

(2)开路粉碎与循环粉碎:将粉碎物料连续供给粉碎机,同时不断从粉碎机中取出粉碎产品的操作称为开路粉碎,即物料只通过一次粉碎机完成粉碎的操作。经粉碎机粉碎的物料通过筛或分级设备使粗颗粒重新返回到粉碎机反复粉碎的操作称为循环粉碎。

(3)干法粉碎与湿法粉碎:干法粉碎是将物料经过适当的干燥处理,使物料中的水分含量降低至一定限度再粉碎的方法。湿法粉碎指往物料中加入适量水或其他液体进行研磨粉碎的方法。传统工艺的水飞法也是一种湿法粉碎,它是将一些矿物物料先打成碎块,除去杂质,放于研钵或球磨机中,加入适量清水研磨,使细粉漂浮于水面或混悬于水中,然后将此混悬液倾出,余下粗料加水反复操作,直至全部药物研磨完毕。所得的混悬液合并,沉降,倾去上清液,将湿粉干燥,粉碎得极细粉。

(4)单独粉碎与混合粉碎:单独粉碎是将一种药物单独进行粉碎的操作方法。混合粉碎是将两种或两种以上药物放在一起同时粉碎的操作方法。

(5)低温粉碎:利用物料在低温时脆性增加、韧性与延伸率降低进行粉碎的方法。

2.粉碎设备

常用的粉碎设备有研钵、球磨机、万能粉碎机、流能磨等。粉碎物料应根据物料的特性及要求选择适当的方法和设备。

（1）研钵：又称乳钵，是以研磨力为主的粉碎设备，主要用于少量药物的粉碎。研钵以瓷质和玻璃常用。瓷质研钵内壁较粗糙，适用于结晶性及脆性药物的粉碎，但吸附力较大，不宜用于粉碎小量的药物。对于毒性药物或贵重药物的粉碎宜采用玻璃研钵。

使用研钵进行粉碎时，每次所加药量一般不超过研钵容积的1/4，以防研磨时药物溅出。研磨时，杵棒由研钵中心以螺旋方式逐渐向外旋转，到达最外层后再逆向旋转至中心，如此反复操作，直至达到规定的粒度。

（2）万能粉碎机：一种应用较广泛的粉碎机，对物料粉碎的作用以撞击力、剪切力为主，适用于结晶性和纤维性等脆性、韧性物料，物料可达到中碎、细碎程度，但粉碎过程会发热，故不适用于粉碎含大量挥发性成分或黏性、遇热发黏的物料。万能粉碎机根据其结构不同，可分为冲击式和锤击式两种。

冲击式万能粉碎机由加料斗、抖动装置、粉碎室、钢齿、环状筛板等组成，见图2-3、2-4。物料由加料斗进入粉碎室，活动齿盘高速旋转产生的离心力，使物料由中心部位被甩向室壁。物料在活动齿盘与固定齿盘之间受钢齿的冲击、剪切、摩擦及物料之间的撞击作用而被粉碎。最后物料到达转盘外壁环状空间，细粉经环状筛板由底部出料。粗粉在室内继续粉碎。

图2-3 冲击式万能粉碎机　　图2-4 冲击式万能粉碎机结构示意图

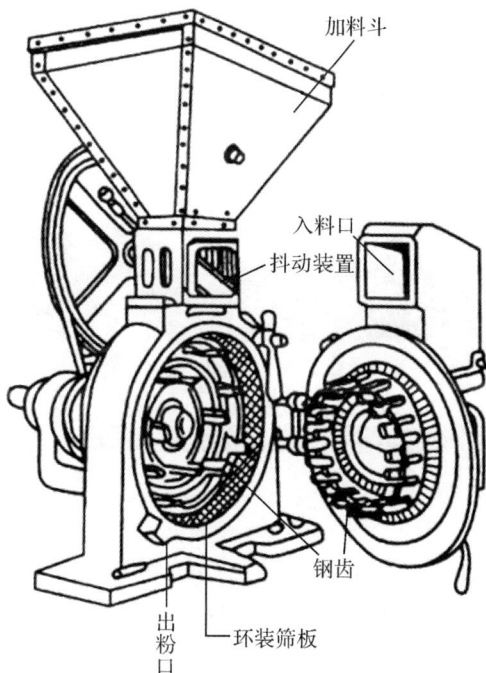

锤击式粉碎机的构造见图2-5、2-6，由高速旋转的旋转轴、装在轴上的几组T型钢锤、带有筛板的机壳、机壳下部的筛板、加料斗、螺旋加料器等组成。当物料从加料斗进入到粉碎室时，受到高速旋转的钢锤的冲击和剪切作用而被粉碎，达到一定细度的粉末，通过筛板出料，粗粉则在室内继续被粉碎，粉碎度以更换不同孔径的筛板加以调节。

为了克服万能粉碎机粉碎过程中因机件运转会导致升温的缺点，也有一些粉碎机采用粉碎室水冷却装置，故可用于热敏性物料的粉碎。

图 2-5 锤击式万能粉碎机

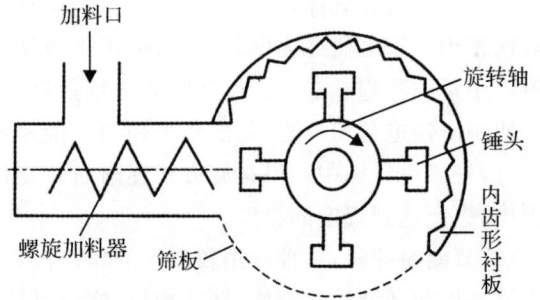

图 2-6 锤击式万能粉碎机结构示意图

(3)球磨机:由水平放置的圆筒和内装有一定数量的钢、瓷或玻璃圆球所组成,见图 2-7、2-8。

当圆筒转动时,带动内装圆球上升,球上升到一定高度后,由于重力作用下落,靠圆球的上下运动使物料受到冲击力和研磨力而达到粉碎的目的。球磨机适用于物料的微粉碎,且由于是密闭操作,适合于贵重物料的粉碎、无菌粉碎、干法粉碎、湿法粉碎,必要时可充入惰性气体。该法粉碎时间较长,粉碎效率较低。

图 2-7 球磨机

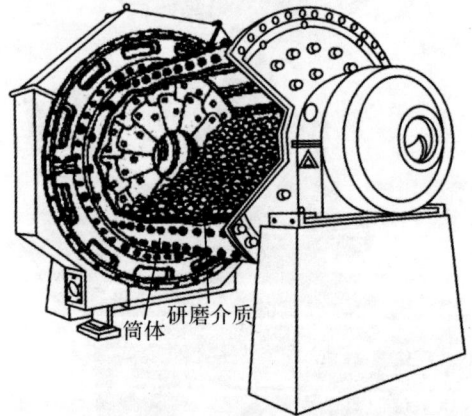

图 2-8 球磨机结构示意图

球磨机的粉碎效果与圆筒的转速、球与物料的装量、球的大小与重量等有关。球磨机内球的运动情况见图 2-9。圆筒转速过小时,球随罐体上升至一定高度后往下滑落,这时物料的粉碎主要靠研磨作用,效果较差;转速过大时,球与物料靠离心力作用随罐体旋转,失去物料与

转速适当 转速过慢 转速过快

图 2-9 球磨机研磨介质运动状态

球体的相对运动,从而影响粉碎效果;当转速适宜时,除小部分球滑落外,大部分球随罐体上升至一定高度,并在重力与惯性力作用下沿抛物线抛落,此时物料的粉碎主要靠冲击和研磨的联合作用,粉碎效果最好。

(4)气流式粉碎机:又称流体能量磨,系利用高速气体(压缩空气、高压过热蒸汽或惰性气体)使物料颗粒之间、颗粒与器壁之间碰撞而产生强烈撞击、冲击、研磨而进行粉碎作用,见图2-10、2-11。

图2-10　气流式粉碎机

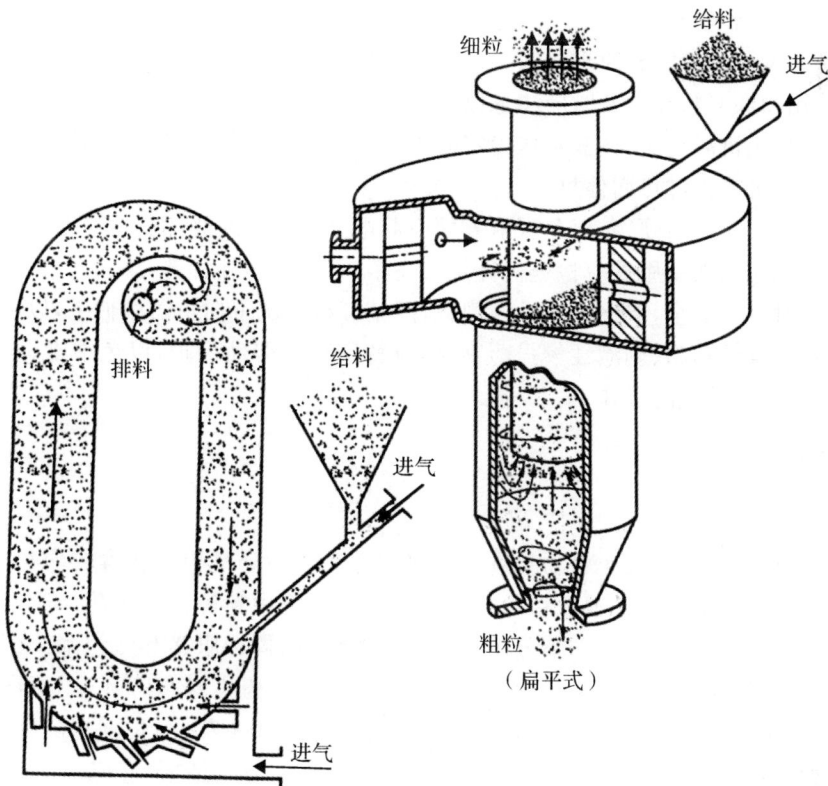

图2-11　气流式粉碎机工作原理示意图

气流粉碎机的粉碎有以下特点:①可进行粒度要求为 $3\sim20\ \mu m$ 的超微粉碎;②适用于热敏性物料和低熔点物料粉碎;③设备简单,易于对机器及压缩空气进行无菌处理,可适用于无菌粉末的粉碎;④粉碎费用较高。

(5)胶体磨:由料斗、壳体、转子、定子、电机、调节机构等组成,见图 2-12。胶体磨利用高速旋转的定子与转子之间的可调节狭隙,使物料受到强大的剪切、摩擦及高频振动等作用,有效地粉碎、分散、乳化、均质,适用于各类乳状液的均质、乳化、粉碎,常用于混悬剂与乳剂等分散系的粉碎。胶体磨分为立式、卧式两种,见图 2-13。

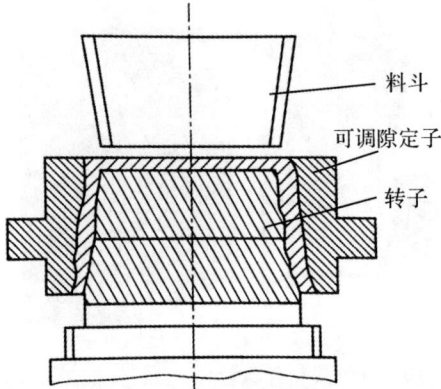

图 2-12　胶体磨结构示意图

料斗
可调隙定子
转子

图 2-13　立式胶体磨

3.粉碎操作注意事项

各种粉碎设备的性能和原理不同,可根据被粉碎药物的性质和粒度要求,选择适宜的粉碎设备。在使用和保养粉碎设备时应注意以下几点。

(1)通常粉碎机启动后,待其转速稳定时再加物料,否则因药物先进入粉碎室后,机器难以启动,会损坏电机或因过热而停机。

(2)药物中不应夹杂硬物,以免因卡塞而引起电动机发热或烧坏。

(3)粉碎机在每次使用后应检查机件是否完整,且清洗内外各部,添加润滑油后罩好。

(4)操作时注意安全,严格遵守操作规程,严禁开机情况下向机器中伸手,以免发生事故。

(5)在粉碎毒性药物、刺激性较强药物时,应特别注意劳动保护,以免中毒,同时也要做好防止药物交叉污染的预防工作。

二、筛分

1.药筛及粉末的分离

筛分是借助筛网孔径大小将物料进行分离的方法。筛分是为了获得较均匀的粒子群,即或筛除粗粉取细粉,或筛除细粉取粗粉,或筛除粗、细粉取中粉等。这对药品质量以及制剂生产的顺利进行都有重要的意义。筛分用的药筛分为两种,即冲眼筛和编织筛。药筛的孔径大小用筛号表示。筛子的孔径规格各国有自己的标准,《中国药典》(2015 年版)标准筛规格如表 2-1。工业用标准筛常用"目"数表示筛号,即以每 2.54 cm(1 英寸)长度上的筛孔数目表示,孔径大小常用微米表示。

表 2-1 《中国药典》(2015 年版)标准筛规格表

筛号	筛孔平均内径/μm	目号
1 号筛	2000±70	10 目
2 号筛	850±29	24 目
3 号筛	355±13	50 目
4 号筛	250±9.9	65 目
5 号筛	180±7.6	80 目
6 号筛	150±6.6	100 目
7 号筛	125±5.8	120 目
8 号筛	90±4.6	150 目
9 号筛	75±4.1	200 目

同时,药物粉末的分等是按通过相应规格的药筛而规定的,《中国药典》(2015 年版)规定了六种粉末等级,如表 2-2。

表 2-2 《中国药典》(2015 年版)粉末等级标准

等级	分等标准
最粗粉	指能全部通过 1 号筛,但混有能通过 3 号筛不超过 20%的粉末
粗粉	指能全部通过 2 号筛,但混有能通过 4 号筛不超过 40%的粉末
中粉	指能全部通过 4 号筛,但混有能通过 5 号筛不超过 60%的粉末
细粉	指能全部通过 5 号筛,并含能通过 6 号筛不少于 95%的粉末
最细粉	指能全部通过 6 号筛,并含能通过 7 号筛不少于 95%的粉末
极细粉	指能全部通过 8 号筛,并含能通过 9 号筛不少于 95%的粉末

2.筛分设备

筛分的设备有摇动筛、旋振筛、滚筒筛、多用振动筛等。

(1)摇动筛:由药筛和摇动装置两部分组成。摇动装置由连杆、摇杆和偏心轮构成,见图 2-14、2-15。摇动筛分利用偏心轮及连杆使药筛发生往复运动进行筛分。最细药筛放在底下,最粗

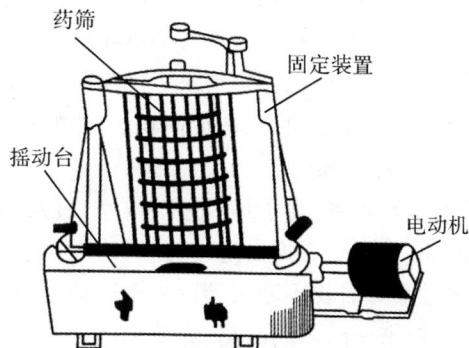

图 2-14 摇动筛　　图 2-15 摇动筛结构示意图

药筛放在顶上,然后把物料放入最上部的筛上,盖上盖,固定在摇动台上,启动电动机进行摇动和振荡数分钟,即可完成物料分等。

摇动筛属于慢速筛分机,其处理量和筛分效率都较低,常用于粒度分布的测定,多用于小量生产,也适用于筛有毒性、刺激性或质轻的药粉,可避免细粉飞扬。

(2)旋振筛:由投料口、防尘盖、筛网、振荡室、振动电机、出料口等组成,振荡室内由偏心重锤、主轴等组成,见图2-16、2-17。

图2-16　旋振筛

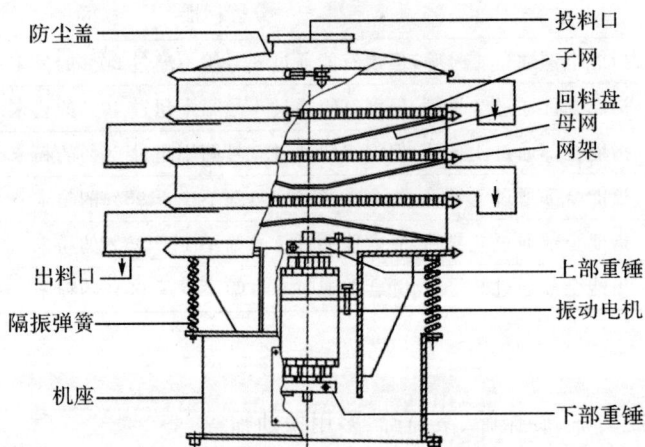

图2-17　旋振筛结构示意图

旋振筛中偏心重锤经电机驱动传送到主轴中心线,产生离心力,使物料强制改变在筛内形成轨道漩涡,重锤调节器的振幅大小可根据不同物料和筛网进行调节。筛网的振荡使物料强度改变并在筛内形成轨道漩涡,粗料由上部排出口排出,筛分的细料由下部排出口排出。旋振筛具有分离效率高、处理能力大、占地面积小、维修费用低等优点,被广泛应用。

3. 过筛操作注意事项

影响过筛的因素较多,为了提高过筛效率,过筛操作应注意以下几点。

(1)加强振动:当外加力振动迫使药粉移动时,各种力的平衡受到破坏,小于筛孔的粉末才能通过筛孔,故过筛时需要不断振动。振动时药粉在筛网上运动的方式有跳动和滑动两种,跳动能有效地增加粉末间距,筛孔得到充分暴露而使过筛操作能够顺利进行;滑动虽不能增大粉末间距,但粉末运动方向几乎与筛网平行,增加粉末与筛孔接触的机会。所以,当滑动与跳动同时存在时,有利于过筛进行。

(2)粉末应干燥:粉末湿度越大,越易粘结成团而堵塞筛孔,故含水量大的物料应事先适当干燥后再过筛;易吸潮的物料应及时过筛,或在干燥环境中过筛;黏性、油性较强的药粉应掺入其他药粉一同过筛。

(3)粉层厚度要适中:药筛内的药粉不宜堆积过厚,让粉末有足够的余地在较大范围内移动,有利于过筛,但粉层太薄又影响过筛效率。

三、混合

两种以上组分的物质均匀混合的操作,统称为混合。混合操作以含量的均匀一致为目的,是保证制剂产品质量的重要措施之一。

1.混合的机制

混合的机制概括起来有三种运动方式。

(1)对流混合:固体粒子群在机械转动的作用下,产生较大的位移时产生的总体混合。

(2)剪切混合:由于粒子群内部力的作用结果,产生滑动平面,破坏粒子群的团聚状态而进行的局部混合。

(3)扩散混合:由于粒子的无规则运动,在相邻粒子间发生相互交换位置而进行的局部混合。

2.混合的影响因素

在混合机内,多种固体物料进行混合时往往伴随着离析现象。离析是与粒子混合相反的过程,可降低混合程度。影响混合速度及混合度的因素有很多,总的来说可分为物料因素、设备因素、操作因素。

(1)物料因素:物料中粉体的种类和性质如粒度分布、粒子形态及表面状态、粒子密度及堆密度、含水量、流动性、黏附性、凝聚性、飞散性等都会影响混合过程,特别是物料种类、粒径、粒度分布、密度等存在显著差异时,不易混合均匀。

1)各组分的混合比例:比例相差过大时,难以混合均匀,此时应该采用等量递加混合法(又称配研法)进行混合,即量小药物研细后,加入等体积其他细粉混匀,如此倍量增加混合至全部混匀,再过筛混合即成。

2)各组分的密度:各组分密度差异较大时,应避免密度小者浮于上面,密度大者沉于底部而不易混匀。但当粒径小于 $30~\mu m$ 时,粒子的密度大小将不会成为导致分离的因素。

3)各组分的黏附性与带电性:有的药物粉末对混合器械具有黏附性,影响混合,也造成损失,一般应将量大或不易吸附的药粉或辅料垫底,量少或易吸附者后加入。混合时摩擦起电的粉末不易混匀,通常加少量表面活性剂或润滑剂加以克服,如硬脂酸镁、十二烷基硫酸钠等具有抗静电作用。

4)含液体或易吸湿成分的混合:如处方中含有液体组分时,可用处方中其他固体组分或吸收剂吸收该液体至不润湿为止。常用的吸收剂有磷酸钙、白陶土、蔗糖和葡萄糖等。若含有易吸湿组分,则应针对吸湿原因加以解决。如结晶水在研磨时释放而引起湿润,则可用等摩尔无水物代替;若某组分的吸湿性很强(如胃蛋白酶等),则可在低于其临界相对湿度条件下,迅速混合并密封防潮;若混合引起吸湿性增强,则不应混合,可分别包装。

5)形成低共熔混合物:有些药物按一定比例混合时,可形成低共熔混合物,而在室温条件下出现润湿或液化现象。药剂调配中可发生低共熔现象的常见药物有水合氯醛、樟脑、麝香草酚等,以一定比例混合研磨时极易润湿、液化,此时尽量避免形成低共熔物的混合比。

(2)设备因素:混合设备的类型、形状尺寸、内部结构(挡板、强制搅拌等)、材质及表面情况等也是影响混合的因素,应根据物料的性质和混合要求选择适宜的混合器。

(3)操作因素:物料的充填量、装料方式、混合比、混合机的转动速度及混合时间等操作条件都会影响物料的混合。混合机装料量一般占容器体积的30%左右较合适;适宜转速一般取临界转速的0.7～0.9倍;混合的时间要适中,时间过短则不易混匀,时间过长则影响效率。

3.混合方法

常用的混合方法有搅拌混合、研磨混合、过筛混合。

(1)搅拌混合:将各物料置于适当大小容器中搅匀,以达到使物料均匀的目的。常作为初步混合,大量生产中常使用混合机混合。

(2)研磨混合:将各组分物料置于乳钵中共同研磨以达到混合操作的目的。该技术适用于小量,尤其是结晶性药物的混合,不适用于引湿性或爆炸性物质的混合。

(3)过筛混合:将各组分物料初步混合后,再一次或几次通过适宜的筛网使之混合均匀。由于较细、较重的粉末先通过筛网,故在过筛后仍须加以适当的混合。

4.混合设备

固体的混合设备大致分为两大类,即容器旋转型和容器固定型,具体的有槽型混合机、V型混合机、双锥型混合机、三维混合机等。

(1)槽型混合机:由断面为U型的固定混合槽和内装螺旋状二重带式搅拌桨组成,混合槽可以绕水平轴转动,以便于卸料,见图2-18、2-19。物料在搅拌桨的作用下不停地沿上下、左右、内外的各个方向运动,从而达到均匀混合的目的。混合时以剪切混合为主,混合时间较长,混合度与V型混合机类似。这种混合机亦可适用于造粒前的捏合(制软材)操作。

混合槽
搅拌桨
固定轴
电器控制系统

图2-18　槽型混合机图　　　　图2-19　槽型混合机示意图

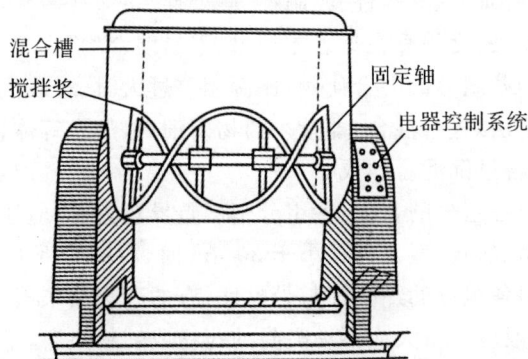

(2)V型混合机:由两个圆筒呈V型交叉结合而成。交叉角 α＝80°～81°,直径与长度之比为0.8～0.9。物料在圆筒内旋转时,被分成两部分,再使这两部分物料重新汇合在一起,这样反复循环,在较短时间内混合均匀,见图2-20、2-21。本混合机以对流混合为主,混合速度快,在旋转混合机中效果最好,应用非常广泛。操作中最适宜转速可取临界转速的30%～40%;最适宜充填量为30%。

图 2 - 20 V 型混合机图

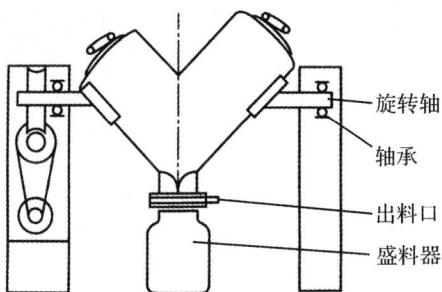

图 2 - 21 V 型混合机示意图

（3）锥形双螺旋混合机：由锥形容器和内装的一个至两个螺旋推进器组成，见图 2 - 22、2 - 23。螺旋推进器的轴线与容器锥体的母线平行，螺旋推进器在容器内既有自转又有公转，自转的速度约为 60 r/min，公转速度约为 2 r/min，容器的圆锥角约 35°，充填量约为 30%。在混合过程中，物料在推进器的作用下自底部上升，又在公转的作用下在全容器内产生涡旋和上下循环运动。此种混合机的特点是混合速度快，混合度高，混合比较大也能达到均匀混合，混合所需动力消耗较其他混合机少。

图 2 - 22 锥形双螺旋混合机图

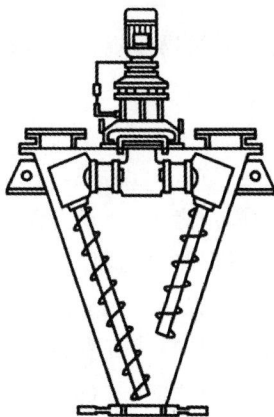

图 2 - 23 锥形双螺旋混合机示意图

（4）三维运动混合机：主要由多向运动机构、混合容器、传动系统、电机控制系统和机座组成,见图 2-24。混合容器为两端呈锥形的圆桶,在旋转混合时,混合桶可做三维空间多方向的复合运动,使物料交叉流动与扩散,混合中无死角,混合均匀度高,适合于干燥粉末或颗粒的混合,是目前混合机中较理想的设备。

图 2-24 三维运动混合机图

任务一 万能粉碎机操作

【知识目标】

(1)掌握粉碎的定义、目的。
(2)掌握万能粉碎机的原理及操作程序。
(3)了解粉碎操作中常见问题。

【技能目标】

能根据万能粉碎机操作规程对物料进行粉碎。

【基本知识】

万能粉碎机是以冲击力为主,伴有撕裂、研磨作用的粉碎设备,应用广泛。它由机座、电机、料斗、入料口、固定齿盘、活动齿盘、环状筛、抖动装置、出粉口等组成。固定齿盘与活动齿盘呈不等径同心圆排列,对物料起粉碎作用。在粉碎过程中会产生大量粉尘,故设备一般都配有粉料收集和捕尘装置。

工作原理是物料从料斗进入粉碎室,活动盘高速旋转产生的离心力使物料由中心部位被甩向室壁,在活动齿盘与固定齿盘之间受钢齿的冲击、剪切、摩擦及物料间的撞击作用而被粉碎,最后物料到达转盘外壁环状空间,细粒经环状筛底部出料,粗粉在机内重复粉碎。

操作规程:

(1)操作前准备:①检查设备清洁状况;②检查设备润滑情况;③检查机器所有紧固螺钉是

否全部拧紧,尤其是活动齿盘的固定螺母是否松动;④检查上下皮带轮在同一平面内是否平行,皮带是否张紧;⑤用手转动时应无卡阻现象,主轴运转自如;⑥检查电机的完整性;⑦检查主机腔内有无铁屑等杂物;⑧检查物料,不允许有金属等,以防止发生意外事故。

(2)开机运行:①打开收集箱门,在出粉口扎上专用布袋,关闭收集箱门;②根据产品工艺要求选择筛网,安装筛网;③检查将要粉碎的物料是否需要进行预处理;④先开风机开关,再开电机开关让设备空载运转正常,加入物料,根据物料的易碎程度和粉碎细度要求调节进料速度;⑤粉碎操作结束或要停机前,应先停止加料,让机器继续运转数分钟,使待粉碎室内无残留物;⑥关闭电机开关,打开收集箱门,取出物料待用;⑦如粉碎物料量大,可重复操作,直至物料全部粉碎;⑧操作结束后,关闭所有电源开关;⑨检查设备有无异常及设备部件完好情况。

【技能操作】

一、任务描述

能按规范使用万能粉碎机,对市售中药饮片山药通过万能粉碎机进行粉碎后收集粉碎后物料,并在规定时间内完成任务。

二、操作步骤

要求在 90 分钟内完成下列任务。

1. 课前准备

查到,检查工作服穿戴规范,清点仪器、药品,熟知任务报告单。

2. 药材前处理

将药材剪成小块,并清除异物。

3. 设备清洁及检查

先将万能粉碎机进行清洁,再检查其安装部件牢固性、润滑性及皮带松紧。

4. 安装筛网、粉碎

安装好 120 目筛网,将物料投入粉碎机,按操作规程进行粉碎。

5. 收集物料

收集粉碎好的物料。

6. 填写

将结果填于相应表格中。

7. 清场

任务完成后,将天平、试剂、药品等归还于原位,并清理实验桌面。

三、操作注意事项

(1)粉碎前一定要检查设备,保证粉碎操作顺利进行。

(2)粉碎时切勿随意触摸粉碎机,以免发生危险。

(3)粉碎结束后规范清场,以免对粉碎机造成损害。

四、实施条件

万能粉碎机使用实施条件

项目	基本实施条件
场地	50 m² 以上的药物制剂室
设备、工具	万能粉碎机、剪刀、药筛(120 目筛)、托盘、润滑油、拖把、抹布、喷壶等
物料	山药

五、评价标准

万能粉碎机使用评价标准

评价内容		分值	考核点及评分细则
职业素养与操作规范20分		5	工作服穿着规范,双手洁净,不染指甲,不留长指甲,不披发得5分
		5	爱护仪器,不浪费药品、试剂,及时记录实验数据得5分
		5	实验完毕后将仪器、药品、试剂等清理复位得5分
		5	清场得5分
技能80分	粉碎前检查	25	检查各部件安装是否牢固得5分
			检查设备清洁状况得5分
			检查设备润滑情况得5分
			检查上下皮带轮在同一平面内是否平行,皮带松紧情况得5分
			用手转动时应无卡阻现象,主轴运转自如得5分
	物料前处理	10	被粉碎物料在必要时预先切成段、片或块得5分
			清除物料中异物得5分
	粉碎操作	45	选择筛网,安装筛网(120 目筛)得2分
			先开风机开关,再开电机开关,让设备空载运转正常得5分
			加入物料,根据物料的程度和工艺要求调解进料速度得10分
			打开收集箱门,在出料口扎上专用布袋,关闭收集箱门得5分
			出料:关闭电机开关,打开收集箱门,取出物料待用得5分
			重复操作,直至物料全部粉碎得3分
			粉碎操作结束或停机前,先停止加料,让机器继续运转数分钟,待粉碎机的出料口不再出料为止得5分
			操作结束后,关闭所有电源开关;检查设备无异常,清场得10分

六、任务报告单

万能粉碎机使用任务报告单

任务名称		实训时间	
温度		湿度	
实训工具			
实训物料			
操作步骤			
结论			
操作者			

任务二 旋振筛操作

【知识目标】

(1)掌握药筛的分类、粉末等级。
(2)掌握旋振筛的原理及操作程序。
(3)了解筛分操作中的注意事项。

【技能目标】

能够按旋振筛标准操作规程进行筛分操作。

【基本知识】

旋振筛是一种高精度粗细粒筛分设备。旋振筛是由粗料出口、上部偏心块、弹簧、下部偏心块、电机、细料出口、筛网等组成。

旋振筛的工作原理是利用在旋转轴上配置不平衡偏心块或配置有棱角形状的凸轮使筛产生振动。电动机的上轴及下轴各装有不平衡偏心块,上轴穿过筛网并与其相连,筛框以弹簧支撑于底座上,上部偏心块使筛网产生水平圆周运动,下部偏心块使筛网发生垂直方向运动,故筛网的振动方向具有三维性。筛体的激振源装在筛子的底部,筛底之上装有各层筛框及筛网架,各部件固定后形成整体参振,参振部件由弹簧隔振支撑,物料由筛箱中间孔给料,排料口在各层筛框侧面,可任意改变位置。筛网的三维性振荡使物料强度改变,并在筛内形成轨道漩涡,粗料由上部排出口排出,筛分的细料由下部排出口排出。

【技能操作】

一、任务描述

能按规范使用旋振筛,对粉碎好的山药饮片通过旋振筛进行筛分后收集物料,并在规定时间内完成任务。

二、操作步骤

要求在40分钟内完成下列任务。

1.课前准备
查到,检查工作服穿戴规范,清点仪器、药品,熟知任务报告单。

2.药物准备
检查山药粉末是否粉碎,筛分前称重。

3.设备清洁及检查
(1)开机前检查设备清洁情况是否符合卫生要求,是否有清洁合格标识或清场合格证,并核对其有效期。
(2)检查旋振筛是否具有设备完好标识,确认各部位润滑良好,符合生产要求。
(3)检查盛接物料的容器是否符合清洁要求,是否有清洁合格标识。

(4)检查筛箱内有无异物,根据品种制剂工艺规程的要求,取用100目筛网,仔细检查筛面有无破损,若有破损,应及时更换。

(5)按《旋振筛标准清洁规程》对筛网、接触药粉的设备表面及所用容器进行消毒,将筛网装入筛网架,锁紧卡子(抱箍),防止松动。

(6)在出料口套上洁净的连接布袋,放好盛接物料的容器,防止粉料的溢散。

(7)依次装好橡皮垫圈、钢套圈、筛网、筛盖,上筛网时要防止上盖边切压手指,并将盖用压杆压紧,禁止用钝器敲打盖子。

4.开机运行

(1)插上电源,先点动试车两次,再试开空机,观察设备运行情况,应无碰擦和异常声响,如有异常应迅速停机检查。若不能排除,应请机修人员处理。

(2)确认设备运行正常,由进料口缓缓加入物料进行过筛。

(3)检查出料情况,如发现有油污、金属、黑杂点等异物应停机,妥善处理。

(4)筛粉过程中要控制流量,保持筛网上所加物料数量适中,不可过多,并随时检查设备各处外露螺栓和螺母是否松动。

5.收集物料,停机

(1)结束生产时先按"停止"键,断开主电源。

(2)完成过筛后应按设备上下顺序清理残留在筛中的粗颗粒和细粉。

(3)对筛分好的物料和未筛分的物料进行称重。

6.填写

将结果填于相应表格中。

7.清场

任务完成后,将天平、试剂、药品等归还于原位并清理实验桌面。

三、操作注意事项

(1)在开机前,操作者应对旋振筛两侧同时检查油面高度,油面太高会导致激振器温度上升或运转困难,油面太低会导致轴承过早损坏。

(2)检查全部螺栓的紧固程度。

(3)确保所有运动件与固定物之间的最小间隙。

(4)筛子应在没有负荷的情况下启动,待筛子运行平稳后,方能开始给料,停机前应先停止给料,待筛面上的物料排净后再停机。

(5)为避免发生误操作引起严重后果或引起安全事故,禁止在未装筛网或卡子松动的情况下开机。

(6)禁止在超负荷情况下开机。

(7)过筛时应均匀加料,防止机器超负荷运转。

(8)禁止在机器运行时将手伸入转动部位进行任何调整。

四、实施条件

旋振筛操作实施条件

项目	基本实施条件
场地	50 m² 以上的药物制剂室
设备、工具	旋振机、药筛(100 目筛)、托盘、润滑油、拖把、抹布、喷壶等
物料	山药粉

五、评价标准

旋振筛操作评价标准

评价内容		分值	考核点及评分细则
职业素养与操作规范 20分		5	工作服穿着规范,双手洁净,不染指甲,不留长指甲,不披发得 5 分
		5	爱护仪器,不浪费药品、试剂,及时记录实验数据得 5 分
		5	实验完毕后将仪器、药品、试剂等清理复位得 5 分
		5	清场得 5 分
技能 80分	筛分前检查	20	检查各部件是否齐全得 5 分
			检查设备清洁状况得 5 分
			检查设备润滑情况得 5 分
			仔细检查筛面有无破损,若有破损应及时更换得 5 分
	物料前处理	10	检查筛分前物料是否粉碎得 5 分
			称重得 5 分
	筛分操作	50	套上洁净的连接布袋,放好盛接物料的容器得 5 分
			选择筛网,安装筛网(100 目筛)得 5 分
			按顺序装好橡皮垫圈、钢套圈、筛网、筛盖得 10 分
			点动试机两次,让设备空载运转正常得 5 分
			缓缓加入物料得 5 分
			根据物料的程度和工艺要求调解进料速度得 5 分
			筛分操作结束或停机前,先停止加料,让机器继续运转数分钟,待旋振筛的出料口不再出料为止得 5 分
			收集物料并称重得 5 分
			按从上到下顺序清理残留得 5 分

六、任务报告单

旋振筛操作任务报告单

任务名称		实训时间	
温度		湿度	
实训工具			
实训物料			
操作步骤			
筛选前重量		筛选后重量	
收率			
操作者			

任务三 等量递增法实训操作

【知识目标】

(1)了解混合的定义、方法和机制。

(2)掌握等量递增法的操作方法。

(3)了解影响混合的因素。

【技能目标】

能正确采用等量递增法进行混合操作。

【基本知识】

等量递增法的操作:首先用量大组分饱和研钵内壁,倾出,再取量小的组分与等量的量大组分同时置于混合器中混匀,然后加入与混合物等量的量大组分稀释均匀,如此倍量增加至加完全部量大的组分为止,混匀,过筛。

【技能操作】

一、任务描述

处 方

阿司匹林	1 g
淀粉	25 g

对主药与辅料比例相差悬殊的物料能正确采用等量递增法进行混合,混合后无花纹无色斑,并在规定时间内完成任务。

二、操作步骤

要求在 60 分钟内完成下列任务。

1.课前准备

查到,检查工作服穿戴规范,清点仪器、药品,熟知任务报告单。

2.仪器检查

天平进行清洁并调平。

3.饱和研钵内壁,混合

采用量大组分淀粉饱和研钵内壁,倾出,再加入全部量小的组分,研细后加入与等量的淀粉混合,如此倍量增加至全部药物混合均匀。

4.结果检查,填写

肉眼观察无花纹、无色斑为合格,将结果填于相应表格中。

5.清场

任务完成后,将天平、试剂、药品等归还于原位,并清理实验桌面。

三、操作注意事项

(1)混合固体物料时保证研钵内壁清洁干燥。

(2)研磨时不要用力太大,以免物料溅出。

四、实施条件

等量递增法实训操作实施条件

项目	基本实施条件
场地	50 m² 以上的药物制剂室
设备、工具	研钵、千分之一天平、药匙、托盘、拖把、抹布、喷壶等
材料	糊精、阿司匹林原料药

五、评价标准

等量递增法实训操作评价标准

评价内容		分值	考核点及评分细则
职业素养与 操作规范 20分		5	工作服穿着规范,双手洁净,不染指甲,不留长指甲,不披发得5分
		5	爱护仪器,不浪费药品、试剂,及时记录实验数据得5分
		5	实验完毕后将仪器、药品、试剂等清理复位得5分
		5	清场得5分
技能 80分	混合前	15	天平清洁并调零得5分
			正确称量处方物质得5分
			选择正确的研钵得5分
	混合 操作	60	量大组分饱和研钵内壁得10分
			加入全部量小组分,再加入等量的量大组分得10分
			研磨使均匀得10分
			加入与研钵内物料等量的量大组分,研磨均匀得10分
			采用此种方法直至将所有量大组分全部加入,并研磨均匀得10分
			混合后结果判断(肉眼观察无花纹、无色斑)得10分
	结束	5	规定时间内完成得5分

六、任务报告单

等量递增法实训操作任务报告单

任务名称		实训时间	
温度		湿度	
实训工具			
实训物料			
操作步骤			
结论			
操作者			

项目三　散剂制备技术

散剂指原料药物或与适宜的辅料经粉碎、均匀混合制成的干燥粉末状制剂。"散者散也，去急病用之"，指出了散剂容易分散和奏效快的特点，是古老而传统的固体剂型，散剂在化学药品(西药)制剂中的应用不多，但在中药制剂中有一定的应用，《中国药典》(2015 年版)一部收载中药散剂有 50 多种，仍是临床上不可缺少的剂型。散剂除了作为药物剂型直接应用于患者外，制备散剂的粉碎、过筛、混合等单元操作也是其他剂型如片剂、胶囊剂、混悬剂及丸剂等制备的基本技术，因此散剂的制备在药物制剂上具有普遍意义。

散剂中药物的分散程度较大，药物粒径小，比表面积大。散剂的主要特点：①与其他固体制剂相比，散剂易分散、溶出快、吸收快、起效快。②便于分剂量和服用，剂量易于控制，适合小儿服用。③制备工艺简单，运输、携带方便，生产成本较低。④对溃疡期、外伤流血等可起到保护、收敛、促进伤口愈合等作用，但是散剂中药物分散度大，可增加药物制剂的吸湿性、刺激性、不稳定性等方面的不良影响。

一、散剂的分类

1.按用途分类

散剂按用途可分为口服散剂和局部用散剂。口服散剂一般溶于或分散于水、稀释液或者其他液体中服用，也可直接用水送服；局部用散剂可供皮肤、口腔、咽喉、腔道等处应用，专供治疗、预防和润滑皮肤的散剂也可称为撒布剂或撒粉。

2.按剂量分类

散剂按剂量可分为分剂量散剂和不分剂量散剂。分剂量散剂是将散剂按一次服用量单独包装，由患者按医嘱分包服用；不分剂量散剂是以多次应用的总剂量形式发出，由患者按医嘱分取剂量使用。

3.按组成分类

散剂按组成可分为单散剂和复方散剂。单散剂系由一种药物组成，如蒙脱石散、口服酪酸梭菌活菌散等；而复方散剂系由两种或两种以上药物组成，如复方口腔散等。

此外，按散剂成分的不同性质尚可分为剧毒药散剂、浸膏散剂、泡腾散剂等。

4.倍散

毒性药品、麻醉药品、精神药品等特殊药品一般用药剂量小，称取、使用不方便，并且容易损耗，因此常在特殊药品中添加一定比例的稀释剂制成稀释散(或称倍散)，以便于临时配方和服用。常用的稀释散有十倍散、百倍散和千倍散等。十倍散是由 1 份药物加 9 份稀释剂均匀混合制成。倍散的比例可按药物的剂量而定，如剂量在 $0.01\sim0.1$ g 者，可配成十倍散，如剂量在 0.01 g 以下者，则可配成百倍散或千倍散。配制倍散时应采用等量递增法将药物和稀释剂混合。为了保证倍散的均匀性，常加入一定量的着色剂如胭脂红、亚甲蓝等着色，十倍散着色应深一些，百倍散稍浅些，这样可以根据倍散颜色的深浅判别倍散的浓度。倍散常用的稀释剂有乳糖、淀粉、糊精、蔗糖粉、葡萄糖粉及一些无机物如沉降碳酸钙、沉降磷酸钙、碳酸镁、白陶土等，其中以乳糖较为常用。取用倍散时，应按倍散的倍数与处方所需的药物总量，经折算后再称取。

5.含共熔成分的散剂

当两种或两种以上药物按一定比例混合后,产生熔点降低而出现湿润或液化的现象称为共熔,此混合物称为共熔混合物。常见发生共熔现象的药物有樟脑、薄荷脑、苯酚、麝香草酚等。

二、散剂的质量要求

散剂在生产与贮藏期间,应符合下列有关规定。

(1)供制散剂的原料药物均应粉碎,口服用散剂为细粉,儿科用和局部用散剂应为最细粉。

(2)散剂应干燥、疏松、混合均匀、色泽一致。制备含有毒性药、贵重药或药物剂量小的散剂时,应采用配研法混匀并过筛。

(3)散剂可单剂量包(分)装,多剂量包装者应附分剂量的用具。含有毒性药的口服散剂应单剂量包装。

(4)除另有规定外,散剂应密闭贮存,含挥发性原料药物或易吸潮原料药物的散剂应密封贮存。

任务一　痱子粉制备操作

【知识目标】

(1)掌握散剂的定义、特点。
(2)掌握散剂的制备工艺流程。
(3)掌握散剂的制备关键点及注意事项。
(4)了解粉碎、筛分、混合器械的种类和使用方法。

【技能目标】

能按照散剂的制备工艺流程和方法制备出合格的痱子粉。

【基本知识】

散剂中可含或不含辅料,口服散剂需要时亦可加矫味剂、芳香剂、着色剂等。散剂的制备工艺操作包括粉碎、过筛、混合、分剂量、包装等。散剂的生产过程中应采取有效措施防止交叉污染,口服散剂生产环境的空气洁净度要求达到 D 级,外用散剂中表皮用药的生产环境要求达到 C 级。散剂的制备工艺流程见图 2-25。

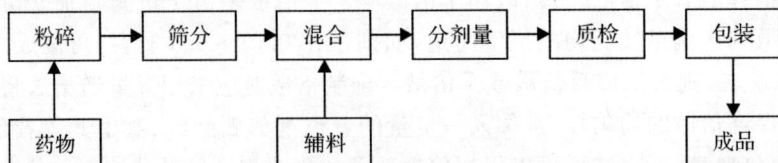

图 2-25　散剂的制备工艺流程

一、粉碎与筛分

制备散剂所用的固体原辅料破碎成适宜程度的粉末,并进行筛分,得到预期要求的粉末。药物粒度应根据药物的性质、作用及给药途径而定。口服散剂应为细粉,难溶性药物、儿科用药及外用散剂应为最细粉,眼用散剂应全部通过 9 号筛。

二、混合

混合散剂的均匀性是散剂安全有效的基础,主要通过混合来实现。因此混合是制备散剂的重要工艺过程。混合方法等有关内容详见项目二。影响散剂混合的因素及解决措施如下。

1. 组分的比例量

组分比例相差悬殊时,应采用等量递增法混合。

2. 组分的堆密度

堆密度小的物料先放于混合机内,再加入堆密度大的。

3. 含液体或结晶水的药物

若处方中含有少量的液体成分,可利用处方中其他成分吸收;含水量较多时,可另加适宜的吸收剂吸收至不显潮湿为度。

4. 粒子的形状

粒子形状差异越大,越难混合均匀,但一旦混匀后就越不易分层。

5. 混合器械的吸附性

量小的药物先置研钵内时可被研钵吸附造成较大的损耗,故先取少部分量大的药物或辅料如淀粉等于研钵内先行研磨。

6. 粉末的带电性

在混合摩擦时往往产生表面电荷而阻碍粉末的混匀。

7. 低共熔

应根据形成低共熔物后,其对药理作用的影响而采取不同措施混合。

三、分剂量

分剂量是将混合均匀的散剂按需要的剂量分成等重份数,常用的方法有目测法(又称估分法)、重量法和容量法。

1. 目测法(又称估分法)

目测法是称取总量的散剂,以目测分成若干等份的方法。此法操作简便,但准确性差。药房临时调配少量普通药物散剂时可用此方法。

2. 容量法

容量法是用固定容量的容器进行分剂量的方法。常用的分剂量器械有药房大量配制普通散剂所用的分量器,以及药厂使用的自动分包机、分量机等。此法效率较高,但准确性不如重量法。混合物的性质(如流动性、堆密度、吸湿性)及分剂量的速度均能影响其准确性,分剂量时应注意及时检查并加以调整。

3. 重量法

重量法是用衡器(主要是天平)逐份称重进行分剂量的方法。此法分剂量准确,但操作效率低,主要用于含剧毒药物、贵重药物散剂的分剂量。

四、质量检查

除另有规定外,散剂应进行以下相应检查。

1.粒度

除另有规定外,化学药局部用散剂和用于烧伤或严重创伤的中药局部用散剂及儿科用散剂,照下述方法检查,应符合规定。

除另有规定外,取供试品 10 g,精密称定,按照粒度和粒度分布测定法(单筛分法)测定。化学药散剂通过 7 号筛(中药通过 6 号筛)的粉末重量,不得少于 95%。

难溶性药物、收敛剂、吸附剂、儿科或外用散剂能通过 7 号筛(120 目,150 μm)的细粉含量不少于 95%;眼用散剂应全部通过 9 号筛(200 目,75 μm)等。

2.外观均匀度

取供试品适量,置光滑纸上,平铺约 5 cm^2,将其表面压平,在亮处观察,应色泽均匀,无花纹与色斑。

3.干燥失重或水分

化学药和生物制品散剂除另有规定外,取供试品,按照干燥失重测定法测定,在 105 ℃干燥至恒重,减失重量不得超过 2.0%。中药散剂按照水分测定法测定,除另有规定外,不得过 9.0%。

4.装量差异

单剂量包装的散剂,按单剂量包装散剂装量差异限度,应符合规定。

5.装量

除另有规定外,多剂量包装的散剂,按照最低装量检查法检查,应符合规定。

6.无菌

除另有规定外,用于烧伤、严重创伤或临床必须无菌的局部用散剂,按照无菌检查法检查,应符合规定。

7.微生物限度

除另有规定外,按照非无菌产品微生物限度检查:微生物计数法和控制菌检查法及非无菌药品微生物限度标准检查,应符合规定。凡规定进行杂菌检查的生物制品散剂,可不进行微生物限度检查。

五、包装与贮存

散剂的比表面积一般较大,吸湿性或风化性较显著。散剂吸湿后可发生很多变化,如润湿、结块、失去流动性等物理变化,变色、分解或效价降低等化学变化及微生物污染等生物变化。所以防潮是保证散剂质量的重要措施,选用适宜的包装材料和贮存条件可延缓散剂的吸湿。

【技能操作】

一、任务描述

处方

薄荷脑   0.15 g

水杨酸	0.25 g
硼酸	2.1 g
升华硫	1.0 g
氧化锌	1.5 g
淀粉	2.5 g
樟脑	0.15 g
薄荷油	0.15 mL
滑石粉	加至 25.0 g

按照散剂的制备工艺流程和方法,将处方中的药物制成合格的痱子粉。

二、操作步骤

要求在 45 分钟内完成下列任务。

1.课前准备

查到,检查工作服穿戴规范,清点仪器、药品,熟知任务报告单。

2.称量

根据称量的药物的性质和质量选择正确的天平和量器,并进行称量操作。

3.粉碎,筛分,混合

正确选择粉碎器械,将升华硫、水杨酸、硼酸、氧化锌、淀粉、滑石粉研磨混合均匀,过 120 目筛。

4.液化

处方中有液化成分,取薄荷脑、樟脑、麝香草酚研磨至全部液化,并与薄荷油混合,然后将共溶混合物与混合的细粉研磨混匀,或将共溶混合物喷入细粉中,过筛,即得。

5.总混

将共溶混合物与混合的细粉研磨混匀或将共溶混合物喷入细粉中,过筛,即得。

6.分剂量

将 25 g 痱子粉用目测法分成 10 包,用四角包包装。

7.清场

任务完成后,将天平、试剂、药品等归还于原位,并清理实验桌面。

三、操作注意事项

(1)选择 90 mm 规格的瓷质研钵和配套的杵棒。
(2)研钵在使用之前应用物料饱和内壁。
(3)进行物料筛分时,用力勿过大,以防物料溅出。
(4)两种比例相差悬殊的物料进行混合时应采用等量递增法操作。
(5)制备出的痱子粉外观以粒度均一、色泽均一、无花纹色斑为合格。

四、实施条件

痱子粉制备实施条件

项目	基本实施条件
场地	50 m² 以上的药物制剂室
设备、工具	百分之一电子天平、研钵（直径 12 cm 以上）、药筛（1 至 9 号筛）、量筒、胶头滴管、药匙、称量纸、拖把、抹布、喷壶等
物料	项目中相应的药品和辅料

五、评价标准

痱子粉制备评价标准

评价内容		分值	考核点及评分细则
职业素养与操作规范 20分		5	工作服穿着规范，双手洁净，不染指甲，不留长指甲，不披发得 5 分
		5	爱护仪器，不浪费药品、试剂，及时记录实验数据得 5 分
		5	实验完毕后将仪器、药品、试剂等清理复位得 5 分
		5	清场得 5 分
技能 80分	称量	10	天平的正确使用得 5 分
			根据药物的性质分别进行称量得 5 分
	粉碎	5	设备选择：研钵与杵棒的选择得 5 分
		10	研钵的标准操作：从中心向外，再从外向中心研磨，研钵需要用物料饱和，粉碎操作正确得 10 分
		5	规范收集粉碎后物料得 5 分
	筛分	5	设备选择：药筛的规格正确者得 5 分（120 目筛）
		10	筛分操作：正确振动得 10 分；药物溅出者扣 5 分
		5	规范收集筛分后物料得 5 分
	混合	5	设备选择：选择研钵，正确饱和内壁得 5 分
		10	混合方法的选择（含有共熔成分先液化后再用固体成分吸收）得 5 分；等量递增法的操作得 5 分
	分剂量	5	规范收集混合后物料，检查均匀度得 5 分
	结果检查	5	用目测法分剂量得 5 分
		5	结果判断（粒度均一、色泽均一、无花纹色斑）得 5 分

六、任务报告单

痱子粉制备任务报告单

任务名称		实训时间	
温度		湿度	
实训工具			
实训物料			
操作步骤			
结论			
操作者			

任务二　散剂装量差异检查操作

【知识目标】

(1)掌握散剂的装量差异检查方法。

(2)熟悉散剂的质量要求。

【技能目标】

能按《中国药典》要求进行散剂的装量差异检查并判断结果是否合格。

【基本知识】

《中国药典》(2015年版)规定,单剂量包装的散剂,应检查其装量差异,并不得超过限度。除另有规定外,取供试品10袋(瓶),分别精密称定每袋(瓶)内容物的重量,求出内容物的装量与平均装量。每包(瓶)装量与平均装量相比较,超出装量差异限度的散剂不得多于2袋(瓶),并不得有1袋(瓶)超出装量差异限度的1倍。凡有标示装量的散剂,每袋(瓶)装量应与标示装量相比较,具体见表2-3。

表2-3　散剂装量差异限度要求

标示装量/g	装量差异限度/%
0.1 或 0.1 以下	±15
0.1 以上至 0.3	±10
0.3 以上至 1.5	±7.5
1.5 以上至 6	±5
6 以上	±3

【技能操作】

一、任务描述

能按规范使用电子天平对市售或自制散剂进行装量差异检查,并按照《中国药典》(2015年版)有关规定正确判断,在规定时间内完成任务。

二、操作步骤

要求在45分钟内完成下列任务。

1.课前准备

查到,检查工作服穿戴规范,清点仪器、药品,熟知任务报告单。

2.检查设备及清洁

根据称量药物的性质和质量选择正确的天平,并进行检查和器具清洁。

3.天平调零

将天平放于水平桌面上,进行调零。

4.散剂取样,称量

正确地取样:取散剂 10 包或 10 瓶,分别称量 10 包或 10 瓶散剂内容物的重量。

5.计算

计算出内容物的装量与平均装量。

6.求范围

根据平均装量推出装量差异限度,一是可以用定义公式计算:(每包或瓶装量-标示或平均装量)/标示或平均装量×100％;二是可以求得范围:max=平均装量+平均装量×装量差异限度;min=平均装量-平均装量×装量差异限度。

7.结果判断

进行正确的结果判断。超出范围的等于或大于 3 包(瓶)者不合格,超出范围的等于或小于 2 包(瓶)者,还要求出是否有 1 袋(瓶)超出装量差异限度的 1 倍再做判断,max=平均装量+平均装量×2×装量差异限度;min=平均装量-平均装量×2×装量差异限度。

8.填写

根据散剂装量检查判断,将结果填于相应表格中。

9.清场

任务完成后,将天平、试剂、药品等归还于原位,并清理实验桌面。

三、操作注意事项

(1)散剂的正确取样:取散剂 10 包或 10 瓶。

(2)在称量之前要在天平上放称量纸。

(3)称量过程需要去除散剂包装袋。

(4)称量操作注意天平开关动作应轻、缓、匀。

(5)称量散剂时,需要将试样倾出于称量纸上,并回磕包装袋或包装瓶。

(6)称量读数时,应待天平稳定后读数。

(7)散剂装量差异的计算公式为:(每包或瓶装量-标示装量)/标示装量×100％;与标示装量相比较,超过重量差异限度的不得多于 2 袋(瓶),并不得有 1 袋(瓶)超出限度一倍。

四、实施条件

散剂装量差异检查实施条件

项目	基本实施条件
场地	50 m² 药物分析实训室一间
设备、工具	千分之一电子天平 2 台、药匙、称量纸、烧杯、抹布、刷子、拖把等
物料	市售或自制散剂

五、评价标准

散剂装量差异检查评价标准

评价内容		分值	考核点及评分细则
职业素养与操作规范 20分		5	工作服穿着规范,双手洁净,不染指甲,不留长指甲,不披发得 5 分
		5	工作态度认真,遵守纪律得 5 分
		5	实验完毕后将工具等清理复位得 5 分
		5	规范清场得 5 分
技能 80 分	检测前准备	5	称量设备的选用和检查正确得 5 分
		5	使用器具进行清洁得 5 分
	散剂装量差异检查	5	散剂的取样正确:取散剂 10 包或 10 瓶得 5 分
		5	天平的调零处理正确得 2 分
			放入称量纸得 3 分
		20	称量过程符合规范:去包装得 10 分
			再倾其内容物,分别称量内容物重量得 10 分
		10	称量操作符合规范:天平开关动作轻、缓、匀得 3 分
			试样的倾出与回磕操作动作标准得 3 分
			读数时天平关闭得 2 分
			天平稳定后读数得 2 分
		20	散剂装量差异限度的标准正确者得 5 分
			(每包或瓶装量－标示装量)/标示装量×100％ 或按范围计算,正确得 5 分
			判断是否符合重量差异,判断正确得 10 分〔与标示装量相比较,超过重量差异限度的不得多于 2 袋(瓶),并不得有 1 袋(瓶)超出限度的一倍〕
		10	在规定时间内完成任务得 10 分

六、任务报告单

散剂装量差异检查任务报告单

任务名称		实训时间	
温度		湿度	
实训工具			
实训物料			
操作步骤			

平均重量_____	装量差异限度_____%	合格范围_____		不得有1包超过_____					
散剂编号	1	2	3	4	5	6	7	8	9	10
每包重										
合格与否	原因:									
操作者										

项目四　颗粒剂制备技术

颗粒剂指原料药物与适宜的辅料制成具有一定粒度的干燥颗粒状制剂,供口服用,分为可溶颗粒(通称为颗粒)、混悬颗粒、泡腾颗粒、肠溶颗粒、缓释颗粒和控释颗粒等。其中,粒径范围在 $105\sim500\ \mu m$ 的颗粒剂又称细(颗)粒剂。

颗粒剂的特点:①颗粒剂与散剂相比,飞散性、附着性、团聚性、吸湿性等均较小;②服用方便,根据需要可制成色、香、味齐全的颗粒剂;③必要时对颗粒进行包衣,根据包衣材料的性质,可使颗粒具有防潮性、缓释性或肠溶性等特性,包衣时需注意颗粒大小的均匀性及表面光洁度,以保证包衣的均匀性。但多种颗粒的混合物,如颗粒的大小或粒密度差异较大时,易产生离析现象,会导致剂量不准确。

一、颗粒剂的分类

根据颗粒剂在水中的分散状况,颗粒剂可分为以下几类。

(1)可溶颗粒剂:如左旋咪唑颗粒、头孢羟氨苄颗粒、板蓝根颗粒等。

(2)混悬颗粒剂:含难溶性药物,在水中呈混悬状,如罗红霉素颗粒。

(3)泡腾颗粒剂:含有泡腾崩解剂(枸橼酸或酒石酸与碳酸氢钠),加水冲化时,可产生大量二氧化碳气体,呈泡腾状,如维生素C泡腾颗粒。

采用包衣技术,颗粒剂又可分为肠溶颗粒剂、控释颗粒剂、缓释颗粒剂等。以少量辅料及非糖甜味剂代替蔗糖而开发的无糖颗粒剂适用于禁糖患者。

二、颗粒剂的质量要求

(1)药物与辅料应均匀混合,凡属挥发性药物或遇热不稳定的药物,在制备过程中应注意控制适宜的温度条件,凡遇光不稳定的药物,应遮光操作。

(2)颗粒剂应干燥,颗粒均匀,色泽一致,无吸潮、结块、潮解等现象。

(3)根据需要加入适宜的矫味剂、芳香剂、着色剂、分散剂和防腐剂等添加剂。

(4)颗粒剂的溶出度、释放度、含量均匀度、微生物限度等应符合要求,必要时包衣颗粒剂应检查残留溶剂。

(5)除另有规定外,颗粒剂应密封,置干燥处贮存,防止受潮。

(6)单剂量包装的颗粒剂在标签上要标明每袋中活性成分的名称及含量;多剂量包装的颗粒剂除应有确切的分剂量方法外,在标签上要标明颗粒中活性成分的名称和重量。

三、颗粒剂的包装与储存

颗粒剂的包装和储存重点在于防潮,颗粒剂的比表面积较大,其吸湿性与风化性都比较显著,若由于包装与储存不当而吸湿,则极易出现潮解、结块、变色、分解、霉变等一系列不稳定现象,严重影响制剂的质量及用药的安全性。另外,应注意保持其均匀性,宜密封包装,并保存于干燥处,防止受潮变质。包装时应注意选择包装材料和方法,储存中应注意选择适宜的储存条件。

任务一　维生素C颗粒制备操作

【知识目标】

(1)掌握颗粒剂的定义、特点。
(2)掌握颗粒剂的制备工艺流程及方法。
(3)掌握制粒的目的、方法、常用设备原理。

【技能目标】

(1)能制备出软硬适宜的软材。
(2)能制备出质量合格的维生素C颗粒。

【基本知识】

颗粒剂的制备过程中需要适宜的辅料,主要有填充剂、黏合剂与润湿剂,根据需要也可加入适宜的矫味剂、芳香剂、着色剂和防腐剂等添加剂。制粒辅料的选用应根据药物性质、制备工艺、辅料的价格等因素来确定,辅料的类型及特点可参考本书中片剂的项目。

填充剂(也称稀释剂)主要是用来增加制剂的重量或体积,有利于制剂成型,常用的有淀粉、糖粉、乳糖、微晶纤维素、无机盐类等。

润湿剂指本身没有黏性,但能诱发待制粒物料黏性,以利于制粒的液体。常用的润湿剂有纯化水和乙醇。

黏合剂指本身具有黏性,能增加无黏性或黏性不足的物料黏性,从而有利于制粒的物质。常用作黏合剂的有:①淀粉浆,常用浓度为5%~10%,主要有煮浆和冲浆两种制法;②纤维素衍生物,如羧甲基纤维素钠(CMC-Na)、羟丙基纤维素(HPC)、羟丙基甲基纤维素(HPMC)、甲基纤维素(MC);③其他,如聚维酮K30(PVP)、聚乙二醇(PEG)、2%~10%明胶溶液、50%~70%蔗糖溶液等。

颗粒剂制备可分为湿法制粒法和干法制粒法,其工艺流程见图2-26、2-27。

颗粒剂制备的核心工序是制粒,是将粉末聚结成具有一定形状与大小的颗粒的操作。制粒广泛应用于固体制剂的生产,如颗粒剂、胶囊剂、片剂等。

一、制粒的目的

制粒的目的在于:①改善物料的流动性;②防止各成分的离析,保持多成分的均匀性;③防止粉尘飞扬及器壁上的黏附,可防止粉尘暴露导致的环境污染与原料的损失,有利于GMP的管理;④调整堆密度,改善溶解性能;⑤改善片剂生产中压力的均匀传递;⑥便于服用,携带方便,提高商品价值等。

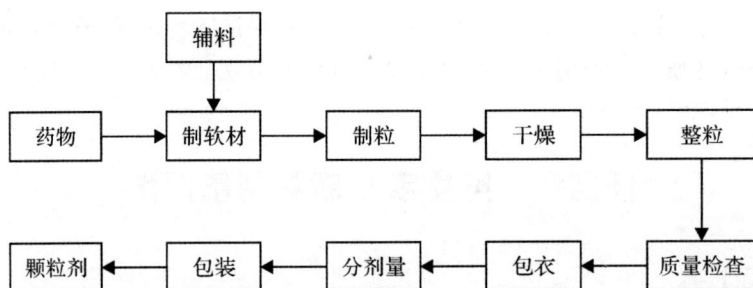

图 2-26　湿法制粒法工艺流程图

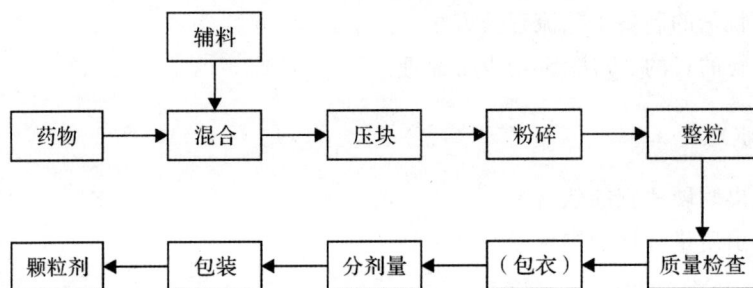

图 2-27　干法制粒法工艺流程图

二、制粒方法

制粒通常分为湿法制粒和干法制粒两种。

1.湿法制粒

湿法制粒是在粉末物料中加入黏合剂,粉末靠黏合剂的架桥作用或黏结作用聚结在一起而制备颗粒的方法。

制湿颗粒之前需要制软材。制软材是传统湿法制粒的关键技术,是将药物与适当的稀释剂(如淀粉、蔗糖或乳糖等)、崩解剂(如淀粉、纤维素衍生物等)充分混匀,加入适量的水或其他黏合剂制软材,达到"手握成团,轻压即散"为准。

湿法制粒可分为挤压制粒、高速搅拌制粒、流化床制粒、喷雾制粒等。

(1)挤压制粒:把药物粉末用适当的黏合剂制成软材后,用强制挤压的方式使其通过具有一定大小筛孔的孔板或筛网而制粒的方法。

挤压制粒的方式较多,如螺旋挤压式、旋转挤压式、摇摆挤压式等,其操作原理相似,即软材在外力的作用下通过筛网或辊子。挤压制粒得到的颗粒形状以圆柱状、角状为主,经过继续加工可制成球状、不定形等,颗粒的大小取决于筛子的孔径或挤压轮上的孔的大小。

制软材是挤压制粒的关键工序,指在已混合均匀的粉末状物料中加入适宜的润湿剂或黏合剂溶液,用手工或混合机混合均匀而制成软材。软材的干湿程度应适宜,生产中多凭经验掌握,以手握成团而不粘手,用手指轻压能裂开为适度。润湿剂和黏合剂的用量以能制成适宜软材的最少量为原则。

(2)高速搅拌制粒:将药物粉末、辅料和黏合剂加入一个容器内,靠高速旋转的搅拌器的搅拌作用和切割刀的切割作用,迅速完成混合并制成颗粒的方法。此种方法可使混合、握合、制粒在同一封闭容器内完成,具有操作简单、省工序、制粒速度快、制得颗粒大小均匀,近似球形等特点。目前,在制药工业中常将高速搅拌制粒与流化干燥设备结合在一起使用,可进一步提供密闭环境。

高速搅拌制粒时影响粒径大小与致密性的主要因素有:①黏合剂的种类、加入量、加入方式;②原料粉末的粒度(粒度越小,越有利于制粒);③搅拌速度;④搅拌器的形状与角度、切割刀的位置等。

(3)流化床制粒:又称沸腾干燥制粒。指将物料装入容器中,物料粉末在自上而下的气流作用下保持悬浮的流化状态,黏合剂向流化层喷入,使粉末聚结成颗粒的方法。此法由于在一台设备内完成混合、制粒、干燥过程,因此又称一步制粒。

在流化床制粒中,物料粉末靠黏合剂的架桥作用相互聚结成粒。制粒的影响因素较多,除了黏合剂的选择、原料粒度的影响外,操作条件也影响很大。如气流的速度影响物料的流化分散状态、干燥状态等;气流的温度影响物料表面的润湿与干燥;黏合剂的喷雾量影响粒径的大小,喷雾量增加,粒径变大;喷雾速度影响粉体粒子间的结合速度及粒径的均匀性;喷嘴的高度影响喷雾的均匀性和润湿程度等。

(4)喷雾制粒:将药物溶液或混悬液用雾化器喷雾于干燥室内的热气流中,使水分迅速蒸发,以直接制成球状干燥细颗粒的方法。该法在数秒钟内即完成原料液的浓缩、干燥制粒的过程,原料液含水量可达70%以上。国外有不少供直接压片的辅料多用本法制成,如喷雾干燥乳糖、可压性淀粉等。

2.干法制粒

干法制粒指将药物和辅料的粉末混合均匀,压缩成大片或板状后,粉碎成颗粒的方法。基本工艺是将药物(必要时加入稀释剂等混匀)用适宜的设备压成块或大片状,然后再粉碎成大小适宜的颗粒。当药物对湿热敏感而不能以湿法制粒时,干法制粒比较适宜。干法制粒压片法可分为滚压法和大片法两种。

(1)滚压法:利用转速相同的两个滚动圆筒之间的缝隙,将药物与辅料的混合物压成硬度适宜的薄片,再碾碎、整粒。用本法压块时,粉体中的空气易于排出,产量较高,但压制的颗粒有时不均匀。目前国内已有滚压、碾碎、整粒的整体设备。

(2)大片法:又称重压法,指将药物与辅料的混合物在较大压力的压片机上用较大的冲模预先加压,得到大片,然后破碎制成适宜的颗粒。本法能使处方中的少量有效成分获得均匀分布,但生产效率较低。

三、制粒设备

1.挤压制粒设备

(1)摇摆式颗粒机:主要由电机、传动装置、滚轮、筛网、加料斗、底座等组成,见图2-28、2-29。制粒时将软材置于料斗中,其下部装有六条绕轴往复转动的六角形滚轮,滚轮之下有筛网,筛网由固定器固定并紧靠滚轮,当滚轮往复转动时,软材挤压通过筛网而成颗粒。筛网通常采用尼龙筛、镀锌铁丝筛和不锈钢筛。

图 2-28　摇摆式颗粒机　　　　　图 2-29　摇摆式颗粒机原理示意图

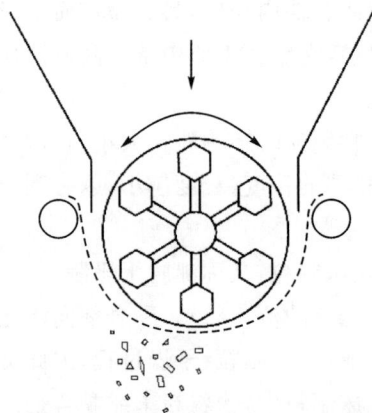

　　(2)螺旋挤出制粒机:螺旋挤出制粒机分单螺杆和双螺杆两种,挤出形式有前出料和侧出料两种,主要由入料斗、螺旋杆、制粒板、齿轮箱和动力系统、冷却加热套管等组成,见图2-30、2-31。制粒时将软材置于入料斗中,在螺杆输送、挤压作用下,从制粒板挤出,得到湿颗粒。

图 2-30　螺旋挤出制粒机

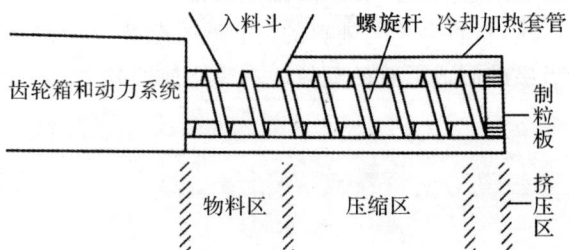

图 2-31　螺旋挤出制粒机原理示意图

2.高速搅拌制粒机

　　高速搅拌制粒机又称高效混合制粒机、高效湿法制粒机等。该设备由容器、搅拌桨、切割刀、出料装置等组成,见图2-32、2-33。制粒时将物料加入容器中,用搅拌桨搅拌物料混匀后,加入黏合剂(直接由加料斗流入或喷枪喷入),搅拌桨使物料在短时间内翻滚混合成软材,再由切割刀切割使其成颗粒,改变搅拌桨和切割刀的转速,可获得 20~80 目之间大小不同的颗粒。

图 2-32 高速搅拌制粒机

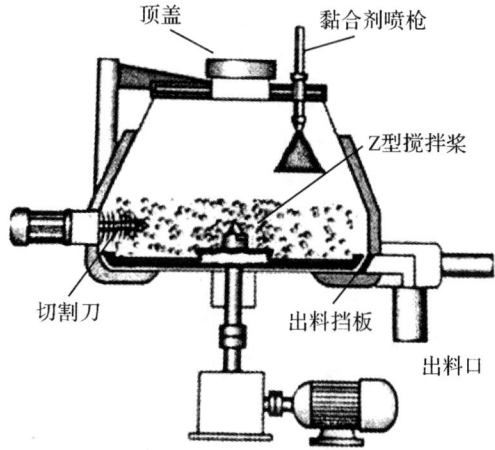

图 2-33 高速搅拌制粒机原理示意图

3.流化床制粒

流化床制粒是采用流化技术,用热气流使固体粉末保持流态化状态,再喷入黏合剂溶液,将粉末结聚成颗粒的方法。由于粉粒呈流态化在筛板上翻滚,如同沸腾状,故又称为流化制粒或沸腾制粒;又由于此法将混合、制粒、干燥在同一台设备内一次性完成,因此还可称为一步制粒法。流化床制粒机见图 2-34,流化床制粒机原理见图 2-35。

图 2-34 流化床制粒机

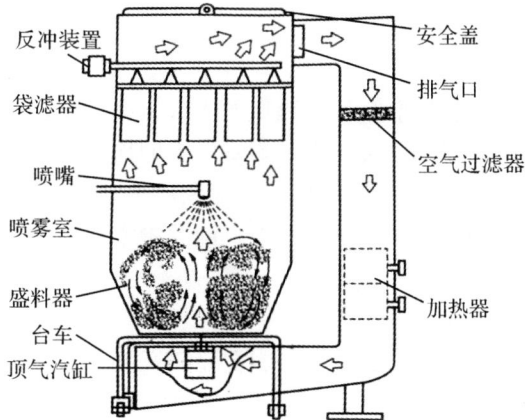

图 2-35 流化床制粒机原理图

引风机使流化室内部形成负压,外界空气通过进风口,经过过滤和加热,由流化床底部的孔板进入塔体,将物料向上吹起,呈沸腾(流化)状,使物料在流化状态下混合均匀;然后将制粒的黏合剂由蠕动泵输送,在压缩空气的作用下雾化成液滴,通过喷枪喷至沸腾的物料上,使物料润湿,集结成颗粒。通过合理控制喷浆量的大小和喷浆时间,以及引风的大小、温度等参数,可以得到大小均匀的颗粒。制粒完成后,关闭蠕动泵,在热风的作用下可以将颗粒干燥,得到干颗粒。若需包衣,可以通过喷枪将包衣液喷至沸腾的颗粒上,使颗粒表面均匀地涂上包衣液,再干燥即可。

流化床制粒与湿法制粒相比,具有简化工艺、设备简单、减少原料消耗、节约人力、减轻劳动强度、避免环境和药物污染、可实现自动化等特点。此外,流化床制粒粒度均匀,松实适宜,故压出的片子含量均匀,片重差异小,崩解迅速,释放度好。流化床制粒法的缺点是能量消耗较大,对密度相差悬殊的物料的制粒不太理想。

4.喷雾干燥制粒机

该设备结构主要由干燥室、雾化器、加热器、分离器等组成,见图2-36。喷雾制粒机原理见图2-37。

图2-36 喷雾干燥制粒机

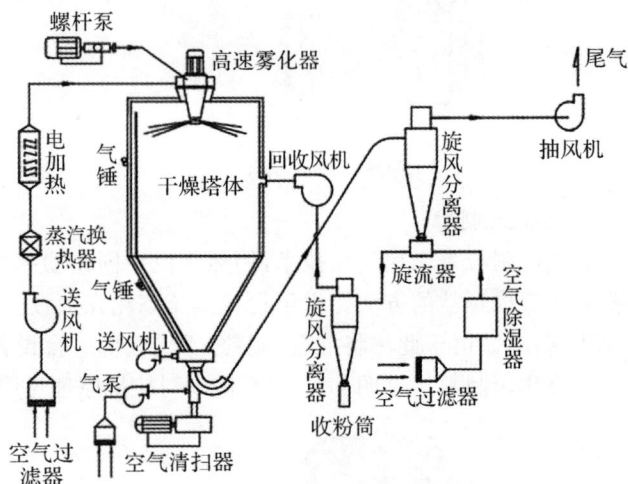

图2-37 喷雾制粒机原理图

原料液由料液槽进入雾化器,被喷成液滴,分散于热气流中,空气经蒸汽加热器或电加热器进入干燥室与液滴接触,液滴中的水分迅速蒸发,液滴经干燥后形成固体细粒落于器底,干品可连续或间歇出料,废气由干燥室下方的出口流入旋风分离器,进一步分离出固体粉末,然后经风机和袋滤器后排出。喷雾干燥制粒中,原料液在干燥室内喷雾成微小液滴是靠雾化器完成,因此雾化器是喷雾干燥制粒机的关键零件。常用的雾化器有压力式雾化器、气流式雾化器、离心式雾化器。

5.滚压制粒机

滚压制粒机主要由料斗、送料器、压轮、粉碎锤等组成,见图2-38、2-39。制粒时,混合好的干粉物料从顶部加入,经预压进入轧片机内,在轧片机的双提压轮挤压下变成片状,片状物料经过破碎、整粒、筛粉等过程,得到需要的颗粒。此设备使物料经机械压缩成型,不破坏物料的化学性能,不降低产品的有效含量,适用于一些热敏性药物的制粒。

图 2 - 38　滚压制粒机

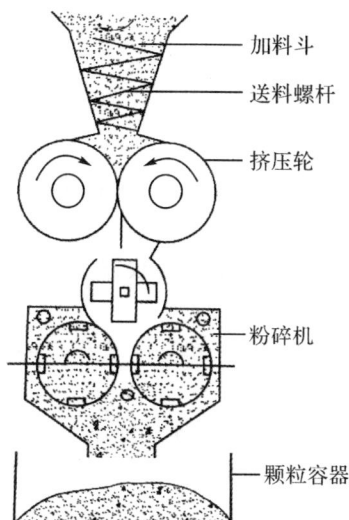

加料斗
送料螺杆
挤压轮
粉碎机
颗粒容器

图 2 - 39　滚压制粒机结构示意图

四、颗粒的干燥

除了流化法(或喷雾制粒法)及干法制得的颗粒已被干燥以外,其他方法制得的颗粒必须再用适宜的方法加以干燥,以除去水分、防止结块或受压变形。常用的方法有箱式干燥法、红外线干燥法、微波干燥法等。

五、整粒与分级

在干燥过程中,某些颗粒可能发生粘连,甚至结块。因此,要对干燥后的颗粒给予适当的整理,以使结块、粘连的颗粒散开,获得具有一定粒度的均匀颗粒,这就是整粒的过程。一般采用过筛的办法整粒和分级。

【技能操作】

一、任务描述

处 方

维生素 C	1.0 g
糊精	10.0 g
糖粉	9.0 g
柠檬酸	0.1 g
50%乙醇(体积分数)	适量

按照颗粒剂制备工艺流程的方法,将处方中的物料制成合格的颗粒。

二、操作步骤

要求在 90 分钟内完成下列任务。

1.课前准备

查到,检查工作服穿戴规范,清点仪器、药品,熟知任务报告单。

2.检查设备及清洁

记录现场温湿度,并对设备仪器进行检查和清洁。

3.称量

使用适当天平,按天平的正确操作规程,按处方量进行称量。

4.混合

先将糊精、糖粉混合后,再采用等量递增法将维生素 C 混合均匀。

5.制软材,制湿颗粒

将柠檬酸溶于少量的 50% 乙醇作为黏合剂,少量多次加入混合物中,使软材成为“手握成团,轻压即散”的状态。使用摇摆式制粒机制备湿颗粒。

6.干燥,整粒

将制备好的湿颗粒摊平放入烘箱,80 ℃烘 10 分钟,选用 1 号筛和 5 号筛对烘干的颗粒剂进行整理与分级。

7.包装

将颗粒分成 10 等份,分装于易封袋中。

8.清场

任务完成后,将天平、试剂、药品等归还于原位,并清理实验桌面。

三、操作注意事项

(1)摇摆式颗粒机使用前需进行试运转及调试,并符合标准作业程序(SOP)要求。

(2)湿颗粒制备好之后要及时干燥,否则容易成团。

(3)干燥时注意将湿颗粒摊平置于托盘,勿堆积太厚。

(4)干燥时间不能太长,也不能太短。时间太长则颗粒容易炭化,时间太短则水分过多。

四、实施条件

维生素 C 颗粒制备实施条件

项目	基本实施条件
场地	50 m² 以上的药物制剂室
设备、工具	摇摆式制粒机(YK-60)、振荡筛、常压干燥箱、百分之一电子天平、药筛、吸尘器、温湿度表等
物料	维生素 C、糊精、糖粉、无水乙醇、柠檬酸

五、评价标准

维生素 C 颗粒制备评价标准

评价内容		分值	考核点及评分细则
职业素养与操作规范 20分		5	工作服穿着规范,双手洁净,不染指甲,不留长指甲,不披发得5分
		5	工作态度认真,遵守纪律得5分
		5	实验完毕后将工具等清理复位得5分
		5	规范清场并清理干净得5分
技能 80分	生产前检查	10	温度检查得5分
			湿度检查得5分
		5	设备、仪器等清洁得5分
	称量	10	药品的称量:用称量纸称量得2分;去皮操作得2分
			称取结束使天平恢复得2分;取药时注意手握瓶标签得2分
			多余药品妥善处理得2分
	混合	10	采用等量递增法得10分
	制备颗粒	15	摇摆式颗粒机试运转及调试过程符合 SOP 要求得5分
			摇摆式颗粒机正确使用与制粒得5分
			使用结束,规范清理摇摆式颗粒机得5分
		10	干燥温度控制得4分;干燥时间控制得4分
			颗粒干燥过程中的翻动得2分
		10	整粒时药筛选用正确得5分;整粒过程符合规范得3分
			规范收集整粒后物料得2分
		5	颗粒干燥、粒度均匀得5分
		5	在规定时间内完成任务得5分

六、任务报告单

维生素 C 颗粒制备任务报告单

任务名称		实训时间	
温度		湿度	
实训工具			
实训物料			
操作步骤			
结论			
操作者			

任务二 布洛芬泡腾颗粒制备操作

【知识目标】

(1)掌握泡腾颗粒剂的制备方法。

(2)熟悉颗粒剂的质量要求。

【技能目标】

能制备出合格的泡腾颗粒剂。

【基本知识】

泡腾颗粒是由药物与泡腾崩解剂制成,遇水即产生二氧化碳气体,使药液产生气泡而呈泡腾状态的颗粒剂。由于酸、碱中和反应产生二氧化碳,使颗粒快速崩散,因此具有速溶性。同时,二氧化碳溶于水后呈酸性,能刺激味蕾,因而可达到矫味的作用,若再配以芳香剂和甜味剂等,可得到碳酸饮料的风味。常用作泡腾崩解剂的有有机酸、枸橼酸或酒石酸等,弱碱常用碳酸钠或碳酸氢钠等。

其制法的核心关键是保证有机酸和碱在混合前不遇到水而发生反应。一般将处方药物物料分成两份,一份中加入有机酸及其他适量辅料制成酸性颗粒,干燥备用;另一份中加入弱碱及其他适量辅料制成碱性颗粒,干燥备用。再将两种干颗粒混合均匀,整粒,包装即得。应严格控制干燥颗粒中的水分,以免服用前酸碱发生反应。

【技能操作】

一、任务描述

处方

布洛芬	6 g
羧甲基纤维素钠	0.3 g
聚维酮异丙醇	1.0 g
蔗糖细粉	35 g
苹果酸	16.5 g
无水碳酸钠	1.5 g
橘型香料	0.7 g
十二烷基硫酸钠	0.03 g
共制	20 袋

根据给定处方,按照泡腾颗粒的制备工艺制备出布洛芬泡腾颗粒。

二、操作步骤

要求在 60 分钟内完成下列任务。

1. 课前准备

查到,检查工作服穿戴规范,清点仪器、药品,熟知任务报告单。

2. 检查设备及清洁

记录现场温度及湿度,并对设备仪器进行检查和清洁。

3. 称量、过筛

按照处方称量各组分,蔗糖粉碎过 80 目筛,布洛芬、羧甲基纤维素钠和苹果酸分别过 16 目筛,无水碳酸钠、十二烷基硫酸钠和橘型香料过 60 目筛,备用。

4. 制粒

聚维酮用 2 mL 异丙醇溶解,混合好的酸性物料使用聚维酮异丙醇溶液作为黏合剂,制备软材,过 20 目筛制粒,50 ℃下干燥,使用 30 目筛整粒。

5. 总混、分装

将酸性颗粒与剩余的碱性处方成分混匀,即得布洛芬泡腾颗粒。将制成的布洛芬泡腾颗粒装入不透水的袋中。

6. 清场

任务完成后,将天平、试剂、药品等归还于原位,并清理实验桌面。

三、操作注意事项

(1)处方中羧甲基纤维素钠为不溶性亲水聚合物,可改善布洛芬的混悬性;十二烷基硫酸钠可加快药物的溶出。

(2)聚维酮异丙醇溶液作为黏合剂,泡腾颗粒剂应避开水,本法属非水的湿法制粒。

(3)苹果酸和无水碳酸钠是泡腾剂。

(4)蔗糖细粉、橘型香料为矫味剂。

四、实施条件

布洛芬泡腾颗粒制备实施条件

项目	基本实施条件
场地	40 m² 以上的药物制剂室
设备、工具	百分之一电子天平、药筛(16 目、20 目、30 目、60 目、80 目)、吸尘器、温湿度表
物料	布洛芬、羧甲基纤维素钠、聚维酮、蔗糖细粉、苹果酸、无水碳酸钠、橘型香料、十二烷基硫酸钠、异丙醇

五、评价标准

布洛芬泡腾颗粒制备评价标准

评价内容		分值	考核点及评分细则
职业素养与操作规范 20分		5	工作服穿着规范,双手洁净,不染指甲,不留长指甲,不披发得5分
		5	工作态度认真,遵守纪律得5分
		5	实验完毕后将工具等清理复位得5分
		5	规范清场并清理干净得5分
技能 80分	制备前准备	5	温、湿度检查得5分
		5	称量设备的选用和检查正确得5分
		5	筛网的选用和检查正确得5分
		5	使用器具进行清洁得5分
	颗粒剂制备	10	按照处方量正确称取物料得10分
		20	酸性粉末的混合得10分
			碱性粉末的混合得10分
		15	酸性粉末制得软材得5分
			软材过筛制粒得5分
			干燥得5分
		10	总混合得10分
		5	在规定时间内完成任务得5分

六、任务报告单

布洛芬泡腾颗粒制备任务报告单

任务名称		实训时间	
温度		湿度	
实训工具			
实训物料			
操作步骤			
结论			
操作者			

任务三 颗粒剂粒度检查操作

【知识目标】

(1)掌握颗粒剂粒度的检查方法。

(2)熟悉颗粒剂的质量要求。

【技能目标】

能按照《中国药典》(2015 年版)正确进行颗粒剂粒度检查并判断是否合格。

【基本知识】

颗粒剂的质量检查除主药含量外,《中国药典》(2015 年版)四部制剂通则中还规定了外观、粒度、干燥失重、溶化性及装量差异等检查项目。

(1)外观:颗粒剂应干燥、均匀、色泽一致,无吸潮、软化、结块、潮解等现象。

(2)粒度:除另有规定外,一般取单剂量包装颗粒剂 5 袋或多剂量包装颗粒剂 1 袋,称定重量,置于药筛内保持水平状态,轻轻筛动 3 分钟,不能通过 1 号筛(2000 μm)与能通过 5 号筛(180 μm)的粉粒总和不得超过供试量的 15%。

(3)干燥失重:除另有规定外,取供试品按《中国药典》(2015 年版)干燥失重测定法测定,于 105 ℃干燥至恒重,含糖颗粒剂应在 80 ℃减压干燥,减失质量不得超过 2.0%。

(4)溶化性:①可溶颗粒剂,取颗粒剂 10 g 加热水 200 mL,搅拌 5 分钟,应全部溶化或有轻微混浊,但不得有异物。②泡腾颗粒剂,取单剂量包装的泡腾颗粒剂 3 袋,分别置于 200 mL 水中,水温 15~25 ℃,应能迅速产生二氧化碳气体而呈泡沫状,5 分钟内 3 袋颗粒均应分散或溶解在水中。

(5)装量差异:检查方法参考《中国药典》(2015 年版)有关规定。

单剂量包装的颗粒剂,其装量差异限度应符合表 2-4 的规定。取单剂量包装的颗粒剂 10 袋,除去包装,分别精密称定每袋内容物的装量,计算平均装量,每袋装量与平均装量相比较(无含量测定的颗粒剂,每袋装量与标示装量比较),超出装量差异限度的颗粒剂不得多于 2 袋,并不得有一袋超出装量差异限度的 1 倍。

表 2-4 颗粒剂装量差异限度要求

标示装量/g	装量差异限度/%
1.0 或 1.0 以下	±10.0
1.0 以上至 1.5	±8.0
1.5 以上至 6.0	±7.0
6.0 以上	±5.0

(6)装量:多剂量包装的颗粒剂,按照最低装量检查法,应符合规定。

【技能操作】

一、任务描述

取市售或自制颗粒剂,按《中国药典》(2015年版)四部制剂通则中颗粒剂粒度检查标准进行颗粒剂粒度检查,判断检查结果是否符合规定。

二、操作步骤

要求在45分钟内完成下列任务。

1.课前准备
查到,检查工作服穿戴规范,清点仪器、药品,熟知任务报告单。

2.检查设备及清洁
记录现场温度及湿度,并对设备仪器进行检查和清洁。

3.取样
对市售或自制颗粒剂进行取样:取单剂量的5袋或多剂量的1袋。

4.筛分,称重
先过1号筛再过5号筛。收集未通过1号筛和通过5号筛的颗粒,并进行称重。

5.计算,结果判断
计算并判断此批颗粒剂粒度检查是否合格:未通过1号筛和通过5号筛的颗粒(粉末)之和/总颗粒×100%≤15%。将结果填于相应表格中。

6.清场
任务完成后,将天平、试剂、药品等归还于原位,并清理实验桌面。

三、操作注意事项

(1)筛网选择1号筛和5号筛,筛分去除不能通过1号筛(粗颗粒)和能通过5号筛(粉末)后称重。
(2)筛分时应保持筛网水平并进行左右往返振动。
(3)筛分时力度不要过大,防止颗粒飞溅出来。

四、实施条件

颗粒剂粒度检查实施条件

项目	基本实施条件
场地	20 m² 以上的药物制剂室
设备、工具	振荡筛、千分之一电子天平、药筛、吸尘器、温湿度表
物料	待检颗粒(自制或市售)

五、评价标准

颗粒剂粒度检查评价标准

评价内容		分值	考核点及评分细则
职业素养与操作规范 20分		5	工作服穿着规范,双手洁净,不染指甲,不留长指甲,不披发得5分
		5	工作态度认真,遵守纪律得5分
		5	实验完毕后将工具等清理复位得5分
		5	规范清场并清理干净得5分
技能 80分	检测前准备	5	温、湿度检查得5分
		5	称量设备的选用和检查正确得5分
		5	筛网的选用和检查正确得5分
		5	使用器具进行清洁得5分
	颗粒剂粒度检查	10	可溶性颗粒的取样正确:取单剂量的5袋或多剂量的1袋得10分
		10	筛网的筛分顺序符合规范:先过1号筛得5分
			再过5号筛得5分
		10	筛分过程符合规范:正确振动(水平过筛、左右往返)得10分;药物溅出者扣5分
		5	规范收集筛分后物料:收集未通过1号筛和通过5号筛的颗粒(粉末)得5分
		10	称量操作符合规范:天平的调零和称量正确得10分
		10	计算:未通过1号筛和通过5号筛的颗粒(粉末)之和/总颗粒×100%得5分
			结果判断:是否符合粒度标准〔未通过1号筛和通过5号筛的颗粒(粉末)之和不能超过15%即为合格〕得5分
		5	在规定时间内完成任务得5分

六、任务报告单

颗粒剂粒度检查任务报告单

任务名称		实训时间	
温度		湿度	
实训工具			
实训物料			
操作步骤			
计算公式及结论			
操作者			

项目五 胶囊剂制备技术

一、胶囊剂的概念和特点

胶囊剂指将药物填装于空心硬质胶囊中或密封于弹性软质胶囊中而制成的固体制剂。上述硬质胶囊壳或软质胶囊壳的材料(以下简称囊材)都由明胶、甘油、水及其他的药用材料组成,但各成分的比例不尽相同,制备方法也不同。

胶囊剂具有如下一些特点。

(1)能掩盖药物不良嗅味、提高药物稳定性:因药物装在胶囊壳中与外界隔离,避开了水分、空气、光线的影响,对具不良嗅味、性质不稳定的药物有一定程度上的遮蔽、保护与稳定作用。

(2)药物在体内起效快:胶囊剂中的药物是以粉末或颗粒状态直接填装于囊壳中,不受压力等因素的影响,所以在胃肠道中迅速分散、溶出和吸收,一般情况下其起效将高于丸剂、片剂等剂型。

(3)液态药物固体剂型化:含油量高的药物或液态药物难以制成丸剂、片剂等,但可制成软胶囊剂,将液态药物以个数计量,服药方便。

(4)可延缓药物释放和定位释药:可将药物按需要制成缓释颗粒装入胶囊中,以达到缓释延效作用,康泰克胶囊即属此种类型;制成肠溶胶囊剂既可将药物定位释放于小肠,亦可制成直肠给药或阴道给药的胶囊剂,使定位在这些腔道释药;对在结肠段吸收较好的蛋白类、多肽类药物,可制成结肠靶向胶囊剂。

胶囊剂虽有很多优点,但下列情况不宜制成胶囊剂。

(1)药物的水溶液和稀乙醇溶液。

(2)填充风化性药物。

(3)吸湿性较强的药物。

(4)易溶性药物或小剂量的刺激性药物。

(5)小儿用药不宜制成胶囊剂。

因为胶囊壳的主要囊材是水溶性明胶,所以填充的药物不能是水溶液或稀乙醇溶液,以防囊壁溶化。若填充易风干的药物,可使囊壁软化,若填充易潮解的药物,可使囊壁脆裂,因此,具有这些性质的药物一般不宜制成胶囊剂。胶囊壳在体内溶化后,在胃中极易溶解,溶解后局部浓度过高而刺激胃黏膜,因此易溶性的刺激性药物也不宜制成胶囊剂。

二、胶囊剂分类

1.硬胶囊(统称为胶囊)

硬胶囊指采用适宜的制剂技术,将原料药物或加适宜辅料制成的均匀粉末、颗粒、小片、小丸、半固体或液体等,充填于空心胶囊中的胶囊剂。

2.软胶囊

软胶囊又称胶丸,指将一定量的液体原料药物直接包封,或将固体原料药物溶解或分散在适宜的辅料中制备成溶液、混悬液、乳状液或半固体,密封于软质囊材中的胶囊剂,可用滴制法或压制法制备,如维生素 E 胶丸、藿香正气软胶囊等。

3.缓释胶囊

缓释胶囊指在规定的释放介质中缓慢地非恒速释放药物的胶囊剂。

4.控释胶囊

控释胶囊指在规定的释放介质中缓慢地恒速释放药物的胶囊剂。

5.肠溶胶囊

肠溶胶囊指用肠溶材料包衣的颗粒或小丸充填于胶囊而制成的硬胶囊,或用适宜的肠溶材料制备而得的硬胶囊或软胶囊。肠溶胶囊不溶于胃液,但能在肠液中崩解而释放活性成分。

三、胶囊剂质量要求

胶囊剂在生产与贮藏期间应符合下列有关规定。

(1)胶囊剂应整洁,不得有黏结、变形、渗漏或囊壳破裂等现象,并应无异味。

(2)胶囊剂的内容物无论是原料药物还是辅料,均不应造成囊壳的变质。

(3)小剂量原料药物应用适宜的稀释剂稀释,并混合均匀。

(4)硬胶囊可根据适宜的制剂技术制备不同形式的内容物充填于空心胶囊中。

(5)胶囊剂的溶出度、释放度、含量均匀度、微生物限度等应符合要求。

(6)除另有规定外,胶囊剂应密封贮存,其存放环境温度不高于 30 ℃,湿度应适宜,防止受潮、发霉、变质。

任务一 阿司匹林胶囊制备操作

【知识目标】

(1)掌握胶囊剂的定义、分类、特点。

(2)掌握胶囊剂的制备工艺及方法。

(3)了解胶囊壳的成分和囊壳制备方法。

【技能目标】

能使用胶囊填充板手工制备阿司匹林胶囊。

【基本知识】

硬胶囊和软胶囊的制法不同。

一、硬胶囊剂制备

硬胶囊剂的制备一般分为空胶囊的制备和填充物料的制备、填充、封口等工艺过程,其工艺流程见图 2-40。

图 2-40 硬胶囊制备工艺流程图

1. 空心胶囊

(1)空心胶囊组成:明胶是空心胶囊的主要成囊材料,是由骨、皮水解而制得的(由酸水解制得的明胶称为 A 型明胶,等电点 pH 值 7~9;由碱水解制得的明胶称为 B 型明胶,等电点 pH 值 4.7~5.2)。以骨骼为原料制得的骨明胶,质地坚硬,性脆且透明度差;以猪皮为原料制得的猪皮明胶,富有可塑性,透明度好。为兼顾囊壳的强度和塑性,采用骨、皮混合胶较为理想。还有其他胶囊,如淀粉胶囊、甲基纤维素胶囊、羟丙基甲基纤维素胶囊等,但均未广泛使用。

空心胶囊的材料一般还加入一定的附加剂。为增加韧性与可塑性,一般加入增塑剂,如甘油、山梨醇、CMC-Na、HPC、油酸酰胺磺酸钠等;为减小流动性、增加胶冻力,可加入增稠剂琼脂等;对光敏感药物,可加遮光剂二氧化钛(2%~3%);为美观和便于识别,可加食用色素等着色剂;为防止霉变,可加防腐剂尼泊金等。以上组分并不是任一种空胶囊都必须具备,而应根据具体情况加以选择。

(2)空心胶囊规格与质量:空胶囊的质量与规格均有明确规定,空胶囊共有 8 种规格,但常用的为 0~5 号,随着号数由小到大,容积由大到小见表 2-5。

表 2-5 空胶囊的号数与容积

空胶囊号数	000	00	0	1	2	3	4	5
容积/mL	1.40	0.95	0.75	0.55	0.40	0.30	0.25	0.15

小容积胶囊为儿童用药或填充贵重药品。空心胶囊有普通型和锁口型两类,锁口型胶囊的囊帽和囊体有闭合用的槽圈,套合后不易松开,能保证在生产、贮存和运输过程中不漏粉。在制备胶囊时应按药物剂量及所占容积来选择合适的空心胶囊。

(3)空心胶囊制备:空心胶囊的主要制备流程为:溶胶—配液—蘸胶(制坯)—干燥—拔壳—切割—整理。空心胶囊生产一般由自动化生产线完成,生产环境洁净度应达 B 级,温度 10~25 ℃,相对湿度 35%~45%。

(4)空心胶囊质量与储存:空心胶囊除应检查明胶本身的质量外,还应对外观、长度、厚度、臭味、水分、脆碎度、溶化时限、炽灼残渣、微生物等检查。储存时注意防潮、防污染。

2. 内容物

硬胶囊可通过制备成不同形式和功能的内容物充填于空心胶囊中。更多的情况是在药物中添加适量的辅料后,才能满足生产或治疗的要求。胶囊剂常用的辅料有稀释剂,如淀粉、微晶纤维素、蔗糖、乳糖、氧化镁等,润滑剂如硬脂酸镁、硬脂酸、滑石粉、二氧化硅、微粉硅胶等。

(1)药物为粉末时:当主药剂量小于所选用胶囊充填量的 1/2 时,通常需要加入淀粉类、微晶纤维素等稀释剂;当主药为粉末或针状结晶、引湿性药物时,流动性差,给填充操作带来困难,常加微粉硅胶或滑石粉等润滑剂,以改善其流动性。

(2)药物为颗粒时:许多胶囊剂是将药物制成颗粒、小丸后再充填入胶囊壳内;以浸膏为原料的中药颗粒剂,引湿性强,可加入乳糖、微晶纤维素、预胶化淀粉等辅料以改善其引湿性。

(3)药物为液体或半固体时:硬胶囊内充填液体药物时,需要解决液体从囊帽与囊体接合处的泄漏问题,一般采用增加充填物黏度的方法,可加入增稠剂使液体变为非流动性软材,然后灌装入胶囊中。

3.物料的处理与填充

硬胶囊剂的生产过程中应采取有效措施防止交叉污染,生产环境的空气洁净度要求达到D级。

(1)物料的处理粉碎、过筛、称量配制、混合工序与散剂的相同。

(2)充填硬胶囊的生产目前已普遍采用全自动胶囊填充机充填药物,见图2-41。

图2-41 全自动胶囊填充机

目前全自动胶囊填充机的式样虽很多,但是充填过程一般都包括以下几步。①空心胶囊的定向排列:从空胶囊盛装罐落下的杂乱无序的空胶囊经过排序与定向装置后,均被排列成胶囊帽向上的状态,并逐个落入回转台的囊板孔中。②囊帽和囊体的分离:拔壳装置利用真空吸力使胶囊落入下囊板孔中,而胶囊帽则留在上囊板孔中。③错位:上囊板不动,下囊板向下向外移动,为填充药料准备。④填充药料:胶囊体的上口置于定量填充装置下方,定量填充装置将物料填充进胶囊体。⑤剔废:剔除装置将未拔开的空心胶囊从上囊板孔中剔出去。⑥囊帽和囊体套合:上、下囊板孔的轴线对正,并通过外加压力使胶囊帽与胶囊体闭合。⑦成品排出:闭合胶囊被出囊装置顶出囊板孔,并经出囊滑道进入胶囊收集装置。⑧清洁:清洁装置将上、下囊板孔中的药粉、胶囊皮等污染物清除。随后进入下一个操作循环。

(3)实验室小规模生产采用胶囊填充板充填药物,见图2-42。其填充过程分为以下几步。①把排列板放在帽板上,放入胶囊帽,晃动,使胶囊帽掉入帽板上,剔去排列板上多余的胶囊帽。②把排列板放在体板上，放入胶囊体，晃动，使胶囊帽掉入体板上，剔去排列板上多余的胶囊体。③在体板上倒入药粉，用刮粉板来回刮动药粉使其均匀进入体板中，再刮尽多余的药粉。④把中间板孔大的一面盖在帽板上，使胶囊帽进入中间板的套合孔中。⑤将重叠的帽板和中间板翻转过来盖在已填充好药粉的体板上并对齐。⑥轻轻下压摇晃使胶囊预套合后再重压使其锁合。⑦将整套板翻过来，拿掉帽板，取出中间板，翻转中间板收集胶囊。

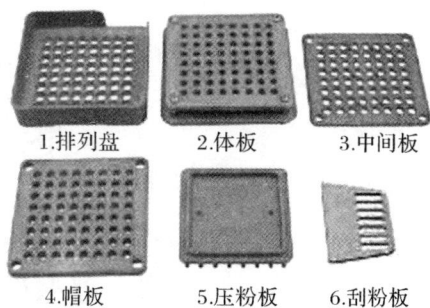

1.排列盘　2.体板　3.中间板
4.帽板　5.压粉板　6.刮粉板

图 2-42　胶囊填充板

二、软胶囊剂制备

1.囊壳

软胶囊的囊壳主要由明胶、增塑剂、水三者构成，常用的增塑剂有甘油、山梨醇或两者的混合物，其他辅料如遮光剂、防腐剂（可用尼泊金类）、色素等。囊壳的弹性与干明胶、增塑剂和水所占的比例有关，通常干明胶、增塑剂、水三者的重量比为 $1:(0.4\sim0.6):1$。增塑剂的用量与软胶囊成品的软硬度有关，若增塑剂用量过低或过高，则囊壁会过硬或过软。

2.内容物

软胶囊中可填装各种油类、对明胶无溶解作用的液体药物及药物溶液，也可填装药物混悬液、半固体物。

3.软胶囊剂的制备方法

软胶囊常用的制备方法有压制法和滴制法，压制法制备的软胶囊中间有压缝，可根据模具的形状来确定软胶囊的外形，常见的有橄榄形、椭圆形、球形、鱼雷形等；滴制法制备的软胶囊呈球形且无缝。

（1）压制法：将明胶、甘油、水等混合溶解为明胶液，并制成厚薄均匀的胶片，再将药物置于两个胶片之间，用钢模压制而成软胶囊的一种方法。压制法可分为平板模式和滚模式两种，目前生产上主要使用滚模式。

明胶桶中的明胶液经两根输胶管分别通过两侧预热的涂胶机箱，将明胶液涂布于温度为 $16\sim20\ ℃$ 的鼓轮上。随着鼓轮的转动，并在冷风的冷却作用下，明胶液在鼓轮上定型为具有一定厚度的均匀的明胶带。两边所形成的明胶带分别由胶带导杆和送料轴送入两滚模之间。同时，药液由储液槽经导管进入温度为 $37\sim40\ ℃$ 的楔形注入器中，并被注入旋转滚模的明胶带内，注入的药液体积由计量泵的活塞控制。当明胶带经过楔形注入器时，其内表面被加热至 $37\sim40\ ℃$ 而软化，已接近于熔融状态。因此，受药液压力作用和轮状模子连续转动，将胶带与药液压入两模的凹槽中，胶带全部轧压结合，使胶带将药液包裹成一个球形或椭圆形或其他形状的囊状物，多余的胶带被切制分离，见图 2-43。制出的胶丸铺摊于浅盘内，用石油醚洗涤后，送入干燥隧道中，在相对湿度 $20\%\sim30\%$，温度 $21\sim24\ ℃$ 鼓风条件下进行干燥，即得。

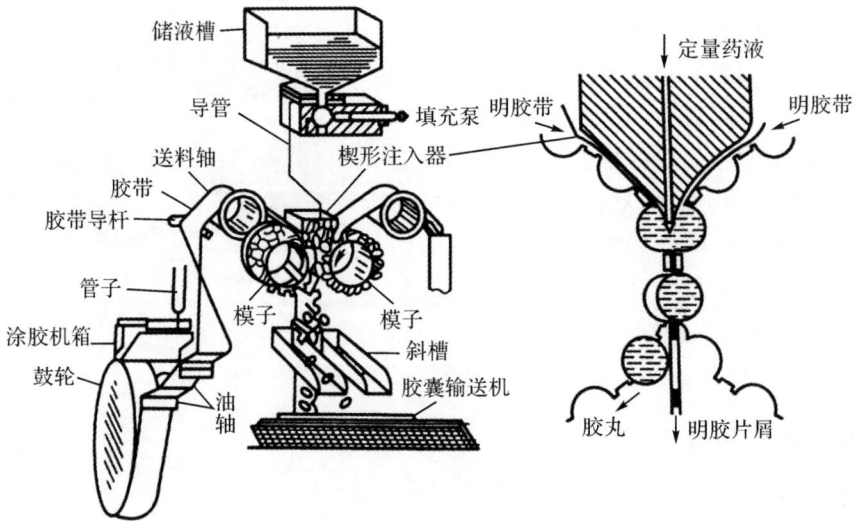

图 2-43 压制法制备软胶囊剂示意图

(2)滴制法:由具有双层喷头的滴丸机完成,滴丸机由储液槽、计量泵、喷嘴、冷却器等部分组成,见图 2-44、2-45。制备时,将配制好的明胶液和药液分别盛装于明胶液槽和药液槽内,经柱塞泵吸入并计量后,明胶液从外层、药液从内层喷嘴喷出,两者必须在严格同心条件下以有序同步喷出,定量的明胶液将定量的药液包裹,然后滴入与胶液不相溶的冷却液(常为液状石蜡)中,由于表面张力作用形成球形,经冷却后凝固成球形的软胶囊。将制得的胶丸在室温下冷风干燥,经石油醚洗涤两次,再经过乙醇洗涤后,除尽胶丸表面的液状石蜡,于 25～35 ℃烘干即得。

图 2-44　滴丸机

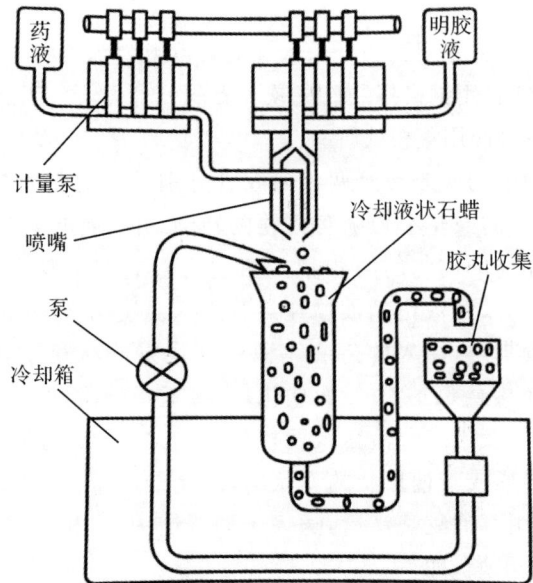

图 2-45　滴制法制备软胶囊剂示意图

影响软胶囊质量的因素有药液与明胶液的温度、喷头的大小、滴制速度、冷却液的温度等因素,应通过实验筛选适宜的工艺技术条件。

【技能操作】

一、任务描述

处 方

阿司匹林	6 g
淀粉	80 g
糊精	60 g
滑石粉	20 g
苏丹红	0.2 g
共制	400 粒

按照硬胶囊剂制备工艺,利用胶囊填充板制备出合格阿司匹林胶囊。

二、操作步骤

要求在 90 分钟内完成下列任务。

1. 课前准备

查到,检查工作服穿戴规范,清点仪器、药品,熟知任务报告单。

2. 检查设备及清洁

对设备仪器如天平、填充板等进行检查和清洁。

3. 称量

根据药物的性质分别进行称量。

4. 粉碎,筛分,混合

将药料粉碎过 100 筛,分别采用等量递增法和打底套色法混合物料。

5. 胶囊填充

在手工填充板上装好胶囊体和胶囊帽,将预混合好的阿司匹林填充物装进胶囊体中,然后胶囊体和胶囊帽锁扣,并用液体石蜡抛光。

6. 结果判断,填写

对处理好的胶囊进行结果检查:外观光亮,无破损的,无变形的胶囊剂。将结果填于相应表格中。

7. 清场

任务完成后,将天平、试剂、药品等归还于原位,并清理实验桌面。

三、操作注意事项

(1)含量相差悬殊的物料混合时应采用等量递增法。

(2)筛分时应保持筛网水平并进行左右往返振动,筛分时力度不要过大,防止颗粒飞溅出来。

(3)混合是关键,要用相应的方法混合好物料。

(4)套合时需要预套合,再用力压锁口。

四、实施条件

阿司匹林胶囊制备实施条件

项目	基本实施条件
场地	50 m² 以上的药物制剂室
设备、工具	手工填充板、百分之一电子天平、研钵、药筛等
物料	阿司匹林、淀粉、滑石粉、苏丹红

五、评价标准

阿司匹林胶囊胶囊制备评价标准

评价内容		分值	考核点及评分细则
职业素养与操作规范 20分		5	工作服穿着规范,双手洁净,不染指甲,不留长指甲,不披发得5分
		5	爱护仪器,不浪费药品、试剂,及时记录实验数据得5分
		5	实验完毕后将设备、药品和工具等清理复位得5分
		5	规范清场并清理干净得5分
技能 80分	称量	5	天平的正确使用得5分
	前处理	5	按操作规程进行粉碎操作得5分
		5	使用恰当药筛(100目筛)正确振动筛分得5分
		5	混合方法的选择:等量递增法和打底套色法的操作正确得5分
	填充胶囊	10	正确使用手工填充板安装胶囊帽得10分
		10	正确使用手工填充板安装胶囊体得10分
		10	正确填充阿司匹林内容物得10分
		10	正确使用中间板等10分
		5	预套合得5分
		10	正确锁死胶囊体和胶囊帽得5分,使用液体石蜡抛光得5分
	结果检查	5	结果判断(外观光亮,无破损的,无变形的胶囊剂)得5分

六、任务报告单

阿司匹林胶囊制备任务报告单

任务名称		实训时间	
温度		湿度	
实训工具			
实训物料			
操作步骤			
结论			
操作者			

任务二　胶囊剂装量差异检查操作

【知识目标】

(1)熟悉胶囊剂的质量要求。

(2)掌握胶囊剂装量差异检查方法。

【技能目标】

能按《中国药典》(2015 年版)要求正确进行胶囊剂的装量差异检查并判断是否合格。

【基本知识】

胶囊剂的质量应符合《中国药典》(2015 年版)对胶囊剂的要求。

1.外观

胶囊外观应整洁,不得有粘连、变形或破裂现象,并应无异臭。硬胶囊剂的内容物应干燥、松紧适度、混合均匀。

2.水分

硬胶囊剂内容物的水分,除另有规定外,不得超过 9.0%。

3.装量差异

取供试品 20 粒,分别精密称定重量,倾出内容物(不得损失囊壳),硬胶囊剂囊壳用小刷或其他适宜的用具拭净(软胶囊剂囊壳用乙醚等溶剂洗净,置通风处使溶剂挥散尽),再分别精密称定囊壳重量,求出每粒胶囊内容物的装量与 20 粒的平均装量。每粒装量与平均装量相比较,超出装量差异限度的不得多于 2 粒,并不得有一粒超出限度一倍,见表 2-6。

表 2-6　胶囊剂装量差异限度要求

标示装量或平均装量/g	装量差异限度/%
0.30 以下	±10.0
0.30 及 0.30 以上	±7.5

4.崩解度

硬胶囊剂或软胶囊剂的崩解时限,应符合《中国药典》(2015 年版)的规定,除另有规定外。取供试品 6 粒,如胶囊漂浮于液面可加 1 块挡板。硬胶囊剂应在 30 分钟内全部崩解,软胶囊剂应在 1 小时内全部崩解。如有 1 粒不能完全崩解,应另取 6 粒按上述方法复试,均应符合规定,软胶囊可改在人工胃液中进行检查。肠溶胶囊剂按上述装置与方法先在盐酸溶液(9→1000)中检查 2 小时,每粒的囊壳均不得有裂缝或崩解现象,然后将吊篮取出,用少量水洗涤后,每管各加入挡板 1 块,再按上述方法改在人工肠液中进行检查,1 小时内应全部崩解,如有 1 粒不能完全崩解另取 6 粒按上述方法复试,均应符合规定。

凡规定检查溶出度或释放度的胶囊剂可不再进行崩解时限检查。

【技能操作】

一、任务描述

取待检胶囊 20 粒,按《中国药典》(2015 年版)胶囊剂装量差异检查方法进行测定,正确判断检查结果是否符合规定。

二、操作步骤

要求在 45 分钟内完成下列任务。

1.课前准备

查到,检查工作服穿戴规范,清点仪器、药品,熟知任务报告单。

2.检查设备及清洁

对天平进行检查和清洁。

3.取样,称量

取硬胶囊 20 粒,并编上号。先称量每一粒硬胶囊重量,再倾其内容物,用刷子将胶囊壳刷干净,最后称量胶囊壳的重量。

4.结果计算

每粒装量＝每粒重量－每粒囊壳重量,求其平均装量,并计算(每粒装量－平均装量)/平均装量×100％,也可求范围:max＝平均装量＋平均装量×装量差异限度;min＝平均装量－平均装量×装量差异限度。

5.结果判断,填写

结果与胶囊剂的平均装量差异限度表比较,超出差异限度的不得多于 2 片,并不得有 1 片超出限度 1 倍。将结果填于相应表格中。

6.清场

任务完成后,将天平、试剂、药品等归还于原位,并清理实验桌面。

三、操作注意事项

(1)称量胶囊壳时应将囊壳内清理干净,无粉末、颗粒或其他内容物,否则会影响结果判断。

(2)称量时保持安静,待天平数值稳定后再读数。

四、实施条件

胶囊剂装量差异检查实施条件

项目	基本实施条件
场地	50 m² 以上的药物制剂室
设备、工具	千分之一电子天平 2 台、称量纸、刷子、拖把、抹布、喷壶等
物料	待检胶囊

五、评价标准

胶囊剂装量差异检查评价标准

评价内容		分值	考核点及评分细则
职业素养与操作规范 20分		5	工作服穿着规范,双手洁净,不染指甲,不留长指甲,不披发得5分
		5	工作态度认真,遵守纪律得5分
		5	实验完毕后将工具等清理复位得5分
		5	规范清场并清理干净得5分
技能 80分	胶囊剂装量差异检查	5	硬胶囊剂的取样正确:取硬胶囊20粒,得5分
		5	天平的调零处理正确得5分
		30	称量过程符合规范:先分别称量20粒重量,并编号得10分
			再倾其内容物,使用刷子将胶囊壳刷干净得10分
			最后分别称量已编号囊壳重量得10分
		10	称量操作符合规范得10分
		20	结果判断:每粒装量=每粒重量-每粒囊壳重量,求其平均装量计算正确得5分
			计算:(每粒装量-平均装量)/平均装量×100%,或求范围,计算正确得5分
			判断是否符合重量差异,结果判断正确得10分(结果与胶囊剂的平均装量差异限度表比较,超出差异限度的不得多于2片,并不得有1片超出限度1倍)
		10	在规定时间内完成任务得10分

六、任务报告单

胶囊剂装量差异检查任务报告单

编号	胶囊总重量/g	胶囊壳重量/g	装量/g
1			
2			
3			
4			
5			
6			
7			
8			
9			
10			
11			
12			
13			
14			
15			
16			
17			
18			
19			
20			
平均装量			
限度值			
结果计算			
结果判断			
操作者			

项目六　片剂制备技术

一、片剂概念和特点

片剂指药物与辅料均匀混合后压制而成的片状制剂,其外观有圆形的,也有异形的(如椭圆形、三角形、菱形等),它是现代药物制剂中应用最为广泛的剂型之一。片剂创始于19世纪40年代,世界各国药典收载的制剂中以片剂为最多。近年来,随着科学技术的蓬勃发展,对片剂的成形理论也有了深入的研究,随之出现了多种新型辅料、新型高效压片机等,推动了片剂品种的多样化,提高了片剂的质量,实现了连续化规模生产。

片剂具有以下优点:①剂量准确,含量均匀,以片数作为剂量单位;②化学稳定性较好,因为体积较小、致密,受外界空气、光线、水分等因素的影响较少,必要时可通过包衣加以保护;③携带、运输、服用均较方便;④生产的机械化、自动化程度较高,产量大、成本及售价较低;⑤可以制成不同类型的各种片剂,如分散(速效)片、控释(长效)片、肠溶包衣片、咀嚼片和口含片等,以满足不同临床医疗的需要。也有不足之处:①幼儿及昏迷患者不易吞服;②压片时加入的辅料,有时影响药物的溶出和生物利用度;③如含有挥发性成分,久贮含量有所下降。

二、片剂分类

1.口服用片剂

(1)普通片:药物与辅料均匀混合经压制而成的片剂。常用的未包衣的片剂(亦称素片)多属此类。其片重一般为0.1~0.5 g。

(2)包衣片:在普通压制片外面包衣膜的片剂。包衣的目的是增加片剂中药物的稳定性,掩盖药物的不良气味,改善片剂的外观等。按照包衣材料的不同,包衣片又可分为以下几种:①糖衣片,指外包糖衣(主要包衣材料是蔗糖)的片剂。②薄膜衣片,指外包高分子薄膜材料的片剂。③肠溶衣片,指用肠溶衣包衣材料进行包衣的片剂。片剂包肠溶衣后,可防止药物在胃内分解失效、对胃产生刺激或控制药物在肠道内定位释放。

(3)多层片:由两层或多层组成的片剂。各层含不同的药物,或各层的药物相同而辅料不同。这类片剂有两种:一种按照上、下顺序分为两层或多层;另一种是先将一种颗粒压成片芯,再将另一种颗粒压包在片芯之外,形成片中有片的结构。制成多层片不但可避免复方制剂中不同药物之间的配伍变化,也可制成一层由速效颗粒制成,另一层由缓释颗粒制成的缓释片剂。

(4)咀嚼片:在口腔中咀嚼后吞服的片剂。咀嚼片一般应选择甘露醇、山梨醇、蔗糖等水溶性辅料作填充剂和黏合剂。咀嚼片的硬度要适宜。咀嚼片适合于儿童或吞咽困难的患者,可用于助消化药、维生素及胃药,如复方氢氧化铝片、三硅酸镁片等。

(5)分散片:在水中能迅速崩解并均匀分散的片剂。分散片中的药物应是难溶性的。分散片可加水分散后口服,也可将分散片含于口中吮服或吞服。分散片应进行溶出度和分散均匀性检查。

(6)泡腾片:含有碳酸氢钠和有机酸,遇水可产生气体而呈泡腾状的片剂。泡腾片中的药物应是易溶的,加水产生气泡后应能溶解。有机酸一般用枸橼酸、酒石酸、富马酸等。

(7)可溶片:临用前能溶于水的非包衣片或包薄膜衣片剂。可溶片应溶解于水中,形成澄清的溶液,可供口服、外用、含漱等。可溶片应进行崩解时限检查,介质为水,温度 $15\sim25$ ℃,除另有规定外,各片均应在 30 分钟内全部崩解并溶化,如阿莫西林可溶片。

(8)缓释片:在规定的释放介质中缓慢地非恒速释放药物的片剂。缓释片服药次数少、治疗时间长,方便了患者;血药浓度平稳可避免峰谷效应,减少毒副作用,如尼莫地平缓释片。

(9)控释片:在规定的释放介质中缓慢地恒速释放药物的片剂。控释片维持血药浓度恒定,效力持久,多见于心血管药物,如硝苯地平控释片、氯化钾渗透泵片等。

(10)微型片:一般指直径小于 2 mm 的小型片剂;可以装入空心胶囊中,如盐酸普罗帕酮微型片胶囊。

2.口腔用片剂

(1)含片:含于口腔中,缓慢溶化产生局部或全身作用的片剂。含片中的药物应是易溶的,主要起局部消炎、杀菌、收敛、止痛或局部麻醉作用,如含碘喉症片等。这一类片剂的片重、直径和硬度均可大于普通片。含片的溶化性按照崩解时限检查法检查,除另有规定外,10 分钟内不能全部崩解或溶化。

(2)舌下片:置于舌下能迅速溶化,药物经舌下黏膜吸收发挥全身作用的片剂。舌下片可防止胃肠液 pH 及酶对药物的不良影响,也可避免药物的肝脏首过效应。舌下片中的药物应是易溶性的,主要适用于急症的治疗。硝酸甘油等血管扩张剂、甲睾酮等激素类药物常制成舌下片应用。舌下片按照崩解时限检查法检查,除另有规定外,应在 5 分钟内全部溶化。

(3)口腔崩解片:一种新型片剂,指不需用水或只需用少量水,无须咀嚼,片剂置于舌面,遇唾液迅速崩解,吞咽后入胃起效的片剂,如利培酮口腔崩解片、阿立哌唑口腔崩解片等。

(4)口腔贴片:粘贴于口腔,经黏膜吸收后起局部或全身作用的片剂。这类片剂用于全身作用时可避开肝脏的首过效应,迅速达到治疗浓度;用作局部治疗时剂量小、副作用少,在口腔滞留可达 20 小时,维持药效时间长,又便于随时中止给药,如硝酸甘油贴片、乙酸地塞米松贴片等。

3.外用片剂

阴道片与阴道泡腾片指置于阴道内使用的片剂。阴道片和阴道泡腾片的形状应易置于阴道内,可借助器具将阴道片送入阴道。阴道片为普通片,在阴道内应易溶化、溶散或融化、崩解并释放药物,主要起局部消炎、杀菌作用,也可给予性激素类药物。具有局部刺激性的药物,不得制成阴道片。阴道片按照融变时限检查法检查,应符合规定。阴道泡腾片按照发泡量检查,应符合规定。

4.其他用途的片剂

(1)皮下注射用片:供皮下或肌内注射用的无菌片剂。注射时溶解于灭菌注射用水中。现已很少使用。

(2)植入片:通过手术或特制的注射器埋植于皮下缓缓溶解、吸收产生长久药效(长达数月至数年)的无菌片剂。一般为长度不大于 8 mm 的圆柱体,灭菌后单片避菌包装。多为剂量小、作用强烈的激素类药物,常将纯净的药物结晶,在无菌条件下压制而成或制成片剂后进行灭菌。

三、片剂质量要求

为了保证和提高片剂的治疗效果,各国药典对收载的片剂均有严格的质量要求,《中国药典》(2015 年版)四部制剂通则对片剂在生产与储藏期间的质量要求也有明确的规定:①含量准确,重量差异小;②硬度适宜,应符合脆碎度的要求;③外观光洁,色泽均匀;④在规定贮藏期内不得变质;⑤一般口服片剂的崩解时间和溶出度应符合要求;⑥符合微生物限度检查的要求。对于某些片剂另有各自的要求,如小剂量药物片剂应符合含量均匀度检查要求,植入片应无菌,口含片、舌下片、咀嚼片应有良好的口感等。

四、片剂的辅料

片剂由药物和辅料组成。辅料指片剂内除药物以外的一切附加物料的总称,亦称赋形剂。不同辅料可提供不同功能,即填充作用、黏合作用、吸附作用、崩解作用和润滑作用等,根据需要还可加入着色剂、矫味剂等,以提高患者的顺应性。片剂的辅料必须具备较高的化学稳定性,不与主药发生任何物理化学反应,对人体无毒、无害、无不良反应,不影响主药的疗效和含量测定。根据各种辅料所起的作用不同,将辅料分为五大类。

(一)填充剂

填充剂是稀释剂和吸收剂的总称。稀释剂的主要用途是增加片剂的质量和体积。为利于成型和分剂量,片剂冲模直径一般不小于 6 mm,片重一般都大于 100 mg。而不少药物剂量较小,如维生素 B_1 为 10 mg,利血平仅为 0.25 mg,因此,必须加入稀释剂方能成型。吸收剂的用途是吸收片剂处方中的液体成分。当原料中含有较多的挥发油或其他液体时,需先加入适当的吸收剂吸附或吸收后,将液体组分转化为固体粉末或颗粒,再制片。填充剂一般是片剂配方中用量最大的一类辅料,也往往是除了主药之外最重要的一类辅料,会直接影响片剂的性能。

1. 填充剂分类

(1)稀释剂:①水溶性填充剂,如乳糖、蔗糖、甘露醇、山梨醇等;②水不溶性填充剂,如淀粉、微晶纤维素、硫酸钙、磷酸氢钙等;③直接压片用填充剂,如喷雾干燥乳糖、改良淀粉等。

(2)吸收剂:氧化镁、氢氧化铝、硫酸钙($CaSO_4 \cdot 2H_2O$)、磷酸氢钙($CaHPO_4 \cdot 2H_2O$)等。

2. 常用填充剂

(1)淀粉:主要用玉米淀粉和马铃薯淀粉。玉米淀粉杂质少、色泽白、吸湿性较弱、价格便宜,马铃薯淀粉色泽较差(白度低)但吸湿性较强。淀粉属多糖类,由糖淀粉(又称直链淀粉)和胶淀粉(又称支链淀粉)组成,在冷水中不溶,在水中加热至 68~72 ℃ 则糊化成胶体溶液。本品性质较稳定,能与多种药物配伍,是片剂中常用的填充剂。当淀粉单独用作稀释剂时,制成的颗粒难以干燥,特别是用流化床干燥方法时较为明显,可压性差,弹性复原率高,压制的片剂硬度较差。因此,淀粉常与适量糖粉、糊精混合用作填充剂,使片剂的硬度增加。

(2)预胶化淀粉:淀粉经物理方法使其部分胶化的产品。为白色干燥粉末,无臭无味,性质稳定,微溶于冷水,不溶于有机溶剂,水溶性、吸湿性等与淀粉相似。本品具有良好的流动性、可压性、自身溶胀性和黏合性,制成的片剂具有较好的硬度和崩解度,为片剂良好的填充剂、黏合剂和崩解剂。用作填充剂时,应用比例可高达 75%。

(3)糊精:淀粉水解的中间产物,其成分中除糊精外,尚含有可溶性淀粉及葡萄糖等。本品不溶于乙醇,微溶于水,能溶于沸水中成黏胶状溶液。糊精常与淀粉、糖粉配合使用作为片剂的填充剂,兼有黏合剂作用。维生素类及其他小剂量药物选择糊精作填充剂时,应严格控制其用量,否则会由于糊精的较强黏结性,造成颗粒过硬而使片面出现麻点、水印等现象,并影响片剂的崩解。

(4)糖粉:由结晶性蔗糖或甜菜糖经低温干燥后磨成的粉末,味甜,黏合力强,多用于口含片、咀嚼片、中草药或其他疏松与纤维性药物的填充剂和黏合剂。用糖粉作稀释剂时,由于糖粉具有一定的黏性,不仅可减少松散现象,而且使片剂的硬度增加、片面光洁美观。糖粉有一定的吸湿性,其吸湿性与转化糖的含量有关,若用量过大,易使片剂在储存过程中逐渐变硬而影响药物的溶出速率。

(5)乳糖:由等分子葡萄糖及半乳糖组成的白色结晶性粉末。味甜,易溶于水,难溶于醇,性质稳定,可与大多数药物配伍使用。常用的乳糖为含有一分子结晶水的结晶乳糖,即 α-乳糖,无吸湿性,可压性好,制成的片剂光洁美观,药物溶出度符合要求,是一种理想的片剂填充剂。用喷雾干燥法制成的乳糖为非结晶型,球形度好,有良好的流动性和黏合性,可供粉末直接压片用。淀粉、糊精和糖粉的混合物(8:1:1)可代替乳糖,但药物的溶出则不及乳糖。

(6)甘露醇与山梨醇:互为异构体,均为白色、无臭、结晶性粉末。甘露醇无吸湿性,具有一定的甜味,在口内溶解时因吸热而有清凉感,多用于维生素类、制酸剂类等咀嚼片剂的稀释剂。但价格较贵,常与蔗糖配合使用。山梨醇吸湿性较强,使用时有局限性。

(7)微晶纤维素(MCC):纤维素部分水解而制成的聚合度较小的多孔性颗粒或粉末,根据其粒度及粒度分布不同,分为多种型号。本品具有良好的可压性和较强的结合力,适用于直接压片工艺。除作为填充剂外,兼有助流、崩解和黏合作用。

常用填充剂性能比较见表 2-7。

表 2-7　常用填充剂性能比较

辅料名称	优点	缺点
淀粉	价廉、易得	可压性差
预胶化淀粉	较好流动性、可压性	片剂硬度差
蔗糖	价廉、易得、甜味	吸湿性
糊精	价廉、易得	黏性大,影响崩解
乳糖	可压性好	有配伍禁忌
微晶纤维素	流动性、可压性、崩解性好	静电吸附
糖醇类	口感好	价格贵,流动性差
无机盐类	片剂外观好	有配伍禁忌、影响吸收

(二)润湿剂与黏合剂

1.润湿剂

润湿剂是一种本身无黏性的液体,当将其加入到某些具有黏性的药物或辅料中时,可诱导或启发物料本身黏性,产生足够强度的黏结力,有助于将物料加工成型。常用的润湿剂有水和不同浓度的乙醇溶液。

（1）纯化水：最常用的润湿剂，无毒、无味、价廉，但是干燥温度高、时间长，对于水敏感的药物非常不利。单纯用水作润湿剂，尤其是处方中水溶性成分较多时，应注意徐徐加入，边加边搅拌，防止水被部分粉末迅速吸收，造成部分软材溶解结块现象。用不同浓度的水-醇混合液作湿润剂可在一定程度上克服上述缺点。

（2）乙醇：适用于遇水易分解的药物或遇水黏性较大的药物。常用的乙醇浓度为 $30\%\sim70\%$，浓度越高，润湿后产生的黏性越小，制成的颗粒比较松散，压成的片剂崩解较快；如果药物的水溶性较大、黏性强时，乙醇的浓度应稍高些；反之则浓度可稍低。用乙醇作润湿剂时，应迅速搅拌，立即制粒，并控制操作室温度以减少挥发。

2. 黏合剂

不少药物本身缺乏黏性或黏性较小，导致制粒和压片困难，在制备软材时需加入有一定黏性的辅料，这种辅料称为黏合剂。黏合剂能增加各组分粒子间的结合力，以利于制粒和压片。黏合剂有液体黏合剂和固体黏合剂之分，在湿法制粒压片中常用液体黏合剂，在干法制粒压片中，也使用固体黏合剂。

（1）黏合剂按用法分类。

1）水性黏合剂：以水溶液或胶浆的形式发挥黏性，如蔗糖、淀粉、明胶、羧甲基纤维素钠等。

2）干燥黏合剂：以干燥的固体粉末、结晶或颗粒形式发挥黏性，但此类黏合剂在溶液状态下黏性一般更强（约为干燥状态的 2 倍），如高纯度糊精、改良淀粉等。

3）非水黏合剂：常用乙醇、丙酮等非水溶剂溶解或润湿后发挥黏性，如乙基纤维素、聚乙烯吡咯烷酮、羟丙甲基纤维素等。此类黏合剂有的也同时溶于水，配制时溶解速度略慢。

（2）常用黏合剂。

1）淀粉浆：俗称淀粉糊，是常用的黏合剂之一。适用于对湿热较稳定的药物制粒用，其浓度和用量应根据物料的性质作适当调整，一般浓度为 $8\%\sim15\%$，常用浓度为 10%。淀粉浆有两种配制方法。①煮浆法：称取淀粉适量，向淀粉中徐徐加入全量冷水，搅匀后用蒸汽加热并不断搅拌至糊状，放冷，即得。这种淀粉浆中几乎所有淀粉粒都糊化，故黏性较强。②冲浆法：称取淀粉适量，先用 $1\sim1.5$ 倍冷水调成薄糊状，再冲入全量沸水，随时搅拌至成半透明糊状。这种淀粉浆有一部分淀粉未能充分糊化，因此黏性不如煮浆法制的浆强。

2）糖浆：指蔗糖的水溶液，常用浓度为 $60\%\sim70\%$，黏度随浓度的升高而增高。糖浆的黏合力较淀粉浆强，特别适用于纤维性药物、疏松药物粉末的黏合。酸碱性较强的药物能导致蔗糖转化而增加其引湿性，因此，糖浆很少单独使用，常与淀粉浆按一定比例混合使用。

3）纤维素及其衍生物。

①甲基纤维素和乙基纤维素（MC 和 EC）：两者分别是纤维素的甲基或乙基醚化物。甲基纤维素具有良好的水溶性，可形成黏稠性较强的胶浆，作为黏合剂使用，可改善崩解或溶出速率。乙基纤维素不溶于水，在乙醇等有机溶媒中的溶解度较大，并根据其浓度的不同产生不同强度的黏性，可用作对水敏感的药物的黏合剂。乙基纤维素对片剂的崩解和药物的释放有阻滞作用，利用这一特性，可通过调节乙基纤维素或水溶性黏合剂的用量，改变药物的释放速度，用作缓释制剂的黏合剂。

②羧甲基纤维素钠（CMC-Na）：本品为白色纤维状或颗粒状粉末，无臭、无味，有吸湿性，易分散于水中成胶体溶液，不溶于乙醇。水溶液对热不稳定，黏度随温度的升高而降低。$1\%\sim2\%$ 的水溶液常用作湿法制粒的黏合剂，但压制的片剂有逐渐变硬倾向，影响崩解时间。

③羟丙基甲基纤维素(HPMC)：本品为白色至乳白色，无臭、无味，纤维状或颗粒状的粉末，能溶于水及部分极性有机溶剂。在水中能溶胀形成黏性溶液，加热和冷却可在溶液与凝胶两种状态中互相转化。HPMC 的干燥粉末和溶液广泛用作片剂的黏合剂，具有崩解迅速，溶出速率高等特点。常用浓度为 2%～5%。

④聚维酮胶浆(PVP)：本品易溶于水，也易溶于乙醇成为黏稠胶状液体。因此，PVP 的固体粉末、水溶液、醇溶液均可作为黏合剂，用于水溶性、水不溶性及对水敏感的药物的制粒。5% 的 PVP 无水乙醇溶液可用于泡腾片中酸、碱混合粉末的制粒，可避免在水存在下发生化学反应。

⑤明胶浆与阿拉伯胶浆：明胶、阿拉伯胶溶于水均能形成黏性较大的胶浆。用作黏合剂时的常用浓度：明胶溶液为 10%～20%，阿拉伯胶溶液为 10%～25%。以明胶作黏合剂制成的颗粒较硬，片剂硬度较大，因此，主要用于容易松散和不能用淀粉浆制粒的药物，也适用于不需崩解或需延长作用时间的口含片等。

(三)崩解剂

崩解剂指加入片剂中能促使片剂在胃肠液中迅速崩解成细小粒子的辅料。由于片剂是机械压制而成，如果片剂配方中不含有崩解剂，片剂质硬而致密，口服后在胃肠道中崩解很慢，影响疗效。除了缓(控)释片及某些特殊用途的片剂(如口含片、植入片、黏附片、长效片)外，一般均需加入崩解剂。

1.崩解剂作用机制

崩解剂的主要作用是克服由黏合剂或由压制成片剂时形成的结合力，从而使片剂崩解。其作用机制有以下几个。

(1)毛细管作用：一些崩解剂和填充剂，特别是直接压片用辅料，结构上多为微小的圆球形亲水性聚集体，在加压下形成了无数孔隙和毛细管，具有强烈的吸水性，使水迅速进入片剂中，将整个片剂浸润而崩解。

(2)膨胀作用：崩解剂多为高分子亲水性物质，压制成片后，遇水易于被润湿并通过自身一定倍数的膨胀使片剂崩解。这种膨胀作用还包括润湿过程放热所致的片剂中残存空气的膨胀。

(3)产气作用：在片剂中加入泡腾崩解剂，遇水即产生气体，借助气体的膨胀使片剂崩解。

2.崩解剂加入方法

崩解剂加入的方法是否恰当，将直接影响片剂崩解和药物溶出的效果，应根据具体对象和要求分别对待。加入的方法有三种。

(1)内加法：崩解剂在制粒前加入，与黏合剂共存于颗粒内部，崩解较迟缓。但一经崩解，便成粉粒，有利于药物的溶出。

(2)外加法：崩解剂加到经整粒后的干颗粒中。该法使崩解发生于颗粒之间，因而水易于透过，崩解迅速，但颗粒内无崩解剂，不易崩解成粉粒，故药物的溶出稍差。

(3)内外加法：将崩解剂分成两份，一份(50%～75%)按内加法加入，另一份(50%～25%)按外加法加入。内外加法集中了前两种方法的优点。

用量相同时，以两个参数为指标比较崩解剂的三种加入方法的快慢：①片剂崩解速率：外加法＞内外加法＞内加法；②药物的溶出速率：内外加法＞内加法＞外加法。

3.崩解剂种类

崩解剂按其性质和结构可分为以下几种。

(1)干淀粉:将淀粉于 $100\sim105\,℃$ 干燥 1 小时而成,其含水量一般控制在 8% 以下,是一种我国最为传统的崩解剂。干淀粉吸水性较强且具有一定的膨胀性,吸水膨胀率约为 186% ,适用于水不溶性或微溶性药物的片剂,用量一般为配方总量的 $5\%\sim20\%$ 。如用湿法制粒,应控制湿颗粒的干燥温度,以免淀粉胶化而影响其崩解作用。

(2)羧甲基淀粉钠(CMS-Na):具有良好的吸水性和膨胀性,能吸收相当于其干燥体积 30 倍的水,吸水后体积可膨胀至原体积的 300 倍,是一种性能优良的崩解剂。羧甲基淀粉钠具有良好的流动性和可压性,可改善片剂的成型性,增加片剂的硬度。既适用于水不溶性药物的片剂,也适用于水溶性药物的片剂。既适用于湿法制粒压片,又适用于粉末直接压片。本品用量一般为 $1\%\sim6\%$ 。

(3)低取代羟丙基纤维素(L-HPC):本品的表面积和孔隙率大,吸水速度和吸收量大,吸水膨胀率为 $500\%\sim700\%$,崩解后颗粒细小,一般用量为 $2\%\sim5\%$ 。

(4)交联聚乙烯吡咯烷酮(PVPP):本品在水中可迅速溶胀形成无黏性的胶体溶液,崩解效果好,但具有较强的引湿性。一般用量为 $1\%\sim4\%$ 。

(5)交联羧甲基纤维素钠(CCNa):本品不溶于水,能吸收数倍于自身重量的水分而膨胀,具有较好的崩解作用。常用量为 5% ,当与羧甲基淀粉钠合用时,崩解效果更好,但与干淀粉合用时崩解作用会降低。

(6)泡腾崩解剂:本品为一种泡腾片专用崩解剂,为枸橼酸、酒石酸的混合物,加碳酸氢钠或碳酸钠组成的酸-碱系统。遇水时产生二氧化碳气体,使片剂在几分钟内迅速崩解。含有这种崩解剂的片剂,在生产和储存过程中要严格防水。

(7)表面活性剂:作为辅助崩解剂可增加片剂的润湿性,使水分借助毛细管作用,迅速渗透到片心引起崩解。但实践证明,单独使用效果欠佳,常与其他崩解剂合用,起辅助崩解作用,如吐温-80、月桂醇硫酸钠等。

(8)其他:生产中使用的崩解剂还有其他多种。黏土类,如皂土、胶性硅酸镁铝,亲水性强,用于疏水性药物片剂崩解作用比较好;海藻酸盐类,如海藻酸钠、海藻酸等都有较强的亲水性,是良好的崩解剂;酶类对片剂中的某些辅料有酶解作用,当它们配置在同一片剂中时,遇水即能迅速消解。例如,将淀粉酶加入用淀粉浆制成的干燥颗粒内,由此压制的片剂遇水即能崩解。

常用崩解剂性能比较见表 $2-8$ 。

表 2-8 常用崩解剂性能比较

辅料名称	缺点	优点
干淀粉	价廉、易得	不适用于易溶于水的药物
羧甲淀粉钠	崩解性能好	可压性差、有吸湿性
低取代羟丙基纤维素	崩解性能好	与碱性药物有配伍禁忌
交联羧甲纤维素钠	崩解性能好	与强酸、金属盐有配伍禁忌
交联聚维酮	崩解性能好	有吸湿性
泡腾崩解剂	崩解性能好	仅用于泡腾片

(四)润滑剂

1.润滑剂分类

润滑剂按其作用不同,可分为3类。

(1)助流剂:能改善颗粒表面粗糙性,增加颗粒流动性的辅料。其作用是保证颗粒顺利地通过加料斗,进入模孔,便于均匀压片,以满足高速转动的压片机所需的迅速、均匀填料的要求,保证片重差异符合要求。

(2)抗黏剂:能减轻颗粒对冲模黏附性的辅料。其作用是防止压片物料黏着于冲模表面,保证冲面光洁度。

(3)润滑剂:能降低颗粒(或片剂)与冲模孔壁之间摩擦力,改善力的传递和分布的辅料。其作用是增加颗粒的滑动性,使填充良好,片剂的密度分布均匀,保证压出片剂的完整性。

在生产实践中很难找到独具一方面作用的辅料,往往是兼具这三方面的作用,因此将它们统称为润滑剂。在选用润滑剂时,可根据其性能有针对性地选择。

2.润滑剂加入方法

润滑剂的加入方法有以下三种:①直接加到待压的干颗粒中总混,此法不能保证分散混合均匀;②用60目筛筛出颗粒中部分细粉,与润滑剂充分混匀后再加到干颗粒中总混;③将润滑剂溶于适宜的溶剂中或制成混悬液或乳浊液,喷入颗粒中混匀后将溶剂挥发,液体润滑剂常用此法。

3.润滑剂种类

润滑剂可根据其亲水性的强弱分为水溶性与水不溶性两类:水溶性润滑剂主要用于需要完全溶解于水的片剂(如溶液片、泡腾片等),常用品种见表2-9。疏水性及水不溶性润滑剂,如硬脂酸金属盐等,常用品种见表2-10,片剂生产中大部分应用这类润滑剂,用量少,效果好。其中滑石粉属亲水性润滑剂但不溶于水。

表2-9 常用水溶性润滑剂

润滑剂	常用量/%	润滑剂	常用量/%
硼酸	1	乙酸钠	5
苯甲酸钠	5	十二烷基硫酸钠	1~5
聚乙二醇-4000	1~5	十二烷基硫酸镁	1~3
聚乙二醇-6000	1~5	聚氧乙烯月桂醇醚	5

表2-10 常用水不溶性润滑剂

润滑剂	常用量/%	润滑剂	常用量/%
硬脂酸镁	0.1~0.5	聚氧乙烯单硬脂酸酯	0.2~0.5
硬脂酸	0.1~1	微粉硅胶	0.15~3
滑石粉	1~3	石蜡	1~3

4.常用润滑剂

(1)硬脂酸镁:本品为白色、细滑的粉末,具有良好的附着性,易与颗粒混匀而不易分离,压片后片面光滑美观,是一种性质优良、应用广泛的润滑剂。一般用量为 0.25%～1%。本品为疏水性物质,用量过大时会使片剂的崩解迟缓而影响溶出。硬脂酸镁呈碱性反应,某些在碱性环境中不稳定的药物,如阿司匹林、某些抗生素等不宜使用。

(2)滑石粉:滑动性较好,能降低颗粒间的摩擦力,改善颗粒流动性,为优良的助流剂。常用量一般为 0.1%～3%,最多不要超过 5%。但本品颗粒细而比重大,附着力较差,在压片过程中可因机械震动易与颗粒分离,造成上冲黏片现象。本品亲水而不溶于水,质重。

(3)氢化植物油:本品是以喷雾干燥法制得的粉末,是润滑性能良好的润滑剂。应用时,将其溶于轻质液状石蜡或正己烷中,然后将此溶液喷于颗粒上,以利于均匀分布。凡不宜用碱性润滑剂的品种,都可用本品代替。

(4)聚乙二醇(PEG):本品有良好的水溶性,能溶于水形成澄明的溶液,常用作水溶性片剂的润滑剂,如维生素 C 泡腾片等。PEG-4000 或 PEG-6000 也可用与粉末直接压片。

(五)其他

片剂中还加入一些着色剂、矫味剂等辅料以改善口味和外观,但无论加入何种辅料,都应符合药用规格。口服制剂所用色素必须是药用级或食用级,色素的最大用量一般不超过0.05%.注意色素与药物的反应以及干燥中颜色的迁移等。如把色素先吸附于硫酸钙、三磷酸钙、淀粉等主要辅料中可有效地防止颜色的迁移。香精的常用加入方法是将香精溶解于乙醇中,均匀喷洒在已经干燥的颗粒上。近年来开发的微囊化固体香精可直接混合于已干燥的颗粒中压片,得到较好的效果。

片剂的包装与贮存应当做到密封、防潮以及使用方便等,以保证制剂到达患者手中时,依然保持着药物的稳定性与药物的活性。分为多剂量包装和单剂量包装。多剂量包装的容器多为玻璃瓶和塑料瓶,也有用软性薄膜、纸塑复合膜、金属箔复合膜等制成的药袋。单剂量包装主要分为泡罩式(亦称水泡眼)包装和窄条式包装两种形式,均将片剂单个包装,使每个药片均处于密封状态,提高对产品的保护作用,也可杜绝交叉污染。

任务一 湿法制粒压片法制备空白片操作

【知识目标】

(1)掌握片剂的定义、特点和分类。
(2)掌握片剂的辅料种类及应用。
(3)掌握片剂的制备工艺和方法。

【技能目标】

(1)能对片剂处方进行分析。
(2)能制备出质量合格的空白片。

【基本知识】

片剂的生产一般是将药物与辅料混合后,按容积分剂量填充于一定形状的模孔内,经加压而制成片状。压片过程的三大要素是流动性、压缩成形性和润滑性。①流动性好:使流动、充填等粉体操作顺利进行,可减小片重差异;②压缩成形性好:不出现裂片、松片等不良现象;③润滑性好:片剂不黏冲,可得到完整、光洁的片剂。片剂的处方筛选和制备工艺的选择首先考虑能否压出片。

片剂的制备方法按制备工艺分为制粒压片法和直接压片法。其中制粒压片法分为湿法制粒压片法和干法制粒压片法,直接压片法分为粉末直接压片和结晶药物直接压片法。重点介绍湿法制粒压片法。

一、湿法制粒压片法

湿法制粒压片工艺适用于对湿、热稳定的药物,是将药物和辅料的粉末混合均匀后加入液体黏合剂制备颗粒的方法。该方法靠黏合剂的作用使粉末粒子间产生结合力。由于湿法制粒的颗粒具有外形美观、流动性好、耐磨性较强、压缩成形性好等优点,是在医药工业中应用最为广泛的方法,但对于热敏性、湿敏性、极易溶性等物料可采用其他方法制粒,湿法制粒压片法工艺流程见图 2-46。

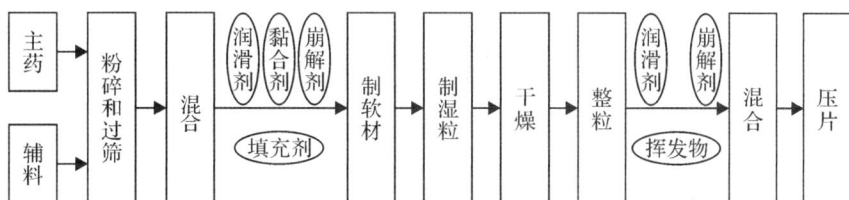

图 2-46 湿法制粒工艺流程图

1.原辅料准备和处理

湿法制粒压片用的原料药及辅料,在使用前必须经过鉴定、含量测定、干燥、粉碎、过筛等处理。其细度以通过 80～100 目筛为适宜,对毒性药、贵重药和有色原辅料宜更细一些,便于混合均匀,含量准确,并可避免压片时出现裂片、黏冲和花斑等现象。有些原、辅料贮存时易受潮发生结块,必须经过干燥处理后再粉碎过筛。然后按照处方称取药物和辅料(要求复核),做好制粒前准备工作。

2.制软材

将处方量的主药和辅料粉碎混合均匀后,置于混合机内,加入适量润湿剂或黏合剂。搅拌均匀,制成松、软、黏湿度适宜的软材。在生产实际中,生产操作者多凭经验来掌握软材的干湿程度,即"轻握成团、轻压即散"。近年来随着生产技术的提高,通过仪表可以测出混合机中颗粒的动量扭矩,这样能自动控制软材的软硬程度,从而使软材的干湿度可以控制。

3.制湿颗粒

颗粒的制备常采用挤压制粒、转动制粒、高速混合制粒、流化(沸腾)制粒、喷雾干燥制粒等方法,参见本模块中的有关部分。

4.颗粒干燥

湿颗粒制成后,应尽可能迅速干燥,放置过久湿颗粒易结块或变形,干燥的温度应根据药物的性质而定,一般为 50～60 ℃,个别对热稳定的药物可适当提高到 80～100 ℃,以缩短干燥时间。含结晶水的药物干燥温度不宜高,时间不宜长,以免失去过多的结晶水,使颗粒松脆,影响压片及崩解。

干颗粒的质量要求,与原辅料的理化性质、处方组成以及压片的设备有关,制得的颗粒应符合以下几点要求:①含水量,通常干颗粒的含水量1%～3%,过多过少均不利于压片,可采用水分快速测定仪测定颗粒中的水分的含量;②细粉应控制在20%～40%,一般情况下,片重在0.3 g以上时,含细粉量可控制在20%左右,片重在0.1～0.3 g时,细粉量控制在30%左右;细粉过多或过少都会影响片剂的质量;③疏散度适宜,它与颗粒的大小、松紧程度和黏合剂用量多少有关,疏散度大表示颗粒较松,振摇后部分变成细粉,压片时易出现松片、裂片和片重差异大等现象;④颗粒硬度适中,若颗粒过硬,可使压成的片剂表面产生斑点;若颗粒过松可产生顶裂现象。一般用手指捻搓时应立即粉碎,并无粗感为宜。

生产中常用的干燥设备有箱式干燥器、流化干燥器、微波干燥器和远红外干燥器等,其中箱式干燥器、流化床干燥器在片剂颗粒的干燥中得到广泛的应用。

5.整粒与混合

整粒的目的是使干燥过程中结块、粘连的颗粒分散开,以得到大小均匀的颗粒。一般采用过筛的方法进行整粒,所用筛孔要比制粒时的筛孔稍小一些,常用筛网目数为12～20目。整粒后,根据需要向颗粒中加入润滑剂和外加的崩解剂,进行"总混",如果处方中有挥发油类物质或处方中主药的剂量很小或对湿、热很不稳定,则可将药物溶解于乙醇后喷洒在干燥颗粒中,密封贮放数小时后室温干燥。

6.压片

颗粒整粒后,将干颗粒与润滑剂、外加崩解剂和挥发性的物质等充分混合,混合均匀进行主药含量测定,计算片重,进行压片。

(1)片重的计算。

1)按主药含量计算片重:由于药物在压片前经历了一系列的操作,其含量有所变化,所以应对颗粒中主药的实际含量进行测定。

$$片重 = \frac{每片含主药量(标示量)}{颗粒中主药的百分含量(实测值)}$$

2)按干颗粒总重计算片重:在中药的片剂生产中成分复杂,没有准确的含量测定方法时,根据实际投料量与预定片剂个数按以下公式计算:

$$片重 = \frac{干颗粒重 + 压片前加入的辅料量}{预定的应压片数}$$

(2)压片机及压片过程:压片机是将粉末或者颗粒压缩成各种形状的片剂的设备,压片机按其结构不同分为单冲压片机和旋转压片机。但单冲压片机现在很少使用,这里重点介绍旋转压片机。

旋转压片机有多种型号,按冲数分为16冲、19冲、27冲、33冲、35冲、55冲、75冲等。主要工作部分有:机台、压轮、片重调节器、压力调节器、加料斗、饲器、吸尘器、保护装置等。按流程分单流程和双流程两种。单流程仅有一套上、下压轮,旋转一周每个模孔仅压出一个药片;双流程有两套压轮、饲粉器、刮粉器、片重调节器和压力调节器等,均装于对称位置,中盘转动一周。每一副冲(上下冲各一个)旋转一圈可压两个药片。双流程压片机的能量利用更合理,生产效率较高。国内使用较多的是ZP-35型旋转压片机,该机结构为双流程,有两套加料装置和两套压轮。转盘上可装35副冲模,机台旋转一周即可压制70片。压片时转盘的速度、物料的充填深度、压片厚度均可调节。旋转压片机有饲粉方式合理、片重差界小、压力分布均匀、生产效率高等优点。全自动旋转压片机,除能将片重差异控制在一定范围外,对缺角、松裂片等不良片剂也能自动鉴别并剔除,见图 2-47、2-48。

图 2-47　旋转式多冲压片机

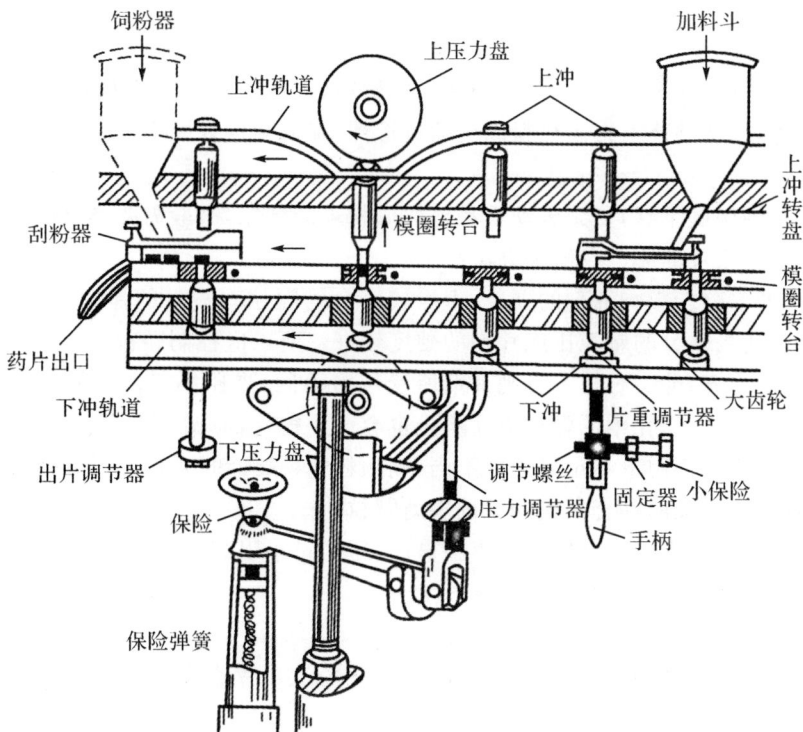

图 2-48　旋转式多冲压片机主要构造示意图

旋转压片机的压片过程如下：①填充，当下冲转到饲粉器之下时，其位置最低，颗粒填入模孔中；当下冲行至片重调节器之上时略有上升，经刮粉器将多余的颗粒刮去；②压片，当上冲和下冲行至上、下压轮之间时，两个冲之间的距离最近，将颗粒压缩成片；③推片，上冲和下冲抬起，下冲将片剂抬到恰与模孔上缘相平，药片被刮粉器推开，如此反复进行。

高速旋转式压片机是一种先进的旋转式压片设备，通常每台压片机有两个旋转圆盘和两个给料器，为适应高速压片的需要，采用自动给料装置，药片重量、压轮的压力和转盘的转速均可预先调节。压力过载时能够自动卸压。片重误差控制在 2% 以内，不合格药片自动剔除。生产中药片的产量由计数器显示，可以预先设定，达到预定产量即自动停机。机器采用微电脑装置来监测冲头损坏的位置，有过载报警装置和故障报警装置等。高速压片机采用了粉粒强制填充机构、两次压缩压片及压片缓冲机构，解决了填充速度慢、冲头冲击力大、片子顶裂等问题，使片剂质量更符合要求，尤其适用于中药片剂行业的大批量生产。

其中 ZPH39 型压片机的最高产量达每小时 15.2 万片，适合药厂大批量生产的要求，并可实现人机隔离控制操作模式。

二、片剂制备过程中可能出现的问题及解决的办法

1. 裂片

片剂发生裂开的现象称裂片，裂开的位置在片剂顶部称顶裂。产生裂片原因很多，既有处方的因素也有工艺因素：①处方因素，物料可压性差、黏合剂黏性较弱或用量不足，颗粒中细粉过多、颗粒过干，以及片剂过厚、加压过快、冲头与模圈不符等；②工艺因素、压力分布的不均匀以及由此产生的弹性复原率的不同；③加压过快等。

防止裂片的措施：应选用弹性小、可塑性大的辅料，选择适宜的制粒方法，选用适宜的压片机和操作参数等，以从整体上提高物料的压缩成形性，降低弹性复原率。

2. 松片

松片指片剂的硬度不够，受到震动后易松散成粉末的现象，一般需要调整压力和添加黏合剂等办法来解决。松片的原因及解决办法如下。

(1) 颗粒中的水分能影响片剂的硬度：干燥较完全的颗粒有较大的弹性变形，压成的片剂硬度就较差。含适当水分的颗粒压成片剂的硬度较好。所以应控制颗粒含水量。

(2) 冲头长短不齐：冲头长短不齐则片剂所受压力不同，受压小者产生松片。当下冲塞模时，下冲不能灵活下降，模孔中的颗粒填充不足也会产生松片，应调换冲头。

(3) 黏合剂或润湿剂用量不足或选择不当：则颗粒质松，细粉多，压片时即使加大压力也不能克服，可选择黏性较强的黏合剂或润湿剂重新制粒。

(4) 压力的因素：压力对硬度影响是很明显的，压力过小引起松片，过大会发生崩解困难或裂片，所以应调节压力，使压力适中。

3. 黏冲

压片时片剂的表面被冲头黏去一薄层或一小部分，造成片表面不平整或有凹痕的现象称为黏冲。黏冲的原因及解决办法如下。

(1) 颗粒含水量过多、物料较易吸湿、工作场所湿度过大都易造成黏冲。可重新干燥或适当添加润滑剂，室内保持干燥。

(2) 润滑剂用量不足或混合不均匀。可加大润滑剂用量，充分混合。有些药物容易黏冲，

可在开始压片时加大压力并适当增加润滑剂来改善。

（3）冲头表面粗糙、刻字粗横不光滑。可调换冲头或擦亮使之光滑，冲头上防锈油用前未经擦净，可用汽油洗净。

4.重量差异超限

重量差异超限指片重差异超过《中国药典》（2015年版）规定限度。其主要原因及解决办法如下。

（1）片重差异可由颗粒大小相差悬殊，压片时流动速度不一样，填入模孔的颗粒量不均匀造成。可以重新制粒或者筛去过多细粉。

（2）加料器内颗粒过多过少，加料器不平衡等原因也影响片重差异。应控制加料器内的颗粒。及时停机检查。

（3）塞模时下冲不灵活。

5.崩解迟缓

片剂超过了《中国药典》（2015年版）规定的崩解时限称为崩解迟缓。其主要原因及解决办法如下。

（1）崩解剂选用不当或用量不足。可更换崩解剂，加大崩解剂的用量。

（2）黏合剂黏性太大，用量过多；润滑剂的疏水性太强与用量多。可适当增加崩解剂克服。

（3）压力和片剂硬度过大。可通过选用适当的辅料以及调整压片力等方法加以解决。

6.溶出超限

片剂在规定的时间内未能溶出规定的药物，也称溶出度不合格。主要原因是片剂不崩解、颗检过硬、药物的溶解度差，应根据实际情况加以解决。如果是处方因素，可以选择亲水性辅料，加入优良的崩解剂和表面活性剂提高疏水性药物的崩解和溶出。在工艺上，压片过程中减小压力，对于难溶性的药物采用减少粒径、微粉化处理、制备固体分散体或者包合物提高药物的溶出度。

7.变色与色斑

片剂表面的颜色发生改变或出现色泽不一致的斑点称为变色或色斑。主要原因是混料不匀、颗粒过硬以及压片机有油污等，应针对具体原因进行处理解决。

8.含量不均匀

片剂的药物含量均匀度不符合《中国药典》（2015年版）规定。主要原因：①片重差异超限；②小剂量的药物，原辅料混合不均匀；③颗粒干燥过程中发生了可溶性药物成分颗粒间的迁移，产生含量不均匀。

9.迭片

药片叠压在一起的现象称为迭片。主要原因：①片机出片调节器调节不当；②上冲黏片；③加料斗故障等。如不及时处理，则因压力过大，可损坏机器，故应立即停机检修。

10.麻点

片剂表面产生许多小凹点称为麻点。主要原因有润滑剂和黏合剂用量不当、颗粒受潮、大小不匀、粗粒或细粉量多、冲头表面粗糙或刻字太深、有棱角及机器异常发热等，可针对原因处理解决。

【技能操作】

一、任务描述

处方

蓝淀粉(代主药)	6.0 g
糖粉	33.2 g
糊精	19.2 g
淀粉	40.0 g
50%乙醇	8.8 mL
硬脂酸镁	0.23 g
共制	400 片

先根据处方用湿法制粒法制得干燥颗粒,然后按旋转式压片机(ZP10)标准操作规程将颗粒压制成片剂。

二、操作步骤

要求在 180 分钟内完成下列任务。

1.课前准备

查到,检查工作服穿戴规范,清点仪器、药品,熟知任务报告单。

2.现场检查

检查现场温度、湿度,天平调零,上下冲是否完备。

3.颗粒制备

淀粉、糊精、糖粉研细后混合,然后利用等量递增法混合蓝淀粉,用 50%乙醇作润湿剂制软材,过 12 目筛制得湿颗粒,干燥,整粒。

4.总混

硬脂酸镁加入到颗粒中总混。

5.模具安装,加料

先将上下冲消毒,然后再安装上压片机并调试使其能够正常运转。安装好加料斗之后,加入空白颗粒。

6.调整压力和片重,压片,拆卸

逐渐调节压片机面板上的压力和片重调节,压制出一定数量和片重的空白片。拆卸上下冲。

7.清场

任务完成后,将天平、试剂、药品等归还于原位并清理实验桌面。

三、操作注意事项

(1)上下冲安装要注意先装上冲再装下冲,安装后上下冲应能够完全吻合。

(2)安装好冲模之后应手动调试,正常运转后再进行正式生产。

(3)调节压力和片重时应逐渐调节,切勿将压力调节过大导致压片机卡机。

(4)压片开始时最开始压出来的几片应视为试压片,无须收集。

(5)拆卸冲模时应先拆上冲再拆下冲。

四、实施条件

湿法制粒压片法制备空白片实施条件

项目	基本实施条件
场地	50 m² 以上的药物制剂室
设备、工具	旋转压片机(ZP10)、9 mm 冲模及配件、百分之一电子天平 2 台、温湿度表等
物料	淀粉、糊精、糖粉、蓝淀粉、无水乙醇、硬脂酸镁

五、评价标准

湿法制粒压片法制备空白片评价标准

评价内容		分值	考核点及评分细则
职业素养与操作规范 20 分		5	工作服穿着规范,双手洁净,不染指甲,不留长指甲,不披发得 5 分
		5	工作态度认真,遵守纪律得 5 分
		5	实验完毕后将工具等清理复位得 5 分
		5	清场得 5 分
技能 80 分	颗粒制备	5	物料研细混合得 5 分
		5	制软材得 5 分
		5	制湿颗粒得 5 分
		5	干燥及整粒得 5 分
	模具安装	5	温、湿度检查,润滑得 5 分
		5	上、下冲消毒得 5 分
		10	安装(1 副):零部件安装顺序合理,动作规范,安装上冲得 5 分
			安装下冲得 5 分
		10	调试:手动运转正常及调试合格得 10 分
	制备片剂	10	加料斗的安装得 5 分
			加料:整粒后的颗粒加入硬脂酸镁得 5 分
		10	调压与片重:压片生产过程符合规范得 5 分
			压制出一定数量和片重的药片得 5 分
		10	拆卸上、下冲:零部件拆卸顺序合理,动作规范,拆卸上冲得 5 分
			拆卸下冲得 5 分

六、任务报告单

湿法制粒压片法制备空白片任务报告单

任务名称		实训时间	
温度		湿度	
实训工具			
实训物料			
操作步骤			
结论	投料量：　　　　　　　片剂数量： 收率：　　　　　　　　平均片重：		
操作者			

任务二　干法制粒压片法制备阿司匹林片操作

【知识目标】

(1)掌握干法制粒压片法制备的工艺及方法。

(2)掌握干法制粒压片法制法的关键点。

【技能目标】

能按照干法制粒压片法制备出阿司匹林片。

【基本知识】

干法制粒压片法是将干法制粒的颗粒(已在颗粒剂制备技术中讲述)进行压片的方法,常用于热敏性物料、遇水易分解的药物,方法简单、省工省时。但采用干法制粒时,应注意由于高压引起的晶型转变及活性降低等问题。其工艺流程见图2-49。

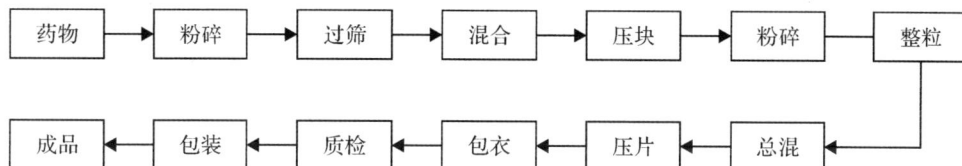

药物 → 粉碎 → 过筛 → 混合 → 压块 → 粉碎 → 整粒

成品 ← 包装 ← 质检 ← 包衣 ← 压片 ← 总混 ←

图2-49　干法制粒压片法流程图

【技能操作】

一、任务描述

处 方

阿司匹林	50 g
乳糖	90 g
甘露醇	10 g
聚维酮	6 g
聚乙二醇	4 g
共制	500 片

按照干法制粒压片法制备工艺流程及方法将给定处方的物料制成合格的片剂。

二、操作步骤

要求在120分钟内完成下列任务。

1.课前准备

查到,检查工作服穿戴规范,清点仪器、药品,熟知任务报告单。

2.检查设备及清洁

记录现场温湿度,并对设备仪器进行检查和清洁。

3.筛分

将阿司匹林过 80 目筛,乳糖、甘露醇、聚维酮分别过 100 目筛,聚乙二醇过 160 目筛,备用。

4.预混合,压制大片

将甘露醇和乳糖通过等量递增法混合均匀,加入聚维酮制备软材,通过干法压片机压制成大片。

5.粉碎、整粒、总混

将压制好的大片使用粉碎机粉碎成小颗粒,然后通过 12 目筛,并用 80 目筛除去细粉,最后加入聚乙二醇,混合均匀后得到压片前颗粒。

6.压片

控制相对湿度 45% 以下,温度 20 ℃ 的环境,使用旋转式压片机压制成片,控制平均片重 0.30 g。

7.清场

任务完成后,将天平、试剂、药品等归还于原位并清理实验桌面。

三、操作注意事项

(1)干法制粒压片法要求药物与辅料的性质要相近,这样可以避免混合不均匀。因为物料的堆密度、粒度分布等物理性质相近时混合的均匀性才好,特别是当主药含量少的时候,成品需要做含量均匀度检查。

(2)润滑剂最后加入。一定要等其他的辅料混合均匀后,再加入润滑剂,并且要控制好混合时间,否则会影响崩解和溶出。

(3)压片时要特别注意各种异常情况。压片过程中可能会因为设备震动等原因造成片子裂片、均匀度差、硬度及片重不等等现象,跟踪记录,及时解决,保证产品质量。

四、实施条件

干法制粒压片法制备阿司匹林片实施条件

项目	基本实施条件
场地	50 m² 药物制剂实训室一间
设备、工具	百分之一电子天平 1 台、干法压片机、旋转式压片机、万能粉碎机
物料	阿司匹林、乳糖、甘露醇、聚维酮、聚乙二醇等

五、评价标准

干法制粒压片法制备阿司匹林片评价标准

评价内容		分值	考核点及评分细则
职业素养与操作规范 20分		5	工作服穿着规范,双手洁净,不染指甲,不留长指甲,不披发得5分
		5	工作态度认真,遵守纪律得5分
		5	实验完毕后将工具等清理复位得5分
		5	规范清场得5分
技能 80分	干法制粒压片	10	将阿司匹林过80目筛,乳糖、甘露醇、聚维酮分别过100目筛,聚乙二醇过160目筛得10分
		10	将甘露醇和乳糖通过等量递增法混合均匀得5分
			加入聚维酮制备软材得5分
		10	通过干法压片机压制成大片得10分
		10	将压制好的大片使用粉碎机粉碎成小颗粒得5分
			然后通过12目筛,并用80目筛除去细粉得5分
		10	加入聚乙二醇,并混合均匀后得到压片前颗粒得10分
		20	控制相对湿度45%以下,温度20℃的环境,使用旋转式压片机压制成片得10分
			控制片重0.30 g得10分
		10	将压制成的片剂称重,计算收率正确得10分

六、任务报告单

干法制粒压片法制备阿司匹林片任务报告单

任务名称		实训时间	
温度		湿度	
实训工具			
实训物料			
操作步骤			
结论	投料量： 收率：	片剂数量： 平均片重：	
操作者			

任务三 直接压片法制备维生素C片操作

【知识目标】

(1)掌握直接压片法制备的工艺及方法。

(2)掌握直接压片法制备的关键点。

【技能目标】

能够使用直接压片法制备出合格的维生素C片。

【基本知识】

直接粉末压片法是不经过制粒过程直接把药物和辅料的混合物进行压片的方法。避开了制粒过程,因而具有省时节能、工艺简便、工序少、适用于对湿热不稳定的药物等突出优点,但也存在粉末的流动性差、片重差异大、粉末压片容易造成裂片等弱点,致使该工艺的应用受到了一定限制。随着GMP规范化管理的实施,简化工艺也成了制剂生产关注的热点之一。

近年来,随着科学技术的迅猛发展,可用于粉末直接压片的优良药用辅料与高效旋转压片机的研制获得成功,促进了粉末直接压片的发展。目前,各国的直接压片品种不断上升,有些国家高达40%以上。可用于粉末直接压片的优良辅料有:各种型号的微晶纤维素、可压性淀粉、喷雾干燥乳糖、磷酸氢钙二水合物、微粉硅胶等。这些辅料的特点是流动性、压缩成形性好。其工艺流程如下图2-50。

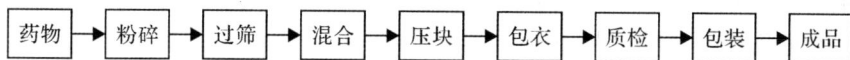

药物 → 粉碎 → 过筛 → 混合 → 压块 → 包衣 → 质检 → 包装 → 成品

图2-50 直接(结晶)粉末压片法工艺流程图

【技能操作】

一、任务描述

处 方

维生素C	100 g
可压性淀粉	18 g
微晶纤维素	16 g
微粉硅胶	5 g
枸橼酸	0.5 g
硬脂酸镁	2 g
共制	1000 片

根据给定处方,按照直接粉末压片法工艺流程制备维生素C片。

二、操作步骤

要求在 120 分钟内完成下列任务。

1. 课前准备

查到,检查工作服穿戴规范,清点仪器、药品,熟知任务报告单。

2. 检查设备及清洁

记录现场温湿度,并对设备仪器进行检查和清洁。

3. 称量

根据给定处方称量好所有物料。

4. 混合

将维生素 C、可压性淀粉、微晶纤维素、微粉硅胶、枸橼酸和硬脂酸镁置混合容器中,混合均匀,过 40 目筛 2～3 次。

5. 压片

将混合好的物料直接压片,即得。

6. 清场

任务完成后,将天平、试剂、药品等归还于原位并清理实验桌面。

三、操作注意事项

(1)维生素 C 为主药,可压性淀粉为黏合剂,微晶纤维素为填充剂,兼具有黏合和崩解的作用,微粉硅胶为助流剂,硬脂酸镁为润滑剂,枸橼酸为稳定剂。

(2)维生素 C 易被光、热、氧等破坏,在金属离子的催化下更易氧化,制备时应采用尼龙筛网,为保护产品的质量,应对所有辅料进行铁盐检查。

(3)枸橼酸可与铁离子形成配位化合物,避免铁离子与维生素 C 作用而变色。

四、实施条件

直接压片法制备维生素 C 片实施条件

项目	基本实施条件
场地	50 m² 药物制剂实训室一间
设备、工具	百分之一电子天平 1 台、旋转式压片机、药匙、不锈钢盆、称量纸、烧杯、抹布、刷子、拖把等
物料	维生素 C、可压性淀粉、微晶纤维素、微粉硅胶、枸橼酸、硬脂酸镁

五、评价标准

直接压片法制备维生素 C 片评价标准

评价内容	分值	考核点及评分细则
职业素养与操作规范 20 分	5	工作服穿着规范,双手洁净,不染指甲,不留长指甲,不披发得 5 分
	5	工作态度认真,遵守纪律得 5 分
	5	实验完毕后将工具等清理复位得 5 分
	5	规范清场得 5 分

评价内容		分值	考核点及评分细则
技能 80 分	干法制粒压片	10	正确记录温湿度得 10 分
		10	并对设备仪器进行检查和清洁得 10 分
		10	根据给定处方称量好所有物料得 10 分
		20	将维生素 C、可压性淀粉、微晶纤维素、微粉硅胶、枸橼酸和硬脂酸镁置混合容器中,混合均匀得 10 分
			过 40 目筛 2～3 次得 10 分
		10	使用旋转式压片机压制得 10 分
		20	将压制成的片剂称重,计算收率得 10 分
			在规定时间内完成任务得 10 分

六、任务报告单

直接压片法制备维生素 C 片任务报告单

任务名称		实训时间	
温度		湿度	
实训工具			
实训物料			
操作步骤			
结论	投料量: 收率:	片剂数量: 平均片重:	
操作者			

任务四　半干式颗粒压片法制备硝酸甘油片操作

【知识目标】

(1)掌握半干式颗粒压片法制备的工艺流程及方法。

(2)掌握半干式颗粒压片法制备的关键点。

【技能目标】

能按照半干式颗粒压片法制备硝酸甘油片。

【基本知识】

半干式颗粒压片法是将药物粉末和预先制好的辅料颗粒(空白颗粒)混合进行压片的方法。该法适合于对湿热敏感不宜制粒,而且压缩成形性差的药物,也可用于含药较少物料,这些药物可借助辅料的优良压缩特性顺利制备片剂。其工艺流程见图2-51。

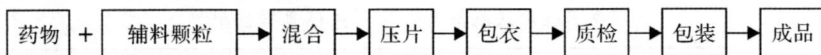

药物 + 辅料颗粒 → 混合 → 压片 → 包衣 → 质检 → 包装 → 成品

图2-51　半干式颗粒压片法工艺流程图

【技能操作】

一、任务描述

处　方

10％硝酸甘油	0.6 g
乳糖	88.8 g
蔗糖	38.0 g
18％淀粉浆	适量
硬脂酸镁	1.0 g
共制	1000 片

利用半干式颗粒压片法制备出合格的硝酸甘油片。

二、操作步骤

要求在90分钟内完成下列任务。

1.课前准备

查到,检查工作服穿戴规范,清点仪器、药品,熟知任务报告单。

2.现场检查

检查现场温湿度、上下冲是否完备,天平调零。

3.称量

根据给定的处方,用电子天平准确称取物料。

4.淀粉浆的制备

取 18 g 淀粉,用 20 mL 纯化水分散,再加入 80 mL 纯化水加热通过煮浆法制备淀粉浆。

5.颗粒制备

先将乳糖和淀粉混合均匀,再加入淀粉浆作黏合剂,制成软材,制得湿空白颗粒,并干燥整粒。

6.药物加入

将硝酸甘油制成 10% 的乙醇溶液,然后加入空白颗粒中,过两次 10 目筛,于 40~60 ℃ 干燥 50 分钟。

7.总混

将加入药物的颗粒与硬脂酸镁混匀,计算片重。

8.模具安装,加料

先将上、下冲消毒,然后再安装上压片机并调试使其能够正常运转。安装好加料斗之后,加入总混合的混合物。

9.调整压力和片重,压片,拆卸

逐渐调节压片机面板上的压力和片重调节,压制出一定数量和片重的空白片。拆卸上、下冲。

10.结果检查,填写

对片剂进行初步质量判断。根据制备的空白片,将结果填于相应表格中。

11.清场

任务完成后,将天平、试剂、药品等归还于原位并清理实验桌面。

三、操作注意事项

(1)制备淀粉浆时先要分散,防止结团。

(2)安装好冲模之后应手动调试正常运转后再进行生产。

(3)调节压力和片重时应逐渐调节,切勿将压力调节过大导致压片机卡机。

(4)压片开始时最开始压出的片应视为试压片,无须收集。

(5)拆卸冲模时应先拆上冲再拆下冲。

四、实施条件

半干式颗粒压片法制备硝酸甘油片实施条件

项目	基本实施条件
场地	50 m² 以上的药物制剂室
设备、工具	旋转压片机(10 冲)、百分之一电子天平、温湿度表、烘箱、电炉、烧杯等
物料	硝酸甘油、乙醇、乳糖、蔗糖、硬酯酸镁、纯化水等

五、评价标准

半干式颗粒压片法制备硝酸甘油片评价标准

评价内容	分值	考核点及评分细则
职业素养与操作规范 20分	5	工作服穿着规范,双手洁净,不染指甲,不留长指甲,不披发得5分
	5	工作态度认真,遵守纪律得5分
	5	实验完毕后将工具等清理复位得5分
	5	清场得5分
技能 80分	5	量取操作正确得5分
	5	温、湿度检查,润滑得5分
	5	上、下冲消毒得5分
颗粒制备	10	淀粉浆制备正确得10分
	10	空白颗粒制备:软材得5分,干燥得2分,整粒得3分
	5	药物混入并干燥后加入硬脂酸镁得5分
模具安装	5	安装冲模:零部件安装顺序合理,动作规范,安装上、下冲得5分
	5	调试:手动运转正常及调试合格得5分
制备片剂	10	加料斗的安装得5分
	10	加料得5分
	5	调压与片重:压片生产过程符合规范得5分
	5	压制出一定数量和片重的药片得5分
		拆卸上、下冲:零部件拆卸顺序合理,动作规范,拆卸上、下冲得5分
		规定时间内完成及片重合格得5分

六、任务报告单

半干式颗粒压片法制备硝酸甘油片任务报告单

任务名称		实训时间	
温度		湿度	
实训工具			
实训物料			
操作步骤			
结论	投料量： 收率：	片剂数量： 平均片重：	
操作者			

任务五　片剂重量差异检查操作

【知识目标】

(1)掌握片剂重量差异的检查方法及注意事项。
(2)掌握电子天平的使用方法及注意事项。

【技能目标】

能按照《中国药典》(2015 年版)要求进行片剂重量差异检查。

【基本知识】

片剂重量差异应符合现行《中国药典》(2015 年版)对片重差异限度的要求,片重差异过大,意味着每片中主药含量不一,对治疗可能产生不利影响,具体的检查方法如下:取 20 片,精密称定总重量,求得平均片重,再分别称定每片的片重,然后以每片片重与平均片重比较,超出上表中差异限度的药片不得多于 2 片,并不得有 1 片超出限度 1 倍。糖衣片、薄膜衣片(包括肠衣片)应在包衣前检查片芯的重量差异,符合上表规定后方可包衣;包衣后不再检查片重差异。另外,凡已规定检查含量均匀度的片剂,不必进行片重差异检查。片重差异限度见表 2-11。

表 2-11　片重差异限度

片剂的平均重量/g	片剂差异限度/%
<0.30	±7.5
≥0.30	±5.0

【技能操作】

一、任务描述

测定市售或自制片剂的重量差异,并按照《中国药典》(2015 年版)有关规定正确判断片剂的重量差异是否符合规定。

二、操作步骤

要求在 45 分钟内完成下列任务。

1.课前准备
查到,检查工作服穿戴规范,清点仪器、药品,熟知任务报告单。

2.检查设备及清洁
记录现场温湿度,并对设备仪器进行检查和清洁。

3.取样,称量及记录
随机选取 20 片试验品。称出总重量及每片重量,并记录。

4.计算
计算平均重量,推算出重量差异限度。通过计算,求出相应的最大值和最小值:max=平均重量+平均重量×重量差异限度;min=平均重量-平均重量×重量差异限度。

5.比较，结果判断

比较称量的每片是否在相应的范围内。超出差异限度的药片等于或大于3片,不符合规定;当超出差异限度的药片等于或小于2片,还需计算是否有一粒超过限度的一倍,如果超出一倍,不符合规定。

6.填写

根据片剂片重检查情况,将结果填于相应表格中。

7.清场

任务完成后,将天平、试剂、药品等归还于原位并清理实验桌面。

三、操作注意事项

(1)正确选择天平。

(2)平均重量是总重量除以20粒,不是先称出每一粒后,再相加求出。

(3)特别是只有2片或2片以下的不在范围内,要计算限度的一倍再进行判断。

四、实施条件

片剂重量差异检查实施条件

项目	基本实施条件
场地	50 m² 药物分析实训室一间
设备、工具	千分之一电子天平2台、镊子、称量纸、烧杯、抹布、刷子、拖把等
物料	市售或自制片剂若干

五、评价标准

片剂重量差异检查评价标准

评价内容		分值	考核点及评分细则
职业素养与操作规范 20分		5	工作服穿着规范,双手洁净,不染指甲,不留长指甲,不披发得5分
		5	工作态度认真,遵守纪律得5分
		5	实验完毕后将工具等清理复位得5分
		5	规范清场得5分
技能 80分	检测前准备	5	称量设备的选用和检查正确得5分
		5	使用器具进行清洁得5分
	片剂重量差异检查	5	普通片剂的取样正确:取普通片20片得5分
		5	天平的调零处理正确得2分
			称量纸放入得3分
		20	称量过程符合规范:先称20片总重量,求得平均片重得10分
			再称定每片重量得10分
		10	称量操作符合规范得10分
		20	结果判断:(每片装量-平均片重)/平均片重×100%,正确列出公式得10分
			将原始数据代入公式,并计算正确得10分
		10	判断是否符合重量差异,正确判断得10分(结果与片剂的重量差异限度表比较,超出重量差异限度的不得多于2片,并不得有1片超出限度1倍)

六、任务报告单

片剂重量差异检查任务报告单

任务名称		实训时间	
温度		湿度	
实训工具			
实训物料			
操作步骤			

片剂编号及重量	1	2	3	4	5	6	7	8	9	10
	11	12	13	14	15	16	17	18	19	20

总重量	平均片重/g	重量差异限度	范围	超限的有 X 片	超限 1 倍的有 Y 片

结论	
操作者	

任务六　片剂脆碎度检查操作

【知识目标】

(1)掌握片剂脆碎度的定义、检查方法及注意事项。

(2)掌握片剂脆碎度检测设备的使用方法。

(3)掌握电子天平的使用方法及注意事项。

【技能目标】

能按照《中国药典》(2015年版)要求进行片剂脆碎度检查。

【基本知识】

片剂的生产、运输等过程中不可避免地会受到震动或摩擦作用,这些因素可能造成片剂的破损,影响应用。片剂脆碎度是反映片剂抗震耐磨能力的指标。检查方法为:片重为0.65 g或以下者取若干片,使其总重约为6.5 g;片重大于0.65 g者取10片。用吹风机吹去脱落的粉末,精密称重,置圆筒中,4分钟转动100次。取出,同法除去粉末,精密称重,减失重量不得过1%,且不得检出断裂、龟裂及粉碎的片。本试验一般仅做1次。如减失重量超过1%时,可复检2次,3次的平均减失重量不得超过1%,并不得检出断裂、龟裂及粉碎的片。

脆碎度计算方法:　　$脆碎度 = \dfrac{原药片总重 - 测试后总药片重}{原药片总重} \times 100\%$

【技能操作】

一、任务描述

取待检片剂6.5 g或10片,按《中国药典》(2015年版)中片剂脆碎度检测方法,精密称量,置脆碎度仪测定,正确判断检查结果是否符合规定。

二、操作步骤

要求在45分钟内完成下列任务。

1. 课前准备

查到,检查工作服穿戴规范,清点仪器、药品,熟知任务报告单。

2. 检查设备及清洁

记录现场温湿度,并对设备仪器进行检查和清洁。

3. 取样,称量

片重0.65 g或以下者取若干片,使其重量约为6.5 g;片重大于0.65 g取10片。将取得的片剂用吹风机吹去脱落的粉末,再置于天平称重。

4. 脆碎度仪设定,检测

脆碎度仪调节为4分钟100转。将片剂放置于脆碎度仪中,转动100圈后取出。

5. 结果判断,填写

先用吹风机吹去片剂表面的粉末,再置于天平称量,计算结果。根据片剂脆碎度检查情况,将结果填于相应表格中。

6.清场

任务完成后,将天平、试剂、药品等归还于原位并清理实验桌面。

三、操作注意事项

(1)片剂在每次称量前都需用吹风机将粉末吹去。
(2)结果判断:(检测前总重－检测后总重)/检测前总重×100%。
(3)判断是否符合片剂脆碎度检测:减失不得超过1%,且不得检出断裂、龟裂及粉碎的片。

四、实施条件

片剂脆碎度检查实施条件

项目	基本实施条件
场地	50 m² 以上的药物制剂室
设备、工具	脆碎度检测仪 2 台、千分之一电子天平 2 台、温湿度表、吹风机、药匙、称量纸、烧杯、抹布、刷子、拖把等
物料	自制或市售片剂若干

五、评价标准

片剂脆碎度检查评价标准

评价内容		分值	考核点及评分细则
职业素养与操作规范 20 分		5	工作服穿着规范,双手洁净,不染指甲,不留长指甲,不披发得 5 分
		5	工作态度认真,遵守纪律得 5 分
		5	实验完毕后将工具等清理复位得 5 分
		5	规范清场并清理干净得 5 分
技能 80 分	片剂脆碎度检查	5	脆碎度检测仪时间设定正确得 5 分
		5	天平的选用和检查正确得 5 分
		10	普通片的取样正确:片重 0.65 g 或以下者取若干片,使其重量约为 6.5 g;片重大于 0.65 g 取 10 片得 10 分
		10	天平的调零处理正确得 4 分,加称量纸得 6 分
		10	称量过程符合规范:先用吹风机吹去脱落的粉末,称其总重得 5 分;检测结束后,同法称其总重得 5 分
		10	脆碎度检测仪使用符合规范:将片剂放入仪器圆筒内,转动 100 圈后取出得 10 分
		20	结果判断:(检测前总重－检测后总重)/检测前总重×100%,计算正确得 10 分;判断是否符合片剂脆碎度检测:减失不得超过 1%,且不得检出断裂、龟裂及粉碎的片得 10 分
		10	在规定时间内完成任务得 10 分

六、任务报告单

片剂脆碎度检查任务报告单

任务名称		实训时间	
温度		湿度	
实训工具			
实训物料			
操作步骤			
计算及结论	检测前重量： 计算公式：	检测后重量： 结论：	
操作者			

任务七　片剂崩解时限检查操作

【知识目标】

(1)掌握片剂脆碎度崩解时限的定义、检查方法及注意事项。

(2)掌握片剂崩解时限检测设备的使用方法。

(3)熟悉各种类型片剂的崩解时限。

【技能目标】

能按照《中国药典》(2015 年版)要求进行片剂崩解时限检查。

【基本知识】

崩解指固体制剂在规定条件下全部崩解溶散或成碎粒,除不溶性包衣材料或破碎的胶囊壳外,应全部通过筛网。如有少量不能通过筛网,但已软化或轻质上漂且无硬心者可做符合规定论。崩解时限指固体制剂在规定的介质中,以规定的方法进行检查全部崩解溶散或成碎粒并通过筛网所需时间的限度。凡规定检查溶出度、释放度、融变时限或分散均匀性的制剂,不再进行崩解时限的检查。

检查方法:将吊篮通过上段的不锈钢轴悬挂于金属支架上,浸入 1000 mL 烧杯中,并调节吊篮位置使其下降时筛网距烧杯底部 25 mm,烧杯内盛有温度(37±1)℃的水,调节水位高度使吊篮上升时筛网在水面下 15 mm。除另有规定外,取供试药片 6 片置吊篮玻璃管中,启动崩解仪进行检查,各片均应在规定时间内全部崩解。如有一片不能完全崩解,另取 6 片复试,均应符合规定。各种片剂崩解时限见表 2-12。

表 2-12　片剂崩解时限

片剂类型	崩解时限
普通片	30 分钟
糖衣片	60 分钟
浸膏(半浸膏)片	60 分钟
泡腾片	5 分钟
舌下片	5 分钟内全部崩解或溶化
含片	不应在 10 分钟全部崩解或溶解
可溶片	水温 15～25 ℃,3 分钟内全部崩解或溶化
薄膜衣片	盐酸溶液(9→1000)中 30 分钟全部崩解或溶解
肠溶衣片	盐酸溶液(9→1000)中 2 小时不得有裂缝、崩解或软化,磷酸盐缓冲液(pH 6.8)中 1 小时应全部溶散或崩解
结肠定位肠溶片	盐酸溶液(9→1000)及 pH 6.8 以下磷酸盐缓冲液中均应不释放或不崩解,在 pH 7.8～8.0 的磷酸盐缓冲液中 1 小时内应全部释放或崩解,片芯亦应崩解

【技能操作】

一、任务描述

取待检片剂 6 片,按《中国药典》(2015 年版)中片剂崩解时限检测方法,置规定的崩解时限仪中测定,正确判断检查结果是否符合规定。

二、操作步骤

要求在 45 分钟内完成下列任务。

1. 课前准备

查到,检查工作服穿戴规范,清点仪器、药品,熟知任务报告单。

2. 检查设备及清洁

记录现场温湿度,并对设备仪器进行检查和清洁。

3. 设定时间及温度,吊篮高度调节

崩解时限测定仪设定温度(37±1)℃,按片剂类型设定好工作时间。调节吊篮位置使其下降时筛网距烧杯底部 25 mm,吊篮上升时筛网在水面下 15 mm。

4. 放样及检测

取供试药片 6 片置吊篮玻璃管中,如果片剂较轻时,可放入挡板。启动崩解仪进行检查。

5. 结果判断,填写

各片均应在规定时间内全部崩解。如有一片不能完全崩解,另取 6 片复试,均应符合规定。根据片剂崩解时限检查情况,将结果填于相应表格中。

6. 清场

任务完成后,将测定仪、试剂、药品等归还于原位并清理实验桌面。

三、操作注意事项

(1)温度要达到设定温度才开始检测。

(2)吊篮高度要调节到位,防止触底及上升时片剂离开水面。

(3)对于重量较轻的片剂,在被检测片上压上档板。

四、实施条件

片剂崩解时限检查实施条件

项目	基本实施条件
场地	50 m² 以上的药物制剂室
设备、工具	崩解时限检测仪 2 台、千分之一电子天平 2 台、温湿度表等
物料	维生素 C 泡腾片、复方甘草片、对乙酰氨基酚片

五、评价标准

片剂崩解时限检查评价标准

评价内容		分值	考核点及评分细则
职业素养与操作规范 20分		5	工作服穿着规范,双手洁净,不染指甲,不留长指甲,不披发得5分
		5	工作态度认真,遵守纪律得5分
		5	实验完毕后将工具等清理复位得5分
		5	规范清场并清理干净得5分
技能 80分	片剂崩解时限检查	10	崩解时限测定仪温度设定正确(37±1)℃得10分
		10	崩解时限测定仪时间设定正确(15分钟)得10分
		20	崩解时限测定仪吊篮高度设定正确:调节吊篮位置使其下降时筛网距烧杯底部25 mm得10分
			上升时筛网在水面下15 mm处得10分
		20	普通片取样正确得10分
			加入挡板得10分
		20	烧杯中选用溶液(水)正确得5分
			正确启动崩解时限测定仪得5分
			正确判定结果(15分钟内全部崩解即为此片剂崩解时限符合药典规定)得5分
			停机,拿出吊篮,在规定时间内完成任务得5分

六、任务报告单

片剂崩解时限检查任务报告单

任务名称		实训时间		
温度		湿度		
实训工具				
实训物料				
操作步骤				

片剂类型	崩解时限/分钟					
	1	2	3	4	5	6
维生素 C 泡腾片						
复方甘草片						
对乙酰氨基酚片						
结果判断						
操作者						

项目七　片剂包衣技术

一、包衣概述

片剂包衣指在片剂(片芯、素片)的表面均匀地包裹上适宜的材料使药物与外界隔离的工艺操作,包裹层的材料称为"衣料",包成的片剂称为"包衣片"。包衣技术在制药工业中占有越来越重要的地位。

1.包衣目的
包衣目的有以下几方面。

(1)掩盖片剂的不良气味:如具有苦味的小檗碱(黄连素)片包成糖衣片后,即可掩盖其苦味。

(2)防潮、避光、增加药物的稳定性:如氯化钾片、多酶片等易吸潮,用高分子材料包以薄膜衣后,可有效防止片剂吸潮变质。

(3)改变药物释放的位置:如阿司匹林对胃有强刺激性,可以制成肠溶衣片,使药物在小肠部位释放。

(4)控制药物释放的速度:如阿米替林包衣片通过调整包衣膜的厚度和通透性,即可达到缓释的目的。

(5)防止药物的配伍变化:如将一种药物压成片心,另一种药物加于包衣材料中包于隔离层外;或将两种药物分别制成颗粒,包衣后混合压片,以减少接触机会。

(6)改善片剂的外观。

2.包衣基本类型
包衣有糖包衣、包薄膜衣和压制包衣等方式。常用的包衣方式为前两种。过去以糖包衣为主,但糖包衣具有包衣时间长,所需辅料量多,防吸潮性差,片面上不能刻字,受操作熟练程度的影响较大等缺点,逐步被包薄膜衣所代替。

3.包衣对于片芯的要求
用于包衣的压制片(片心),在弧度、硬度和崩解度等方面应与一般压制片有不同的要求。

(1)弧度:在外形上必须具有适宜的弧度,一般选用深弧度,尽可能减小棱角,以利于减少片重增重幅度,防止衣层包裹后在边缘处断裂。

(2)硬度:片心的硬度应较一般压制片高,不低于 $5\ kg/cm^2$,脆碎度也应较一般压制片低,不得超过 0.5%。必须能承受包衣过程的滚动、碰撞和摩擦。

(3)崩解度:为达到包衣片的崩解要求,压制片心时一般宜选用崩解效果好而量少的崩解剂,如羧甲基淀粉钠等。

4.包衣质量要求
包衣的衣层应均匀、牢固,与主药不起作用,崩解时限应符合《中国药典》(2015 年版)规定,经较长时间储存,仍能保持光洁、美观、色泽一致,并无裂片现象,且不影响药物的溶出与吸收。

二、常用包衣方法

包衣方法有滚转包衣法、流化床包衣法和压制包衣法等。

1. 滚转包衣法

滚转包衣法又称锅包衣法，是片剂最常用的包衣方法。根据包衣锅性能不同，又可分为普通滚转包衣法、埋管包衣法及高效包衣法等数种。

(1)普通滚转包衣法的设备为倾斜式包衣锅，见图 2 - 52。由莲蓬形或荸荠形的包衣锅、动力部分和加热鼓风、吸粉装置等几部分组成。包衣锅的中轴与水平面一般为 $30°\sim45°$，在设定转速下，片剂在锅内借助于离心力和摩擦力的作用，随锅内壁向上移动，然后沿弧线滚落而下，在包衣锅口附近形成漩涡状的运动。包衣锅内如采用加挡板的方法可改善药片的运动状态，使药片具有均衡的翻转运动，达到较佳的混合状态。但由于锅内空气交换效率低，干燥慢；粉尘及有机溶剂污染环境不易克服等原因，目前仅用于实验室操作。

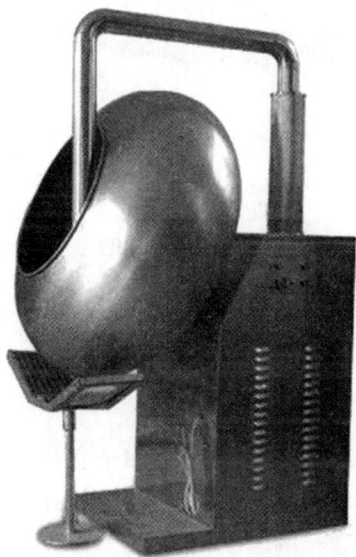

图 2 - 52　荸荠式包衣锅

喷雾包衣是锅包衣法的改良方式，可分为"有气喷雾"和"无气喷雾"两种。有气喷雾是包衣溶液随气流一起从喷枪口喷出，适用于溶液包衣；无气喷雾则是将具有一定黏性、含有一定比例固态物质的溶液或悬浮液在较大压力下从喷枪口喷出，液体喷出时不带气体，除适用于溶液包衣外，也适用粉糖浆、糖浆的包衣。

(2)埋管包衣法采用有气喷雾包衣形式。在普通包衣锅的底部装有通入包衣溶液、压缩空气和热空气的埋管。包衣时，包衣用浆液由气流式喷嘴喷洒到翻动着的片床内，干热空气也伴随着雾化过程同时从埋管吹出，穿透整个片床进行干燥，湿空气从排出口经集尘器过滤后排出。由于雾化过程可连续进行，故包衣时间缩短，不但可避免包衣时粉尘飞扬，而且减轻了劳动强度。

(3)高效包衣锅(图 2 - 53)采用无气喷雾包衣形式，可以进行全封闭的喷雾包衣。包衣锅

药物制剂技术

为短圆柱形并沿水平轴旋转,锅壁为多孔壁,壁内装有带动颗粒向上运动的挡板,喷雾器装于颗粒层斜面上方,热风从转锅前面的空气入口引入,透过颗粒层从锅的夹层排出。该方法适用于包制薄膜衣和肠溶衣,缺点是小粒子的包衣易粘连。

图 2-53　高效包衣机

2.流化床包衣法

将片芯置于流化床中,通入气流,借助急速上升的空气流使片剂悬浮于包衣室的空间上下翻腾处于流化(沸腾)状态,故称为流化包衣法或沸腾包衣法。与此同时,喷入的包衣溶液或混悬液输入流化床并雾化,使片芯的表面黏附一层包衣材料,继续通入热空气使其干燥,如此操作包衣若干层,达到规定要求。

3.压制包衣法

采用两台压片机以特制的传动器连接配套使用来实施压制包衣。包衣时,一台压片机专门用于压制片芯,然后由传动器将压成的片芯输送至另一台压片机的模孔中,模孔中预先填入适量的包衣材料作为底层,随着转台的转动,片芯的上面又被加入约等量的包衣材料,然后加压,使片芯压入包衣材料中间而形成压制的包衣片剂。该法可以避免水分、高温对药物的不良影响。生产流程短、自动化程度高、劳动条件好,但对压片机械的精度要求较高。

任务一　穿心莲糖衣片制备操作

【知识目标】

(1)掌握糖衣片的制备工艺流程。

(2)掌握常用的包糖衣各层材料。

(3)了解包糖衣常见问题及解决办法。

【技能目标】

能按照包糖衣工艺流程制备出质量合格的穿心莲糖衣片。

【基本知识】

一、包糖衣制备过程

糖包衣工艺指以蔗糖为主要包衣材料的包衣工艺。片剂糖衣由里到外分 5 种衣层，分别是隔离层、粉衣层、糖衣层、色糖层和蜡层。工艺流程见图 2-54。

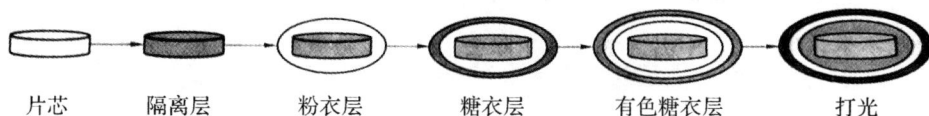

图 2-54　糖包衣生产工艺流程

片芯　隔离层　粉衣层　糖衣层　有色糖衣层　打光

(1)包隔离层:目的是提高衣层的固着能力和防止后续包衣过程中水分浸入片心。用于隔离层的材料必须是不透水的材料,主要有 10%～15% 明胶浆、15%～20% 虫胶乙醇溶液、10% 玉米朊乙醇溶液等。其中最常用的是玉米朊乙醇溶液。操作时,先将一定量素片放入包衣锅中,随着包衣锅的运转,加入适量玉米朊乙醇溶液,以能使片心全部润滑为度,迅速搅拌,低温下(40～50 ℃)使衣层充分干燥。一般需包四五层,直至片心全部包严为止。因为包隔离层的材料大都为有机溶剂,所以应注意防爆防火。

(2)包粉衣层:目的是消除片剂的棱角,多采用交替加入糖浆和滑石粉的办法,在隔离层的外面包上较厚的粉衣层。常用糖浆浓度为 65%～75%(g/g),滑石粉需过 100 目筛。操作时一般采用洒一次浆、撒一次粉,然后热风干燥 20～30 分钟(40～55 ℃),重复以上操作 15～18 次,直到片剂的棱角消失。为了增加糖浆的黏度,也可在糖浆中加入 10% 的明胶或阿拉伯胶。

(3)包糖衣层:目的是使片面平整、坚硬、光洁。操作时,分次加入 60%～70% 的糖浆,并逐次减少用量,以湿润片面为度,在低温(40 ℃)下缓缓吹风干燥,一般需包裹 10～15 层。

(4)包有色糖衣层:目的是为了片剂的美观和便于识别。包有色糖衣层与上述包糖衣层的工序完全相同,区别仅在于在糖浆中添加食用色素。每次加入的有色糖浆中色素的浓度应由浅到深,以免产生花斑,一般需包裹 8～15 层。

(5)打光:目的是为了增加片面的光泽和疏水性。打光剂一般使用四川产的米心蜡,常称川蜡、虫蜡、川白蜡等。川蜡用前须精制,即加热至 80～100 ℃ 熔化后过 100 目筛,去除悬浮杂质,并掺入 2% 的硅油混匀,冷却,粉碎,过 80 目筛,每万片用川蜡细粉 3～5 g。

二、包糖衣可能出现的问题及解决办法

(1)糖浆不粘锅:若锅壁上蜡未除尽,可出现粉浆不粘锅,应洗净锅壁或再涂一层热糖浆,撒一层滑石粉。

(2)黏锅:可能由于加糖浆过多,黏性大,搅拌不匀。解决办法是将糖浆含量恒定,一次用量不宜过多,锅温不宜过低。

(3)片面不平:由于撒粉太多、温度过高、衣层未干又包第二层。应改进操作方法,做到低温干,勤加料,多搅拌。

(4)色泽不匀:导致糖衣片色泽不匀的原因有片面粗糙、有色糖浆用量过少且未搅匀、温度

过高、干燥太快、糖浆在片面上析出过快,衣层未干就加蜡打光等。解决办法应针对具体原因,如采用浅色糖浆,增加所包层数,"勤加少上",控制温度,重新包衣等。

(5)龟裂与爆裂:可能由于糖浆与滑石粉用量不当、芯片太松、温度太高、干燥太快、析出糖晶体,使片面留有裂缝。包衣操作时应控制糖浆和滑石粉用量,注意干燥温度和速度,因片芯问题时应更换片芯。

(6)露边与麻面:由于衣料用量不当,温度过高或吹风过早造成。解决办法是注意糖浆和粉料的用量,糖浆以均匀润湿片芯为度,粉料以能在片面均匀黏附一层为宜,片面不见水分和产生光亮时再吹风。

(7)膨胀磨片或剥落:片芯层与糖衣层未充分干燥,崩解剂用量过多。包衣时要注意干燥,控制胶浆或糖浆的用量。

【技能操作】

一、任务描述

使用包衣锅按照包糖衣的工艺流程给穿心莲素片进行包糖衣。

二、操作步骤

要求在 200 分钟内完成下列任务。

1.课前准备

查到,检查工作服穿戴规范,清点仪器、药品,熟知任务报告单。

2.检查设备及清洁

对设备仪器进行检查和清洁。

3.包隔离层

配制 15%明胶浆,先将一定量素片放入包衣锅中,随着包衣锅的运转,加入适量明胶浆溶液,以能使片芯全部润滑为度,迅速搅拌,低温下(40~50℃)使衣层充分干燥。

4.包粉衣层

操作时一般采用洒一次浆、撒一次粉,然后热风干燥 20~30 分钟(40~55℃),重复以上操作 15~18 次,直到片剂的棱角消失。

5.包糖衣层

分次加入 60%~70%的糖浆,并逐次减少用量,以湿润片面为度,在低温(40℃)下缓缓吹风干燥,一般需包裹 10~15 层。

6.包有色糖衣层

每次加入的有色糖浆中色素的浓度应由浅到深,以免产生花斑,一般需包裹 8 层。

7.打蜡

将处方量的川蜡放入包衣锅中。

8.清场

任务完成后,将设备、试剂、药品等归还于原位并清理实验桌面。

三、操作注意事项

(1)按正确的顺序包糖衣,分别是隔离层、粉衣层、糖衣层、色糖层和蜡层。

（2）温度控制得当，防止温度过高。

（3）每一层包好后要充分干燥。

四、实施条件

穿心莲糖衣片制备实施条件

项目	基本实施条件
场地	50 m² 以上的药物制剂室
设备、设备	千分之一电子天平 1 台、包衣锅（BY-200 型）、研钵、烘箱等
物料	穿心莲素片、明胶、蔗糖、滑石粉（120 目）、柠檬黄、川蜡等

五、评价标准

穿心莲糖衣片制备评价标准

评价内容		分值	考核点及评分细则
职业素养与操作规范 20分		5	工作服穿着规范,双手洁净,不染指甲,不留长指甲,不披发得 5 分
		5	工作态度认真,遵守纪律得 5 分
		5	实验完毕后将工具等清理复位得 5 分
		5	规范清场并清理干净得 5 分
技能 80 分	穿心莲糖衣片制备	10	明胶液的配制得 10 分
		10	正确包隔离层得 10 分
		10	正确包粉衣层得 10 分
		10	正确包糖衣层得 10 分
		10	有色糖浆的配制得 10 分
		10	正确包有色糖衣层得 10 分
		5	打蜡抛光得 5 分
		10	片剂外观(圆整,色泽一致,有无剥落等)得 10 分
		5	在规定时间内完成任务得 5 分

六、任务报告单

穿心莲糖衣片制备任务报告单

任务名称		实训时间	
温度		湿度	
实训工具			
实训物料			
操作步骤			
结论			
操作者			

任务二　乙酰水杨酸肠溶薄膜衣片制备操作

【知识目标】

(1)掌握包薄膜衣片的制备工艺流程及方法。

(2)熟悉常用的包薄膜衣材料。

(3)了解包薄膜衣的常见问题及解决办法。

【技能目标】

能按照包薄膜衣片的制备工艺流程制备出质量合格的乙酰水杨酸肠溶薄膜衣片。

【基本知识】

一、包薄膜衣工艺

包薄膜衣指以高分子材料为主要包衣材料的包衣工艺,由于包裹衣层较薄,故称为包薄膜衣工艺。包薄膜衣和糖包衣比较,具有以下优点:①减少包衣时间,节省物料和劳动力成本;②片重仅有较少增加;③物料和生产工艺可实现标准化,包衣操作易实现自动化。包薄膜衣的工艺过程与糖包衣基本相同,包衣材料由高分子材料、增塑剂、致孔剂、着色剂与蔽光剂等组成。

包薄膜衣的生产工艺流程见图 2-55。

片芯 → 喷包衣液 → 干燥 → 固化 → 再干燥 → 成品

图 2-55　包薄膜衣生产工艺流程图

具体操作过程如下:

(1)在包衣锅内装入适当形状的挡板,以利于片芯的转动与翻动。

(2)将片芯放入锅内,喷入一定量的薄膜衣材料的溶液,使片芯表面均匀湿润。

(3)吹入缓和的热风使溶剂蒸发(温度最好不超过 40 ℃,以免干燥过快,出现"皱皮"或"起泡"现象;也不能干燥过慢,否则会出现"粘连"或"剥落"现象)。如此重复上述操作若干次,直至达到一定的厚度为止。

(4)大多数的薄膜衣需要一个固化期,一般是在室温或略高于室温下自然放置 6~8 小时使之固化完全。

(5)为使残余的有机溶剂完全除尽,一般还要在 50 ℃下干燥 12~24 小时。

二、包衣材料

包薄膜衣材料通常由高分子材料、增塑剂、速度调节剂、增光剂、固体物料、色料和溶剂等组成。

1.高分子包衣材料

按衣层的作用分为胃溶型、缓释型和肠溶型三大类。

（1）胃溶型包衣材料：在水或胃液中能溶解的高分子材料，用于一般片剂提高防潮性能。主要材料有以下几种：①羟丙基甲基纤维素，这是一种常用的薄膜衣材料，成膜性能好，制成的膜在一定温度下抗裂、稳定，生产中常用较低浓度的 HPMC 进行包薄膜衣。商品名为欧巴代（opadry）的薄膜衣材料的主体成分即为 HPMC，主要用于片剂的包薄膜衣。②羟丙基纤维素，常用本品的 2% 水溶液包制薄膜衣。与 HPMC 比较，优点是避免了使用有机溶媒，缺点是干燥过程中易产生较大的黏性，影响片剂的外观。

（2）缓释型包衣材料：在水中不溶解、利用膜的半透性调节药物释放速度的高分子材料。主要材料有以下几种：①乙基纤维素，不溶于水，易溶于乙醇、丙酮等有机溶媒，成膜性良好。一般是将其制成水分散体的形式使用。②乙酸纤维素，溶解性能与乙基纤维素类似，成膜性良好，是渗透泵式控释制剂最常用的包衣材料。

（3）肠溶包衣材料：有一定耐酸性，在胃酸条件下能保持完整致密，而到肠液环境下才开始溶解的高分子材料，用于肠溶片。主要材料有以下几种：①乙酸纤维素酞酸酯（CAP），本品可溶于 pH 6.0 以上的缓冲液中，胰酶能促进其溶解，是应用较广泛的肠溶性包衣材料。包衣时一般用 8%～12% 的乙醇丙酮混合液。②丙烯酸树脂，有多种型号，其中甲基丙烯酸和甲基丙烯甲酯或乙酯的共聚物为肠溶性包衣材料。丙烯酸树脂 EuL100、EuS100 具有很好的成膜性，EuL100 能溶于含有盐类的中性溶液，EuS100 易溶于碱，两者按不同的比例配制可得到不同溶解性能的包衣材料。其他还有聚乙烯醇酞酸酯（PVAP），醋酸纤维素苯三酸酯（CAT）和羟丙基纤维素酞酸酯（HPMCP）等。

2. 增塑剂

增塑剂改变高分子薄膜的物理机械性质，使其更具柔顺性。聚合物与增塑剂之间要具有化学相似性，例如甘油、丙二醇、PEG 等带有 -OH，可作某些纤维素衣材的增塑剂；精制椰子油、蓖麻油、玉米油、液状石蜡、甘油单醋酸酯、甘油三醋酸酯、二丁基癸二酸酯和邻苯二甲酸二丁酯（二乙酯）等可用作脂肪族非极性聚合物的增塑剂。

3. 释放速度调节剂

释放速度调节剂又称释放速度促进剂或致孔剂。在薄膜衣材料中加有蔗糖、氯化钠、表面活性剂、PEG 等水溶性物质时，一旦遇到水，水溶性材料迅速溶解，留下一个多孔膜作为扩散屏障。薄膜的材料不同，调节剂的选择也不同，如吐温、司盘、HPMC 作为乙基纤维素薄膜衣的致孔剂；黄原胶作为甲基丙烯酸酯薄膜衣的致孔剂。

4. 固体物料及色料

在包衣过程中有些聚合物的黏性过大时，适当加入固体粉末以防止颗粒或片剂的粘连。如聚丙烯酸酯中加入滑石粉、硬脂酸镁；乙基纤维素中加入胶态二氧化硅等。色料的应用主要是为了便于鉴别、防止假冒，并且满足产品美观的要求，也有遮光作用。但色料的加入有时存在降低薄膜的拉伸强度，增加弹性模量和减弱薄膜柔性的作用。

三、包薄膜衣可能出现的问题及解决办法

1. 起泡
由于固化条件不当，干燥速度过快。应控制成膜条件，降低干燥温度和速度。

2. 皱皮
由于选择衣料不当或干燥条件不当。应更换衣料，改变成膜温度。

3.剥落

因选择衣料不当或两次包衣间隔时间太短。应更换衣料,延长包衣间隔时间,调节干燥温度和适当降低包衣溶液的浓度。

4.花斑

花斑的原因有增塑剂、色素等选择不当,干燥时溶剂将可溶性成分带到衣膜表面等。操作时应改变包衣处方,调节空气温度和流量,减慢干燥速度。

5.肠溶衣片不能安全通过胃部

肠溶衣片不能安全通过胃部的可能是由于衣料选择不当,衣层太薄,衣层机械强度不够。应注意选择适宜衣料,重新调整包衣处方进行包衣。

6.肠溶衣片肠内不溶解(排片)

其原因可能为选择衣料不当、衣层太厚、贮存变质等。应选择适宜衣料、减少衣层厚度、控制贮存条件防止变质。

【技能操作】

一、任务描述

处方

丙烯酸树脂Ⅱ号	10 g
邻苯二甲酸二乙酯	2 g
蓖麻油	4 g
吐温-80	2 g
滑石粉(120目)	2 g
钛白粉(120目)	2 g
柠檬黄	适量
85%乙醇	加至200 mL

按照以上处方先配置好肠溶包衣液,再将乙酰水杨酸片置于包衣锅内包肠溶衣,烘干制得一定数量的肠溶衣片。

二、操作步骤

要求在200分钟内完成下列任务。

1.课前准备

查到,检查工作服穿戴规范,清点仪器、药品,熟知任务报告单。

2.检查设备及清洁

对设备仪器进行检查和清洁。

3.配包衣液

将丙烯酸树脂Ⅱ号用85%乙醇溶液浸泡过夜溶解。加入邻苯二甲酸二乙酯、蓖麻油和吐温-80研磨均匀,另将其他成分加入上述包衣液研磨均匀,即得。

4. 包衣

将乙酸水杨酸片置于包衣锅内,用配置好的包衣液进行包衣。

5. 干燥

将包好衣的湿药片置于烘箱内烘干。

6. 填写

将结果填于相应表格中。

7. 清场

任务完成后,将天平、试剂、药品等归还于原位并清理实验桌面。

三、操作注意事项

(1)在包衣前,可先将乙酰水杨酸素片在 50 ℃ 干燥 30 分钟,吹去片剂表面的细粉。由于片剂较少,在包衣锅内纵向粘贴若干1～2 cm 宽的长硬纸条或胶布,以增加片子与包衣锅的摩擦,改善滚动性。

(2)包衣操作时,掌握喷速和吹风温度的原则:使片面略带润湿,又要防止片面粘连。温度不宜过高或过低。温度过高则干燥太快,成膜不均匀;温度太低则干燥太慢而造成粘连。

(3)Ⅱ号树脂在乙醇中溶解度大,故采用85%乙醇溶液溶解,然后稀释或加入其他物料,操作比较方便。

四、实施条件

乙酰水杨酸肠溶衣片制备实施条件

项目	基本实施条件
场地	50 m² 以上的药物制剂室
设备、工具	千分之一电子天平 1 台、包衣锅(BY-400 型)、研钵、烘箱
物料	乙酰水杨酸片、丙烯酸树脂Ⅱ号、邻苯二甲酸二乙酯、蓖麻油、吐温-80、滑石粉(120目)、钛白粉(120目)、柠檬黄、无水乙醇等

五、评价标准

乙酰水杨酸肠溶衣片制备评价标准

评价内容	分值	考核点及评分细则
职业素养与操作规范 20分	5	工作服穿着规范,双手洁净,不染指甲,不留长指甲,不披发得 5 分
	5	工作态度认真,遵守纪律得 5 分
	5	实验完毕后将工具等清理复位得 5 分
	5	规范清场并清理干净得 5 分

续表

评价内容		分值	考核点及评分细则
技能 80分	乙酰水杨酸肠溶衣片的制备	10	丙烯酸树脂Ⅱ号用85％乙醇溶液浸泡过夜溶解得10分
		10	丙烯酸树脂乙醇溶液加入邻苯二甲酸二乙酯、蓖麻油和吐温-80研磨均匀得10分
		20	片床温度控制在40～50℃得5分
			转速控制在30～40 r/min得5分
			配制好的包衣溶液用喷枪连续喷雾于转动的片子表面得10分
		10	出现片子较湿(滚动迟缓),即停止喷雾以防粘连,片子干燥后再继续喷雾得10分
		10	使包衣片质量增加7％～10％得5分
			置30～40℃烘箱干燥3～4小时得5分
		10	片剂外观(圆整,无碎片粘连和剥落、起皱和"橘皮"膜、起泡和桥接、色斑和起霜等)得10分
		10	在规定时间内完成任务得10分

六、任务报告单

乙酰水杨酸肠溶衣片制备任务报告单

任务名称		实训时间	
温度		湿度	
实训工具			
实训物料			
操作步骤			
结论			
操作者			

模块三　液体制剂技术

　　液体制剂指药物分散在适宜的分散介质中制成的液体形态的制剂,可供内服或外用。药物可以是固体、液体或气体药物,在一定条件下以不同的分散方法分别以微粒、液滴、胶粒、分子、离子等形式存在于液体分散相中,液体制剂的理化性质、稳定性、药效甚至毒性等均与药物粒子分散度的大小有密切关系。液体制剂的品种多,临床应用广泛,它们的性质、理论和制备工艺在药物制剂技术中占有重要地位。

一、液体制剂的特点和质量要求

1.液体制剂的特点

　　液体制剂与相应的固体药剂相比较,有以下优点:①药物以分子或微粒状态分散在介质中,分散度大,吸收快,能较迅速地发挥药效;②给药途径多,可以内服,也可以外用,如用于皮肤、黏膜和人体腔道等;③易于分剂量,服用方便,特别适用于婴幼儿和老年患者;④能减少某些药物的刺激性,如调整液体制剂浓度而减少刺激性,避免溴化物、碘化物等固体药物口服后由于局部浓度过高而引起胃肠道刺激作用;⑤某些固体药物制成液体制剂后,有利于提高药物的生物利用度。

　　但液体制剂有以下不足:①药物分散度大,又受分散介质的影响,易引起药物的化学降解,使药效降低甚至失效;②液体制剂体积较大,携带、运输、贮存都不方便;③水性液体制剂容易霉变,需加入防腐剂;④非均匀性液体制剂,药物的分散度大,分散粒子具有很大的比表面积,易产生一系列的物理稳定性问题。

2.液体制剂质量要求

　　液体制剂有如下质量要求:①均相液体制剂应是澄明溶液;②非均相液体制剂的药物粒子应分散均匀,液体制剂浓度应准确;③口服的液体制剂应外观良好,口感适宜;④外用的液体制剂应无刺激性;⑤液体制剂应有一定的防腐能力,保存和使用过程不应发生霉变;⑥包装容器应适宜,方便患者携带和使用。

二、液体制剂的分类

液体制剂的分类方法主要有按分散系统和按给药途径两种。

(一)按分散系统分类

1.均相液体制剂

均相液体制剂是药物以分子或离子状态均匀分散的澄明溶液,是热力学稳定体系,有以下两种。

(1)低分子溶液剂:由低分子药物分散在分散介质中形成的液体制剂,又称真溶液。

(2)高分子溶液剂:由高分子化合物分散在分散介质中形成的液体制剂,又称亲水胶体溶液。

2.非均相液体制剂

非均相液体制剂为不稳定的多相分散体系,包括以下几种。

(1)溶胶剂:又称疏水胶体溶液,为不溶性成分以胶粒形式分散在分散介质中而成。

(2)乳剂:由不溶性液体药物分散在分散介质中形成的不均匀分散体系。

(3)混悬剂:由不溶性固体药物以微粒状态分散在分散介质中形成的不均匀分散体系。

按分散体系分类,分散微粒大小决定了分散体系的特征,见表3-1。

表3-1 分散体系中微粒大小与特征

	类型	微粒大小/nm	特征与制备方法
均相	低分子溶液剂	<1	分子或离子分散的澄明溶液,体系稳定; 溶解法制备
	高分子溶液剂	1~100	分子分散的澄明溶液,体系稳定; 溶解法制备(有限溶胀和无限溶胀)
非均相	溶胶剂	1~100	胶态分散形成多相体系,聚结不稳定性; 胶溶法制备
	乳剂	>100	液体微粒分散形成多相体系,聚结和重力不稳定性; 分散法制备
	混悬剂	>500	固体微粒分散形成多相体系,聚结和重力不稳定性; 分散法和凝聚法制备

(二)按给药途径分类

1.内服液体制剂

内服液体制剂,如合剂、糖浆剂、乳剂、混悬液、滴剂等。

2.外用液体制剂

(1)皮肤用液体制剂:如洗剂、搽剂等。

(2)五官科用液体制剂:如洗耳剂、滴耳剂、滴鼻剂、含漱剂、滴牙剂等。

(3)直肠、阴道、尿道用液体制剂:如灌肠剂、灌洗剂等。

项目一 溶剂与附加剂应用技术

一、液体溶剂

液体制剂的溶剂,对溶液剂来说可称为溶剂;对溶胶剂、混悬剂、乳剂来说,药物并不溶解而是分散,因此称作分散介质。溶剂对液体制剂的性质和质量影响很大。

液体制剂的制备方法、稳定性及所产生的药效等,都与溶剂有密切关系。选择溶剂的条件:①对药物应具有较好的溶解性和分散性;②化学性质应稳定,不与药物或附加剂发生反应;③不应影响药效的发挥和含量测定;④毒性小、无刺激性、无不适的臭味。同时符合条件的溶剂很少,所以实际生产中常使用各种混合溶剂。

药物的溶解或分散状态与溶剂的极性有密切关系。溶剂按介电常数大小分为极性溶剂、半极性溶剂和非极性溶剂。

(一)极性溶剂

1.水

水是最常用的溶剂,能与乙醇、甘油、丙二醇等溶剂以任意比例混合,能溶解大多数的无机盐类和极性大的有机药物,能溶解药材中的生物碱盐类、苷类、糖类、树胶、黏液质、鞣质、蛋白质、酸类及色素等。但有些药物在水中不稳定,容易产生霉变,故不宜长久储存。配制水性液体制剂时应使用蒸馏水或纯化水,不宜使用饮用水。

2.甘油

甘油为无色黏稠性澄明液体,有甜味,毒性小,能与水、乙醇、丙二醇等以任意比例混合,对硼酸、苯酚和鞣质的溶解度比水大。含甘油30%以上有防腐作用,可供内服或外用,其中外用制剂应用较多。

3.二甲基亚砜

二甲基亚砜为无色澄明液体,具大蒜臭味,有较强的吸湿性,能与水、乙醇、甘油、丙二醇等溶剂以任意比例混合。本品溶解范围广,亦有"万能溶剂"之称。能促进药物透过皮肤和黏膜的吸收作用,但对皮肤有轻度刺激。

(二)半极性溶剂

1.乙醇

没有特殊说明时,乙醇指95%(V/V)乙醇,可与水、甘油、丙二醇等溶剂以任意比例混合,能溶解大部分有机药物和药材中的有效成分,如生物碱及其盐类、挥发油、树脂、鞣质、有机酸和色素等。20%以上的乙醇即有防腐作用。但乙醇有一定的生理活性,有易挥发、易燃烧等缺点。

2.丙二醇

药用丙二醇一般为1,2-丙二醇,性质与甘油相近,但黏度较甘油小,可作为内服及肌内注射液溶剂。丙二醇毒性小、无刺激性,能溶解许多有机药物,一定比例的丙二醇和水的混合溶剂能延缓许多药物的水解,增加稳定性。丙二醇对药物在皮肤和黏膜的吸收有一定的促进作用。

3.聚乙二醇

液体制剂中常用聚乙二醇300~600,为无色澄明液体,理化性质稳定,能与水、乙醇、丙二醇、甘油等溶剂任意混合。聚乙二醇不同浓度的水溶液是良好溶剂,能溶解许多水溶性无机盐和水不溶性的有机药物。本品对一些易水解的药物有一定的稳定作用。在洗剂中,能增加皮肤的柔韧性,具有一定的保湿作用。

(三)非极性溶剂

1.脂肪油

脂肪油为常用非极性溶剂,如麻油、豆油、花生油、橄榄油等植物油。植物油不能与极性溶剂混合,而能与非极性溶剂混合。脂肪油能溶解油溶性药物,如激素、挥发油、游离生物碱和许多芳香族药物。脂肪油容易酸败,也易受碱性药物的影响而发生皂化反应,影响制剂的质量。脂肪油多为外用制剂的溶剂,如洗剂、搽剂、滴鼻剂等。

2. 液体石蜡

液体石蜡是从石油产品中分离得到的液状烃的混合物,分为轻质和重质两种。前者相对密度为 0.828~0.860,后者为 0.860~0.890。液体石蜡为无色澄明油状液体,无色无臭,化学性质稳定,但接触空气能被氧化,产生臭味,可加入油性抗氧剂。本品能与非极性溶剂混合,能溶解生物碱、挥发油及一些非极性药物等。本品在肠道中不分解也不吸收,能使粪便变软,有润肠通便作用。可作口服制剂和搽剂的溶剂。

3. 乙酸乙酯

无色油状液体,微臭。相对密度(20 ℃)为 0.897~0.906,有挥发性和可燃性。在空气中容易氧化、变色,需加入抗氧剂。本品能溶解挥发油、甾体药物及其他油溶性药物。常作为搽剂的溶剂。

二、液体制剂常用附加剂

1. 增溶剂

增溶指某些难溶性药物在表面活性剂的作用下,在溶剂中增加溶解度并形成溶液的过程。具有增溶能力的表面活性剂称增溶剂,被增溶的物质称为增溶质。对于以水为溶剂的药物,增溶剂的最适 HLB 值为 15~18。每 1 g 增溶剂能增溶药物的克数称为增溶量。常用的增溶剂为聚山梨酯类和聚氧乙烯脂肪酸酯类等。

2. 助溶剂

助溶剂指难溶性药物与加入的第三种物质在溶剂中形成可溶性分子间的络合物、复盐或缔合物等,以增加药物在溶剂(主要是水)中的溶解度。这第三种物质称为助溶剂。助溶剂多为低分子化合物(不是表面活性剂),与药物形成络合物,如碘在水中溶解度为 1∶2950,如加适量的碘化钾,可明显增加碘在水中溶解度,能配成含碘 5％的水溶液。碘化钾为助溶剂,增加碘溶解度的机理是 KI 与碘形成分子间的络合物 KI_3。

3. 潜溶剂

为了提高难溶性药物的溶解度,常常使用两种或多种混合溶剂。在混合溶剂中各溶剂达到某一比例时,药物的溶解度出现极大值,这种现象称潜溶,这种混合溶剂称潜溶剂。与水形成潜溶剂的有乙醇、丙二醇、甘油、聚乙二醇等。甲硝唑在水中的溶解度为 10％(W/V),如果使用水-乙醇混合溶剂,则溶解度提高 5 倍。醋酸去氢皮质酮注射液是以水-丙二醇为溶剂制备的。

潜溶剂能提高药物溶解度的原因,一般认为是两种溶剂间发生氢键缔合或潜溶剂改变了原来溶剂的介电常数。

4. 防腐剂

液体制剂特别是以水为溶剂的液体制剂,易被微生物污染而发霉变质,尤其是含有糖类、蛋白质等营养物质的液体制剂,更容易引起微生物的滋长和繁殖。抗菌药的液体制剂也能生长微生物,因为抗菌药物都有一定的抗菌谱。被微生物污染的液体制剂会引起理化性质的变化,严重影响制剂质量,有时会产生细菌毒素有害于人体。

对微生物的生长与繁殖具有抑制作用的物质称为防腐剂。非无菌制剂往往含有活体微生物,为了控制微生物限度符合《中国药典》(2015 年版)标准,需在液体制剂加入适量防腐剂,以控制微生物的生长和繁殖。

优良防腐剂的条件:①在抑菌浓度范围内对人体无害、无刺激性,内服应无特殊臭味;②水中有较大的溶解度,能达到防腐需要的浓度;③不影响制剂的理化性质和药理作用;④防腐剂也不受制剂中药物的影响;⑤对大多数微生物有较强的抑制作用;⑥防腐剂本身的理化性质和抗微生物性质应稳定,不易受热和 pH 值的影响;⑦长期贮存应稳定,不与包装材料起作用。

药用防腐剂分为四类:酸碱及其盐类(如苯酚及其盐)、中性化合物类(如三氯叔丁醇、聚维碘酮)、汞化合物类(如硫柳汞、硝酸苯汞)、季铵化合物类(如度米芬)。常用的药用防腐剂有以下几种。

(1)对羟基苯甲酸酯类:对羟基苯甲酸甲酯、乙酯、丙酯、丁酯,亦称尼泊金类。这类的抑菌作用随烷基碳数增加而增加,但溶解度则减小,丁酯抗菌力最强,溶解度却最小。本类防腐剂混合使用有协同作用。通常是乙酯和丙酯(1∶1)或乙酯和丁酯(4∶1)合用,浓度均为 0.01%~0.25%。这是一类很有效的防腐剂,化学性质稳定。在酸性、中性溶液中均有效,但在酸性溶液中作用较强,对大肠杆菌作用最强。在弱碱性溶液中作用减弱,这是因为酚羟基解离所致。

(2)苯甲酸及其盐:在水中溶解度为 0.29%,乙醇中为 43%(20 ℃),通常配成 20%醇溶液备用。用量一般为 0.03%~0.1%。苯甲酸未解离的分子抑菌作用强,所以在酸性溶液中抑菌效果较好,最适 pH 值是 4。溶液 pH 值增高时解离度增大,防腐效果降低。苯甲酸防霉作用较尼泊金类为弱,而防发酵能力则较尼泊金类强。苯甲酸 0.25%和尼泊金 0.05%~0.1%联合应用对防止发霉和发酵最为理想,特别适用于中药液体制剂。

(3)山梨酸:本品为白色至黄白色结晶性粉末,熔点 133 ℃,溶解度:水中为 0.125%(30 ℃),丙二醇中为 5.5%(20 ℃),无水乙醇或甲醇中为 12.9%;甘油中为 0.13%。对细菌最低抑菌浓度为 0.02%~0.04%(pH<6.0),对酵母、真菌最低抑菌浓度为 0.8%~1.2%。本品的防腐作用是未解离的分子,在 pH=4 水溶液中效果较好。山梨酸与其他抗菌剂联合使用产生协同作用。苯甲酸钠在酸性溶液中的防腐作用与苯甲酸相当。山梨酸钾、山梨酸钙作用与山梨酸相同,水中溶解度更大。需在酸性溶液中使用。

(4)苯扎溴铵:又称新洁尔灭,为阳离子表面活性剂。淡黄色黏稠液体,低温时形成蜡状固体,极易潮解,有特臭、味极苦,无刺激性。溶于水和乙醇,微溶于丙酮和乙醚。本品在酸性和碱性溶液中稳定,耐热压。作为防腐剂使用浓度为 0.02%~0.2%。

(5)醋酸氯己定:又称醋酸洗必泰,微溶于水,溶于乙醇、甘油、丙二醇等溶剂中,为广谱杀菌剂,使用浓度为 0.02%~0.05%。

(6)其他防腐剂:邻苯基苯酚微溶于水,为广谱杀菌剂,使用浓度为 0.005%~0.2%;一些挥发油也有防腐作用,如桉叶油为 0.01%~0.05%,桂皮油为 0.01%,薄荷油为 0.05%。

5.矫味剂

在制剂中常需添加矫味剂,以改善剂型的味道和气味。常用矫味剂有甜味剂、芳香剂及干扰味蕾的胶浆剂、泡腾剂。

(1)甜味剂:包括天然的和合成的两大类。天然的甜味剂中蔗糖和单糖浆应用最广泛,具有芳香味的果汁糖浆如橙皮糖浆及桂皮糖浆等不但能矫味,也能矫臭。甘油、山梨醇、甘露醇等也可作甜味剂。天然甜味剂甜菊苷,为微黄白色粉末、无臭、有清凉甜味,甜度比蔗糖高约300 倍,在水中溶解度(25 ℃)为 1∶10,pH 值 4~10 时加热也不被水解。常用量为 0.025%~

0.05%。本品甜味持久且不被吸收,但甜中带苦,故常与蔗糖和糖精钠合用。合成的甜味剂有糖精钠,甜度为蔗糖的 200～700 倍,易溶于水,但水溶液不稳定,长期放置甜度降低。常用量为 0.03%。常与单糖浆、蔗糖和甜菊苷合用,常作咸味的矫味剂。阿司帕坦,也称蛋白糖,为二肽类甜味剂,又称天冬甜精。甜度比蔗糖高 150～200 倍,不致龋齿,可以有效地降低热量,适用于糖尿病、肥胖症患者。

(2)芳香剂:在制剂中有时需要添加少量香料和香精以改善制剂的气味和香味。这些香料与香精称为芳香剂。香料分天然香料和人造香料两大类。天然香料有植物中提取的芳香性挥发油如柠檬、薄荷挥发油等,以及它们的制剂如薄荷水、桂皮水等。人造香料也称调和香料,是由人工香料添加一定量的溶剂调和而成的混合香料,如苹果香精、香蕉香精等。

(3)胶浆剂:胶浆剂具有黏稠缓和的性质,可以干扰味蕾的味觉而能矫味,如阿拉伯胶、羧甲基纤维素钠、琼脂、明胶、甲基纤维素等的胶浆。如在胶浆剂中加入适量糖精钠或甜菊苷等甜味剂,则增加其矫味作用。

(4)泡腾剂:将有机酸与碳酸氢钠一起,遇水后由于产生大量二氧化碳,二氧化碳能麻痹味蕾起矫味作用。对盐类的苦味、涩味、咸味有所改善。

6.着色剂

有些药物制剂本身无色,但为了心理治疗上的需要或某些目的,有时需加入到制剂中进行调色的物质称着色剂。着色剂能改善制剂的外观颜色,可用来识别制剂的浓度、区分应用方法和减少患者对服药的厌恶感。尤其是选用的颜色与矫味剂能够配合协调,更易为患者所接受。

(1)天然色素:常用的有植物性和矿物性色素,做食品和内服制剂的着色剂。植物性色素:红色的有苏木、甜菜红、胭脂虫红等,黄色的有姜黄素、胡萝卜素等,蓝的有松叶兰、乌饭树叶,绿色的有叶绿酸铜钠盐,棕色的有焦糖等,矿物性的如氧化铁(棕红色)。

(2)合成色素:人工合成色素的特点是色泽鲜艳,价格低廉,大多数毒性比较大,用量不宜过多。我国批准的内服合成色素有苋菜红、柠檬黄、胭脂红、胭脂蓝和日落黄,通常配成 1% 贮备液使用,用量不得超过万分之一。外用色素有伊红、品红、亚甲蓝、苏丹黄 G 等。

7.其他附加剂

在液体制剂中为了增加稳定性,有时需要加入抗氧剂、pH 调节剂、金属离子络合剂等。

任务　二级反渗透制备纯化水操作

【知识目标】

(1)掌握液体制剂的溶剂及附加剂。

(2)了解制备制药用水的分类、应用。

(3)了解纯化水的制备方法和质量要求。

(4)掌握二级反渗透制水设备的结构、工作原理、工作流程。

【技能目标】

(1)能正确使用二级反渗透制水设备制备合格的纯化水,并在规定时间内完成任务。

(2)能按要求进行清场,并会正确填写生产记录和清场记录。

【基本知识】

制药用水是药物制剂生产的生命线,它是药物制剂生产中用量大、使用广的一种辅料,其质量直接影响着药物制剂的质量。现行版《中国药典》(2015 年版)根据使用范围的不同,将制药用水分为饮用水、纯化水、注射用水和灭菌注射用水四种。饮用水为天然水经净化处理所得的水,其质量必须符合现行中华人民共和国国家标准《生活饮用水卫生标准》,通常由城市自来水管网提供;纯化水为饮用水经蒸馏法、离子交换法、反渗透法或其他适宜的方法制得的水,不含任何附加剂;注射用水为纯化水经蒸馏所得的水;灭菌注射用水为注射用水按照注射剂生产工艺制备所得的水。不同的制药用水在药物制剂生产中的应用范围不同,见表 3-2。

表 3-2　制药用水的应用范围

制药用水的类别	应用范围
饮用水	①制备纯化水的水源 ②药材净制时的漂洗 ③制药用具的粗洗 ④除另有规定外,也可作为饮片的提取溶剂
纯化水	①制备注射用水的水源 ②配制普通药物制剂用的溶剂或试验用水 ③中药注射剂、滴眼剂等灭菌制剂所用饮片的提取溶剂 ④口服、外用制剂配制用溶剂或稀释剂 ⑤非灭菌制剂用器具的精洗
注射用水	配制注射剂、滴眼剂等的溶剂或稀释剂及容器的精洗
灭菌注射用水	注射用灭菌粉末的溶剂或注射剂的稀释剂

纯化水的制备方法有以下几种方法。

1. 离子交换法

离子交换法是利用离子交换树脂除去水中的阴、阳离子,同时对细菌和热原也有一定的清除作用,是制备纯化水的基本方法之一。其优点是所用设备简单,成本低,制得的水质化学纯度高;其缺点是离子交换树脂常需要再生、消耗酸碱量大。离子交换法制备纯化水的基本原理是通过阴、阳离子交换树脂上的极性基团分别与水中存在的各种阴、阳离子进行交换,从而达到纯化水的目的。工艺流程一般可采用阳床、阴床、混合床的组合形式,见图 3-1。混合床为阴、阳树脂以一定的比例混合组成。大生产时,为减轻阴树脂的负担,常在阳床后加脱气塔,以除去二氧化碳。

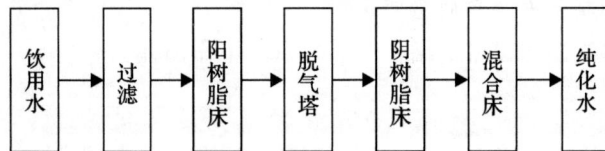

饮用水 → 过滤 → 阳树脂床 → 脱气塔 → 阴树脂床 → 混合床 → 纯化水

图 3-1　离子交换法制备纯化水工艺流程图

2.电渗析法

电渗析是依据在电场作用下离子定向迁移及交换膜的选择性透过而设计的,即阳离子交换膜装在阴极端,显示强烈的负电场,只允许阳离子通过;阴离子交换膜装在阳极端,显示强烈的正电场,只允许阴离子通过。其基本原理见图3-2。当原水含盐量高达3000 mg/L时,不宜采用离子交换法制备纯化水,但电渗析法仍适用。它可不用酸碱处理,故较离子交换法更经济。

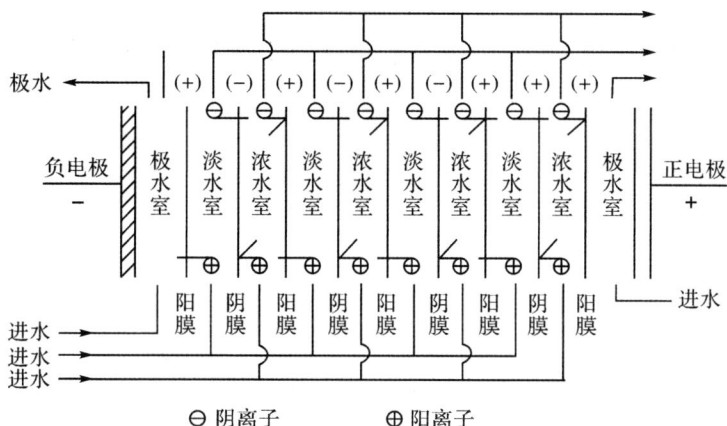

图3-2 电渗析原理示意图

3.反渗透法

反渗透法是在20世纪60年代发展起来的新技术,国内目前许多药厂用于原水处理和纯化水的处理,若装置合理,能达到注射用水的质量要求,所以,《美国药典》23版已收载该法为制备注射用水法定方法之一。

渗透是由半透膜两侧不同溶液的渗透压差所致,使低浓度一侧的水向高浓度一侧转移。若在盐溶液上施加一个大于该盐溶液渗透压的压力,则盐溶液中的水将向纯水一侧渗透,从而达到盐、水分离,这一过程称为反(逆)渗透。反渗透制水,需要膜材,如醋酸纤维膜(如三醋酸纤维膜)和聚酰胺膜。

一级反渗透装置能除去一价离子90%～95%,二价离子98%～99%,同时能除去微生物和病毒,但除去氯离子的能力达不到《中国药典》(2015年版)要求。二级反渗透装置能较彻底地除去氯离子,故目前药品生产企业普遍采用二级反渗透装置制备纯化水。常见二级反渗透法制备纯化水的工艺流程见图3-3。

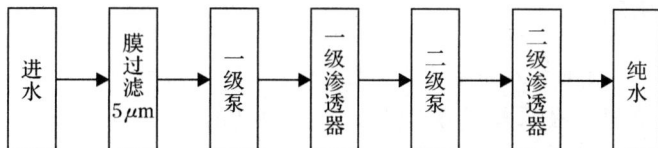

图3-3 反渗透法工艺流程图

纯化水的质量必须符合《中国药典》现行版规定,应为无色的澄清液体;无臭、无味;硝酸盐含量不超过 0.000006％,亚硝酸盐含量不超过 0.000002％,氨含量不超过 0.00003％,总有机碳不得超过 0.50 mg/L,不挥发物不得超过 1 mg,重金属含量不得超过 0.00001％;微生物限度检查中,细菌、真菌、酵母菌总数不超过 100 个/100 mL,酸碱度、电导率均应符合规定。

【技能操作】

一、任务描述

(1)识别二级反渗透制水设备的结构、工作原理、工作流程。

(2)按照二级反渗透制水设备的 SOP 进行制水操作。

(3)观察并记录二级反渗透制水设备的各项运行参数,并能按规定调整设备的运行参数。

(4)按清场 SOP 进行清场并正确填写生产记录和清场记录。

二、操作步骤

要求在 90 分钟内完成下列任务。

1.课前准备

查到,检查工作服穿戴规范,清点相关设备,熟知任务报告单。

2.简要说明二级反渗透制水的原理和工作流程

详见基本知识。

3.按照二级反渗透制水设备的 SOP 进行制水操作

二级反渗透制水设备的操作流程为开机前准备—开机操作—停机操作。

(1)开机前准备:①检查经预处理的原料水是否达到规定指标,如达不到要求,必须加强预处理工艺;②将操作室内的温度调至 20～30 ℃;③检查进水压力表高压泵吸水段的压力;④检查高压泵旋转方向及转动部分是否灵活;⑤将渗透组件出水阀全部打开,取样阀全部关闭;⑥关闭清洗水泵出水阀;⑦打开高压泵出口阀、浓水排放阀、纯化水出口阀的电导仪电源。

(2)开机操作:①开原料水泵,至一级高压泵进水段压力＞0.1 MPa 并保持稳定后,再开启一级高压泵;②开启一级高压泵后,缓慢调节出水阀,使水压缓慢上升,直至到规定的压力,待一级反渗透主机稳定工作后,再开启二级高压泵,缓慢调节二级排水阀,使压力达到工艺要求;③调节浓水出口阀门的大小,使纯化水出水量与浓水出水量有适当的比例。

(3)停机操作:①逐步打开浓水出水阀,使工作压力逐渐降低;②压力降至 0.8 MPa 时,首先关闭二级高压泵,然后再关闭一级高压泵,最后关闭原料水泵;③关闭所有电源。

三、操作注意事项

(1)开机前准备时,操作室内的温度不得低于 10 ℃和高于 40 ℃。

(2)进水压力表高压泵吸水段压力不得低于 0.2 MPa。

(3)操作过程中特别要注意高压水进入膜元件应缓升和缓降,切忌压力急剧升与降,否则易造成膜破裂,调节出水时,二级浓水可以排回原料水箱,以降低产水的电导率并且提高水利用率。

(4)关机时,严禁突然降压,应每下降 0.5 MPa,运行 5 分钟。

四、实施条件

二级反渗透制水设备制备纯化水实施条件

项目	基本实施条件
场地	50 m² 以上的药物制剂制水室
设备、工具	二级反渗透制水机组、工具箱、消毒剂、相应的清洗剂原料、拖把、抹布、喷壶等
物料	自来水

五、评价标准

二级反渗透制水设备制备纯化水评价标准

评价内容		分值	考核点及评分细则
职业素养与操作规范 20分		5	工作服穿着规范,双手洁净,不染指甲,不留长指甲,不披发得 5 分
		5	工作态度认真,遵守纪律得 5 分
		5	实验完毕后将工具等清理复位得 5 分
		5	规范清场并清理干净得 5 分
技能 80 分	制水前检查	10	简要说明二级反渗透制水的原理和工作流程得 10 分
		30	检查原水应符合要求;调整操作室内温度20~30 ℃得 5 分
			检查进水压力表高压泵吸水段的压力得 5 分
			渗透组件出水阀是否打开得 5 分,取样阀是否关闭得 5 分,清洗水泵出水阀是否关闭得 5 分
			高压泵出口阀、浓水排放阀、纯化水出口阀的电导仪电源是否打开得 5 分
	制水操作	20	开启原料水泵,待检查进水压力表高压泵吸水段的压力>0.1 MPa并保持稳定后,开启一级高压泵得 10 分
			二级高压泵必须等一级高压泵稳定到规定压力才能开启得 5 分
			纯化水出水量与浓水出水量有适当比例得 5 分
	停机操作	15	停机操作,逐步打开浓水出水阀得 5 分
			压力必须降至 0.8 MPa,依次关闭二级高压泵,一级高压泵,原料水泵得 5 分
			关闭电源得 5 分
		5	在规定时间能完成任务得 5 分

六、任务报告单

二级反渗透制水设备制备纯化水任务报告单

任务名称		实训时间	
温度		湿度	
实训工具			
实训物料			
操作步骤			
结论			
操作者			

项目二 表面活性剂应用技术

一、表面活性剂概念及结构

一定条件下的任何纯液体都具有表面张力,20 ℃时,水的表面张力为 72.75 mN/m。当溶剂中溶入溶质时,溶液的表面张力因溶质的加入而发生变化,水溶液表面张力的大小因溶质不同而改变,如一些无机盐可以使水的表面张力略有增加,一些低级醇则使水的表面张力略有下降,而肥皂和洗衣粉可使水的表面张力显著下降。使液体表面张力降低的性质即为表面活性。表面活性剂指那些具有很强表面活性、能使液体的表面张力显著下降的物质。此外,作为表面活性剂还应具有增溶、乳化、润湿、去污、杀菌、消泡和起泡等应用性质,这是与一般表面活性物质的重要区别。

表面活性剂之所以能降低液体表面张力,是因为其分子结构中含有两亲基团:亲水基团(极性基团)和亲油基团(非极性基团)。表面活性剂分子一般由非极性烃链和一个以上的极性基团组成,烃链长度一般在 8 个碳原子以上,极性基团可以是解离的离子,也可以是不解离的亲水基团。

二、表面活性剂分类

根据分子组成特点和极性基团的解离性质,表面活性剂分为离子型表面活性剂和非离子型表面活性剂。根据离子表面活性剂起活性作用部分所带电荷,又可分为阳离子型表面活性剂、阴离子型表面活性剂和两性离子型表面活性剂。

(一)阴离子表面活性剂

阴离子表面活性剂起表面活性作用的部分是阴离子。

1.高级脂肪酸盐

高级脂肪酸盐系肥皂类,通式为 $(RCOO^-)_n M^{n+}$。脂肪酸烃链 R 一般在 $C_{11} \sim C_{17}$ 之间,以硬脂酸、油酸、月桂酸等较常见。根据 M 的不同,又可分碱金属皂(一价皂)、碱土金属皂(二价皂)和有机胺皂(三乙醇胺皂)等。它们均具有良好的乳化性能和分散油的能力,但易被酸破坏,碱金属皂还可被钙、镁盐等破坏,电解质可使之盐析。一般只用于外用制剂。

2.硫酸化物

硫酸化物主要是硫酸化油和高级脂肪醇硫酸酯类,通式为 $ROSO_3^- M^+$,其中脂肪烃链 R 在 $C_{12} \sim C_{18}$ 范围内。硫酸化油的代表是硫酸化蓖麻油,俗称土耳其红油,为黄色或橘黄色黏稠液,有微臭,约含 48.5% 的总脂肪油,可与水混合,为无刺激性的去污剂和润湿剂,可代替肥皂洗涤皮肤,也可用于挥发油或水不溶性杀菌剂的增溶。高级脂肪醇硫酸酯类中常用的是十二烷基硫酸钠(SDS,又称月桂醇硫酸钠)、十六烷基硫酸钠(鲸蜡醇硫酸钠)、十八烷基硫酸钠(硬脂醇硫酸钠)等。它们的乳化性也很强,并较肥皂类稳定,较耐酸,但可与一些高分子阳离子药物发生作用而产生沉淀,对黏膜有一定的刺激性,主要用作外用软膏的乳化剂,有时也用于片剂等固体制剂的润湿剂或增溶剂。

3.磺酸化物

磺酸化物指脂肪族磺酸化物和烷基芳基磺酸化物等。通式分别为 $RSO_3^- M^+$ 和 $RC_6H_5 \cdot SO_3^- M^+$。它们的水溶性及耐酸性比硫酸化物稍差,但不易水解。常用的品种有二辛基琥珀酸磺酸钠(阿洛索-OT)、二己基琥珀酸磺酸钠、十二烷基苯磺酸钠等,去污力、起泡性和油脂分散能力很强,为优良的洗涤剂。

(二)阳离子表面活性剂

这类表面活性剂起作用的部分是阳离子,亦称阳性皂。其分子结构的主要部分是一个五价的氮原子,所以也称为季铵化物,其特点是水溶性大,在酸性与碱性溶液中较稳定,具有良好的表面活性作用和杀菌作用。常用品种有苯扎氯铵和苯扎溴铵等。

(三)两性离子表面活性剂

这类表面活性剂的分子结构中同时具有正、负电荷基团,在不同 pH 值介质中可表现出阳离子或阴离子表面活性剂的性质。

1.卵磷脂

卵磷脂是天然的两性离子表面活性剂。其主要来源是大豆和蛋黄,根据来源不同,又可称豆磷脂或蛋磷脂。卵磷脂的组成十分复杂,包括各种甘油磷脂,如脑磷脂、磷脂酰胆碱、磷脂酰乙醇胺、丝氨酸磷脂、肌醇磷脂、磷脂酸等,还有糖脂、中性脂、胆固醇和神经鞘脂等。卵磷脂外观为透明或半透明黄色或黄褐色油脂状物质,对热十分敏感,在 60 ℃以上数天内即变为不透明褐色,在酸性和碱性条件以及酯酶作用下容易水解,不溶于水,溶于氯仿、乙醚、石油醚等有机溶剂,是制备注射用乳剂及脂质微粒制剂的主要辅料。

2.氨基酸型和甜菜碱型

这两类表面活性剂为合成化合物,阴离子部分主要是羧酸盐,其阳离子部分为季铵盐或胺盐,由胺盐构成者即为氨基酸型($R^+ NH_2 CH_2 CH_2 COO^-$);由季铵盐构成者即为甜菜碱型〔$R^+ N(CH_3)_2 CH_2 COO^-$〕。氨基酸型在等电点时亲水性减弱,并可能产生沉淀,而甜菜碱型则无论在酸性、中性及碱性溶液中均易溶,在等电点时也无沉淀。

两性离子表面活性剂在碱性水溶液中呈阴离子表面活性剂的性质,具有很好的起泡、去污作用;在酸性溶液中则呈阳离子表面活性剂的性质,具有很强的杀菌能力。常用的一类氨基酸型两性离子表面活性剂"Tego"杀菌力很强而毒性小于阳离子表面活性剂。1%TegoMHG〔十二烷基双(氨乙基)-甘氨酸盐酸盐,又称 Dodecin HCL〕水溶液的喷雾消毒能力强于相同浓度的洗必泰和苯扎溴铵以及 70%的乙醇。

(四)非离子表面活性剂

这类表面活性剂在水中不解离,分子中构成亲水基团的是甘油、聚乙二醇和山梨醇等多元醇,构成亲油基团的是长链脂肪酸或长链脂肪醇以及烷基或芳基等,它们以酯键或醚键与亲水基团结合,品种很多,广泛用于外用、口服制剂和注射剂,个别品种也用于静脉注射剂。

1.脂肪酸甘油酯

脂肪酸甘油酯主要有脂肪酸单甘油酯和脂肪酸二甘油酯,如单硬脂酸甘油酯等。脂肪酸甘油酯的外观根据其纯度可以是褐色、黄色或白色的油状、脂状或蜡状物质,熔点在 30～60 ℃,不溶于水,在水、热、酸、碱及酶等作用下易水解成甘油和脂肪酸。其表面活性较弱,HLB 为 3～4,主要用做 W/O 型辅助乳化剂。

2. 多元醇型

(1)蔗糖脂肪酸酯:简称蔗糖酯,是蔗糖与脂肪酸反应生成的一大类化合物,属多元醇型非离子表面活性剂,根据与脂肪酸反应生成酯的取代数不同,有单酯、二酯、三酯及多酯。改变取代脂肪酸及酯化度,可得到不同 HLB 值(5～13)的产品。

蔗糖脂肪酸酯为白色至黄色粉末,随脂肪酸酯含量增加,可呈蜡状、膏状或油状,在室温下稳定,高温时可分解或发生蔗糖的焦化,在酸、碱和酶的作用下可水解成游离脂肪酸和蔗糖。蔗糖酯不溶于水,但在水和甘油中加热可形成凝胶,可溶于丙二醇、乙醇及一些有机溶剂,但不溶于油。主要用做水包油型乳化剂、分散剂。一些高脂肪酸含量的蔗糖酯也用做阻滞剂。

(2)脂肪酸山梨坦:亦称失水山梨醇脂肪酸酯,是由山梨糖醇及其单酐和二酐与脂肪酸反应而成的酯类化合物的混合物,商品名为司盘(Spans)。根据反应的脂肪酸的不同,可分为司盘-20(月桂山梨坦)、司盘-40(棕榈山梨坦)、司盘-60(硬脂山梨坦)、司盘-65(三硬脂山梨坦)、司盘-80(油酸山梨坦)和司盘-85(三油酸山梨坦)等多个品种,其结构如下:

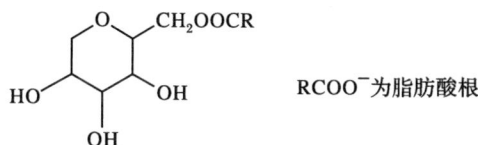

$$O \quad CH_2OOCR$$

RCOO⁻为脂肪酸根

HO OH OH

脂肪酸山梨坦是黏稠状、白色至黄色的油状液体或蜡状固体。不溶于水,易溶于乙醇,在酸、碱和酶的作用下容易水解,其 HLB 值为 1.8～3.8,是常用的 W/O 型乳化剂,但在水 O/W 型乳剂中,司盘-20 和司盘-40 常与吐温配伍用做混合乳化剂;而司盘-60,司盘-65 等则适合在 W/O 型乳剂中与吐温配合使用。

(3)聚山梨酯:亦称聚氧乙烯失水山梨醇脂肪酸酯,是由失水山梨醇脂肪酸酯与环氧乙烷反应生成的亲水性化合物。氧乙烯链节数约为 20,可加成在山梨醇的多个羟基上,所以也是一种复杂的混合物。商品名为吐温(Tweens),美国药典品名为 Polysorbate,与司盘的命名相对应,根据脂肪酸不同,有聚山梨酯-20(吐温-20)、聚山梨酯-40(吐温-40)、聚山梨酯-60(吐温-60)、聚山梨酯-65(吐温-65)、聚山梨酯-80(吐温-80)和聚山梨酯-85(吐温-85)等多种型号,其结构如下:

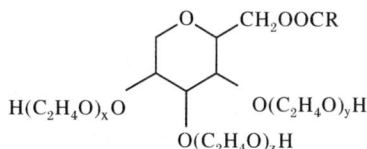

$$O \quad CH_2OOCR$$

$$H(C_2H_4O)_xO \qquad O(C_2H_4O)_yH$$

$$O(C_2H_4O)_zH$$

聚山梨酯是黏稠的黄色液体,对热稳定,但在酸、碱和酶作用下也会水解。在水和乙醇以及多种有机溶剂中易溶,不溶于油,低浓度时在水中形成胶束,其增溶作用不受溶液 pH 值影响。聚山梨酯是常用的增溶剂、乳化剂、分散剂和润湿剂。

3. 聚氧乙烯型

(1)聚氧乙烯脂肪酸酯:由聚乙二醇与长链脂肪酸缩合而成的酯,通式为 $RCOOCH_2-(CH_2OCH_2)_nCH_2OH$,商品有卖泽(Myrij)。根据聚乙二醇部分的分子量和脂肪酸品种不同而有不同品种。这类表面活性剂有较强水溶性,乳化能力强,为水包油型乳化剂,常用的有聚氧乙烯(40)硬脂酸酯等。

(2)聚氧乙烯脂肪醇醚:由聚乙二醇与脂肪醇缩合而成的醚,通式为 $RO(CH_2OCH_2)_n$-H,商品有苄泽(Brij),如 Brij30 和 Brij35 分别为不同分子量的聚乙二醇与月桂醇缩合物;西土马哥(Cetomacrogol)为聚乙二醇与十六醇的缩合物;平平加O(Perogol O)则是 15 个单位的氧乙烯与油醇的缩合物。埃莫尔弗(Emolphor)是一类聚氧乙烯蓖麻油化合物,由 20 个单位以上的氧乙烯与油醇缩合而成,为淡黄色油状液体或白色糊状物,易溶于水和醇及多种有机溶剂,HLB 值在 12~18 范围内,具有较强的亲水性质。常用作增溶剂及 O/W 型乳化剂。如 Cremophore EL 为聚氧乙烯蓖麻油甘油醚,聚氧乙烯单位为 35~40,HLB 值为 12~14。

4.聚氧乙烯-聚氧丙烯共聚物

本品又称泊洛沙姆(Poloxamer),商品名普朗尼克(Pluronic)。通式为 $HO(C_2H_4O)_a$-$(C_3H_6O)_b$-$(C_2H_4O)_aH$;根据共聚比例的不同,本品有各种不同分子量的产品。分子量可在 1000~14 000,HLB 值为 0.5~30。随分子量的增加,本品从液体变为固体。随聚氧丙烯比例增加,亲油性增强;相反,随聚氧乙烯比例增加,亲水性增强。本品作为高分子非离子表面活性剂,具有乳化、润湿、分散、起泡和消泡等多种优良性能,但增溶能力较弱。Poloxamer 188 (PluronicF68)作为一种 O/W 型乳化剂,是目前用于静脉乳剂的极少数合成乳化剂之一,用本品制备的乳剂能够耐受热压灭菌和低温冰冻而不改变其物理稳定性。

表面活性剂的类型、作用及常用品种见表 3-3。

表 3-3 表面活性剂的类型、作用及常用品种

类型		作用	常用品种
阴离子型表面活性剂	肥皂类:高级脂肪酸的盐,通式为 $(RCOO)_nM^{n+}$	具有良好的乳化性能和油分散能力,但易被破坏,一般供外用	常用的有碱金属皂:O/W;碱土金属皂:W/O;有机胺皂:三乙醇胺皂
	硫酸化物:硫酸化油和高级脂肪醇硫酸酯类,通式为 $ROSO-3M^+$	乳化性很强,且较稳定,主要用作软膏的乳化剂,也用于片剂等固体制剂的润湿和增溶	硫酸化蓖麻油(土耳其红油)、SDS、月桂醇硫酸钠
	磺酸化物,通式为 $RSO-3M^+$	稳定性好,外用	阿洛索-OT、十二烷基苯磺酸钠、甘胆酸钠
阳离子型表面活性剂	季胺化合物	主要用于杀菌和防腐	苯扎氯铵(洁尔灭)和苯扎溴铵(新洁尔灭)等
两性离子表面活性剂	卵磷脂	制备注射用乳剂及脂质微粒制剂的主要辅料	卵磷脂
	氨基酸型和甜菜碱型	在碱性水溶液中呈阴离子表面活性剂的性质,具有很好的起泡、去污作用;在酸性溶液中则呈阳离子表面活性剂,具有很强的杀菌能力	氨基酸型:$R-NH^+_2-CH_2CH_2COO^-$ 甜菜碱型:$R-N^+(CH_3)_2-COO^-$

续表

	类型	作用	常用品种
非离子型表面活性剂	多元醇蔗糖脂：HLB(5～13),O/W型乳化剂,分散剂	HLB值在8～13的表面活性剂适合用作O/W型乳化剂,HLB值在5～8的表面活性剂适合用作W/O型乳化剂,还可作润湿剂和助分散剂	脂肪酸山梨坦（Span）：W/O型乳化剂 聚山梨酯（Tween）：O/W型乳化剂
	聚氧乙烯型	O/W型乳剂的乳化剂,也可用作静脉注射剂的乳化剂	Myrij(长链脂肪酸酯)、Brij(脂肪醇酯)
	聚氧乙烯-聚氧丙烯共聚物	能耐受热压灭菌和低温冷冻,静脉乳剂的乳化剂	泊洛沙姆（Poloxamer）

三、表面活性剂性质

1. 临界胶束浓度

当表面活性剂的正吸附到达饱和后继续加入表面活性剂,其分子则转入溶液中,因其亲油基团的存在,水分子与表面活性剂分子相互间的排斥力远大于吸引力,导致表面活性剂分子自身依赖范德华力相互聚集,形成亲油基团向内、亲水基团向外、在水中稳定分散、大小在胶体粒子范围的胶束。

表面活性剂分子缔合形成胶束的最低浓度即为临界胶束浓度（CMC）。当表面活性剂的溶液浓度达到临界胶束浓度时,除溶液的表面张力外,溶液的多种物理性质,如摩尔电导、黏度、渗透压、密度、光散射等多种物理性质发生急剧变化。

2. 亲水亲油平衡值

表面活性剂分子中亲水和亲油基团对油或水的综合亲和力称为亲水亲油平衡值（HLB）。根据经验,将表面活性剂的HLB值范围限定在0～40,其中非离子表面活性剂的HLB值范围为0～20,即完全由疏水碳氢基团组成的石蜡分子的HLB值为0,完全由亲水性的氧乙烯基组成的聚氧乙烯的HLB值为20,既有碳氢链又有氧乙烯链的表面活性剂的HLB值则介于两者之间。亲水性表面活性剂有较高的HLB值,亲油性表面活性剂有较低的HLB值。亲油性或亲水性很大的表面活性剂易溶于油或易溶于水,在溶液界面的正吸附量较少,故降低表面张力的作用较弱。

表面活性剂的HLB值与其应用性质有密切关系,HLB值在3～6的表面活性剂适合用作W/O型乳化剂,HLB值在8～18的表面活性剂,适合用作O/W型乳化剂。作为增溶剂的HLB值在13～18,作为润湿剂的HLB值在7～9等,如表3-4所示。

表3-4 表面活性剂的HLB值与应用的关系

HLB值	应用	HLB值	应用
3～8	W/O型乳化剂	15～18	增溶剂
7～9	润湿剂与铺展剂	1～3	消泡剂
8～16	O/W型乳化剂	13～16	去污剂

3.Krafft 点和昙点

表面活性剂的溶解度与温度有关。当温度升高至某一温度时,离子型表面活性剂在水中的溶解度急剧升高,该温度称为 Krafft 点,相对应的溶解度即为该离子表面活性剂的临界胶束浓度(CMC)。Krafft 点是离子型表面活性剂的特征值,Krafft 点越高,则 CMC 越小。Krafft 点亦是离子表面活性剂应用温度的下限,即只有高于 Krafft 点,表面活性剂才能更大地发挥作用。

某些含聚氧乙烯基的非离子型表面活性剂的溶解度,开始时随温度升高而增大,当上升到某一温度后,其溶解度急剧下降,使制得的澄明溶液变为混浊,甚至分层,可是冷却后又恢复为澄明。这种因温度升高而使含表面活性剂的溶液由澄明变为混浊的现象称为起昙,又称起浊。出现起昙时的温度称为昙点(cloud point)或浊点。起昙的原因,主要是由于这些表面活性剂因其亲水基团聚氧乙烯链在水中与水形成氢键而呈溶解状态。这种氢键很不稳定,当温度升高到某一点时,氢键断裂使表面活性剂溶解度突然下降,出现混浊或沉淀。在温度降到昙点以下氢键重新形成,溶液又变澄明。

4.表面活性剂毒性

一般而言,阳离子表面活性剂的毒性最大,其次是阴离子表面活性剂,非离子表面活性剂毒性最小。两性离子表面活性剂的毒性小于阳离子表面活性剂。

阴离子及阳离子表面活性剂不仅毒性较大,而且还有较强的溶血作用。例如 0.001% 十二烷基硫酸钠溶液就有强烈的溶血作用。非离子表面活性剂的溶血作用较轻微,在亲水基为聚氧乙烯基非离子表面活性剂中,以吐温类的溶血作用最小,其顺序为:聚氧乙烯烷基醚>聚氧乙烯芳基醚>聚氧乙烯脂肪酸酯>吐温类;吐温-20>吐温-60>吐温-40>吐温-80。目前吐温类表面活性剂仍只用于某些肌内注射液中。

四、表面活性剂应用

1.增溶剂

表面活性剂在水溶液中达到 CMC 后,一些水不溶性或微溶性物质在胶束溶液中的溶解度可显著增加,形成透明胶体溶液,这种作用称为增溶(solubilization)。例如甲酚在水中的溶解度仅为 2% 左右,但在肥皂溶液中,却能增加到 50%。0.025% 吐温可使非洛地平的溶解度增加 10 倍。在药剂中,一些挥发油、脂溶性维生素、甾体激素等许多难溶性药物常可借此增溶,形成澄明溶液及提高浓度。

2.乳化剂

具有乳化作用的物质称为乳化剂。许多表面活性剂和一些天然的两亲性物质,如阿拉伯胶、西黄蓍胶等均可作为乳化剂。乳化剂的作用是降低两种不相混溶液体的界面张力。同时,它在分散相液滴的周围形成一层保护膜,防止液滴碰撞时聚合,使乳剂易于形成并保持稳定。

3.起泡剂和消泡剂

泡沫是气体分散在液体中的分散体系。一些含有表面活性剂或具有表面活性物质的溶液,如中草药的乙醇或水浸出液,含有皂苷、蛋白质、树胶及其他高分子化合物的溶液,当剧烈搅拌或蒸发浓缩时,可产生稳定的泡沫。这些表面活性剂通常有较强的亲水性和较高的 HLB 值,在溶液中可降低液体的界面张力而使泡沫稳定,这些物质即称为"起泡剂"。在产生稳定泡沫的情况下,加入一些 HLB 值为 1~3 的亲油性较强的表面活性剂,则可与泡沫液层争夺液膜表面而吸附在泡沫表面上,代替原来的起泡剂,而其本身并不能形成稳定的液膜,故使泡沫破坏,这种用来消除泡沫的表面活性剂称为"消泡剂"。少量的辛醇、戊醇、醚类、硅酮等也可起到类似作用。

4.去污剂

去污剂或称洗涤剂是用于除去污垢的表面活性剂,HLB 值一般为 13~16。常用的去污剂有油酸钠和其他脂肪酸的钠皂、钾皂、十二烷基硫酸钠或烷基磺酸钠等阴离子表面活性剂。去污的机理较为复杂,包括对污物表面的润湿、分散、乳化、增溶、起泡等多种过程。

5.消毒剂和杀菌剂

大多数阳离子表面活性剂和两性离子表面活性剂都可用作消毒剂,少数阴离子表面活性剂也有类似作用,如甲酚皂、甲酚磺酸钠等。表面活性剂的消毒或杀菌作用可归结于它们与细菌生物膜蛋白质的强烈相互作用使之变性或破坏。这些消毒剂在水中都有比较大的溶解度,根据使用浓度,可分别用于手术前皮肤消毒、伤口或黏膜消毒、器械消毒和环境消毒等,如苯扎溴铵为一种常用广谱杀菌剂,皮肤消毒、局部湿敷和器械消毒分别用其 0.5% 醇溶液、0.02% 水溶液和 0.05% 水溶液(含 0.5% 亚硝酸钠)。

任务　表面活性剂类型鉴别及 HLB 值测定操作

【知识目标】

(1)掌握表面活性剂的分类及结构特点。
(2)掌握表面活性剂类型的鉴别原理。
(3)了解 HLB 值的意义、计算及测定方法。

【技能目标】

(1)能对表面活性剂类型进行鉴别。
(2)能测定表面活性剂的 HLB 值。

【基本知识】

一、表面活性剂的类型鉴别

不同类型的表面活性剂有不同的性质,因此,可以用不同的方法将它们鉴别出来,一般可用下面两种方法。

1.染料法

染料也像表面活性剂一样有阳离子染料和阴离子染料。例如次甲基蓝是一种染料,因为它的带色离子是阳离子,淀酚蓝是一种阴离子染料,因为它的带色离子是阴离子。

由于阴离子活性剂与阳离子活性剂染料、阳离子活性剂与阴离子活性剂染料生成不溶于水而能溶于油的有色复合物,因此当油相(如三氯甲烷)存在时,则它们在水中反应生成的复合物就会移到油相而使油相着色,所以我们可用染料将阴离子和阳离子活性剂鉴别开来,非离子活性剂与上述染料不起反应。

2.蚀点法

蚀点法是聚氧乙烯型非离子活性剂的一般特征,阴离子和阳离子活性剂都没有蚀点,如果一种溶液有蚀点,则可证明是聚氧乙烯型非离子表面活性剂。

二、表面活性剂 HLB 测定

每种表面活性剂都有一个亲水亲油平衡值,即 HLB 值,一些常用表面活性剂的 HLB 值列于表 3-5。这个数值表示表面活性剂亲水亲油的综合能力。HLB 值越小,表面活性剂越亲油;HLB 值越大,表面活性剂越亲水。

表 3-5 常用表面活性剂 HLB 值

表面活性剂	HLB 值	表面活性剂	HLB 值
阿拉伯胶	8.0	吐温-20	16.7
西黄蓍胶	13.0	吐温-21	13.3
明胶	9.8	吐温-40	15.6
单硬脂酸丙二酯	3.4	吐温-60	14.9
单硬脂酸甘油酯	3.8	吐温-61	9.6
二硬脂酸乙二酯	1.5	吐温-65	10.5
单油酸二甘酯	6.1	吐温-80	15.0
十二烷基硫酸钠	40.0	吐温-81	10.0
司盘-20	8.6	吐温-85	11.0
司盘-40	6.7	卖泽-45	11.1
司盘-60	4.7	卖泽-49	15.0
司盘-65	2.1	卖泽-51	16.0
司盘-80	4.3	卖泽-52	16.9
司盘-83	3.7	聚氧乙烯(400)单月桂酸酯	13.1
司盘-85	1.8	聚氧乙烯(400)单硬脂酸酯	11.6
油酸钾	20.0	聚氧乙烯(400)单油酸酯	11.4
油酸钠	18.0	苄泽-35	16.9
油酸三乙醇胺	12.0	苄泽-30	9.5
卵磷脂	3.0	西土马哥	16.4
蔗糖酯	5~13	聚氧乙烯氢化蓖麻油	12~18
泊洛沙姆-188	16.0	聚氧乙烯烷基酚	12.8
阿特拉斯 G-263	25~30	聚氧乙烯壬烷基酚醚	15.0

非离子表面活性剂的 HLB 值具有加和性,例如简单的二组分非离子表面活性剂体系的 HLB 值可计算如下:

$$\text{HLB} = \frac{\text{HLB}_a \times W_a + \text{HLB}_b \times W_b}{W_a + W_b}$$

W_a、W_b 指两种非离子表面活性剂的质量。

乳化剂法测定油乳化的 HLB 要求值和表面活性剂的 HLB 值就是利用这个公式。因为这种油都有一个最适于它乳化成水包油或油包水乳状液的表面活性剂 HLB 值,该值叫作油乳化剂的 HLB 要求值,以 HLB 表示。我们用两种已知 HLB 值的表面活性剂按照不同比例配成混合表面活性剂,然后用这些表面活性剂将油乳化,找出乳化这种油的最适合的混合表面活性剂比例,就可计算出油乳化的 HLB 值。例如,已知油酸的 HLB=1,油酸钠 HLB=18,当油酸与油酸钠比例为 $x:y$ 时,这种油乳化最好,则:

$$HLB = \frac{x}{x+y} \times 1 + \frac{y}{x+y} \times 18$$

即得到这种油的 HLB 要求值。

同样可用乳化法求出一种活化剂的 HLB 值。即将未知 HLB 值的表面活性剂与已知 HLB 值的表面活性剂按照不同比例配成混合表面活性剂,然后用这些混合表面活性剂将这种油乳化,找出乳化这种油的最好的混合表面活性剂比例,就可以计算出未知表面活性剂的 HLB 值。例如由实验测得这种乳化成水包油乳状液时,乳化的最好的未知表面活性剂与油酸钠比例为 0.7:0.3,则未知表面活性剂的 HLB 值为:

$$HLB = \frac{0.7}{0.7+0.3} \times 1 + \frac{0.3}{0.3+0.7} \times 18$$

由于先已求出乳化油的 HLB 值,因此就可求出未知表面活性剂的 HLB 值。

【技能操作】

一、任务描述

(1)有不同的方法鉴别十二烷基硫酸钠、十六烷基三甲基溴化铵、烷基酚聚氧乙烯醚(OP-10)的类型。

(2)乳化法测定十四醇的 HLB 值。

二、操作步骤

要求在 90 分钟内完成下列任务。

1. 染料法

(1)取三支试管,分别加入 1 mL 1% 十二烷基硫酸钠、十六烷基三甲溴化铵、OP-10,并在每支试管中加入 5 mL 次甲基兰试液和 1 mL 三氯甲烷,摇动,观察并记录在三氯甲烷层(下层)所出现的现象。

(2)取三支试管,分别加入 1 mL 1% 十二烷基硫酸钠、十六烷基三甲基溴化铵、OP-10,并在每支试管中加入 5 mL 溴酚蓝试液和 1 mL 三氯甲烷,摇动,观察并记录在三氯甲烷层所出现的现象。

2. 蚀点法

取三支大试管,分别加入 1% 十二烷基硫酸钠、十六烷基三甲溴化铵、OP-10,放在水浴中加热,并不断搅拌,观察并记录哪种表面活性剂溶液有蚀点现象,若有蚀点现象,试用温度计测出蚀点大约为多少?

3. HLB 的测定

(1)按表 3-6 将同序号的油酸煤油溶液和油酸钠水溶液按 5 mL:5 mL 的体积比分别放

入 5 支试管中,用塞子塞紧。

表 3-6　油酸煤油溶液与油酸钠水溶液浓度表

序号	1	2	3	4	5
油酸煤油溶液浓度/(g/mL)	1.9	1.8	0.61	0.2	0
油酸钠水溶液浓度/(g/mL)	0.1	0.2	1.39	1.8	2.0

(2)按表 3-7 将同序号的十四醇煤油溶液和油酸钠水溶液按 5 mL:5 mL 的体积比分别放入 5 支试管中,用塞子塞紧。

表 3-7　十四醇煤油溶液与油酸钠水溶液浓度表

序号	1	2	3	4	5
十四醇煤油溶液浓度/(g/mL)	1.9	1.8	0.7	0.2	0
油酸钠水溶液浓度/(g/mL)	0.1	0.2	1.39	1.8	2.0

(3)用手依次将每支试管剧烈摇动 1 分钟后静置,半小时后,分别量出每支试管中的乳状液长度,判断哪一种的混合活性剂对煤油的乳化有最好的稳定性。

三、操作注意事项

(1)注意观察,有蚀点现象时,立即测定蚀点。

(2)为形成稳定的乳剂,摇动需要剧烈。

四、实施条件

表面活性剂类型鉴别及 HLB 值测定实施条件

项目	基本实施条件
场地	50 m² 以上的药物制剂室
设备、工具	百分之一电子天平、水浴锅、温度计、药匙、称量纸、烧杯、玻棒、量筒、抹布、刷子等
物料	十二烷基硫酸钠、十六烷基三甲基溴化铵、OP-10、次甲基蓝、溴酚蓝、三氯甲烷、油酸钠、油酸、十四醇

五、评价标准

表面活性剂类型鉴别及 HLB 值测定评价标准

评价内容	分值	考核点及评分细则
职业素养与操作规范 20 分	5	工作服穿着规范,双手洁净,不染指甲,不留长指甲,不披发得 5 分
	5	工作态度认真,遵守纪律得 5 分
	5	实验完毕后将工具等清理复位得 5 分
	5	规范清场并清理干净得 5 分

评价内容		分值	考核点及评分细则
技能 80分	表面活性剂鉴别	5	正确使用天平称取相应的物料得5分
		5	相应浓度的药品溶液的配制得5分
		10	摇动,观察并记录在三氯甲烷层(下层)所出现的现象得10分
		10	在水浴中加热,并不断搅拌,观察并记录现象得10分
		10	结果判断正确得10分
	HLB值测定	5	正确使用天平称取相应的物料得5分
		5	相应浓度的药品溶液的配制得5分
		10	按相应的体积比混合得10分
		10	剧烈摇动后静置,半小时后,分别量出每支试管中的乳状液长度,并判断哪种混合乳化最好得10分
		10	计算结果正确得10分

六、任务报告单

表面活性剂类型鉴别及 HLB 值测定任务报告单

任务名称		实训时间	
温度		湿度	
实训工具			
实训物料			
操作步骤	(1)表面活性剂类型鉴别 (2)HLB值测定		
结论			
操作者			

项目三　低分子溶液剂制备技术

低分子溶液剂指小分子药物分散在溶剂中制成的均匀分散的液体制剂,包括溶液剂、芳香水剂、糖浆剂、醑剂、甘油剂等。

1.溶液剂

溶液剂指药物溶解于溶剂中所形成的澄明液体制剂。根据需要可加入助溶剂、抗氧剂、矫味剂、着色剂等附加剂。

2.芳香水剂

芳香水剂指芳香挥发性药物的饱和或近饱和的水溶液。用乙醇和水混合溶剂制成的含大量挥发油的溶液,称为浓芳香水剂。芳香挥发性药物多数为挥发油。

芳香水剂应澄明,必须具有与原有药物相同的气味,不得有异臭、沉淀和杂质。芳香水剂浓度一般都很低,可作为矫味、矫臭和分散剂使用。

芳香水剂的制备方法:以挥发油和化学药物作原料时多用溶解法和稀释法,以药材作原料时多用水蒸气蒸馏法提取挥发油。芳香水剂多数易分解、变质甚至霉变,所以不宜大量配制和久贮。

3.糖浆剂

糖浆剂指含药物或芳香物质的浓蔗糖水溶液。纯蔗糖的近饱和水溶液称为单糖浆或糖浆,浓度为85%(g/mL)或64.7%(g/g)。糖浆剂中的药物可以是化学药物也可以是药材的提取物。

糖浆剂能掩盖某些药物的苦味、咸味及其他不适臭味,容易服用,尤其受儿童欢迎。糖浆剂易被真菌、酵母菌和其他微生物污染,使糖浆剂混浊或变质。糖浆剂中含蔗糖浓度高时,渗透压大,微生物的生长繁殖受到抑制,低浓度的糖浆剂应添加防腐剂。

4.醑剂

醑剂指挥发性药物的浓乙醇溶液。可供内服或外用。凡用于制备芳香水剂的药物一般都可制成醑剂。醑剂中的药物浓度一般为5%～10%,乙醇浓度一般为60%～90%。醑剂中的挥发油容易氧化、挥发,长期储存会变色。醑剂应贮存于密闭容器中,但不宜长期储存。醑剂可用溶解法和蒸馏法制备。

5.甘油剂

甘油剂指药物溶于甘油中制成的专供外用的溶液剂。甘油剂常用于口腔、耳鼻喉科疾病。甘油吸湿性较大,应密闭保存。

甘油剂的制备可用溶解法,如碘甘油;化学反应法,如硼酸甘油。

任务一　复方碘溶液制备操作

【知识目标】

(1)了解各种低分子溶液剂的定义、特点。

(2)掌握溶液剂制备工艺流程方法。

【技能目标】

能按照溶液剂制备工艺流程制备合格的溶液剂。

【基本知识】

溶液剂的制备有两种方法,即溶解法和稀释法。

一、溶解法

用于比较稳定的化学药物,多数溶液剂都采用此法制备,其工艺流程见图3-4。

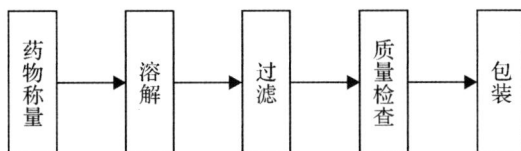

药物称量 → 溶解 → 过滤 → 质量检查 → 包装

图3-4 溶解法制备溶液剂工艺流程

(1)药物的称量:固体药物常以克为单位,根据药物量的多少,选用不同的天平称重。液体药物常以毫升为单位,选用不同的量杯或量筒进行量取。用量较少的液体药物,也可采用滴管计滴数量取(标准滴管在20℃时,1 mL水应为20滴),量取液体药物后,应用少许水洗涤量器,洗液并于容器中,以减少药物的损失。

(2)溶解及加入药物:取处方配制量的1/2～3/4溶剂,加入药物搅拌溶解。溶解度大的药物可直接加入溶解;对不易溶解的药物,应先研细,搅拌使溶,必要时可加热以促进其溶解;但对遇热易分解的药物则不宜加热溶解;小量药物(如毒药)或附加剂(如助溶剂、抗氧剂等)应先溶解;难溶性药物应先加入溶解,亦可采用增溶、助溶或选用混合溶剂等方法使之溶解;无防腐能力的药物应加防腐剂;易氧化不稳定的药物可加入抗氧剂、金属络合剂等稳定剂并调节pH值等;浓配易发生变化的可分别稀配后再混合;醇性制剂如酊剂加至水溶液中时,加入速度要慢,且应边加边搅拌;液体药物及挥发性药物应最后加入。

(3)过滤:固体药物溶解后,一般都要过滤,可根据需要选用玻璃漏斗、布氏漏斗、垂熔玻璃漏斗等,滤材有脱脂棉、滤纸、纱布、绢布等。

(4)质量检查:成品应进行质量检查。

(5)包装及贴标签:质量检查合格后,定量分装于适当的洁净容器中,加贴符合要求的标签。

二、稀释法

先将药物制成高浓度溶液,再用溶剂稀释至所需浓度即得。用稀释法制备溶液剂时应注意浓度换算,挥发性药物浓溶液稀释过程中应注意挥发损失,以免影响浓度的准确性。

【技能操作】

一、任务描述

处 方

碘	5 g
碘化钾	10 g
蒸馏水	加至 100 mL

按溶液剂制备工艺流程方法将处方物质制成澄明液体制剂。

二、操作步骤

要求在 45 分钟内完成下列任务。

1.课前准备

查到,检查工作服穿戴规范,清点相关设备,熟知任务报告单。

2.药品称量

按标准称量操作称取处方量的物质。

3.配制溶液

先将碘化钾溶于适量水中,得饱和溶液,再加入碘,待全部溶解后,添加水至足量,搅匀,即得。

4.清场

按要求清场。

三、操作注意事项

(1)碘化钾为助溶剂,溶解碘化钾时尽量少加水,以增大其浓度,有利于碘的溶解。

(2)有些药物虽然易溶,但溶解缓慢,药物在溶解过程中应采用粉碎、搅拌、加热等措施。

(3)易氧化的药物溶解时,宜将溶剂加热放冷后再溶解药物,同时应加适量抗氧剂,以减少药物氧化损失。

(4)对易挥发性药物应在最后加入,以免因制备过程而损失;处方中如有溶解度较小的药物,应先将其溶解后加入其他药物;难溶性药物可加入适宜的助溶剂或增溶剂使其溶解。

四、实施条件

复方碘溶液制备实施条件

项目	基本实施条件
场地	50 m² 以上的药物制剂室
设备、工具	百分之一电子天平、万用电炉、药匙、称量纸、烧杯、玻棒、量筒、抹布、刷子等
物料	蒸馏水、碘、碘化钾

五、评价标准

复方碘溶液制备评价标准

评价内容		分值	考核点及评分细则
职业素养与操作规范 20分		5	工作服穿着规范,双手洁净,不染指甲,不留长指甲,不披发得5分
		5	工作态度认真,遵守纪律得5分
		5	实验完毕后将工具等清理复位得5分
		5	规范清场并清理干净得5分
技能 80分	复方碘溶液配制	10	处方分析正确得10分
		10	按标准操作称取处方量物料得10分
		10	先溶解碘化钾得10分
		10	少量的水将碘化钾配制成饱和溶液得10分
		10	再加入碘使其全部溶解得10分
		10	加入蒸馏水加至处方量得10分
		10	制得澄明溶液得10分
		10	在规定时间内完成任务得10分

六、任务报告单

复方碘溶液制备任务报告单

任务名称		实训时间	
温度		湿度	
实训工具			
实训物料			
操作步骤			
结论			
操作者			

任务二　硫酸亚铁糖浆制备操作

【知识目标】

(1)掌握糖浆剂的定义、特点及质量要求。

(2)掌握糖浆剂的处方组成和制备方法。

(3)了解糖浆剂质量检查要求。

【技能目标】

能用溶解法制备合格的糖浆剂。

【基本知识】

一、糖浆剂制备方法

1.溶解法

(1)热溶法:将蔗糖溶于沸蒸馏水中,继续加热使其全溶,降温后加入其他药物,搅拌溶解、过滤,再通过滤器加蒸馏水至全量,分装,即得。热溶法有很多优点,如蔗糖在水中的溶解度随温度升高而增加,在加热条件下蔗糖溶解速度快,趁热容易过滤,可以杀死微生物。但加热过久或超过 100 ℃时,使转化糖的含量增加,糖浆剂颜色容易变深。热溶法适合于对热稳定的药物和有色糖浆的制备。

(2)冷溶法:将蔗糖溶于冷蒸馏水或含药的溶液中制备糖浆剂的方法。本法适用于对热不稳定或挥发性药物,制备的糖浆剂颜色较浅。但制备所需时间较长并容易污染微生物。

2.混合法

混合法是将含药溶液与单糖浆均匀混合制备糖浆剂的方法。这种方法适合于制备含药糖浆剂。本法的优点是方法简便、灵活,可大量配制,也可小量配制。一般含药糖浆的含糖量较低,要注意防腐。

二、糖浆剂质量要求

糖浆剂含糖量应不低于 $45\%(g/mL)$;糖浆剂应澄清,在贮存期间不得有酸败、异臭、产生气体或其他变质现象。含药材提取物的糖浆剂,允许含少量轻摇即散的沉淀。糖浆剂中必要时可添加适量的乙醇、甘油和其他多元醇作稳定剂;如需加入防腐剂,羟苯甲酯的用量不得超过 0.05%,苯甲酸的用量不得超过 0.3%;必要时可加入色素。

单糖浆,不含任何药物,除供制备含药糖浆剂外,一般可作矫味糖浆,如橙皮糖浆、姜糖浆等,有时也用做助悬剂,如磷酸可待因糖浆等。

【技能操作】

一、任务描述

处方

硫酸亚铁	2 g
枸橼酸	0.1 g
蔗糖	35 g
薄荷香精	0.01 g(3 天)
纯化水加至	50 mL

能进行处方分析,并能按热溶法的工艺方法制备出合格的硫酸亚铁糖浆。

二、操作步骤

要求在 40 分钟内完成下列任务。

1. 课前准备

查到,检查工作服穿戴规范,清点相关设备,熟知任务报告单。

2. 药物称量

按称量的规范称取处方量的药物。

3. 单糖浆的制备

取 30 mL 纯水煮沸,蔗糖 35 g 研细后加入沸水中搅拌溶解,趁热用纱布过滤,备用。

4. 药物加入

硫酸亚铁 2 g 研细,加少量的冷水溶解。将枸橼酸 0.1 g 研细后加入到硫酸亚铁溶液中,混匀。然后倒入蔗糖溶液中,边加边搅拌。

5. 冷却加入香精

冷却后加纯水至 50 mL 冷却,最后加入薄荷香精混匀即得。

6. 清场

按要求清场。

三、操作注意事项

(1)药物加入的方法:水溶性固体药物,可先用少量蒸馏水使其溶解再与单糖浆混合;水中溶解度小的药物可酌加少量其他适宜的溶剂使药物溶解,然后加入单糖浆中,搅匀,即得;药物为可溶性液体或药物的液体制剂时,可将其直接加入单糖浆中,必要时过滤;药物为含乙醇的液体制剂,与单浆糖混合时常发生混浊,为此可加入适量甘油助溶;药物为水性浸出制剂,因含多种杂质,需纯化后再加到单糖浆中。

(2)矫味的香精在溶液冷却后加入。

四、实施条件

硫酸亚铁糖浆制备实施条件

项目	基本实施条件
场地	50 m² 以上的药物制剂室
设备、工具	千分之一电子天平、万用电炉、药匙、称量纸、烧杯、玻棒、量筒、研钵、纱布、抹布、刷子等
物料	蒸馏水、枸橼酸、硫酸亚铁、蔗糖、薄荷香精

五、评价标准

硫酸亚铁糖浆制备评价标准

评价内容		分值	考核点及评分细则
职业素养与操作规范 20分		5	工作服穿着规范,双手洁净,不染指甲,不留长指甲,不披发得5分
		5	工作态度认真,遵守纪律得5分
		5	实验完毕后将工具等清理复位得5分
		5	规范清场并清理干净得5分
技能 80分	硫酸亚铁糖浆制备	10	按处方量称取物料得10分
		10	正确配制单糖浆得10分
		10	枸橼酸、硫酸亚铁粉碎研细得10分
		10	溶解得10分
		10	药物溶液加入到单糖浆中,边加边搅拌得10分
		10	冷却后加入薄荷香精得10分
		10	制得澄清透明溶液得10分
		10	在规定时间内完成任务得10分

六、任务报告单

硫酸亚铁糖浆制备任务报告单

任务名称		实训时间	
温度		湿度	
实训工具			
实训物料			
操作步骤			
结论			
操作者			

任务三　薄荷水制备操作

【知识目标】

(1)掌握芳香水剂的定义、特点。

(2)掌握芳香水剂的制备方法。

【技能目标】

能用分散剂溶解法制备芳香水剂。

【基本知识】

芳香水剂的制法因原料不同而异。纯净的挥发油或化学药物多用溶解法或稀释法,含挥发成分的植物药材则多用水蒸气蒸馏法。

1.溶解法

采用溶解法制备芳香水剂时,应使挥发性药物与水的接触面积增大,以促进其溶解。一般可用以下两种方法。

(1)振摇溶解法:取挥发性药物 2 mL(2 g)置于容器中,加入纯化水 1000 mL,强力振摇一定时间使溶解成饱和溶液;用纯化水润湿的滤纸滤过,初滤液如混浊,应重滤至澄清。自滤器上添加纯化水至足量,即得。

(2)加分散剂溶解法:取挥发性药物 2 mL(或 2 g)置于乳钵中,加入精制滑石粉 15 g(或适量的滤纸浆),混研均匀,移至容器中加入纯化水 1000 mL,振摇一定时间,用润湿滤纸滤至澄清,自滤器上添加纯化水至足量,即得。

加入滑石粉(或滤纸浆)作为分散剂,目的是使挥发性药物被分散剂吸附,增加挥发性药物的表面积,促进其分散与溶解;此外,滤过时分散剂在滤过介质上形成滤床,吸附剩余的溶质和杂质,起助滤作用,利于溶液的澄清。所用的滑石粉不应过细,以免通过滤材使溶液混浊。

2.稀释法

稀释法是取浓芳香水剂 1 份,纯化水 39 份稀释而成。浓芳香水剂的制法:取挥发油 20 mL,加乙醇 600 mL 溶解后分次加入纯化水使成 1000 mL,剧烈振摇后,再加入滑石粉振摇,放置数小时滤过,即得。

3.水蒸气蒸馏法

取规定量含挥发性成分的植物药材拣洗处理,适当粉碎后,置蒸馏器中加适量的纯化水,通入蒸汽蒸馏,至馏液达到规定量。一般约为药材重量的 6～10 倍,除去未溶解的挥发油,必要时滤过澄清,使成澄明溶液,即得。

【技能操作】

一、任务描述

处方

薄荷油	2 mL
滑石粉	15 g
纯化水	加至 1000 mL

能进行处方分析,并能按分散剂溶解法的工艺和方法制备出合格的薄荷水。

二、操作步骤

要求在 40 分钟内完成下列任务。

1.课前准备

查到,检查工作服穿戴规范,清点相关设备,熟知任务报告单。

2.药物量取

按称量标准操作称量处方量的药物。

3.分散

取薄荷油加精制滑石粉 15 g,在乳钵中研匀。

4.转移

加少量纯化水移至有盖的容器中,加入纯化水 1000 mL,磁力振摇 10 分钟。

5.过滤

用润湿的滤纸抽滤,如果初滤液浑浊,重滤至滤液澄清。

6.定容

自滤器上加适量纯化水至 1000 mL,即得。

7.清场

按要求清场。

三、操作注意事项

(1)滑石粉不能太细,避免过滤时困难。
(2)抽滤开始前,滤纸要充分润湿。

四、实施条件

薄荷水制备实施条件

项目	基本实施条件
场地	50 m² 以上的药物制剂室
设备、工具	百分之一电子天平、乳钵、抽滤装置、烧杯等
物料	薄荷油、纯化水、滑石粉

五、评价标准

薄荷水制备评价标准

评价内容		分值	考核点及评分细则
职业素养与操作规范 20分		5	工作服穿着规范,双手洁净,不染指甲,不留长指甲,不披发得5分
		5	工作态度认真,遵守纪律得5分
		5	实验完毕后将工具等清理复位得5分
		5	规范清场并清理干净得5分
技能 80分	薄荷水制备	10	按处方量称量物料得10分
		10	薄荷油分散到滑石粉中,充分研匀得10分
		10	用少量水将混合物全部转移到容器中得10分
		10	开启磁力搅拌,混合10分钟得10分
		10	滤纸用纯化水润湿后才开始滤过得10分
		10	正确抽滤得10分
		10	自滤器加水定容到1000 mL
		10	产品澄清得5分
		10	在规定时间内完成任务得5分

六、任务报告单

薄荷水制备任务报告单

任务名称		实训时间	
温度		湿度	
实训工具			
实训物料			
操作步骤			

操作步骤	
结论	
操作者	

项目四　高分子溶液剂制备技术

高分子溶液剂指高分子化合物以分子状态溶解在溶剂中制成的均匀分散的液体药剂。高分子溶液剂属于热力学及动力学稳定系统,在制剂生产中应用广泛。几乎所有的剂型都与高分子溶液有关。例如,液体制剂中的胃蛋白酶合剂;血浆代用品中的右旋糖酐注射液、聚氧乙烯吡咯烷酮注射液、羧甲基淀粉钠注射液;滴眼剂中的荧光素钠滴眼剂;作助悬剂的如明胶溶液、甲基纤维素溶液、甲基纤维素钠溶液等;片剂辅料如黏合剂淀粉浆、包衣材料(薄膜衣、肠溶衣);栓剂、软膏剂、胶囊剂、缓释与控释制剂、膜剂等剂型的制备等亦需应用大量各种高分子溶液。

高分子溶液剂和低分子溶液比较,具有以下的性质。

1. 带电性

很多高分子化合物在溶液中带有电荷,主要是由于高分子化合物结构中存在某些带负电的阿拉伯胶、海藻酸钠,带两性电荷的蛋白质等。带两性电荷的蛋白质分子随溶液 pH 不同,可带正电或负电。当溶液的 pH 等于等电点时其分子呈中性,此时溶液的黏度、渗透压、溶解度、导电性等都变得最小。当溶液的 pH 大于等电点时,则蛋白质带负电荷。当溶液的 pH 小于等电点时,则蛋白质带正电荷。由于高分子化合物在溶液中带电,所以具有电泳现象。利用电泳法可测定高分子化合物所带电荷的种类。

2. 溶解性

一些水溶性高分子物质如树胶、淀粉、纤维素及其衍生物等能与水发生水合作用,溶解在水中形成黏稠性的液体,常称为胶浆剂,又称亲水胶体。一些水不溶性高分子物质,能较好地分散在半极性或非极性溶剂中,常称为非水性高分子溶液,如玉米朊的乙醇溶液常作为片剂包衣时的隔离层物料。

3. 胶凝性

一些亲水性高分子溶液如明胶和琼脂的水溶液,在温热条件下为黏稠性流动液体。但当温度降低时,高分子溶液形成网状结构,水被全部包含在网状结构中,形成了不流动的半固体状物,称为凝胶,如软胶囊的囊壳就是这种凝胶。形成凝胶的过程称为胶凝。凝胶失去网状结构中的水分,体积缩小,形成的干燥固体称为干胶。例如,硬胶囊的囊壳、阿胶、龟板胶等都是干胶的存在形式。

4. 稳定性

稳定性主要由高分子化合物水化作用和荷电两方面决定。

高分子化合物含有大量亲水基如$-NH_2$、$-OH$、$-COOH$ 等,能与水形成一层牢固的水化膜,阻碍高分子化合物分子之间的相互凝聚,这是高分子化合物稳定的主要原因。如果向亲水胶体溶液中加入大量脱水剂(如乙醇、丙酮等),可使胶粒失去水化层而沉淀。高分子代血浆右旋糖酐的制备,就是利用这一方法,通过控制所加乙醇的浓度,而将适宜分子质量的制品分离出来。如果向高分子溶液中加入大量电解质,由于电解质强烈的水化作用,结合了大量水分而破坏了水化膜,则会使高分子化合物发生凝聚而引起沉淀,这一过程称为盐析。高分子溶液在放置过程中会自发地凝结而沉淀,这一过程称为陈化。高分子溶液由于存在其他因素如盐类、pH、光线、絮凝剂射线等的影响,使高分子化合物先聚集成大粒子后沉淀的现象,称为絮凝。

高分子所带电荷也影响其稳定性,如带相反电荷的两种高分子溶液混合时,因相反电荷会产生凝结沉淀,例如,带负电荷的阿拉伯胶和带正电荷的明胶,在等电点以下混合时,形成高分子复合物而沉淀,这是凝聚法制备微囊的基本原理。

任务一 胃蛋白酶合剂制备操作

【知识目标】

(1)掌握高分子溶液剂的定义、特点及性质。
(2)掌握高分子溶液剂的制备方法。

【技能目标】

能制备合格的高分子溶液剂。

【基本知识】

制备高分子溶液时首先要经过溶胀过程。溶胀指水分子渗入到高分子化合物分子间的空隙中,与高分子中的亲水基团发生水化作用而使体积膨胀,结果使高分子空隙间充满了水分子,这一过程称有限溶胀。由于高分子空隙间存在水分子降低了高分子分子间的作用力(范德华力),溶胀过程继续进行,最后高分子化合物完全分散在水中形成高分子溶液,这一过程称为无限溶胀。无限溶胀常需搅拌或加热等过程才能完成。形成高分子溶液的这一过程称为胶溶。胶溶过程的快慢取决于高分子的性质及工艺条件。制备明胶溶液时,先将明胶碎成小块,放于水中泡浸 3～4 小时,使其吸水膨胀,这是有限溶胀过程,然后加热并搅拌使其形成明胶溶液,这是无限溶胀过程。甲基纤维素则在冷水中完成这一制备过程。淀粉遇水立即膨胀,但无限溶胀过程必须加热至 60～70 ℃ 才能完成,即形成淀粉浆。胃蛋白酶等高分子药物,其有限溶胀和无限溶胀过程都很快,需将其撒于水面,待其自然溶胀后再搅拌可形成溶液,如果将它们撒于水面后立即搅拌则形成团块,给制备过程带来困难。

【技能操作】

一、任务描述

处 方

胃蛋白酶	20 g
稀盐酸	20 mL
橙皮酊	20 mL
单糖浆	100 mL
羟苯乙酯溶液(5%)	10 mL
纯化水	适量
共制	1000 mL

将以上处方物质按高分子溶液剂的制备工艺方法制成合格的胃蛋白酶合剂。

二、操作步骤

要求在45分钟内完成下列任务。

1.课前准备

查到,检查工作服穿戴规范,清点相关设备,熟知任务报告单。

2.单糖浆制备

按照热熔法的方法制备单糖浆。

3.溶液配制

取稀盐酸、单糖浆加于纯化水800 mL中混匀,缓缓加入橙皮酊、羟苯乙酯溶液(5%),边加边搅拌。

4.高分子胃蛋白酶溶解

将胃蛋白酶分次缓缓撒于液面上,待其自然膨胀溶解后,再加入纯化水使成1000 mL,轻轻摇匀,分装,即得。

5.清场

按要求清场。

三、操作注意事项

(1)影响胃蛋白酶活性的主要因素是pH。一般要求pH值在1.5~2.5之间,故加入稀盐酸调节pH值。因盐酸含量超过0.5%时胃蛋白酶失去活性,所以胃蛋白酶不得与稀盐酸直接混合,须先将稀盐酸加纯化水稀释后配制。

(2)溶解胃蛋白酶时,应将其撒在液面上,静置使其充分吸水膨胀,再缓缓摇匀即得。本品不得用热水配制,不能剧烈搅拌,以免影响活力。

(3)本品胃蛋白酶带正电荷,若用润湿的带负电荷的滤纸滤过时,由于电荷中和而使胃蛋白酶沉淀在滤纸上。故本品不宜滤过,如必须滤过时,滤材需先用相同浓度的稀盐酸润湿,以饱和滤材表面电荷,消除对胃蛋白酶活性的影响,然后滤过。

四、实施条件

胃蛋白酶合剂制备实施条件

项目	基本实施条件
场地	50 m² 以上的药物制剂室
设备、工具	百分之一电子天平、万用电炉、药匙、称量纸、烧杯、玻棒、量筒、纱布、抹布、刷子等
物料	蒸馏水、胃蛋白酶、稀盐酸、蔗糖、橙皮酊、羟苯乙酯

五、评价标准

胃蛋白酶合剂制备评价标准

评价内容	分值	考核点及评分细则
职业素养与操作规范 20分	5	工作服穿着规范,双手洁净,不染指甲,不留长指甲,不披发得5分
	5	工作态度认真,遵守纪律得5分
	5	实验完毕后将工具等清理复位得5分
	5	规范清场并清理干净得5分

续表

评价内容		分值	考核点及评分细则
技能 80分	胃蛋白酶合剂配制	5	按处方量称取物料得5分
		10	正确稀释盐酸溶液得10分
		10	单糖剂制备正确得10分
		10	是否按正确顺序加入单糖浆、橙皮酊、羟苯乙酯溶液得10分
		20	胃蛋白酶分次缓缓撒于液面得10分;溶胀后搅拌溶解得10分
		25	是否用蒸馏水加至处方量得10分
			是否制得澄清溶液得10分
			在规定时间内完成任务得5分

六、任务报告单

胃蛋白酶合剂制备任务报告单

任务名称		实训时间	
温度		湿度	
实训工具			
实训物料			
操作步骤			
结论			
操作者			

任务二　羧甲基纤维素钠胶浆制备操作

【知识目标】

(1)掌握高分子溶液剂的定义、特点及性质。

(2)掌握高分子溶液剂的处方组成和制备方法。

【技能目标】

能制备合格的高分子溶液剂。

【技能操作】

一、任务描述

处方

羧甲基纤维素钠	2.5 g
甘油	25 mL
羟苯乙酯溶液(5%)	2 mL
香精	适量
蒸馏水	加至 100 mL

将以上处方物质按高分子溶液剂的制备方法制成合格的羧甲基纤维素钠胶浆。

二、操作步骤

要求在 45 分钟内完成下列任务。

1.课前准备

查到,检查工作服穿戴规范,清点相关设备,熟知任务报告单。

2.羧甲基纤维素钠的溶解

取羧甲基纤维素钠分次撒入 50 mL 纯化水中,浸泡 10 分钟,待其溶胀后,轻加搅拌使其溶解。

3.其他物质的加入

然后加入甘油、羟苯乙酯溶液(5%)、香精,最后添加纯化水至 100 mL,搅匀,即得。

4.清场

按要求清场。

三、操作注意事项

(1)羧甲基纤维素钠为白色纤维状粉末或颗粒,无臭,在冷热水中均能溶解,但在冷水中溶解速度缓慢,不溶于一般有机溶剂。配制时,羧甲基纤维素钠若先用少量乙醇润湿,再按上法溶解则更为方便。

（2）羧甲基纤维素钠遇阳离子型药物及碱土金属、重金属盐能发生沉淀,故不能采用季铵类和汞类防腐剂。

四、实施条件

羧甲基纤维素钠胶浆制备实施条件

项目	基本实施条件
场地	50 m² 以上的药物制剂室
设备工具	百分之一电子天平、万用电炉、药匙、称量纸、烧杯、玻棒、量筒、纱布、抹布、刷子等
物料	蒸馏水、甘油、羧甲基纤维素钠、香精、羟苯乙酯

五、评价标准

羧甲基纤维素钠胶浆制备评价标准

评价内容		分值	考核点及评分细则
职业素养与操作规范 20分		5	工作服穿着规范,双手洁净,不染指甲,不留长指甲,不披发得5分
		5	工作态度认真,遵守纪律得5分
		5	实验完毕后将工具等清理复位得5分
		5	规范清场并清理干净得5分
技能 80分	羧甲基纤维素钠胶浆配制	10	按处方量称取物料得10分
		20	先浸泡溶胀羧甲基纤维素钠得10分
			再加热搅拌溶解得10分
		10	正确配制羟苯乙酯溶液得10分
		10	按正确顺序加入甘油、羟苯乙酯溶液、香精得10分
		30	用蒸馏水加至处方量得10分
			制得澄明溶液得10分
			在规定时间内完成任务得10分

六、任务报告单

羧甲基纤维素钠胶浆的制备任务报告单

任务名称		实训时间	
温度		湿度	
实训工具			
实训物料			
操作步骤			
结论			
操作者			

项目五 溶胶剂制备技术

溶胶剂指固体药物微细粒子分散在水中形成的非均匀状态的液体分散体系,又称疏水胶体溶液。溶胶剂中分散的微细粒子在 $1\sim100$ nm 之间,胶粒是多分子聚集体,有极大的分散度,属热力学不稳定系统。将药物分散成溶胶状态,它们的药效会出现显著的变化。目前溶胶剂很少使用,但他们的性质对药剂学却十分重要。

一、溶胶构造——双电层

溶胶剂中固体微粒由于本身的解离或吸附溶液中某种离子而带有电荷,带电的微粒表面必然吸引带相反电荷的离子,称为反离子。吸附的带电离子和反离子构成了吸附层。少部分反离子扩散到溶液中,形成扩散层。吸附层和扩散层分别是带相反电荷的带电层,称为双电层,也称扩散双电层。双电层之间的电位差称为 ζ 电位。在电场的作用下胶粒向与其自身电荷相反方向移动。ζ 电位的高低决定于反离子在吸附层和溶液中分布量的多少,吸附层中反离子愈多则溶液中的反离子愈少,ζ 电位就愈低。相反,进入吸附层的反离子愈少,ζ 电位就愈高。由于胶粒电荷之间排斥作用和在胶粒周围形成的水化膜,可防止胶粒碰撞时发生聚结。ζ 电位愈高斥力愈大,溶胶也就愈稳定。ζ 电位降至 25 mV 以下时,溶胶产生聚结不稳定性。

二、溶胶性质

1. 光学性质

当强光线通过溶胶剂时从侧面可见到圆锥形光束称为丁达尔效应。这是由于胶粒粒度小于自然光波长引起光散射所产生的。溶胶剂的混浊程度用浊度表示,浊度愈大表明散射光愈强。

2. 电学性质

溶胶剂由于双电层结构而荷电,可以荷正电,也可以荷负电。在电场的作用下胶粒或分散介质产生移动,在移动过程中产生电位差,这种现象称为界面动电现象。溶胶的电泳现象就是界面动电现象所引起的。

3. 动力学性质

溶胶剂中的胶粒在分散介质中有不规则的运动,这种运动称为布朗运动。这种运动是由于胶粒受溶剂水分子不规则地撞击产生的。溶胶粒子的扩散速度、沉降速度及分散介质的黏度等都与溶胶的动力学性质有关。

4. 稳定性

溶胶剂属热力学不稳定系统,主要表现有聚结不稳定性和动力不稳定性。但由于胶粒表面电荷产生静电斥力,以及胶粒荷电所形成的水化膜,都增加了溶胶剂的聚结稳定性。由于重力作用胶粒产生沉降,但由于胶粒的布朗运动又使其沉降速度变得极慢,增加了动力稳定性。

溶胶剂对带相反电荷的溶胶以及电解质极其敏感,将带相反电荷的溶胶或电解质加入到溶胶剂中,由于电荷被中和使 ζ 电位降低,同时又减少了水化层,使溶胶剂产生聚结进而产生沉降。向溶胶剂中加入天然的或合成的亲水性高分子溶液,使溶胶剂具有亲水胶体的性质而增加稳定性,这种胶体称为保护胶体。

任务　$Fe(OH)_3$溶胶制备操作

【知识目标】

(1)掌握溶胶剂的定义、特点及性质。

(2)掌握溶胶剂的制备方法。

【技能目标】

能按照溶胶剂制备方法制备合格的溶胶剂。

【基本知识】

溶胶剂的制备方法有两种:分散法和凝聚法。

一、分散法

1.机械分散法

常采用胶体磨进行制备。分散药物、分散介质以及稳定剂从加料口处加入胶体磨中,胶体磨以 10 000 r/min 的转速高速旋转将药物粉碎至胶体粒子范围。可以制成质量很好的溶胶剂。

2.胶溶法

胶溶法亦称解胶法,它不是使脆的粗粒分散成溶液,而是使刚刚聚集起来的分散相又重新分散的方法。

3.超声分散法

用 20 000 Hz 以上超声波所产生的能量使分散粒子分散成溶胶剂的方法为超声分散法。

二、凝聚法

1.物理凝聚法

改变分散介质的性质使溶解的药物凝聚成为溶胶。

2.化学凝聚法

借助于氧化、还原、水解、复分解等化学反应制备溶胶的方法。

【技能操作】

一、任务描述

处　方

FeCl$_3$　　　　20 g

蒸馏水　　　150 mL

利用化学凝聚法(水解法)制备 $Fe(OH)_3$ 溶胶。

二、操作步骤

要求在 45 分钟内完成下列任务。

1.课前准备

查到,检查工作服穿戴规范,清点相关设备,熟知任务报告单。

2.配制 $FeCl_3$ 溶液

称取 20 g $FeCl_3$,配制成 20%的溶液。

3.制备 $Fe(OH)_3$ 溶胶

量取 150 mL 蒸馏水,置于 250 mL 烧杯中,先煮沸 2 分钟,用刻度移液管移取 10% $FeCl_3$ 溶液 20 mL,逐滴加入沸水中,并不断搅拌,继续煮沸 3 分钟,得到棕红色 $Fe(OH)_3$ 溶胶。

4.清场

按要求清场。

三、操作注意事项

(1) $FeCl_3$ 固体有强烈的吸水性,称量时注意操作。

(2)为得到合格的产品,$FeCl_3$ 溶液滴加要分批次逐滴加入,同时要搅拌。

四、实施条件

$Fe(OH)_3$ 溶胶制备实施条件

项目	基本实施条件
场地	50 m² 以上的药物制剂室
设备、工具	千分之一电子天平、万用电炉、药匙、称量纸、烧杯、玻棒、量筒、纱布、抹布、刷子等
物料	蒸馏水、$FeCl_3$

五、评价标准

$Fe(OH)_3$ 溶胶制备评价标准

评价内容	分值	考核点及评分细则
职业素养与操作规范 20 分	5	工作服穿着规范,双手洁净,不染指甲,不留长指甲,不披发得 5 分
	5	工作态度认真,遵守纪律得 5 分
	5	实验完毕后将工具等清理复位得 5 分
	5	规范清场并清理干净得 5 分

评价内容		分值	考核点及评分细则
技能80分	Fe(OH)₃溶胶配制	10	按处方量规范称取物料得10分
		20	FeCl₃溶液的配制得20分
		10	正确使用移液管得10分
		10	先将处方量的水煮沸得10分
		10	FeCl₃溶液滴加分批次逐滴加入得10分
		10	边加边搅拌得10分
		10	制得棕色溶胶得5分
			在规定时间内完成任务得5分

六、任务报告单

Fe(OH)₃溶胶制备任务报告单

任务名称		实训时间	
温度		湿度	
实训工具			
实训物料			
操作步骤			
结论			
操作者			

项目六 混悬剂制备技术

混悬剂指难溶性固体药物以微粒状态分散于分散介质中形成的非均匀的液体制剂。可口服,亦可外用。混悬剂中药物微粒一般在 $0.5\sim10~\mu m$ 之间,小者可为 $0.1~\mu m$,大者可达 $50~\mu m$ 或更大。混悬剂属于热力学不稳定的粗分散体系,所用分散介质大多数为水,也可用植物油。

下列情况可考虑制成混悬剂:①凡难溶性药物需制成液体制剂供临床应用时;②药物的剂量超过了溶解度而不能以溶液剂形式应用时;③两种溶液混合时药物的溶解度降低而析出固体药物时;④药物需产生缓释作用时。但为了安全起见,剧毒药或剂量小的药物不应制成混悬剂使用。

混悬剂属于热力学和动力学均不稳定的粗分散体系,药物颗粒受重力作用易沉降,影响剂量的准确性。因此,对混悬剂的质量要求如下:①混悬微粒细微均匀,沉降缓慢剂量准确。②微粒沉降后不结块,稍加振摇又能均匀分散。③黏稠度适宜,便于倾倒且不沾瓶壁。④外用混悬剂应易于涂展,不易流散,干后能形成保护膜。

混悬剂一般为液体药剂,可加入适宜的助悬剂、防腐剂等附加剂,但仍然存在储存过程中稳定性问题。《中国药典》(2015 年版)二部收载有干混悬剂,它是按混悬剂的要求将药物用适宜方法制成粉末状或颗粒状制剂,使用时加水即迅速分散成混悬剂。这有利于解决混悬剂在保存过程中的稳定性问题。

一、混悬剂物理稳定性

混悬剂主要存在物理稳定性问题。混悬剂中药物微粒分散度大,使混悬微粒具有较高的表面自由能而处于不稳定状态。疏水性药物的混悬剂比亲水性药物存在更大的稳定性问题。

混悬剂的稳定性主要与微粒的沉降、荷电、絮凝及润湿等有关。

1. 混悬粒子沉降速度

混悬剂中的微粒受重力作用产生沉降时,其沉降速度服从 Stokes 定律:

$$V = \frac{2r^2(\rho_1 - \rho_2)g}{9\eta}$$

式中,V 为沉降速度,cm/s;r 为微粒半径,cm;ρ_1 和 ρ_2 分别为微粒和介质的密度,g/mL;g 为重力加速度,cm/s²;η 为分散介质的黏度,g/(m·s)。由 Stokes 公式可见,微粒沉降速度与微粒半径平方、微粒与分散介质的密度差成正比,与分散介质的黏度成反比。混悬剂微粒沉降速度愈大,动力稳定性就愈小。增加混悬剂的动力稳定性的主要方法:①尽量减小微粒半径,以减小沉降速度;②增加分散介质的黏度,以减小固体微粒与分散介质间的密度差,这就要向混悬剂中加入高分子助悬剂,在增加介质黏度的同时,也减小了微粒与分散介质之间的密度差,同时微粒吸附助悬剂分子而增加亲水性。混悬剂中的微粒大小是不均匀的,大的微粒总是迅速沉降,细小微粒沉降速度很慢,细小微粒由于布朗运动,可长时间悬浮在介质中,使混悬剂长时间地保持混悬状态。

2. 微粒荷电与水化

混悬剂中微粒可因本身离解或吸附分散介质中的离子而荷电,具有双电层结构,即有ζ电势。由于微粒表面荷电,水分子可在微粒周围形成水化膜,这种水化作用的强弱随双电层厚度而改变。微粒荷电使微粒间产生排斥作用,加之有水化膜的存在,阻止了微粒间的相互聚结,使混悬剂稳定。向混悬剂中加入少量的电解质,可以改变双电层的构造和厚度,会影响混悬剂的聚结稳定性并产生絮凝。疏水性药物混悬剂的微粒水化作用很弱,对电解质更敏感。亲水性药物混悬剂微粒除荷电外,本身具有水化作用,受电解质的影响较小。

3. 絮凝与反絮凝

混悬剂中的微粒由于分散度大而具有很大的总表面积,因而微粒具有很高的表面由自能,这种高能状态的微粒就有降低表面自由能的趋势,这就意味着微粒间有相互聚结的趋势。但由于微粒荷电,电荷的排斥力阻碍了微粒产生聚集。因此,当向溶液中加入适当的电解质时,使ζ电位降低,减小微粒间电荷的排斥力,当ζ电势降低到一定程度后,混悬剂中的微粒形成疏松的絮状聚集体,使混悬剂处于稳定状态。混悬微粒形成疏松聚集体的过程称为絮凝,加入的电解质称为絮凝剂。为了得到稳定的混悬剂,一般应控制ζ电势在$20\sim25$ mV 范围内,使其恰好能产生絮凝作用。絮凝剂主要是具有不同价数的电解质,其中阴离子絮凝作用大于阳离子。电解质的絮凝效果与离子的价数有关,离子价数增加1,絮凝效果增加10倍。常用的絮凝剂有枸橼酸盐、酒石酸盐、磷酸盐及氰化物等。与非絮凝状态比较,絮凝状态具以下特点:沉降速度快,有明显的沉降面,沉降体积大,经振摇后能迅速恢复均匀的混悬状态。

向絮凝状态的混悬剂中加入电解质,使絮凝状态变为非絮凝状态这一过程称为反絮凝。加入的电解质称为反絮凝剂。反絮凝剂所用的电解质与絮凝剂相同。

4. 结晶增长与转型

混悬剂中药物微粒大小不可能完全一致,混悬剂在放置过程中,微粒的大小与数量在不断变化,即小的微粒数目不断减少,大的微粒不断增大,使微粒的沉降速度加快,结果必然影响混悬剂的稳定性。研究结果发现,其溶解度与微粒大小有关。混悬剂溶液在总体上是饱和溶液,但小微粒的溶解度大而在不断地溶解,对于大微粒来说因过饱和而不断地增长、变大。这时必须加入抑制剂以阻止结晶的溶解和生长,以保持混悬剂的物理稳定性。

5. 分散相浓度和温度

在同一分散介质中分散相的浓度增加,混悬剂的稳定性降低。温度对混悬剂的影响更大,温度变化不仅改变药物的溶解度和溶解速度,还能改变微粒的沉降速度、絮凝速度、沉降容积,从而改变混悬剂的稳定性。冷冻可破坏混悬剂的网状结构,也使其稳定性降低。

二、混悬剂稳定剂

为了提高混悬剂的物理稳定性,在制备时需加入的附加剂称为稳定剂。稳定剂包括助悬剂、润湿剂、絮凝剂和反絮凝剂等。

1. 助悬剂

助悬剂指能增加分散介质的黏度以降低微粒的沉降速度或增加微粒亲水性的附加剂。助悬剂包括的种类很多,其中有低分子化合物、高分子化合物,甚至有些表面活性剂也可用作助悬剂。常用的助悬剂有以下几种。

(1)低分子助悬剂:如甘油、糖浆剂等,在外用混悬剂中常加入甘油。

(2)高分子助悬剂。

1)天然高分子助悬剂:主要是胶树类,如阿拉伯胶、西黄蓍胶、桃胶等。阿拉伯胶和西黄蓍胶可用其粉末或胶浆,其用量前者为 5%~15%,后者为 0.5%~1%。还有植物多糖类,如海藻酸钠、琼脂、淀粉浆等。

2)合成或半合成高分子助悬剂:纤维素类,如甲基纤维素、羧甲基纤维素钠、羟丙基纤维素;其他如卡波普、聚维酮、葡聚糖等。此类助悬剂大多数性质稳定,受 pH 值影响小,但应注意某些助悬剂能与药物或其他附加剂有配伍变化。

3)触变胶:利用触变胶的触变性,即凝胶与溶胶恒温转变的性质,静置时形成凝胶防止微粒沉降,振摇时变为溶胶有利于倒出。使用触变性助悬剂有利于混悬剂的稳定。单硬脂酸铝溶解于植物油中可形成典型的触变胶,一些具有塑性流动和假塑性流动的高分子化合物水溶液常具有触变性,可选择使用。

2.润湿剂

润湿剂指能增加疏水性药物微粒被水湿润的附加剂。许多疏水性药物,如硫磺、甾醇类、阿司匹林等不易被水润湿,加之微粒表面吸附有空气,给制备混悬剂带来困难,这时应加入润湿剂,润湿剂可被吸附于微粒表面,增加其亲水性,产生较好的分散效果。最常用的润湿剂是 HLB 值在 7~11 之间的表面活性剂,如聚山梨酯类、聚氧乙烯蓖麻油类、泊洛沙姆等。

3.絮凝剂与反絮凝剂

使混悬剂产生絮凝作用的附加剂称为絮凝剂,而产生反絮凝作用的附加剂称为反絮凝剂。制备混悬剂时常需加入絮凝剂,使混悬剂处于絮凝状态,以增加混悬剂的稳定性。絮凝剂和反絮凝剂的种类、性能、用量、混悬剂所带电荷以及其他附加剂等均对絮凝剂和反絮凝剂的使用有很大影响,应在实验的基础上加以选择。

任务一 复方硫磺洗剂制备操作

【知识目标】

(1)掌握混悬剂的定义、特点和性质。
(2)掌握混悬剂的处方组成和制备方法。

【技能目标】

(1)能制备合格的混悬剂。
(2)能进行混悬剂相关的质量检查。

【基本知识】

一、混悬剂制备

制备混悬剂时,应使混悬微粒有适当的分散度,粒度均匀,以减小微粒的沉降速度,使混悬剂处于稳定状态。混悬剂的制备分为分散法和凝聚法。

1.分散法

分散法是将粗颗粒的药物粉碎成符合混悬剂微粒要求的分散程度,再分散于分散介质中制备混悬剂的方法。其工艺流程见图3-5。

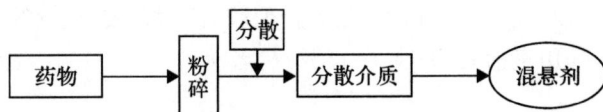

图3-5　分散法制备混悬剂工艺流程

采用分散法制备混悬剂时：①亲水性药物，如氧化锌、炉甘石等，一般应先将药物粉碎到一定细度，再加处方中的液体适量，研磨到适宜的分散度，最后加入处方中的剩余液体至全量；②疏水性药物不易被水润湿，必须先加一定量的润湿剂与药物研均后再加液体研磨混均；③小量制备可用乳钵，大量生产可用乳匀机、胶体磨等机械。

粉碎时，采用加液研磨法，可使药物更易粉碎，微粒可达 $0.1\sim0.5\ \mu m$。

对于质重、硬度大的药物，可采用中药制剂常用的"水飞法"，即在药物中加适量的水研磨至细，再加入较多量的水，搅拌，稍加静置，倾出上层液体，研细的悬浮微粒随上清液被倾倒出去，余下的粗粒再进行研磨。如此反复直至完全研细，达到要求的分散度为止。"水飞法"可使药物粉碎到极细的程度。

2.凝聚法

(1)物理凝聚法：将呈分子或离子分散状态的药物溶液加入另一分散介质中凝聚成混悬液的方法。一般将药物制成热饱和溶液，在搅拌下加至另一种不同性质的液体中，使药物快速结晶，可制成 $10\ \mu m$ 以下(占80%～90%)的微粒，再将微粒分散于适宜介质中制成混悬剂。醋酸可的松滴眼剂就是用物理凝聚法制备的。

(2)化学凝聚法：用化学反应法使两种药物生成难溶性的药物微粒，再混悬于分散介质中制备混悬剂的方法。为使微粒细小均匀，化学反应在稀溶液中进行并应急速搅拌。在胃肠道透视中使用的 $BaSO_4$ 就是用此法制成的。

二、混悬剂质量检查

1.微粒大小测定

混悬剂中微粒的大小不仅关系到混悬剂的质量和稳定性，也会影响混悬剂的药效和生物利用度。所以测定混悬剂中微粒大小及其分布，是评定混悬剂质量的重要指标。显微镜法、库尔特计数法、浊度法、光散射法、漫反射法等很多方法都可测定混悬剂粒子大小。

2.沉降容积比测定

沉降容积比指沉降物的容积与沉降前混悬剂的容积之比。测定方法：将混悬剂放于量筒中，混匀，测定混悬剂的总容积 V_0，静置一定时间后，观察沉降面不再改变时沉降物的容积 V_u，其沉降容积比 F 为：

$$F = \frac{V_u}{V_0} = \frac{H_u}{H_0}$$

沉降容积比也可用高度表示，H_0 为沉降前混悬液的高度，H_u 为沉降后沉降面的高度。F 值在1～0之间。F 值愈大，混悬剂愈稳定。口服混悬剂沉降体积比应不低于0.90。

3.絮凝度测定

絮凝度是比较混悬剂絮凝程度的重要参数，用下式表示：

$$\beta = \frac{F}{F_\infty} = \frac{V_u/V_0}{V_\infty/V_0} = \frac{V_u}{V_\infty}$$

式中,F 为絮凝混悬剂的沉降容积比;F_∞ 为去絮凝混悬剂的沉降容积比。絮凝度 β 表示由絮凝所引起的沉降物容积增加的倍数,例如,去絮凝混悬剂的 F_∞ 值为 0.15,絮凝混悬剂的 F 值为 0.75,则 $\beta=5.0$,说明絮凝混悬剂沉降容积比是去絮凝混悬剂降容积比的 5 倍。β 值愈大,絮凝效果愈好。用絮凝度评价絮凝剂的效果,预测混悬剂的稳定性,有重要价值。

4.重新分散试验

优良的混悬剂经过贮存后再振摇,沉降物应能很快重新分散,这样才能保证服用时的均匀性和分剂量的准确性。试验方法:将混悬剂置于 100 mL 量筒内,以每分钟 20 转的速度转动,经过一定时间的旋转,量筒底部的沉降物应重新均匀分散,说明混悬剂再分散性良好。

5.ζ 电位测定

混悬剂中微粒具有双电层,即 ζ 电位。ζ 电位的大小可表明混悬剂的存在状态。一般 ζ 电位在 25 mV 以下,混悬剂呈絮凝状态;ζ 电位在 50~60 mV 时,混悬剂呈反絮凝状态。可用电泳法测定混悬剂的 ζ 电位,ζ 电位与微粒电泳速度的关系为:

$$\zeta = 4\pi \frac{\eta V}{eE}$$

式中,η 为混悬剂的黏度;V 为微粒电泳速度;e 为介电常数;E 为外加电强度。测出微粒的电泳速度,即能计算出 ζ 电位。

6.流变学测定

流变学测定主要是用旋转黏度计测定混悬液的流动曲线,由流动曲线的形状确定混悬液的流动类型,以评价混悬液的流变学性质。若为触变流动、塑性触变流动和假塑性触变流动,能有效地减缓混悬剂微粒的沉降速度。

【技能操作】

一、任务描述

处 方

沉降硫磺	30 g
硫酸锌	30 g
樟脑醑	250 mL
羧甲基纤维素钠	5 g
甘油	100 mL
蒸馏水	加至 1000 mL

采用分散法将处方物料制成合格的复方硫磺洗剂。

二、操作步骤

要求在 45 分钟内完成下列任务。

1.课前准备

查到,检查工作服穿戴规范,清点相关设备,熟知任务报告单。

2.沉降硫磺的研细

取沉降硫磺置乳钵中,加甘油研磨成细糊状。

3.助悬剂的制备

将羧甲基纤维素钠用200 mL水按高分子溶液制备方法制成胶浆。

4.溶液的配制

硫酸锌溶于200 mL纯化水中,滤过。

5.混合

将糊状物与胶浆混合后,再将硫酸锌溶液缓缓加入,然后再缓缓加入樟脑醑,边加边急剧搅拌,最后加纯化水至1000 mL,搅匀,即得。

6.清场

按要求清场。

三、操作注意事项

(1)硫磺为强疏水性药物,甘油为润湿剂,使硫磺能在水中均匀分散。

(2)羧甲基纤维素钠为助悬剂,可增加混悬液的动力学稳定性。

(3)樟脑醑为10%樟脑乙醇液,加入时应急剧搅拌,以免樟脑因溶剂改变而析出大颗粒。

四、实施条件

复方硫磺洗剂制备实施条件

项目	基本实施条件
场地	50 m² 以上的药物制剂室
设备、工具	百分之一电子天平、万用电炉、药匙、称量纸、烧杯、玻棒、量筒、滤纸、研钵、抹布、刷子等
物料	蒸馏水、沉降硫、硫酸锌、樟脑醑、羧甲基纤维素钠、甘油

五、评价标准

复方硫磺洗剂制备评价标准

评价内容	分值	考核点及评分细则
职业素养与操作规范 20分	5	工作服穿着规范,双手洁净,不染指甲,不留长指甲,不披发得5分
	5	工作态度认真,遵守纪律得5分
	5	实验完毕后将工具等清理复位得5分
	5	规范清场并清理干净得5分

评价内容		分值	考核点及评分细则
技能80分	复方硫磺洗剂配制	10	按处方量称取物料得 10 分
		5	加甘油研磨得 5 分
		10	制成沉降硫磺变成糊状物得 10 分
		10	羧甲基纤维素钠胶浆的制备得 10 分
		10	硫酸锌溶液的制备得 10 分
		10	正确顺序混合溶液得 10 分
		10	樟脑醑加入时急剧搅拌得 10 分
		15	是否用蒸馏水加至处方量得 5 分
			是否制得合格混悬液,并计算沉降体积比得 5 分
			在规定时间内完成任务得 5 分

六、任务报告单

复方硫磺洗剂制备任务报告单

任务名称		实训时间	
温度		湿度	
实训工具			
实训物料			
操作步骤			
结论			
操作者			

任务二 炉甘石洗剂制备操作

【知识目标】

(1)掌握混悬剂的定义、特点和性质。

(2)了解混悬剂稳定性的影响因素。

(3)掌握混悬剂的常用稳定剂。

(4)掌握混悬剂的制备方法。

【技能目标】

(1)能制备合格的混悬剂。

(2)能进行混悬剂相关的质量检查。

【技能操作】

一、任务描述

处 方

炉甘石	15 g
氧化锌	5 g
甘油	5 mL
羧甲基纤维素钠	0.25 g
蒸馏水适量	共制 100 mL

采用分散法将处方物料制成合格的复方炉甘石洗剂。

二、操作步骤

要求在 45 分钟内完成下列任务。

1. 课前准备

查到,检查工作服穿戴规范,清点相关设备,熟知任务报告单。

2. 研细

选择合适研钵,按研钵正确的操作将炉甘石、氧化锌研细过筛。

3. 糊状物制备

炉甘石、氧化锌研细过筛,加甘油研磨成细糊状。

4. 助悬剂的制备

将羧甲基纤维素钠用 20 mL 水按高分子溶液制备方法制成胶浆。

5. 混合

将胶浆分次加入上述糊状液中,随加随研磨,再加蒸馏水使成 100 mL,搅匀,即得。

6.清场

按要求清场。

三、操作注意事项

(1)炉甘石与氧化锌均为不溶于水的疏水性药物,能被水润湿,故先加入甘油和少量水研磨成糊状,再与羧甲基纤维素钠混合,使粉末周围形成水化膜,以阻碍微粒的聚合,振摇时易再分散。

(2)混合时为保证混合效果,分批次加入,边加边研磨。

四、实施条件

炉甘石洗剂制备实施条件

项目	基本实施条件
场地	50 m² 以上的药物制剂室
设备、工具	千分之一电子天平、万用电炉、药匙、称量纸、烧杯、玻棒、量筒、滤纸、研钵等
物料	蒸馏水、炉甘石、氧化锌、羧甲基纤维素钠、甘油

五、评价标准

炉甘石洗剂制备评价标准

评价内容		分值	考核点及评分细则
职业素养与操作规范 20分		5	工作服穿着规范,双手洁净,不染指甲,不留长指甲,不披发得5分
		5	工作态度认真,遵守纪律得5分
		5	实验完毕后将工具等清理复位得5分
		5	规范清场并清理干净得5分
技能 80分	复方硫磺洗剂配制	10	按处方量称取物料得10分
		10	粉碎研磨物料得10分
		10	加入甘油润湿制成糊状物得10分
		10	正确制备羧甲基纤维素钠胶浆得10分
		10	正确顺序混合溶液得10分
		10	分批次加入,边加边研得10分
		20	是否用蒸馏水加至处方量得5分
			是否制得合格混悬液,并计算沉降体积比得10分
			在规定时间内完成任务得5分

六、任务报告单

炉甘石洗剂制备任务报告单

任务名称		实训时间	
温度		湿度	
实训工具			
实训物料			
操作步骤			
结论			
操作者			

项目七　乳剂制备技术

乳剂指互不相溶的两种液体混合,其中一种液体以液滴状态分散于另一种液体中形成的非均匀相液体分散体系。形成液滴的液体称为分散相、内相或非连续相,另一液体则称为分散介质、外相或连续相。可供内服和外用,经过灭菌或无菌操作法可制备成注射剂。乳剂中液滴的分散度很大,药物吸收和药效的发挥很快,生物利用度高;油性药物制成乳剂能保证剂量准确,而且使用方便;水包油型乳剂可掩盖药物的不良臭味,并可加入矫味剂;外用乳剂能改善对皮肤、黏膜的渗透性,减少刺激性;静脉注射乳剂注射后分布较快、药效高、有靶向性;静脉营养乳剂,是高能营养输液的重要组成部分。乳剂中的液滴具有很大的分散度,其总表面积大,表面自由能很高,属热力学不稳定体系。

一、乳剂基本组成

乳剂由水相(W)、油相(O)和乳化剂组成,三者缺一不可。根据乳化剂的种类、性质及相体积比形成水包油(O/W)或油包水(W/O)型。也可制备复乳,如 W/O/W 或 O/W/O 型。水包油(O/W)或油包水(W/O)型。乳剂的主要区别方法见表 3 - 8。

表 3 - 8　水包油(O/W)或油包水(W/O)型乳剂的区别

方法	O/W 型乳剂	W/O 型乳剂
外观	通常为乳白色	接近油的颜色
稀释	可用水稀释	可用油稀释
导电性	导电	不导电或几乎不导电
水溶性染料	外相染色	内相染色
油溶性染料	内相染色	外相染色

二、乳剂类型

根据乳滴的大小,将乳剂分类为普通乳、亚微乳、纳米乳。

(1)普通乳:普通乳液滴大小一般在 $1 \sim 100\ \mu m$ 之间,这时乳剂形成乳白色不透明的液体。

(2)亚微乳:粒径大小一般在 $0.1 \sim 0.5\ \mu m$ 之间,亚微乳常作为胃肠外给药的载体。静脉注射乳剂应为亚微乳,粒径可控制在 $0.25 \sim 0.4\ \mu m$ 范围内。

(3)纳米乳:当乳滴粒子小于 $0.1\ \mu m$,乳剂粒子小于可见光波长的 1/4,即小于 120 nm 时,乳剂处于胶体分散范围,这时光线通过乳剂时不产生折射而是透过乳剂,肉眼可见乳剂为透明液体,这种乳剂称为纳米乳、微乳或胶团乳,纳米乳粒径在 $0.01 \sim 0.10\ \mu m$ 范围。

三、乳化剂

乳化剂是乳剂的重要组成部分,在乳剂形成、乳剂稳定性及药效发挥等方面起重要作用。乳化剂应具备:①较强的乳化能力,并能在乳滴周围形成牢固的乳化膜;②一定的生理适应能力,乳化剂都不应对机体产生近期的和远期的毒副作用,也不应该有局部的刺激性;③受各种因素的影响小;④稳定性好。

(一)乳化剂的种类

1. 表面活性剂类乳化剂

这类乳化剂分子中有较强的亲水基和亲油基,乳化能力强,性质比较稳定,容易在乳滴周围形成单分子乳化膜。这类乳化剂混合使用效果更好。

(1)阴离子型乳化剂:硬脂酸钠、硬脂酸钾、油酸钠、硬脂酸钙、十二烷基硫酸钠、十六烷基硫酸化蓖麻油等。

(2)非离子型乳化剂:单甘油脂肪酸酯、三甘油脂肪酸酯、聚甘油硬脂酸酯、蔗糖单月桂酸酯、脂肪酸山梨坦、聚山梨酯、卖泽、苄泽、泊洛沙姆等。

2. 天然乳化剂

天然乳化剂由于亲水性较强,能形成 O/W 型乳剂,多数有较大的黏度,能增加乳剂的稳定性。使用这类乳化剂需加入防腐剂。

(1)阿拉伯胶:阿拉伯酸的钠、钙、镁盐的混合物,可形成 O/W 型乳剂。适用于制备植物油、挥发油的乳剂,可供内服用。阿拉伯胶使用浓度为 $10\%\sim15\%$。在 pH 值 $4\sim10$ 范围内乳剂稳定。阿拉伯胶内含有氧化酶,使用前应在 80 ℃ 加热加以破坏。阿拉伯胶乳化能力较弱,常与西黄蓍胶、琼脂等混合使用。

(2)西黄蓍胶:可形成 O/W 型乳剂,其水溶液具有较高的黏度,pH=5 时溶液黏度最大,0.1% 溶液为稀胶浆,$0.2\%\sim2\%$ 溶液呈凝胶状。西黄蓍胶乳化能力较差,一般与阿拉伯胶合并使用。

(3)明胶:O/W 型乳化剂,用量为油量的 $1\%\sim2\%$。易受溶液的 pH 值及电解质的影响产生凝聚作用。使用时须加防腐剂。常与阿拉伯胶合并使用。

(4)杏树胶:为杏树分泌的胶汁凝结而成的棕色块状物,用量为 $2\%\sim4\%$。乳化能力和黏度均超过阿拉伯胶。可作为阿拉伯胶的代用品。

(5)卵黄:含有 7% 的卵磷脂,为强 O/W 型乳化剂,可供内服,一个卵黄磷脂相当于 10 g 阿拉伯胶的乳化能力,可乳化脂肪油 $80\sim100$ g、挥发油 $40\sim50$ g。受稀酸、盐类以及糖浆等影响较少,但应加防腐剂。

3. 固体微粒乳化剂

一些溶解度小、颗粒细微的固体粉末,乳化时可被吸附于油水界面,形成乳剂。形成乳剂的类型由接触角 θ 决定,一般 θ<90° 易被水润湿,形成 O/W 型乳剂;θ>90° 易被油润湿,形成 W/O 型乳剂。O/W 型乳化剂有氢氧化镁、氢氧化铝、二氧化硅、皂土等。W/O 型乳化剂有氢氧化钙、氢氧化锌等。

4. 辅助乳化剂

辅助乳化剂指与乳化剂合并使用能增加乳剂稳定性的乳化剂。辅助乳化剂的乳化能力一般很弱或无乳化能力,但能提高乳剂的黏度,并能增强乳化膜的强度,防止乳滴合并。

(1)增加水相黏度的辅助乳化剂：甲基纤维素、羧甲基纤维素钠、羟丙基纤维素、海藻酸钠、琼脂、西黄蓍胶、阿拉伯胶、黄原胶、果胶、皂土等。

(2)增加油相黏度的辅助乳化剂：鲸蜡醇、蜂蜡、单硬脂酸甘油酯、硬脂酸、硬脂醇等。

(二)乳化剂的选择

乳化剂的选择应根据乳剂的使用目的、药物的性质、处方的组成、欲制备乳剂的类型、乳化方法等综合考虑，适当选择。

1.根据乳剂类型选择

在乳剂的处方设计时应先确定乳剂类型，根据乳剂类型选择所需的乳化剂。O/W 型乳剂应选择 O/W 型乳化剂，W/O 型乳剂应选择 W/O 型乳化剂。乳化剂的 HLB 值为这种选择提供了重要的依据。

2.根据乳剂给药途径选择

口服乳剂应选择无毒的天然乳化剂或某些亲水性高分子乳化剂等。外用乳剂应选择对局部无刺激性、长期使用无毒性的乳化剂。注射用乳剂应选择磷脂、泊洛沙姆等乳化剂。

3.根据乳化剂性能选择

乳化剂的种类很多，其性能各不相同，应选择乳化性能强、性质稳定、受外界因素(如酸碱、盐、pH 值等)的影响小、无毒、无刺激性的乳化剂。

4.混合乳化剂选择

乳化剂混合使用有许多特点，可改变 HLB 值，以改变乳化剂的亲油亲水性，使其有更大的适应性，如磷脂与胆固醇混合比例为 10∶1 时，可形成 O/W 型乳剂，比例为 6∶1 时则形成 W/O 型乳剂。增加乳化膜的牢固性，如油酸钠为 O/W 型乳化剂，与鲸蜡醇、胆固醇等亲油性乳化剂混合使用，可形成络合物，增强乳化膜的牢固性，并增加乳剂的黏度及其稳定性。非离子型乳化剂可以混合使用，如聚山梨酯和脂肪酸山梨坦等。非离子型乳化剂可与离子型乳化剂混合使用。但阴离子型乳化剂和阳离子型乳化剂不能混合使用。

四、乳剂稳定性

乳剂属热力学不稳定的非均匀相分散体系，乳剂常发生下列变化。

1.分层

乳剂的分层指乳剂放置后出现分散相粒子上浮或下沉的现象，又称乳析。分层的主要原因是由于分散相和分散介质之间的密度差造成的。O/W 型乳剂一般出现分散相粒子上浮。乳滴上浮或下沉的速度符合 Stokes 公式。乳滴的粒子愈小，上浮或下沉的速度就愈慢。减小分散相和分散介质之间的密度差，增加分散介质的黏度，都可以减小乳剂分层的速度。乳剂分层也与分散相的相容积有关，通常分层速度与相容积成反比，相容积低于 25% 乳剂很快分层，达 50% 时就能明显减小分层速度。分层的乳剂经振摇后仍能恢复成均匀的乳剂。

2.絮凝

乳剂中分散相的乳滴发生可逆的聚集现象称为絮凝。但由于乳滴荷电以及乳化膜的存在，阻止了絮凝时乳滴的合并。发生絮凝的条件：乳滴的电荷减少，使 ζ 电位降低，乳滴产生聚集而絮凝。絮凝状态仍保持乳滴及其乳化膜的完整性。乳剂中的电解质和离子型乳化剂的存在是产生絮凝的主要原因，同时絮凝与乳剂的黏度、相容积比及流变性有密切关系。由于乳剂的絮凝作用，限制了乳滴的移动并产生网状结构，可使乳剂处于高黏度状态，有利于乳剂稳定。

絮凝与乳滴的合并是不同的,但絮凝状态进一步变化也会引起乳滴的合并。

3.转相

由于某些条件的变化而改变乳剂类型的称为转相。由 O/W 型转变为 W/O 型或由 W/O 型转变为 O/W 型。转相主要是由于乳化剂的性质改变而引起的。如油酸钠是 O/W 型乳化剂,遇氯化钙后生成油酸钙,变为 W/O 型乳化剂,乳剂则由 O/W 型变为 W/O 型。向乳剂中加入相反类型的乳化剂也可使乳剂转相,特别是两种乳化剂的量接近相等时,更容易转相。转相时两种乳化剂的量比称为转相临界点。在转相临界点上乳剂不属于任何类型,处于不稳定状态,可随时向某种类型乳剂转变。

4.合并与破裂

乳剂中的乳滴周围有乳化膜存在,但乳化膜破裂导致乳滴变大,称为合并。合并进一步发展使乳剂分为油、水两相称为破裂。乳剂的稳定性与乳滴的大小有密切关系,乳滴愈小乳剂就愈稳定,乳剂中乳滴大小是不均一的,小乳滴通常填充于大乳滴之间,使乳滴的聚集性增加,容易引起乳滴的合并。所以为了保证乳剂的稳定性,制备乳剂时需尽可能地保持乳滴的均一性。此外分散介质的黏度增加,可使乳滴合并速度降低。影响乳剂稳定性的各因素中,最重要的是形成乳化膜的乳化剂的理化性质,单一或混合使用的乳化剂形成的乳化膜愈牢固,就愈能防止乳滴的合并和破裂。

5.酸败

乳剂受外界因素及微生物的影响,使油相或乳化剂等发生变化而引起变质的现象称为酸败。所以乳剂中通常须加入抗氧剂和防腐剂,防止其氧化或酸败。

任务一 液体石蜡乳制备操作

【知识目标】

(1)掌握乳剂的定义和分类。
(2)掌握乳剂的处方组成和制备方法。
(3)了解乳剂的稳定性及质量评价。

【技能目标】

(1)能用干胶和湿胶法制备合格的乳剂。
(2)能用一定的方法区别乳剂类型及进行相关的质量检查,在规定时间内完成任务。

【基本知识】

一、乳剂制备方法

1.油中乳化剂法

油中乳化剂法又称干胶法。本法的特点是先将乳化剂(胶)分散于油相中,研匀后加水相制备成初乳,然后稀释至全量,其生产工艺见图 3-6。在初乳中油、水、胶的比例:植物油为 4∶2∶1,挥发油为 2∶2∶1,液体石蜡为 3∶2∶1。本法适用于阿拉伯胶或阿拉伯胶与西黄蓍胶的混合胶。

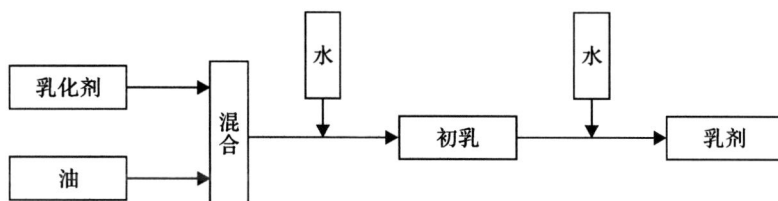

图 3-6 干胶法制备乳剂生产工艺流程

2.水中乳化剂法

水中乳化剂法又称湿胶法。本法先将乳化剂分散于水中研匀,再将油加入,用力搅拌使成初乳,加水将初乳稀释至全量,混匀,即得,其生产工艺见图 3-7。初乳中油水胶的比例与上法相同。

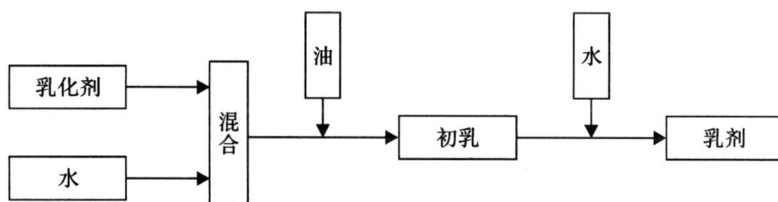

图 3-7 湿胶法制备乳剂生产工艺流程

3.新生皂法

将油水两相混合时,两相界面上生成的新生皂类产生乳化的方法。植物油中含有硬脂酸、油酸等有机酸,加入氢氧化钠、氢氧化钙、三乙醇胺等,在高温下(70℃以上)生成的新生皂为乳化剂,经搅拌即形成乳剂,其生产工艺见图 3-8。生成的一价皂则为 O/W 型乳化剂,生成的二价皂则为 W/O 型乳化剂。本法适用于乳膏剂的制备。

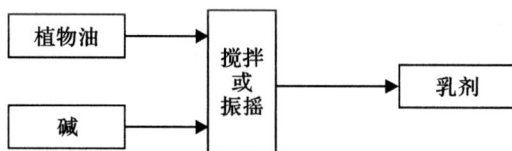

图 3-8 新生皂法制备乳剂生产工艺流程

4.两相交替加入法

向乳化剂中每次少量交替地加入水或油,边加边搅拌,即可形成乳剂。天然胶类、固体微粒乳化剂等可用本法制备乳剂。当乳化剂用量较多时,本法是一个很好的方法。

5.机械法

将油相、水相、乳化剂混合后用乳化机械制备乳剂的方法,其生产工艺见图 3-9。机械法制备乳剂时可不用考虑混合顺序,借助于机械提供的强大能量,很容易制成乳剂。

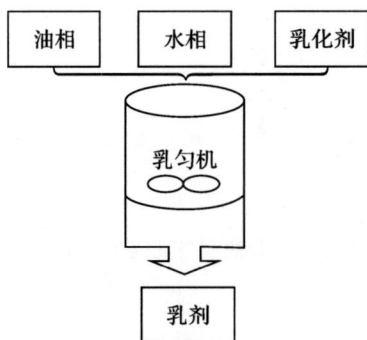

图 3-9　机械法制备乳剂生产工艺流程

6.纳米乳制备

纳米乳除含有油相、水相和乳化剂外,还含有辅助成分。很多油,如薄荷油、丁香油等,还有维生素 A、D、E 等均可制成纳米乳。纳米乳的乳化剂,主要是表面活性剂,其 HLB 值应在 15~18 的范围内,乳化剂和辅助成分应占乳剂的 12%~25%。通常选用聚山梨酯-60 和聚山梨酯-80 等。制备时取 1 份油加 5 份乳化剂混合均匀,然后加于水中,如不能形成澄明乳剂,可增加乳化剂的用量。如能很容易形成澄明乳剂可减少乳化剂的用量。

7.复合乳剂制备

采用二步乳化法制备,第一步先将水、油、乳化剂制成一级乳,再以一级乳为分散相与含有乳化剂的水或油再乳化制成二级乳。如制备 O/W/O 型复合乳剂,先选择亲水性乳化剂制成 O/W 型一级乳剂,再选择亲油性乳化剂分散于油相中,在搅拌下将一级乳加于油相中,充分分散即得 O/W/O 型乳剂。

二、乳剂制备设备

1.搅拌乳化装置

小量制备可用乳钵,大量制备可用搅拌机,分为低速搅拌乳化装置和高速搅拌乳化装置。组织捣碎机属于高速搅拌乳化装置。

2.乳匀机

借助强大推动力将两相液体通过乳匀机的细孔而形成乳剂,制备时可先用其他方法初步乳化,再用乳匀机乳化,效果较好。

3.胶体磨

利用高速旋转的转子和定子之间的缝隙产生强大剪切力使液体乳化,对要求不高的乳剂可用本法制备。

4.超声波乳化装置

利用 10~50 kHz 高频振动来制备乳剂,可制备 O/W 和 W/O 型乳剂,但黏度大的乳剂不宜用本法制备。

三、乳剂中药物的加入方法

乳剂是药物很好的载体,可加入各种药物使其具有治疗作用。若药物溶解于油相,可先将药物溶于油相再制成乳剂;若药物溶于水相,可先将药物溶于水后再制成乳剂;若药物不溶于油相也不溶于水相时,可用亲和性大的液相研磨药物,再将其制成乳剂;也可将药物先用已制成的少量乳剂研磨至细再与乳剂混合均匀。

制备符合质量要求的乳剂,要根据制备量的多少、乳剂的类型及给药途径等多方面加以考虑。黏度大的乳剂应提高乳化温度。足够的乳化时间也是保证乳剂质量的重要条件。

四、乳剂质量评定

乳剂给药途径不同,其质量要求也各不相同,很难制订统一的质量标准。一般采用考察乳剂物理稳定性的方法对乳剂质量进行一定的评价,包括乳剂粒径大小的测定、分层现象的观察、乳滴合并速度的测定、稳定常数的测定等。

1. 乳剂粒径大小测定

乳剂粒径大小是衡量乳剂质量的重要指标。不同用途的乳剂对粒径大小要求不同,如静脉注射乳剂,其粒径应在 $0.5~\mu m$ 以下。其他用途的乳剂粒径也都有不同要求。

(1)显微镜测定法:用光学显微镜测定,可测定粒径范围为 $0.2\sim100~\mu m$ 的粒子,常用平均粒径,测定粒子数不少于 600 个。

(2)库尔特计数器测定法:库尔特计数器可测定粒径范围为 $0.6\sim150~\mu m$ 的粒子和粒度分布。方法简便、速度快、可自动记录并绘制分布图。

(3)激光散射光谱法:样品制备容易,测定速度快,可测定 $0.01\sim2~\mu m$ 范围的粒子,最适于静脉乳剂的测定。

(4)透射电镜法:可测定粒子大小及分布,可观察粒子形态。测定粒子范围为 $0.01\sim20~\mu m$。

2. 分层现象观察

乳剂经长时间放置,粒径变大,进而产生分层现象。这一过程的快慢是衡量乳剂稳定性的重要指标。为了在短时间内观察乳剂的分层,用离心法加速其分层,用 4000 r/min 离心 15 分钟,如不分层可认为乳剂质量稳定。此法可用于比较各种乳剂间的分层情况,以估计其稳定性。将乳剂置 10 cm 离心管中以 3750 r/min 速度离心 5 小时,相当于放置 1 年的自然分层的效果。

3. 乳滴合并速度测定

乳滴合并速度符合一级动力学规律,其直线方程为:

$$logN = logN_0 - Kt/2.303$$

式中,N、N_0 分别为 t 和 t_0 的乳滴数;K 为合并速度常数;t 为时间。测定随时间 t 变化的乳滴数 N,求出合并速度常数 K,估计乳滴合并速度,用以评价乳剂稳定性大小。

4. 稳定常数测定

乳剂离心前后光密度变化百分率称为稳定常数,用 K_e 表示,其表达式如下:

$$K_e = (A_0 - A)/A \times 100\%$$

式中,A_0 为未离心乳剂稀释液的吸光度;A 为离心后乳剂稀释液的吸光度。测定方法:取乳剂适量于离心管中,以一定速度离心一定时间,从离心管底部取出少量乳剂,稀释一定倍数,以蒸馏水为对照,用比色法在可见光某波长下测定吸光度 A,同法测定原乳剂稀释液吸收度

A_0,代入公式计算 K_e。离心速度和波长的选择可通过试验加以确定。K_e 值愈小乳剂愈稳定。本法是研究乳剂稳定性的定量方法。

【技能操作】

一、任务描述

处 方

液体石蜡	12 mL
阿拉伯胶	4 g
蒸馏水	加至 30 mL

分别用干胶法和湿胶法制成合格的乳剂,并用相应的方法鉴定乳剂的类型。

二、操作步骤

要求在 45 分钟内完成下列任务。

1.课前准备

查到,检查工作服穿戴规范,清点相关设备,熟知任务报告单。

2.称量

按照称量的规范操作称量处方中的物料。

3.干胶法制备

将阿拉伯胶分次加入液体石蜡中研匀,加入少量纯水(8 mL 左右)研至发出劈啪声,即成初乳,再加纯水至 30 mL,研匀即得。

4.湿胶法制备

称取阿拉伯胶于研钵中,研磨并加入纯水 8 mL 左右至糊状,然后缓慢加入液体石蜡,不断搅拌至乳白色,再加纯水至 30 mL,研匀即可。

5.鉴别

用相应的方法鉴别出乳剂的类型。

6.清场

按要求清场。

三、操作注意事项

(1)制备初乳时,干法应选用干燥乳钵,量油的量器不得沾水,量水的量器也不得沾油。油相与胶粉(乳化剂)充分研匀后,按液体石蜡:胶:水为 3:1:2 的比例一次加水,迅速沿一同方向研磨,直至稠厚的乳白色初乳形成为止,其间不能改变研磨方向,也不宜间断研磨。

(2)湿法所用胶浆(胶:水为 1:2)应提前制出,备用。

(3)制备 O/W 型乳剂必须在初乳制成后,方可加水稀释。

(4)乳钵应选用内壁较为粗糙的瓷乳钵。

四、实施条件

液体石蜡乳制备实施条件

项目	基本实施条件
场地	50 m² 以上的药物制剂室
设备、工具	千分之一电子天平、万用电炉、药匙、称量纸、烧杯、玻棒、量筒、研钵、抹布、刷子等
物料	蒸馏水、阿拉伯胶、液体石蜡

五、评价标准

液体石蜡乳制备评价标准

评价内容		分值	考核点及评分细则
职业素养与操作规范 20分		5	工作服穿着规范,双手洁净,不染指甲,不留长指甲,不披发得5分
		5	工作态度认真,遵守纪律得5分
		5	实验完毕后将工具等清理复位得5分
		5	规范清场并清理干净得5分
技能 80分	液体石蜡乳配制	10	按处方量称取物料得10分
		10	干胶法是否正确加入液体石蜡和水得10分
		10	干胶法是否制得初乳得10分
		10	湿胶法是否正确加入水和液体石蜡得10分
		10	湿胶法是否制得初乳得10分
		10	用蒸馏水加至处方量得10分
		10	采用的方法能正确区分乳剂的类型得10分
		10	乳剂判断结果正确得5分
			在规定时间内完成任务得5分

六、任务报告单

液体石蜡乳制备任务报告单

任务名称		实训时间	
温度		湿度	
实训工具			
实训物料			
操作步骤			
结论			
操作者			

任务二　石灰搽剂制备操作

【知识目标】

(1)掌握乳剂的定义和分类。

(2)掌握乳剂的处方组成和制备方法。

(3)了解乳剂的稳定性及质量评价。

【技能目标】

(1)能用新生皂法制备合格的乳剂。

(2)能用一定的方法区别乳剂类型及进行相关的质量检查,在规定时间内完成任务。

【技能操作】

一、任务描述

处　方

氢氧化钙	10 g
花生油	50 mL
蒸馏水	适量

用新生皂法制备石灰搽剂,并用相应的方法鉴定类型。

二、操作步骤

要求在 45 分钟内完成下列任务。

1.课前准备

查到,检查工作服穿戴规范,清点相关设备,熟知任务报告单。

2.称量

按照称量的规范操作称量处方中的物料。

3.氢氧化钙溶液的配制

将氢氧化钙粉末加入 100 mL 水中后,用玻棒搅拌,充分溶解后,再过滤(氢氧化钙微溶于水),即得氢氧化钙溶液。

4.混合乳化

取氢氧化钙溶液 50 mL 与花生油 50 mL 混合,用力振摇,使成乳浊液,即得。

5.鉴别

用相应的方法(两种以上)鉴别出乳剂的类型。

6.清场

按要求清场。

三、操作注意事项

(1)配制饱和氢氧化钙溶液要充分溶解,用力搅拌。

(2)混合乳化时,要用力振摇,一是生成乳化剂,二是油相水相形成乳剂。

四、实施条件

石灰搽剂制备实施条件

项目	基本实施条件
场地	50 m² 以上的药物制剂室。
设备、工具	百分之一电子天平、药匙、称量纸、烧杯、玻棒、漏斗、研钵等
物料	蒸馏水、氢氧化钙、花生油

五、评价标准

石灰搽剂制备评价标准

评价内容		分值	考核点及评分细则
职业素养与操作规范 20分		5	工作服穿着规范,双手洁净,不染指甲,不留长指甲,不披发得 5 分
		5	工作态度认真,遵守纪律得 5 分
		5	实验完毕后将工具等清理复位得 5 分
		5	规范清场并清理干净得 5 分
技能 80分	液体石蜡乳配制	10	按处方量称取物料得 10 分
		30	氢氧化钙粉末加入水中后,用玻棒搅拌得 10 分
			充分溶解得 10 分
			过滤完全得 10 分
		10	氢氧化钙溶液 50 mL 与花生油 50 mL 混合,用力振摇得 10 分
		20	采用的方法(2 种)能正确区分乳剂的类型,每一种方法得 10 分
		10	乳剂判断结果正确得 5 分
			在规定时间内完成任务得 5 分

六、任务报告单

石灰搽剂制备任务报告单

任务名称		实训时间	
温度		湿度	
实训工具			
实训物料			
操作步骤			
结论			
操作者			

项目八　其他液体制剂制备技术

在临床工作中,常根据需要按不同给药途径对液体制剂进行分类。因给药途径不同对液体制剂有特殊要求。同一给药途径的液体制剂中又包括不同分散体系的制剂。

一、搽剂

搽剂指专供揉搽皮肤表面用的液体制剂,用乙醇和油作分散剂,有镇痛、收敛、保护、消炎、杀菌等作用。起镇痛、抗刺激作用的搽剂,多用乙醇作为分散剂,使用时用力揉搽,可增加药物的渗透性。起保护作用的搽剂多用油、液体石蜡为分散剂,搽用时有润滑作用,无刺激性。搽剂也可涂于敷料上贴于患处,但不用于破损皮肤。搽剂可为溶液型、混悬型、乳剂型液体制剂。乳剂型搽剂用肥皂为乳化剂,有润滑、促渗透作用。

二、涂剂

涂剂指含药物的水性或油性溶液、乳浊液、混悬液,供临用前用纱布或棉花蘸取涂于皮肤或口腔与喉部黏膜的液体制剂,多为消毒、消炎药物的甘油溶液,也可用其他物质作溶剂,如乙醇、植物油。甘油可使药物滞留于局部,并且有滋润作用,对喉头炎、扁桃体炎等均能起辅助治疗作用。涂剂在贮藏时,如为乳浊液有可能油相与水相分离,但经振摇易重新形成乳浊液;如为混悬液,放置后的沉淀物经振摇应易分散,并具足够稳定性,以确保给药剂量的准确。易变质的涂剂在临用前配制。除另有规定外,涂剂在启用后最多可使用4周。在标签上应注明"不可口服"。

三、洗剂

洗剂指专供涂抹、敷于皮肤的外用液体制剂。洗剂一般轻轻涂于皮肤或用纱布蘸取敷于皮肤上使用。洗剂的分散介质为水和乙醇。洗剂有消毒、消炎、止痒、收敛、保护等局部作用。洗剂可为溶液型、混悬型、乳剂型,其中混悬型较多。混悬型洗剂中的水分或乙醇在皮肤上蒸发,有冷却和收缩血管的作用,能减轻急性炎症。混悬型洗剂中常加入甘油和助悬剂,当分散介质蒸发后可形成保护膜,保护皮肤免受刺激,如复方硫黄洗剂等。

四、滴鼻剂

滴鼻剂指专供滴入鼻腔内使用的液体制剂。以水、丙二醇、液体石蜡、植物油为溶剂,多制成溶液剂,但也有制成混悬剂、乳剂使用的。滴鼻剂用水作溶剂容易与鼻腔内分泌液混合,易分布于鼻腔黏膜表面,但维持时间短。为促进吸收、防止黏膜水肿,应适当调节渗透压、pH 值和黏度。油溶液刺激性小,作用持久,但不与鼻腔黏液混合。正常人鼻腔液的 pH 值一般为 5.5～6.5,炎症病变时,则呈碱性,有时 pH 高达 9,易使细菌繁殖,影响鼻腔内分泌物的溶菌作用以及纤毛的正常运动,所以碱性滴鼻剂不宜经常使用。滴鼻剂 pH 值应为 5.5～7.5,应与鼻腔黏液等渗,不改变鼻腔黏液的正常黏度,不影响纤毛运动和分泌液离子组成,如盐酸麻黄碱滴鼻剂等。

五、滴耳剂

滴耳剂指供滴入耳腔内的外用液体制剂。以水、乙醇、甘油为溶剂，也可用丙二醇、聚乙二醇等。乙醇为溶剂虽然有渗透性和杀菌作用，但有刺激性；以甘油为溶剂作用缓和、药效持久，有吸湿性，但渗透性较差；以水为溶剂作用缓和，但渗透性差。所以滴耳剂常用混合溶剂。滴耳剂有消毒、止痒、收敛、消炎、润滑作用。慢性中耳炎患者，由于耳道中黏稠分泌物的存在，使药物很难达到中耳部。制剂中加入溶菌酶、透明质酸酶等，能稀释分泌物，促进药物分散，加速肉芽组织再生。外耳道有炎症时，pH 值在 7.1～7.8 之间，所以外耳道用滴耳剂最好为弱酸性。常用的滴耳剂有氯霉素滴耳液等。

六、含漱剂

含漱剂指用于咽喉、口腔清洗的液体制剂。用于口腔的清洗、去臭、防腐、收敛和消炎。一般用药物的水溶液，也可含少量甘油和乙醇。溶液中常加适量着色剂，以示外用漱口，不可咽下。有时发药量较大，可制成浓溶液发出，用时稀释，也可制成固体粉末用时溶解。含漱剂要求微碱性，有利于除去口腔的微酸性分泌物，溶解黏液蛋白。

七、滴牙剂

滴牙剂指用于局部牙孔的液体制剂。其特点是药物浓度大，往往不用溶剂或用少量溶剂稀释。因其刺激性、毒性很大，应用时不能直接接触黏膜。滴牙剂由医护人员直接用于患者的牙病治疗。

八、合剂

合剂指以水为溶剂含有一种以上药物成分的内服液体制剂。在临床上除滴剂外所有的内服液体制剂都属于合剂。合剂中的药物可以是化学药物，也可是中药材的提取物，合剂中的溶剂，主要是水，有时为了溶解药物可加少量的乙醇。含有酊剂、醑剂、流浸膏剂等的合剂，制备时应缓慢加入以防止析出沉淀。合剂中可加入矫味剂、着色剂、香精等。以水为溶剂的合剂需加入防腐剂，必要时也可加入稳定剂。合剂可以是溶液型、混悬型、乳剂型的液体制剂，如复方甘草合剂等。单剂量包装的合剂称为口服液，口服液目前应用得较多。口服液必须是澄明溶液或允许含有极少量的一摇即散的沉淀物。口服液主要是以水为溶剂，少数口服液中含有一定量的乙醇。

液体制剂的包装关系到产品的质量、运输和贮存。液体制剂体积大，稳定性较其他制剂差。液体制剂如果包装不当，在运输和贮存过程中会发生变质。因此包装容器的材料选择、容器的种类、形状以及封闭的严密性等都极为重要。

液体制剂的包装物料包括：容器（玻璃瓶、塑料瓶等）、瓶塞（软木塞、橡胶塞、塑料塞）、瓶盖（塑料盖、金属盖）、标签、说明书、纸盒、纸箱、木箱等。

液体制剂包装瓶上应贴有标签。医院液体制剂的投药瓶上应贴不同颜色的标签，习惯上内服液体制剂的标签为白底蓝字或黑字，外用液体制剂的标签为白底红字或黄字。液体制剂特别是以水为溶剂的液体制剂在贮存期间极易水解和染菌，使其变质。流通性的液体制剂应注意采取有效的防腐措施,并应密闭贮存于阴凉干燥处。医院液体制剂应尽量减小生产批量,缩短存放时间,有利于保证液体制剂的质量。

任务 复方硼砂溶液制备操作

【知识目标】

(1)掌握常见其他液体制剂的定义、特点。

(2)掌握含漱剂的处方组成和制备方法。

【技能目标】

能制备合格的含漱剂,并在规定时间内完成任务。

【技能操作】

一、任务描述

处方

硼砂	1.5 g
碳酸氢钠	1.5 g
液化苯酚	0.3 mL
甘油	3.5 mL
伊红	适量
蒸馏水	加至 100 mL

按照溶液剂的制备方法制备合格的含漱剂。

二、操作步骤

要求在 45 分钟内完成下列任务。

1.课前准备

查到,检查工作服穿戴规范,清点相关设备,熟知任务报告单。

2.配制溶液

加热纯化水 80 mL,溶解硼砂,冷却后加入碳酸氢钠溶解。

3.混匀

将液体苯酚加入甘油搅匀,再加入上述溶液中,随加随搅拌。

4.静置

静置片刻待不产生气泡。

5.定容及着色

自滤器上加水至 100 mL,加入伊红,搅匀,即得。

6.清场

按要求清场。

三、操作注意事项

(1)加热可加速硼砂溶解。

(2)硼砂遇甘油后,生成甘油硼酸和甘油硼酸钠,其中的甘油硼酸呈酸性,遇碳酸氢钠反应生成甘油硼酸钠、二氧化碳和水,需要静置反应完全。

(3)伊红为着色剂,量不要太多。

四、实施条件

复方硼砂溶液制备实施条件

项目	基本实施条件
场地	50 m² 以上的药物制剂室
设备、工具	千分之一电子天平、万用电炉、药匙、称量纸、烧杯、玻棒、量筒、漏斗、滤纸、研钵、抹布、刷子等
物料	蒸馏水、硼砂、碳酸氢钠、液化苯酚、甘油、伊红

五、评价标准

复方硼砂溶液制备评价标准

评价内容		分值	考核点及评分细则
职业素养与操作规范 20分		5	工作服穿着规范,双手洁净,不染指甲,不留长指甲,不披发得 5 分
		5	工作态度认真,遵守纪律得 5 分
		5	实验完毕后将工具等清理复位得 5 分
		5	规范清场并清理干净得 5 分
技能 80分	复方硼砂溶液配制	10	按处方量称取物料得 10 分
		10	正确溶解硼砂和碳酸氢钠得 10 分
		10	混合苯酚、甘油得 10 分
		10	按正确顺序混合溶液得 10 分
		10	待反应完全没有气泡产生再加水得 10 分
		10	蒸馏水加至处方量得 10 分
		10	加入伊红后搅拌得 10 分
		10	滤制得澄清溶液得 5 分
			在规定时间内完成任务得 5 分

六、任务报告单

复方硼砂溶液制备任务报告单

任务名称		实训时间	
温度		湿度	
实训工具			
实训物料			
操作步骤			
结论			
操作者			

模块四 无菌制剂技术

无菌制剂指法定药品标准中列有无菌检查项目的制剂,无菌制剂按生产工艺可分为两类:采用最终灭菌工艺的为最终灭菌产品;部分或全部工序采用无菌生产工艺的为非最终灭菌产品。主要包括以下几种。

(1)注射用制剂:注射剂、输液、注射粉针等。

(2)眼用制剂:滴眼剂、眼用膜剂、眼用软膏剂和凝胶剂等。

(3)植入型制剂:植入片等。

(4)创面用制剂:溃疡、烧伤及外伤用溶液、软膏剂和气雾剂等。

(5)手术用制剂:止血海绵剂和骨蜡等。

项目一 制药卫生技术

制药卫生是药品生产管理的一项重要内容,涉及药品生产的全过程,在药品生产的各个环节中,强化制药卫生的管理,落实各项制药卫生的措施,是确保药品质量的重要手段,也是实施GMP的具体要求。

制药卫生主要论述药物制剂微生物方面的要求及需达到要求所采取的措施与方法。药品不仅要有确切的疗效,还必须安全可靠、质量稳定。药品一旦受到微生物的污染,在某种适宜条件下微生物就会大量生长繁殖,从而导致药品变质、腐败、降低疗效或完全失效,甚至产生对人体有害的物质。因此,研究如何防止药品被微生物污染?如何抑制微生物在药品中的生长繁殖?如何除去或杀灭药品中的微生物?是确保药品质量的重要任务。

社会的发展与进步,使药品的卫生标准更加受重视,制药工业的现代化也对制药卫生提出了更高的要求,在药品生产过程中的每一个环节都应注意制药卫生的问题。不同的药物,不同的给药途径,不同的剂型,其相应的卫生标准也有差异。例如,直接注入机体,用于创口表面、外科手术、眼部或注射剂等药品,应该不含微生物,至少不得含有活的微生物;对口服给药的颗粒剂、糖浆剂、片剂、丸剂和皮肤给药的软膏剂、洗剂等药品,要求不得含有致病的微生物,而且对含微生物的数量也有一定的限度要求。因此,在药品生产过程中,必须根据药物和剂型的种类、卫生标准的具体要求,有目的地采取制药卫生措施,以保证药品质量。

微生物污染制剂的途径及预防措施有下列方面。

1. 原料

原料主要指植物类药材和动物类药材,这类药材不仅直接带有各种微生物和活螨,且有利于微生物和活螨的生长繁殖。所以我们应根据原料的不同性质,分别采取适当的方法进行洁净处理。

2. 辅料

水、蜂蜜、蔗糖、淀粉等常用辅料均存在一定数量的微生物。各种制药用水应符合现行版《中国药典》(2015年版)相应质量标准的规定。各种辅料使用前应严格按照规定标准进行选择或适当处理,以防止微生物被带入制剂。

3. 设备、容器具

药筛、粉碎机、混合机、制丸机、压片机及各种盛装药物的容器等均有可能带入微生物。设备和容器具使用后,应尽早清洗干净,消毒灭菌,保持洁净和干燥状态。

4. 环境空气

空气中含有许多微生物,尘埃越多,微生物也越多,故需净化空气,生产区周围应无露土地面和污染源,对不同制剂的生产厂房应根据GMP所规定的要求,达到相应的级别,含尘浓度和菌落数应控制在限度范围内。

5. 操作人员

人体的皮肤、毛发及穿戴的鞋、帽和衣服上都带有微生物,尤其手上更多。操作中难免与药物接触,可能造成污染。为防止污染,操作人员必须注意个人卫生,严格执行卫生管理制度,穿戴专用的工作衣物,并定时换洗。应按GMP的要求,定期对药品生产人员进行健康检查。

6. 包装材料

装药用的玻璃瓶、塑料瓶、塑料袋、包装纸等若不经消毒和灭菌处理,均有可能带入某些微生物。应采取适当的方法清洗、洁净,并做相应的灭菌处理,以杜绝微生物污染。

7. 药品储藏运输管理

药品在搬运和储藏时应注意防止由于包装材料破损而引起的微生物再次污染,为了药物制剂在储藏过程中不变质,应采取适当的防腐措施,并注意将药品储藏于阴凉、干燥处。

任务一　灭菌操作

【知识目标】

(1)了解制药卫生的意义及制剂污染的途径。
(2)掌握无菌、灭菌、防腐及消毒等的定义。
(3)掌握物理灭菌法、化学灭菌法和无菌操作法的原理、分类及应用。
(4)了解灭菌效果验证参数。

【技能目标】

(1)能对不同的物料、设备等采用合适的灭菌方法灭菌。
(2)能使用常用的灭菌设备。

【基本知识】

为了保证用药安全,必须对药物制剂,特别是对无菌、灭菌制剂(如注射用、眼用制剂)、敷料和缝合线等进行灭菌,灭菌操作是无菌制剂生产过程中最主要的单元操作之一。

一、基本概念

1.无菌和无菌操作法

(1)无菌指在任一指定物体、介质或环境中,不得存在任何活的微生物。

(2)无菌操作法指在整个操作过程中使产品避免被微生物污染的操作方法或控制技术。

2.灭菌和灭菌法

(1)灭菌指使用物理或化学等方法杀灭或除去所有致病和非致病微生物的繁殖体和芽孢。

(2)灭菌法指杀灭或除去所有致病和非致病微生物繁殖体和芽孢的方法或技术。

3.消毒和防腐

(1)消毒指用物理或化学等方法杀灭或除去病原微生物。对病原微生物具有杀灭或除去作用的物质称消毒剂。

(2)防腐指用物理或化学等方法抑制微生物的生长与繁殖,亦称抑菌。对微生物的生长与繁殖具有抑制作用的物质称抑菌剂或防腐剂。

二、灭菌方法

采用灭菌与无菌技术的主要目的:杀灭或除去所有微生物繁殖体和芽孢,最大限度地提高药物制剂的安全性,保护制剂的稳定性,保证制剂的临床疗效。因此,研究、选择有效的灭菌方法,对保证产品质量具有重要意义。

灭菌法可分为三大类:物理灭菌法、化学灭菌法、无菌操作法。

(一)物理灭菌法

利用蛋白质与核酸具有遇热、射线不稳定的特性,采用加热、射线和过滤方法,杀灭或除去微生物的技术称为物理灭菌法,亦称物理灭菌技术。该技术包括干热灭菌、湿热灭菌、过滤灭菌法和射线灭菌。

1.干热灭菌法

干热灭菌法指在干燥环境中进行灭菌的技术,其中包括火焰灭菌法和干热空气灭菌法。

(1)火焰灭菌法:用火焰直接灼烧灭菌的方法。该法灭菌迅速、可靠、简便,适用于耐火焰材质(如金属、玻璃及瓷器等)的物品与用具的灭菌,不适合药品的灭菌。

(2)干热空气灭菌法:用高温干热空气灭菌的方法。该法适用于耐高温的玻璃和金属制品以及不允许湿气穿透的油脂类(如油性软膏基质、注射用油等)和耐高温的粉末化学药品的灭菌,不适于橡胶、塑料及大部分药品的灭菌。

在干燥状态下,由于热穿透力较差,微生物的耐热性较强,必须长时间受高热作用才能达到灭菌的目的。因此,干热空气灭菌法采用的温度一般比湿热灭菌法高。为了确保灭菌效果,一般规定:135～145 ℃灭菌 3～5 小时;160～170 ℃灭菌 2～4 小时;180～200 ℃灭菌 0.5～1 小时。

2.湿热灭菌法

湿热灭菌法指用饱和蒸汽、沸水或流通蒸汽进行灭菌的方法。由于蒸汽潜热大,穿透力强,容易使蛋白质变性或凝固,因此该法的灭菌效率比干热灭菌法高,是药物制剂生产过程中最常用的方法。湿热灭菌法可分为热压灭菌法、流通蒸汽灭菌法、煮沸灭菌法和低温间歇灭菌法。

(1)热压灭菌法:用高压饱和水蒸气加热杀灭微生物的方法。该法具有很强的灭菌效果,灭菌可靠,能杀灭所有细菌繁殖体和芽孢,适用于耐高温和耐高压蒸汽的所有药物制剂、玻璃容器、金属容器、瓷器、橡胶塞、滤膜过滤器等。

在一般情况下,热压灭菌法所需的温度(蒸汽表压)与时间的关系:115 ℃(67 kPa)、30 分钟;121 ℃(97 kPa)、20 分钟;126 ℃(139 kPa)、15 分钟。在特殊情况下,可通过实验确定合适的灭菌温度和时间。

影响湿热灭菌的主要因素有以下几种。

1)微生物的种类与数量:微生物的种类不同,耐热、耐压性能存在很大差异,不同发育阶段对热、压的抵抗力不同,其耐热、耐压的次序为芽孢>繁殖体>衰老体。微生物数量愈少,所需灭菌时间愈短。

2)蒸汽性质:蒸汽有饱和蒸汽、湿饱和蒸汽和过热蒸汽。饱和蒸汽热含量较高,热穿透力较大,灭菌效率高;湿饱和蒸汽因含有水分,热含量较低,热穿透力较差,灭菌效率较低;过热蒸汽温度高于饱和蒸汽,但穿透力差,灭菌效率低,且易引起药品的不稳定性。因此,热压灭菌应采用饱和蒸汽。

3)药品性质和灭菌时间:一般而言,灭菌温度愈高,灭菌时间愈长,药品被破坏的可能性愈大。因此,在设计灭菌温度和灭菌时间时必须考虑药品的稳定性,即在达到有效灭菌的前提下,尽可能降低灭菌温度和缩短灭菌时间。

4)其他:介质 pH 对微生物的生长和活力具有较大影响。一般情况下,在中性环境中微生物的耐热性最强,碱性环境次之,酸性环境则不利于微生物的生长和发育。介质中的营养成分愈丰富(如含糖类、蛋白质等),微生物的抗热性愈强,应适当提高灭菌温度和延长灭菌时间。

卧式热压灭菌柜是一种常用的大型灭菌设备,见图 4-1,该设备全部采用合金制成,具有耐高压性能,带有夹套的灭菌柜内备有带轨道的格车。压力表和温度表置于灭菌柜顶部,两压力表分别指示夹套内和柜内蒸汽压力,两表中间为温度表。灭菌柜顶部安有排气阀,以便开始通入加热蒸汽时排尽不凝性气体。

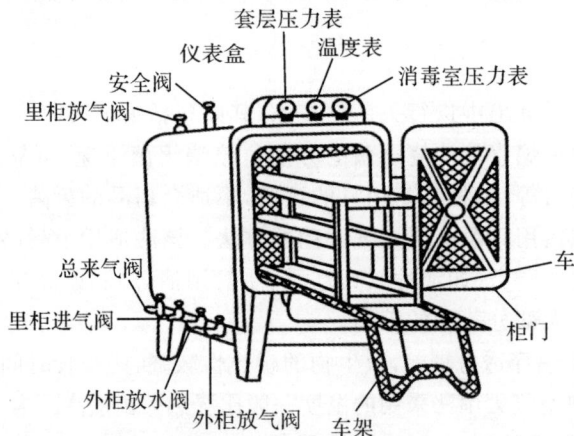

图 4-1 卧式热压灭菌柜

灭菌操作:先打开夹套中蒸汽加热 10 分钟,当夹套压力上升至所需压力时,将待灭菌物品置于金属编制篮中,排列于格车架上,推入柜室,关闭柜门,并将门闸旋紧。待夹套加热完成后,将加热蒸汽通入柜内,当温度上升至规定温度(如 121 ℃)时,计时(此时即为灭菌开始时间),柜内压力表应固定在规定压力(如 97 kPa 左右)。灭菌完成后,先关闭蒸汽阀,排气至压力表降至"0"点,开启柜门,灭菌物品冷却后取出。

使用热压灭菌柜时,为保证灭菌效率,应注意的事项:①必须使用饱和蒸汽;②必须排尽灭菌柜内空气:若有空气存在,压力表的指示压力并非纯蒸汽压,而是蒸汽和空气二者的总压,灭菌温度难以达到规定值。实验证明,加热蒸汽中含有1%的空气时,传热系数降低60%。因此,在灭菌柜上往往附有真空装置,以便在通入蒸汽前将柜内空气尽可能抽尽;③灭菌时间应以全部药液温度达到所要求的温度时开始计时:由于灭菌柜的表头温度为灭菌柜内温度,而非灭菌物内部温度,最好设计直接测定被灭菌物内温度的装置或使用温度指示剂;④灭菌完毕后必须先停止加热,逐渐减压至压力表指针为"0"后,放出柜内蒸汽,使柜内压力与大气压相等,稍稍打开灭菌柜,10~15分钟后全部打开,以免柜内外压力差和温度差太大,造成被灭菌物冲出或玻璃瓶炸裂而伤害操作人员的事件,须确保安全生产。

(2)流通蒸汽灭菌法:在常压下,采用100℃流通蒸汽加热杀灭微生物的方法。灭菌时间通常为30~60分钟。该法适用于消毒及不耐高热制剂的灭菌。但不能保证杀灭所有的芽孢,是非可靠的灭菌法。

(3)煮沸灭菌法:将待灭菌物置沸水中加热灭菌的方法。煮沸时间通常为30~60分钟。该法灭菌效果较差,常用于注射器、注射针等器皿的消毒。必要时可加入适量的抑菌剂,如三氯叔丁醇、甲酚、氯甲酚等,以提高灭菌效果。

(4)低温间歇灭菌法:将待灭菌物置60~80℃的水或流通蒸汽中加热60分钟,杀灭微生物繁殖体后,在室温条件下放置24小时,让待灭菌物中的芽孢发育成繁殖体,再次加热灭菌、放置,反复多次,直至杀灭所有芽孢。该法适合于不耐高温、热敏感物料和制剂的灭菌。其缺点是费时、工效低、灭菌效果差,加入适量抑菌剂可提高灭菌效率。

3. 过滤灭菌法

过滤灭菌法是采用过滤法除去微生物的方法。该法属于机械除菌方法,该机械为除菌过滤器。

该法适合于对热不稳定的药物溶液、气体、水等物品的灭菌。灭菌用过滤器应有较高的过滤效率,能有效地除尽物料中的微生物,滤材与滤液中的成分不发生相互交换,滤器易清洗,操作方便等。

为了有效地除尽微生物,滤器孔径必须小于芽孢体积($>0.5\ \mu m$)。常用的除菌过滤器有$0.22\ \mu m$或$0.3\ \mu m$的微孔滤膜滤器和G6(号)垂熔玻璃滤器。过滤灭菌应在无菌条件下进行操作,为了保证产品的无菌,必须对过滤过程进行无菌检测。

4. 射线灭菌法

射线灭菌法指采用辐射、微波和紫外线杀灭微生物和芽孢的方法。

(1)辐射灭菌法:采用放射性同位素(^{60}Co和^{137}Cs)放射的γ射线杀灭微生物和芽孢的方法,辐射灭菌剂量一般为2.5×10^4 Gy(戈瑞)。该法已被《英国药典》和《日本药局方》收载。

本法适合于热敏物料和制剂的灭菌,常用于维生素、抗生素、激素、生物制品、中药材和中药制剂、医疗器械、药用包装材料及药用高分子材料等物质的灭菌。其特点是不升高产品温度,穿透力强,灭菌效率高;但设备费用较高,对操作人员存在潜在的危险性,可使某些药物(特别是溶液型)药效降低或产生毒性物质和发热物质等。

(2)微波灭菌法:采用微波(频率为300 MHz~300 kMHz)照射产生的热能杀灭微生物和芽孢的方法。

该法适合液态和固体物料的灭菌,且对固体物料具有干燥作用。其特点是微波能穿透到介质和物料的深部,可使介质和物料表里一致地加热;且具有低温、常压、高效、快速(一般为2~3分钟)、低能耗、无污染、易操作、易维护、产品保质期长(可延长 1/3 以上)等特点。

微波灭菌机是利用微波的热效应和非热效应(生物效应)相结合实现灭菌目的的设备,热效应使微生物体内蛋白质变性而失活,非热效应干扰了微生物正常的新陈代谢,破坏微生物生长条件。微波的生物效应使得该技术在低温(70~80 ℃)时即可杀灭微生物,而不影响药物的稳定性,对热压灭菌不稳定的药物制剂(如维生素 C、阿司匹林等),采用微波灭菌则较稳定,降解产物减少。

(3)紫外线灭菌法:用紫外线(能量)照射杀灭微生物和芽孢的方法。用于紫外灭菌的波长一般为 200~300 nm,灭菌力最强的波长为 254 nm。该方法属于表面灭菌。

紫外线不仅能使核酸蛋白变性,而且能使空气中氧气产生微量臭氧,而达到共同杀菌作用。该法适合于照射物表面灭菌、无菌室空气及蒸馏水的灭菌;不适合药液的灭菌及固体物料深部的灭菌。由于紫外线是以直线传播,可被不同的表面反射或吸收,穿透力微弱,普通玻璃即可吸收紫外线,因此,装于容器中的药物不能用紫外线灭菌。紫外线对人体有害,照射过久易发生结膜炎、红斑及皮肤烧灼等伤害,故一般在操作前开启 1~2 小时,操作时关闭;必须在操作过程中照射时,对操作者的皮肤和眼睛应采用适当的防护措施。

(二)化学灭菌法

化学灭菌法指用化学药品直接作用于微生物而将其杀灭的方法。

对微生物具有触杀作用的化学药品称杀菌剂,可分为气体灭菌剂和液体灭菌剂。杀菌剂仅对微生物繁殖体有效,不能杀灭芽孢。化学杀菌剂的杀灭效果主要取决于微生物的种类与数量、物体表面光洁度或多孔性以及杀菌剂的性质等。化学灭菌的目的在于减少微生物的数目,以控制一定的无菌状态。

1.气体灭菌法

气体灭菌法指采用气态杀菌剂(如环氧乙烷、甲醛、丙二醇、甘油和过氧乙酸蒸汽等)进行灭菌的方法。该法特别适合环境消毒以及不耐加热灭菌的医用器具、设备和设施等的消毒,亦用于粉末注射剂,不适合对产品质量有损害的场合。同时应注意残留的杀菌剂与药物可能发生的相互作用。

2.药液灭菌法

药液灭菌法指采用杀菌剂溶液进行灭菌的方法。该法常应用于其他灭菌法的辅助措施,适合于皮肤、无菌器具和设备的消毒。常用消毒液有 75% 乙醇、1% 聚维酮碘溶液、0.1%~0.2% 苯扎溴铵(新洁尔灭)溶液、酚或煤酚皂溶液等。

(三)无菌操作法

无菌操作法指整个过程控制在无菌条件下进行的一种操作方法。该法适合一些不耐热药物的注射剂、眼用制剂、皮试液、海绵剂和创伤制剂的制备。按无菌操作法制备的产品,一般不再灭菌,但某些特殊(耐热)品种亦可进行再灭菌(如青霉素 G 等)。最终采用灭菌的产品,其生产过程一般采用无菌操作(尽量避免微生物污染),如大部分注射剂的制备等。

1. 无菌操作室灭菌

常采用紫外线、液体和气体灭菌法对无菌操作室环境进行灭菌。

(1)甲醛溶液加热熏蒸法:该方法的灭菌较彻底,是常用的无菌操作室灭菌的方法之一。

气体发生装置(图 4-2)是采用蒸汽加热夹层锅,使液态甲醛气化成甲醛蒸汽,经蒸汽出口送入总进风道,由鼓风机吹入无菌室,连续 3 小时后,关闭密熏 12～24 小时,并应保持室内湿度>60％,温度>25 ℃,以免低温导致甲醛蒸汽聚合而附着于冷表面,从而降低空气中甲醛浓度,影响灭菌效率。密熏完毕后,将 25％的氨水经加热,按一定流量送入无菌室内,以清除甲醛蒸汽,然后开启排风设备,并通入无菌空气直至室内排尽甲醛。

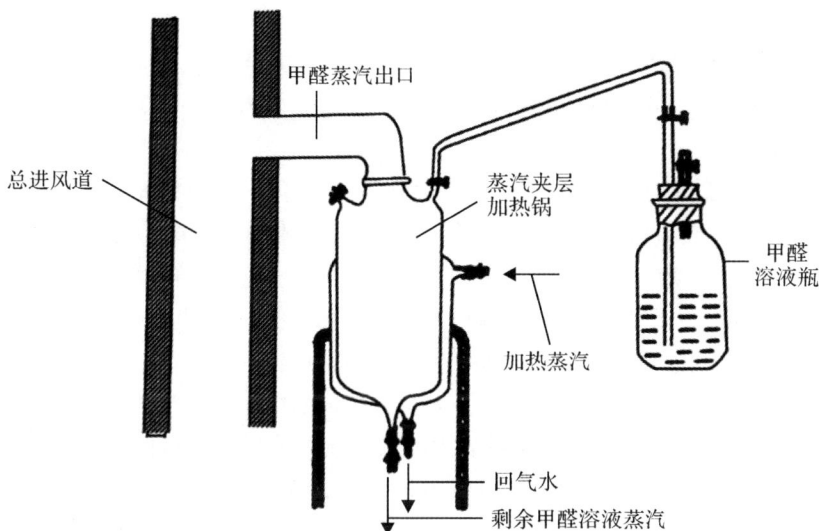

图 4-2 甲醛气体发生装置

(2)紫外线灭菌:无菌室灭菌的常规方法,该方法应用于间歇和连续操作过程中。一般在每天工作前开启紫外灯 1 小时左右,操作间歇中亦应开启 0.5～1 小时,必要时可在操作过程中开启(应注意操作人员眼、皮肤等的保护)。

(3)液体灭菌:无菌室较常用的辅助灭菌方法,主要采用 3％酚溶液、2％煤皂酚溶液、0.2％苯扎溴铵或 75％乙醇喷洒或擦拭,用于无菌室的空间、墙壁、地面、用具等的灭菌。

2.无菌操作

无菌操作室、层流洁净工作台和无菌操作柜是无菌操作的主要场所,无菌操作所用的一切物品、器具及环境,均需按前述灭菌法灭菌,如安瓿应 150～180 ℃、2～3 小时干热灭菌,橡皮塞应 121 ℃、1 小时热压灭菌等。操作人员进入无菌操作室前应洗澡,并更换已灭菌的工作服和清洁的鞋子,不得外露头发和衣服,以免污染。

小量无菌制剂的制备,普遍采用层流洁净工作台进行无菌操作,该设备具有良好的无菌环境,使用方便,效果可靠。无菌操作柜目前常用于试制阶段。

(四)灭菌效果验证参数(F 值和 F_0 值)

研究发现在一般灭菌条件下,产品中还有存在极微量微生物的可能性,而现行的无菌检验方法往往难以检出被检品中的极微量微生物。为了保证产品的无菌,有必要对灭菌方法的可靠性进行验证,F 与 F_0 值即可作为验证灭菌可靠性的参数。

1.D 值

D 值为微生物耐热性参数,指在一定温度下,杀灭 90％微生物(或残存率为 10％)所需的灭菌时间,单位为分钟。D 值是一定灭菌温度条件下的杀菌速率,D 值越大表示该微生物的耐热性越强。因微生物种类、环境、灭菌工艺、灭菌温度不同,D 值各不相同。

2. Z 值

Z 值为灭菌温度系数,指将灭菌时间减少到原来的 1/10 时需要升高的温度或在相同灭菌时间内,杀灭 99% 的微生物所需提高的温度。Z 值反应 D 值对温度的变化速率。不同的微生物,在不同的介质中 Z 值不同,同种微生物在不同介质中的 Z 值也各不相同。

3. F_T 值

F_T 值指在一定灭菌温度(T)下给定的 Z 值所产生的灭菌效果与在参比温度(T)下给定的 Z 值所产生的灭菌效果相同时所相当的时间。即灭菌程序所赋予待灭菌品在温度 T 下的灭菌时间,以分钟表示。

由于 D 值是随温度的变化而变化,所以要在不同温度下达到相同的灭菌效果,F_T 值将随 D 值的变化而变化。灭菌温度高时,F_T 值就小,灭菌温度低时,所需 F_T 值就大。

4. F_0 值

F_0 值为灭菌过程赋予待灭菌品在 121 ℃下的等效灭菌时间,即 $T=121$ ℃、$Z=10$ ℃时的 F 值。121 ℃为标准状态,F_0 值即标准灭菌时间,以分钟表示。也就是说 F_0 是将各种灭菌温度对微生物的致死效力转换为灭菌物品完全暴露于 121 ℃时的致死效力。F_0 值目前仅限于验证热压灭菌的效果。F_0 值将温度与时间对灭菌的效果统一在 F 值中,而且更为精确,故 F 值可作为灭菌过程的比较参数。一般规定 F_0 值不低于 8 分钟,实际操作应控制 F_0 值为 12 分钟。对热极为敏感的产品可允许 F_0 值低于 8 分钟。但要采取特别的措施确保灭菌效果。

影响 F_0 值的因素:①容器的大小、形状、热穿透系数等;②灭菌产品溶液性质、容器充填量等;③容器在灭菌器内的数量与排布等。该项因素在生产过程中影响最大,故必须注意灭菌容器内各层、四角、中间位置热分布是否均匀,灭菌时应将灵敏度、精密度均为 0.1 ℃的热电偶的探针置于被测物内部,通过柜外的温度记录仪记录,有些灭菌的记录仪附有 F_0 值显示器。

【技能操作】

一、任务描述

(1)利用干热灭菌法使用烘箱对金属小器具进行灭菌。

(2)利用湿法灭菌法使用立式全自动热压灭菌器对葡萄糖注射液进行灭菌。

二、操作步骤

要求在 60 分钟内完成下列任务。

1. 课前准备

查到,检查工作服穿戴规范,清点相关设备,熟知任务报告单。

2. 烘箱使用

(1)样品放置:把需干燥处理的物品放入烘箱内,上下四周应留存一定空间,保持工作室内气流畅通,关闭箱门。

(2)风门调节:根据干燥物品的潮湿情况,把风门调节旋钮旋到合适位置,一般旋至"Z"处;若比较潮湿,将调节旋钮调节至"三"处(注意:风门的调节范围约 60°角)。

(3)开机:打开电源及风机开关。此时电源指示灯亮,电机运转。控温仪显示经过"自检"

过程后,PV 屏应显示工作室内测量温度。SV 屏应显示使用中需干燥的设定温度,此时干燥箱即进入工作状态。

(4)设定所需温度:按一下 SET 键,此时 PV 屏显示"5P",用↑或↓改变原"SV"显示的温度值,直至达到需要值为止。设置完毕后,按一下 SET 键,PV 显示"5T"(进入定时功能)。若不使用定时功能则再按一下 SET 键,使 PV 屏显示测量温度,SV 屏显示设定温度即可(注意:不使用定时功能时,必须使 PV 屏显示的"ST"为零,即 ST=0)。

(5)定时的设定:若使用定时,则当 PV 屏显示"5T"时,SV 屏显示"0";用加键设定所需时间(分);设置完毕,按一下 SET 键,使干燥箱进入工作状态即可(注意:定时的计时功能是从设定完毕,进入工作状态开始计算,故设定的时间一定要把干燥箱加热、恒温、干燥三阶段所需时间合并计算)。

(6)控温检查:第一次开机或使用一段时间或当季节(环境湿度)变化时,必须复核下工作室内测量温度和实际温度之间的误差,即控温精度。

(7)关机:干燥结束后,如需更换干燥物品,则在开箱门更换前先将风机开关关掉,以防干燥物被吹掉;更换完干燥物品后(注意:取出干燥物时,千万注意小心烫伤),关好箱门,再打开风机开关,使烘箱再次进入干燥过程;如不立刻取出物品,应先将风门调节旋钮旋转至"Z"处,再把电源开关关掉,以保持箱内干燥;如不再继续干燥物品,则将风门处于"三"处,把电源开关关掉,待箱内冷却至室温后,取出箱内干燥物品,将工作室擦干。

3.立式全自动热压灭菌器的使用

(1)加水:把灭菌桶从灭菌器中取出后,在灭菌器主体内加入纯化水,所加水位必须至灭菌桶脚处筛板。连续使用时,必须在每次灭菌后,补足水量,以免干热而发生重大事故。

(2)堆放:将待消毒的物品,予以妥善包扎,顺序地、相互之间留有间隙地放置在消毒框内。

(3)密封:将消毒框放入主体内,将盖稍提拉向上,旋至对正盖与主体。顺时针旋动密合盖与主体的关闭旋钮,使盖与主体密合。并将顶端和主体右侧面的放气阀关闭。

(4)设置。

1)接通电源,打开开关按钮。

2)设定灭菌温度:按一下"设置"按钮,上次设置温度呈闪动状态,若需要调动,则按参数调节按钮,调至所需温度即可,然后再调整灭菌时间。

3)设定灭菌时间:再按一下"设置"按钮,时间呈闪动状态,若需要调动,则按参数调节按钮,调至所需时间即可,再按两下"设置"按钮,显屏稳定即可。

4)按"工作"按钮,工作指示灯亮,开始加热。

(5)灭菌:本灭菌器为全自动灭菌器,灭菌参数设置好后,可自行按设置的参数进行灭菌。灭菌结束时,必须先将电源切断,停止加热并打开放气阀再待数分钟后排尽蒸汽,直至压力表指针恢复至零位,才能将容器开启。

三、操作注意事项

(1)烘箱内不得放入易腐、易燃、易爆物品灭菌。

(2)每次使用前,检查立式全自动热压灭菌器内及右侧面放气口水量是否足够。

(3)每次灭菌前,必须将顶端和右侧面放气阀关闭。

(4)对溶液进行灭菌时,应灌注于硬质耐热玻璃瓶中,以不超过 3/4 瓶为妥。瓶口用棉花纱布塞好并用纱绳扎于瓶颈上,以防落入瓶内。切勿使用未打孔的橡胶或软木瓶塞,最好将玻璃瓶放置于容积稍大的搪瓷或金属盘内。以防万一玻璃瓶爆裂时,溶液不致流失和损及本器内壁。特别注意:在灭菌液体结束时不准立即释放蒸汽,必须待压力表指针回复到零位后方可排放余气。

四、实施条件

灭菌操作实施条件

项目	基本实施条件
场地	30 m² 以上的灭菌间
设备、工具	热风循环烘箱 1 台、立式全自动灭菌器 1 台
物料	纯化水、扳手、药筛、螺丝刀、市售葡萄糖注射液

五、评价标准

灭菌操作评价标准

评价内容		分值	考核点及评分细则
职业素养与操作规范 20 分		5	工作服穿着规范,双手洁净,不染指甲,不留长指甲,不披发得 5 分
		5	工作态度认真,遵守纪律得 5 分
		5	实验完毕后将工具等清理复位得 5 分
		5	规范清场并清理干净得 5 分
技能 80 分	烘箱使用	15	样品放置,上下四周应留存一定空间得 5 分
			风门调节,把风门调节旋钮旋到合适位置得 5 分
			开机,电源指示灯亮,电机运转得 5 分
		15	设定所需温度,设定温度和测定温度的判断得 5 分
			定时的设定得 5 分
			控温检查,复核控温的精度得 5 分
		10	关机,更换物品时先关风机,更换完物品关门后再开风机得 5 分
			不再继续干燥灭菌,待箱内温度冷却,才能取出物品得 5 分
	热压灭菌器使用	15	加水,水位必须至灭菌桶脚处筛板得 5 分
			堆放,妥善包扎,顺序地、相互之间留有间隙地放置物品得 5 分
			密封,顺时针旋动密合盖与主体的关闭旋钮,顶端和主体右侧面的放气阀关闭得 5 分
		15	设定灭菌温度得 5 分
			设定灭菌时间得 5 分
			按"工作"按钮,工作指示灯亮得 5 分
		10	灭菌结束时,先将电源切断,要等压力表指针归零才能开启容器得 10 分

六、任务报告单

灭菌操作任务报告单

任务名称		实训时间	
温度		湿度	
实训工具			
实训物料			
操作步骤	1. 烘箱干法灭菌 2. 立式全自动灭菌器湿法灭菌		
结论			
操作者			

任务二　超净工作台操作

【知识目标】

(1)了解空气净化技术的定义、方法。
(2)掌握洁净室的净化标准。

【技能目标】

能正确规范使用超净工作台进行无菌操作。

【基本知识】

空气净化指以创造洁净空气为目的的空气调节措施。根据不同行业的要求和洁净标准，可分为工业净化和生物净化。

空气净化技术指为达到某种净化要求所采用的净化方法。

工业净化指除去空气中悬浮的尘埃粒子，以创造洁净的空气环境，如电子工业等。在某些特殊环境中，可能还有除臭、增加空气负离子等要求。

生物净化不仅是除去空气中悬浮的尘埃粒子，而且要求除去微生物等以创造洁净的空气环境。如制药工业、生物学实验室、医院手术室等均需要生物洁净。

空气净化技术是一项综合性技术，该技术不仅着重采用合理的空气净化方法，而且必须对建筑、设备、工艺等采用相应的措施和严格的维护管理。本任务重点学习空气净化技术。

一、洁净室空气净化标准

1.含尘浓度
含尘浓度即单位体积空气中所含粉尘的个数(计数浓度)或毫克量(重量浓度)。

2.净化方法
常见的净化方法可分为三大类。

(1)一般净化：以温度、湿度为主要指标的空气调节，可采用初效过滤器。

(2)中等净化：除对温度、湿度有要求外，对含尘量和尘埃粒子也有一定指标(如允许含尘量为 $0.15\sim0.25$ mg/m³，尘埃粒子不得 $\geqslant1.0$ μm)。可采用初效、中效二级过滤。

(3)超净净化：除对温、湿度有要求外，对含尘量和尘埃粒子有严格要求，含尘量采用计数浓度。该类空气净化必须经过初效、中效、高效过滤器才能满足要求。

3.洁净室等级标准
洁净室的空气净化技术一般采用空气过滤法，当含尘空气通过多孔过滤介质时，粉尘被微孔截留(表面过滤)或孔壁吸附(深层过滤)，达到与空气分离的目的，使洁净室达到一定的洁净度，可满足不同制剂制备的需要。不同洁净室的等级标准、要求见表 4-1，除有特殊要求外，我国洁净室要求：室温为 18～26 ℃，相对湿度为 40%～60%。

药厂的生产车间，根据洁净度的不同，可分为控制区和洁净区。在实际生产中，无菌药品的生产操作各个工序在规定的相应级别的洁净区内进行。

表 4 - 1 洁净室(区)等级标准

洁净室级别	悬浮粒子最大允许数/m³			
	静态		动态	
	≥0.5μm	≥5μm	≥0.5μm	≥5μm
A 级	3520	20	3520	20
B 级	3520	29	352 000	2900
C 级	352 000	2900	3 520 000	29 000
D 级	3 520 000	29 000	不做规定	不做规定

二、超净工作台

局部净化是彻底消除人为污染,降低生产成本的有效方法,特别适合于洁净度需 A 级要求的区域。一般采用洁净操作台、超净工作台、生物安全柜和无菌小室等,安装在 B 级洁净区内。局部净化对输液和注射剂的灌封、滴眼剂和粉针剂的分装等局部工序具有较好的实用价值。

超净工作台是最常用的局部净化装置(图 4 - 3),其工作原理是使洁净空气(经高效过滤器后)在操作台形成低速层流气流,直接覆盖整个操作台面,以获得局部 A 级的洁净环境。送风方式有水平层流和垂直层流。其特点是设备费用少,可移动,对操作人员的要求相对较少。

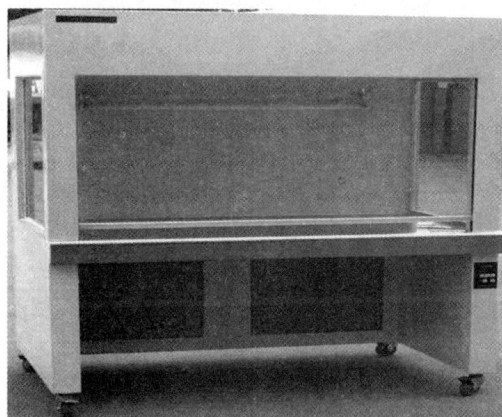

图 4 - 3 超净工作台

【技能操作】

一、任务描述

按照标准操作规程使用和维护超净工作台,对已灭菌的物料进行分装。

二、操作步骤

要求在 90 分钟内完成下列任务。

1. 使用前的检查

(1)肥皂刷洗双手及手臂,用流水冲净,并对手臂消毒后穿戴好灭菌工作服、工作帽和口罩,更换拖鞋,进入无菌操作区。

(2)接通超净工作台的电源。

(3)查看风机是否能够正常运转。

(4)检查照明及紫外设备能否正常运行。

(5)灭菌前应将台面收拾干净,净化工作区内严禁存放不必要的物品。

2.超净台的使用

(1)使用工作台时,先用经过清洁液浸泡的纱布擦拭台面,然后用消毒剂擦拭消毒。

(2)接通电源,提前50分钟打开紫外灯照射消毒,处理净化工作区内工作台表面积累的微生物,关闭紫外灯,开启送风机。

(3)药粉在无菌状态下分装于西林瓶中。

(4)操作结束后,清理工作台面,收集各废弃物,关闭风机及照明开关,用清洁剂及消毒剂擦拭消毒。

3.超净台的清洁

(1)每次使用完毕,立即清洁仪器,悬挂标识,并填写仪器使用记录。

(2)取样结束后,用毛刷刷去洁净工作区的杂物和浮尘。

(3)用细软布擦拭工作台表面污迹、污垢,目测无清洁剂残留,用清洁布擦干。

(4)要经常用纱布沾上酒精将紫外线杀菌灯表面擦干净,保持表面清洁。

(5)效果评价:设备内外表面应该光亮整洁,没有污迹。

三、操作注意事项

(1)注意超净台经紫外线照射时不能进行操作,避免皮肤和眼睛受伤。

(2)使用结束及时关闭电源。

四、实施条件

超净工作台操作实施条件

项目	基本实施条件
场地	30 m² 以上的无菌间
设备、工具	超净工作台1台
物料	药粉、西林瓶、胶塞

五、评价标准

超净工作台操作评价标准

评价内容	分值	考核点及评分细则
职业素养与操作规范 20分	5	工作服穿着规范,双手洁净,不染指甲,不留长指甲,不披发得5分
	5	工作态度认真,遵守纪律得5分
	5	实验完毕后将工具等清理复位得5分
	5	规范清场并清理干净得5分

续表

评价内容	分值	考核点及评分细则
技能 80分	20	个人卫生消毒更衣得 10 分
		检查台面是否收拾干净,无必要的物品得 5 分
		通电检查风机照明及紫外设备得 5 分
	50	先用清洁液浸泡的纱布擦拭台面得 10 分
		后用 75%的乙醇或 0.5%过氧乙酸擦拭消毒得 10 分
		开启紫外灯照射消毒 50 分钟得 10 分
		消毒完毕后,开启送风机得 10 分
		药粉分装得 10 分
	10	清理台面,收集废物料得 5 分
		关机,消毒灯管得 5 分

六、任务报告单

超净工作台操作任务报告单

任务名称		实训时间	
温度		湿度	
实训工具			
实训物料			
操作步骤			
结论			
操作者			

项目二 注射剂辅料应用技术

注射剂俗称针剂,指药物与适宜的溶剂或分散介质制成的供注入体内的无菌溶液、乳状液、混悬液,以及供临用前配制或稀释成溶液或混悬液的粉末或浓溶液的无菌制剂。注射剂由药物、溶剂、附加剂及特制的容器组成,是临床应用最广泛的剂型之一。注射给药是一种不可替代的临床给药途径,对抢救用药尤为重要。

一、特点

注射剂有以下特点。

1.药效迅速、作用可靠

注射剂无论以液体针剂还是粉针剂贮存,在临床应用时均以液体状态直接注射入人体组织、血管或器官内,所以吸收快,作用迅速。特别是静脉注射,药液可直接进入血液循环,更适用于抢救危重病症。并且因注射剂不经胃肠道,故不受消化系统及食物的影响,因此剂量准确,作用可靠。

2.可用于不宜口服给药的患者

在临床上常遇到昏迷、抽搐、惊厥等状态的患者,或消化系统障碍的患者均不能口服给药,采用注射剂是有效的给药途径。

3.可用于不宜口服的药物

某些药物由于本身的性质不易被胃肠道吸收,或具有刺激性,或易被消化液破坏,制成注射剂可解决此问题。如酶、蛋白等生物技术药物由于其在胃肠道不稳定,常制成粉针剂。

4.发挥局部定位作用

如牙科和麻醉科用的局麻药等。

5.注射给药不方便且注射时疼痛

由于注射剂是直接入血制剂,所以质量要求比其他剂型更严格,使用不当更易发生危险。应根据医嘱由技术熟练的人员注射,以保证安全。

6.制造过程复杂

注射剂的制备对技术、环境要求高,生产费用较大,价格较高。

二、分类

按照药物的分散方式不同,注射剂可分为四类。

(1)溶液型:包括水溶液和油溶液,如安乃近注射液、二巯丙醇注射液等。

(2)混悬型:水难溶性或要求延效给药的药物,可制成水或油的混悬液。如醋酸可的松注射液、鱼精蛋白胰岛素注射液、喜树碱静脉注射液等。

(3)乳剂型:水不溶性药物,根据需要可制成乳剂型注射液,如静脉营养脂肪乳注射液等。

(4)注射用无菌粉末:亦称粉针,是采用无菌操作法或冻干技术制成的注射用无菌粉末或块状制剂,如青霉素、阿奇霉素、蛋白酶类粉针剂等。

三、给药途径

1. 皮内注射

注射于表皮与真皮之间,一次剂量在 0.2 mL 以下,常用于过敏性试验或疾病诊断,如青霉素皮试液、白喉诊断毒素等。

2. 皮下注射

注射于真皮与肌肉之间的松软组织内,一般用量为 1～2 mL。皮下注射剂主要是水溶液,药物吸收速度稍慢。由于人体皮下感觉比肌肉敏感,故具有刺激性的药物混悬液,一般不宜做皮下注射。

3. 肌内注射

注射于肌肉组织中,一次剂量为 1～5 mL。注射油溶液、混悬液及乳浊液具有一定的延效作用,且乳浊液有一定的淋巴靶向性。

4. 静脉注射

注入静脉内,一次注射剂量为几毫升至几千毫升,且多为水溶液。油溶液和混悬液或乳浊液易引起毛细血管栓塞,一般不宜静脉注射,但平均直径 $<1\ \mu m$ 的乳浊液,可静脉注射。凡能导致红细胞溶解或使蛋白质沉淀的药液,均不宜静脉给药。

5. 脊椎腔注射

注入脊椎四周蛛网膜下腔内,一次剂量一般不得超过 10 mL。由于神经组织比较敏感,且脊椎液缓冲容量小、循环慢,故脊椎腔注射剂必须等渗,pH 值在 5.0～8.0 之间,注入时应缓慢。

6. 动脉内注射

注入靶区动脉末端,如诊断用动脉造影剂、肝动脉栓塞剂等。

7. 其他

其他给药途径包括心内注射、关节内注射、滑膜腔内注射、穴位注射以及鞘内注射等。

注射剂大多数为液体制剂,因此制备时,药物必须用适当的溶剂溶解、混悬或乳化,即使是注射用粉末,使用时也必须用溶剂溶解。制备注射剂用的溶剂可分三类:注射用水、注射用油和其他非水溶剂。溶剂的选用主要根据注射剂中药物的性质(如溶解度、稳定性等)及临床要求(如速效、控释、减轻刺激、安全等)确定。

为了保证注射剂的安全、有效与稳定,注射剂中除主药外,根据需要还可添加适宜的附加剂,如渗透压调节剂、pH 调节剂、增溶剂、助溶剂、抗氧剂、抑菌剂、乳化剂、助悬剂等。所用附加剂应不影响药物的疗效,避免对检验产生干扰,使用浓度不得引起毒性或过度的刺激。

任务　注射用水制备操作

【知识目标】

(1)掌握注射剂的概念、特点、分类和质量要求。

(2)掌握注射剂的溶剂及附加剂。

(3)熟悉各种制药用水的定义、质量要求、用途、制备方法。

【技能目标】

能使用多效蒸馏水机按照工艺制备合格注射用水。

【基本知识】

一、注射用溶剂

1.注射用水

注射用水为纯化水经蒸馏后所制得的水,主要用于注射液、眼用制剂的配制及其容器的清洗。灭菌注射用水为注射用水按注射剂工艺制备而得的,主要用作注射用无菌粉末的溶剂或注射剂的稀释剂。

注射用水的质量必须符合《中国药典》(2015 年版)二部注射用水项下的规定:应为无色的澄明溶液,pH 值为 5.0~7.0,氨含量不超过 0.00002%,细菌内毒素应小于 0.25 EU/mL;氯化物、硫酸盐与钙盐、硝酸盐与亚硝酸盐、二氧化碳、易氧化物、不挥发物与重金属及微生物限度检查均符合规定。

注射用水的制备是用纯化水经蒸馏制得。目前生产上多采用多效蒸馏水器。

多效蒸馏水器是近年发展并迅速成为药厂制备注射用水的主要设备,其结构主要由蒸馏塔、冷凝器及控制元件组成(图 4-4,图 4-5)。五效蒸馏水器的工作原理:进料水(去离子水)进入冷凝器被塔 5 来的蒸汽预热,再依次通过塔 4、塔 3、塔 2 及塔 1 上部的盘管而进入 1 级塔,这时进料水温度可达 130 ℃或更高。在 1 级塔内,进料水被高压蒸汽加热,一方面蒸汽本身被冷凝为回笼水,同时进料水迅速被蒸发,蒸发的蒸汽进入 2 级塔作为 2 级塔的热源,并在其底部冷凝为蒸馏水。2 级塔的进料水由 1 级塔经压力供给,3 级、4 级和 5 级塔经历同样的过程。最后,由 2 级、3 级、4 级和 5 级塔产生的蒸馏水加上 5 级塔的蒸汽被第一及第二冷凝器冷凝后得到的蒸馏水(80 ℃)均汇集于收集器即成为注射用水。多效蒸馏水器的产量可达 6 t/h。本

图 4-4 多效蒸馏水器

法的特点是耗能低、质量优、产量高及自动控制等。

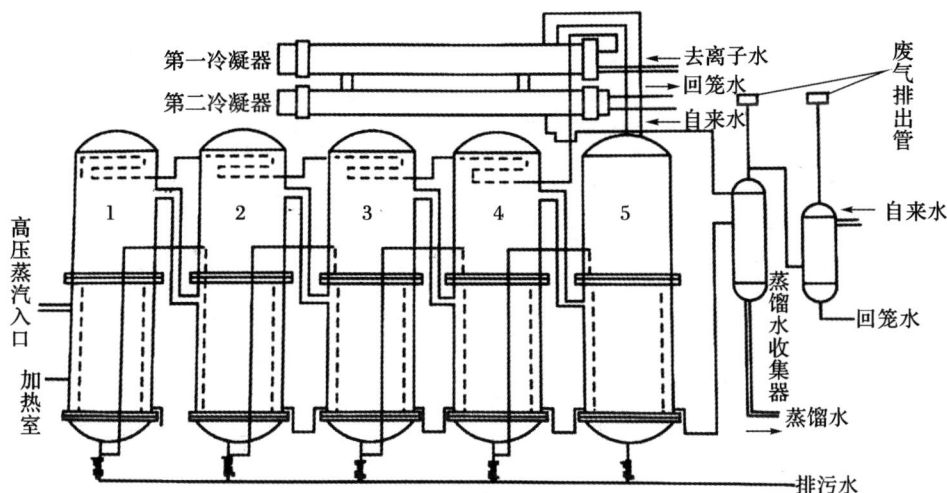

图 4-5　五效蒸馏水器工作示意图

注射用水收集器应采用密闭收集系统,收集时应弃去初馏液,经检查合格后方可收集。注射用水的储存可采用 70 ℃ 以上保温循环,且不宜超过 12 小时。

2.注射用油

一些水不溶性药物,如激素、甾体类化合物与脂溶性维生素等,可选择溶解性能好、可被机体代谢的植物油作为溶剂制成注射剂,供肌内注射用。

注射用油有芝麻油、大豆油、茶油等植物油,主要使用的是供注射用的大豆油。《中国药典》(2015 年版)规定注射用油的质量要求:无异臭,无酸败;色泽不得深于黄色 6 号标准比色液;10 ℃ 时应保持澄明;碘值为 79~128,皂化值为 185~200,酸值应不大于 0.56。

3.其他注射用非水溶剂

其他溶剂有丙二醇、聚乙二醇、二甲基乙酰胺、乙醇、甘油、苯甲醇等,由于能与水混溶,一般可与水混合使用,以增加药物的溶解度或稳定性。

二、注射剂附加剂

为确保注射剂的安全、有效和稳定,除主药和溶剂外还可加入其他物质,这些物质统称为"附加剂"。各国药典对注射剂中所有的附加剂的类型和用量往往有明确的规定。附加剂在注射剂中的主要作用:①增加药物的理化稳定性;②增加主药的溶解度;③抑制微生物生长,尤其对多剂量注射剂更要注意;④减轻疼痛或对组织的刺激性等。

注射剂常用附加剂主要有 pH 调节剂、等渗调节剂、增溶剂、局麻剂、抑菌剂、抗氧剂等。常用的附加剂见表 4-2。

表 4-2 附加剂

附加剂		浓度范围/%	附加剂		浓度范围/%
缓冲剂	醋酸,醋酸钠	0.22,0.8	增溶剂、润湿剂、乳化剂	聚氧乙烯蓖麻油	1~65
	枸橼酸,枸橼酸钠	0.5,4.0		聚山梨酯 20	0.01
	乳酸	0.1		聚山梨酯 40	0.05
	酒石酸,酒石酸钠	0.65,1.2		聚山梨酯 80	0.04~4.0
	磷酸氢二钠,磷酸二氢钠	1.7,0.71		聚维酮	0.2~1.0
	碳酸氢钠,碳酸钠	0.005,0.06		聚乙二醇-40 蓖麻油	7.0~11.5
抑菌剂	苯甲醇	1~2		卵磷脂	0.5~2.3
	羟丙丁酯,甲酯	0.01~0.015		Pluronic F-68	0.21
	苯酚	0.5~1.0	助悬剂	明胶	2.0
	三氯叔丁醇	0.25~0.5		甲基纤维素	0.03~1.05
	硫柳汞	0.001~0.02		羧甲基纤维素	0.05~0.75
局麻剂	利多卡因	0.5~1.0		果胶	0.2
	盐酸普鲁卡因	1.0	填充剂	乳糖	1~8
	苯甲醇	1.0~2.0		甘氨酸	1~10
	三氯叔丁醇	0.3~0.5		甘露醇	1~10
等渗调节剂	氯化钠	0.5~0.9	稳定剂	肌酐	0.5~0.8
	葡萄糖	4~5		甘氨酸	1.5~2.25
	甘油	2.25		烟酰胺	1.25~2.5
抗氧剂	亚硫酸钠	0.1~0.2		辛酸钠	0.4
	亚硫酸氢钠	0.1~0.2	保护剂	乳糖	2~5
	焦亚硫酸钠	0.1~0.2		蔗糖	2~5
	硫代硫酸钠	0.1		麦芽糖	2~5
螯合剂	EDTA·Na$_2$	0.01~0.05		人血白蛋白	0.2~2

三、注射剂的等渗与等张调节

等渗溶液:与血浆渗透压相等的溶液,属于物理化学概念。

等张溶液:渗透压与红细胞膜张力相等的溶液,属于生物学概念。

1. 等渗调节

两种不同浓度的溶液被一理想的半透膜(溶剂分子可通过,而溶质分子不能通过)隔开,溶剂从低浓度一侧向高浓度一侧转移,此动力即为渗透压,溶液中质点数相等者为等渗。注入机体内的液体一般要求等渗,否则易产生刺激性或溶血等。

0.9%的氯化钠溶液、5%的葡萄糖溶液与血浆具有相同的渗透压,为等渗溶液。肌内注射可耐受0.45%～2.7%的氯化钠溶液(相当于0.5～3个等渗度的溶液)。对静脉注射,则着眼于对红细胞的影响,把红细胞视为半透膜,在低渗溶液中,水分子穿过细胞膜进入红细胞,使得红细胞破裂,造成溶血现象(渗透压低于0.45%氯化钠溶液时,将有溶血现象产生)。大量注入低渗溶液,会使人感到头胀、胸闷,严重的可发生麻木、寒战、高烧,甚至尿中出现血红蛋白。静脉注射大量低渗溶液也是不容许的。注入高渗溶液时,红细胞内水分渗出而发生细胞萎缩。但只要注射速度足够慢,血液可自行调节使渗透压很快恢复正常,所以不至于产生不良影响。对脊髓腔内注射,由于易受渗透压的影响,必须调节至等渗。

常用的调整渗透压的方法有冰点降低数据法和氯化钠等渗当量法。表4-3为一些药物的1%溶液的冰点降低值,根据这些数据,可以计算出该药物配制成等渗溶液的浓度,或将某一溶液调制成等渗溶液。

表4-3　一些药物水溶液的冰点降低值与氯化钠等渗当量

名称	1%水溶液/(kg/L) 冰点降低值/℃	1 g 药物氯化钠 等渗当量/E	等渗浓度溶液的溶血情况		
			浓度/%	溶血/%	pH
硼酸	0.28	0.47	1.9	100	4.6
盐酸乙基吗啡	0.19	0.15	6.18	38	4.7
硫酸阿托品	0.08	0.1	8.85	0	5.0
盐酸可卡因	0.09	0.14	6.33	47	4.4
氯霉素	0.06				
依地酸钙钠	0.12	0.21	4.50	0	6.1
盐酸麻黄碱	0.16	0.28	3.2	96	5.9
无水葡萄糖	0.10	0.18	5.05	0	6.0
葡萄糖(含 H₂O)	0.091	0.16	5.51	0	5.9
氢溴酸后马托品	0.097	0.17	5.67	92	5.0
盐酸吗啡	0.086	0.15			
碳酸氢钠	0.381	0.65	1.39	0	8.3
氯化钠	0.58		0.9		6.7
青霉素 G 钾		0.16	5.48		6.2
硝酸毛果芸香碱	0.133	0.22			
吐温-80	0.01	0.02			
盐酸普鲁卡因	0.12	0.18	5.05	91	5.6
盐酸丁卡因	0.109	0.18			

(1)冰点降低数据法:一般情况下,血浆冰点值为－0.52 ℃。根据物理化学原理,任何溶液其冰点降低到－0.52 ℃,即与血浆等渗。等渗调节剂的用量可用下式计算。

$$W=\frac{0.52-a}{b}$$

式中,W 为配制 100 mL 等渗溶液需加入的等渗调节剂的克数;a 为未调节的药物溶液冰点降低值,若含有两种或两种以上的物质时,则 a 为各物质的总和;b 为用以调节的等渗剂 1% 溶液的冰点下降值。

例 1 1% 氯化钠的冰点下降度为 0.58 ℃,血浆的冰点下降度为 0.52 ℃,求等渗氯化钠溶液的浓度。

已知 b=0.58,纯水 a=0,按式计算得 W=0.9(g)

即 0.9% 氯化钠为等渗溶液,配制 100 mL 氯化钠溶液需用 0.9 g 氯化钠。

例 2 配制 2% 盐酸普鲁卡因溶液 100 mL,用氯化钠调节等渗,求所需氯化钠的加入量。

由表 4-3 可知:2% 盐酸普鲁卡因溶液的冰点下降度(a)为 0.12×2=0.24 ℃,

1% 氯化钠溶液的冰点下降度(b)为 0.58 ℃,代入上式得:

$$W=(0.52-0.24)/0.58=0.48(g)$$

即,配制 2% 盐酸普鲁卡因溶液 100 mL 需加入氯化钠 0.48 g。

对于成分不明或查不到冰点降低数据的注射液,可通过实验测定,再依上法计算。在测定药物的冰点降低值时,为使测定结果更准确,测定浓度应与配制溶液浓度相近。

(2)氯化钠等渗当量法:与 1 g 药物呈等渗效应的氯化钠量称为氯化钠等渗当量,用 E 表示。例如,硼酸的氯化钠等渗当量为 0.47,即 1 g 硼酸在溶液中能产生与 0.47 g 氯化钠相同的渗透效应。因此,查出药物的氯化钠等渗当量后,即可按下列公式计算所需等渗调节剂的用量。

$$X=0.009V-EW$$

式中,X 为配成体积为 V(mL)的等渗溶液需要加入氯化钠的量(g);V 为欲配制溶液的体积(mL);E 为药物氯化钠等渗当量;W 为配液用药物的重量(g);0.009 为每毫升等渗氯化钠溶液中所含氯化钠的量(g)。

2.等张调节

红细胞膜对很多药物水溶液来说可视为理想的半透膜,它可让溶剂分子通过,而不让溶质分子通过,因此它们的等渗和等张浓度相等,如 0.9% 的氯化钠溶液。但还有一些药物如盐酸普鲁卡因、甘油、丙二醇等,即使将根据等渗浓度计算出来而配制的等渗溶液注入体内,仍会发生不同程度的溶血现象。因为红细胞对它们来说并不是一理想的半透膜,它们能迅速自由的通过细胞膜,同时促使膜外的水分进入细胞,从而使得红细胞胀大破裂而溶血。关于促使水分进入细胞的机制尚不明确。这类药物一般需加入氯化钠、葡萄糖等等渗调节剂。如 2.6% 的甘油与 0.9% 的氯化钠具有相同的渗透压,但它 100% 溶血,如果制成 10% 甘油、4.6% 木糖醇、0.9% 氯化钠的复方甘油注射液,则不产生溶血现象,红细胞也不胀大变形。

因此,由于等渗和等张溶液定义不同,等渗溶液不一定等张,等张溶液亦不一定等渗。在新产品的试制中,即使所配制的溶液为等渗溶液,为安全用药,亦应进行溶血试验,必要时加入葡萄糖、氯化钠等调节成等张溶液。

【技能操作】

一、任务描述

按照多效蒸馏水器(五效)操作规程制备注射用水。

二、操作步骤

要求在 60 分钟内完成下列任务。

1. 课前准备

查到,检查工作服穿戴规范,清点相关设备,熟知任务报告单。

2. 开机前准备

(1)检查蒸汽管路上的压力表,看压力是否充足,压缩空气(压力在 0.4～0.5 MPa)、蒸汽(总压力在 0.3～0.6 MPa)。

(2)打开小排污阀,排尽管内积水。

(3)打开管道蒸汽阀门、进料水泵前阀门,将水泵积水排空,检查管道中是否有蒸汽,待放气阀出水后即可关闭。

(4)打开冷凝水排水阀及冷却水入水阀。

(5)观察控制箱上的状态指示器,电源灯亮温度表显示当前值。

3. 开机操作

(1)打开加热蒸汽进气阀门。

(2)加热蒸汽表显示稳定的压力值时,开电源锁使水泵转动,此时运行灯亮。

(3)调节手动阀门使流量计浮子上升,待加热蒸汽压力稳定在规定值,给水量达到一定值时,再等待几分钟,如果各效视镜水位没有上升,可适当增加进水量,没有出现问题即可进行正常运行。

4. 运行监测

(1)开机后待蒸汽压力、进水量、蒸馏水温度 3 项数值稳定后方可接水,并测定产水量。

(2)机器运行时,要常常观察其各项指标是否处于正常范围内,并按规定检测水质。

(3)如果气压波动过大,可能会造成一效蒸发器视镜大面积积水,但不能超过上限,各效视镜水位不超过 1/2 为正常。

5. 关机

(1)缓慢关闭原料水。

(2)关闭加热蒸汽进气阀门。

(3)关冷凝水排水阀及冷却水入水阀。

(4)关电源锁,一个运行周期结束。

6. 清场

按要求清场。

三、操作注意事项

(1)当蒸汽压力小于 0.2 MPa 时应及时停机。

(2)水泵严禁无水空转。

(3)当蒸汽压力有较大波动时,应及时调节进水压力和流量。

(4)当热交换器冷却水开启时,每间隔1小时需观察送水管路压力,应大于0.2 MPa。

四、实施条件

注射用水制备实施条件

项目	基本实施条件
场地	30 m² 以上的制水车间
设备、工具	五效蒸馏水机一台
物料	纯化水

五、评价标准

注射用水制备评价标准

评价内容	分值	考核点及评分细则
职业素养与操作规范 20分	5	工作服穿着规范,双手洁净,不染指甲,不留长指甲,不披发得5分
	5	工作态度认真,遵守纪律得5分
	5	实验完毕后将工具等清理复位得5分
	5	规范清场并清理干净得5分
技能 80分	20	检查注射用水系统应处于"完好"状态得5分
		检查纯化水应符合要求;检查压缩空气,蒸汽应正常得10分
		开启蒸汽管路旁路阀排放蒸汽冷凝水,等出蒸汽为止关闭该阀得5分
	10	开启纯化水进水阀和蒸汽进气阀门,预热3~5分钟得5分
	30	打开注射用水机原水流量阀,数值在40~45 L/min得10分
		按钮"停止/运行"旋至运行,按钮"原水泵手动/自动"旋至自动;按钮"生蒸汽手动/自动"旋至自动,按钮"冷却水手动/自动"旋至自动,按钮"电导排放手动/自动"旋至自动得10分
		调节冷却水阀控制水泵压力在0.2 MPa左右得10分
	20	关闭原料水、加热蒸汽阀门、进水泵阀门,关闭电源得10分
		打开各塔底部排空阀及一效后的排污阀,及时填写"注射用水系统运行记录表",做好现场的清洁整理工作得10分

六、任务报告单

注射用水制备任务报告单

任务名称		实训时间	
温度		湿度	
实训工具			
实训物料			
操作步骤			
结论			
操作者			

项目三 热原检查技术

热原是由微生物代谢产生的一种内毒素,是微量就可以引起恒温动物体温异常升高的致热物质,是由磷脂、脂多糖和蛋白质组成的复合物,其中脂多糖是热原的活性中心。在产生热原的微生物中,致热能力最强的是革兰氏阴性杆菌的产物,其次是革兰氏阳性杆菌类,革兰氏阳性球菌则较弱;真菌、酵母菌,甚至病毒也能产生热原。

含有热原的注射剂注入人体大约半小时以后,就使人体产生发冷、寒战、体温升高、身痛、出汗、恶心呕吐等不良反应,有时体温可升至40℃以上,严重者出现昏迷、虚脱,甚至有生命危险,该现象称为"热原反应"。

一、热原性质

1.耐热性

热原在60 ℃加热1小时不受影响,100 ℃加热也不降解,但在250 ℃、加热30～45分钟,200 ℃、加热60分钟或180℃、加热3～4小时可使热原彻底破坏。在通常注射剂的热压灭菌法中热原不易被破坏。

2.过滤性

热原体积小,为1～5 nm,一般的滤器均可通过,但可被活性炭吸附。

3.水溶性

由于磷脂结构上连接有多糖,所以热原能溶于水。

4.不挥发性

热原本身不挥发,但在蒸馏时,可随水蒸气中的雾滴带入蒸馏水,故应设法防止。

5.其他

热原能被强酸、强碱破坏,也能被强氧化剂,如高锰酸钾或过氧化氢等破坏,超声波及某些表面活性剂(如去氧胆酸钠)也能使之失活。

二、热原主要污染途径

1.注射用水

注射用水是热原污染的主要来源。尽管水本身并非是微生物良好的培养基,但易被空气或含尘空气中的微生物污染。若蒸馏设备结构不合理,操作与接收容器不当,贮藏时间过长易发生热原污染问题。故注射用水应新鲜使用,蒸馏器质量要好,环境应洁净。

2.原辅料

原辅料特别是用生物方法制造的药物和辅料易滋生微生物,如右旋糖苷、水解蛋白或抗生素等药物,葡萄糖、乳糖等辅料,在贮藏过程中因包装损坏而易污染。

3.容器、用具、管道与设备等

容器、用具、管道与设备等如未按GMP要求认真清洗处理,常易导致热原污染。

4.制备过程与生产环境

制备过程中室内卫生差,操作时间过长,产品灭菌不及时或不合格,均增加细菌污染的机会,从而可能产生热原。

5.输液器具

有时输注的药液本身不含热原,而往往由于输液器具(输液瓶、乳胶管、针头与针筒等)污染而引起热原反应。

三、热原去除方法

1.高温法

凡能经受高温加热处理的容器与用具,如针头、针筒或其他玻璃器皿,在洗净后,于250 ℃加热30分钟以上,可破坏热原。

2.酸碱法

玻璃容器、用具可用重铬酸钾硫酸清洗液或稀氢氧化钠液处理,可将热原破坏。热原亦能被强氧化剂破坏。

3.吸附法

注射液常用优质注射用活性炭处理,用量为0.05%~0.5%(W/V)。此外,将0.2%活性炭与0.2%硅藻土合用于处理20%甘露醇注射液,除热原效果较好。

4.离子交换法

国内有用♯301弱碱性阴离子交换树脂10%与♯122弱酸性阳离子交换树脂8%,成功地除去丙种胎盘球蛋白注射液中的热原的案例。

5.凝胶过滤法

用二乙氨基乙基葡聚糖凝胶(分子筛)制备无热原去离子水。

6.反渗透法

用反渗透法通过三醋酸纤维膜除去热原,是近几年发展起来的有使用价值的新方法。

7.超滤法

一般用3.0~15 nm超滤膜除去热原。如超滤膜过滤10%~15%的葡萄糖注射液可除去热原。Sulliven等采用超滤法除去β-内酰胺类抗生素中内毒素等。

8.其他方法

采用二次以上湿热灭菌法,或适当提高灭菌温度和时间,处理含有热原的葡萄糖或甘露醇注射液亦能得到热原合格的产品。微波也可破坏热原。

任务 细菌内毒素检查操作

【知识目标】

(1)掌握热原的概念、组成、性质。
(2)掌握污染热原的途径,热原的检查方法和去除方法。

【技能目标】

能按照鲎试剂法检查注射剂细菌内毒素,并对结果进行判断。

【基本知识】

《中国药典》(2015年版)规定热原检查采用热原检查法和细菌内毒素检查法。

一、热原检查法

由于家兔对热原的反应与人基本相似,实验成本相对比较低,实验结果比较可靠,所以目前家兔法仍为各国药典规定的检查热原的方法之一。

它是将一定剂量的供试品,静脉注入家兔体内,在规定时间内,观察家兔体温升高的情况,以判定供试品中所含热原的限度是否符合规定。

检查结果的准确性和一致性取决于实验动物的状况、实验室条件和操作的规范性。家兔法检测内毒素的灵敏度为 0.001 $\mu g/mL$,实验结果接近人体真实情况,但操作繁琐费时,不能用于注射剂生产过程中的质量监控,且不适用于放射性药物、肿瘤抑制剂等细胞毒性药物制剂。

二、细菌内毒素检查法

细菌内毒素检查法系利用鲎试剂来检测或量化由革兰氏阴性菌产生的细菌内毒素,以判断供试品中细菌内毒素的限量是否符合规定的一种方法。细菌内毒素的量用内毒素单位(EU)表示。

细菌内毒素检查包括凝胶法和光度测定法两种方法,前者利用鲎试剂与细菌内毒素产生凝集反应的原理来检测或半定量内毒素,后者包括浊度法和显色基质法,系分别利用鲎试剂与内毒素反应过程中的浊度变化及产生的凝固酶使特定底物释放出一定数量的呈色团来测定内毒素。

鲎试剂法检查内毒素的灵敏度为 0.0001 $\mu g/mL$,比家兔法灵敏 10 倍,操作简单易行,试验费用低,结果迅速可靠,适用于注射剂生产过程中的热原控制和家兔法不能检测的某些细胞毒性药物制剂,但其对革兰氏阴性菌以外的内毒素不灵敏,鲎试剂法尚不能完全代替家兔法。

【技能操作】

一、任务描述

使用鲎试剂法检查注射剂细菌内毒素情况。

二、操作步骤

要求在 240 分钟内完成下列任务。

1. 课前准备

查到,检查工作服穿戴规范,清点相关设备,熟知任务报告单。

2. 实验准备

凝胶法是通过实验试剂与内毒素产生凝集反应的原理来检测或半定量内毒素的方法。凝胶法分为凝胶限度法和凝胶半定量法。试验所用的器皿须经处理,以去除可能存在的外源性内毒素。

3. 实训操作

(1)凝胶限度试验:按实训表 4-4 制备溶液 A、溶液 B、溶液 C 和溶液 D。使用稀释倍数为 MVD 并且已经排除干扰的供试品溶液来制备溶液 A 和溶液 B。

确定最大有效稀释倍数(MVD),最大有效稀释倍数指在试验中供试品溶液被允许稀释的

最大倍数,在不超过此稀释倍数的浓度下进行内毒素限值的检测。用以下公式来确定 MVD:

$$MVD = cL/\lambda$$

式中,L 为供试品的细菌内毒素限值;c 为供试品溶液的浓度;λ 为在凝胶法中鲎试剂的标示灵敏度(EU/mL),或是在光度测定法中所使用的标准曲线上最低的内毒素浓度。当 L 以 EU/mL 表示时,则 c 的表示为 1.0 mL/mL;当 L 以 EU/mg 或 EU/U 表示时,c 的单位为 mg/mL 或 U/mL。例如,供试品为注射用无菌粉末或原料药,则 MVD 取 1,可计算供试品的最小有效稀释浓度 $c = \lambda/L$。

表 4-4 凝胶限度试验溶液的制备

编号	内毒素浓度/被加入内毒素的溶液	平行管数	备注
A	无/供试品溶液	2	供试品溶液
B	2λ/供试品溶液	2	供试品阳性对照
C	2λ/检查用水	2	阳性对照
D	无/检查用水	2	阴性对照

根据鲎试剂灵敏度的标示值(λ),将细菌内毒素国家标准品或细菌内毒素工作标准品用细菌内毒素检查用水溶解,在漩涡混合器上混匀 15 分钟,然后制成 2λ 浓度的内毒素标准溶液,稀释均应在漩涡混合器上混匀 30 秒。取分装有 0.1 mL 鲎试剂溶液的 10 mm×75 mm 试管或复溶后的 0.1 mL/支规格的鲎试剂原安瓿 8 支,分别加入上表制备好的试验溶液。将试管中溶液轻轻混匀后,封闭管口,垂直放入(37±1)℃的恒温器中,保温(60±2)分钟。

将试管从恒温器中轻轻取出,缓缓倒转 180°,若管内形成凝胶,并且凝胶不变形、不从管壁滑脱者为阳性;未形成凝胶或形成的凝胶不坚实、变形并从管壁滑脱者为阴性。保温和拿取试管过程应避免振动造成假阴性结果。

(2)保温(60±2)分钟后观察结果:若阴性对照溶液 D 的平行管均为阴性,供试品阳性对照溶液 B 的平行管均为阳性,阳性对照溶液 C 的平行管均为阳性,试验有效。

若溶液 A 的两个平行管均为阴性,判供试品符合规定;若溶液 A 的两个平行管均为阳性,判供试品不符合规定。若溶液 A 的两个平行管中的一管为阳性,另一管为阴性,需进行复试。复试时,溶液 A 需做 4 支平行管,若所有平行管均为阴性,判供试品符合规定;否则判供试品不符合规定。

(3)记录结果。

4.清场

按要求清场。

三、操作注意事项

(1)细菌内毒素国家标准品自大肠埃希氏菌提取精制而成,用于标定、复核、仲裁鲎试剂灵敏度和标定细菌内毒素工作标准品的效价。

(2)细菌内毒素工作标准品是以细菌内毒素国家标准品为基准标定其效价,用于试验中的鲎试剂灵敏度复核、干扰试验及各种阳性对照。

(3)细菌内毒素检查用水指内毒素含量小于 0.015 EU/mL(用于凝胶法)的灭菌注射用

水。光度测定法用的细菌内毒素检查用水,其内毒素的含量应小于 0.005 EU/mL。

(4)试验所用的器皿需经处理,以去除可能存在的外源性内毒素。常用的方法是在 250 ℃ 干热 30 分钟,也可采用其他确证不干扰细菌内毒素检查的适宜方法。若使用塑料器械,如微孔板和微量加样器配套的吸头等,应选用标明无内毒素并且对试验无干扰的器械。试验操作过程应防止微生物的污染。

四、实施条件

细菌内毒素检查实施条件

项目	基本实施条件
场地	30 m² 以上的细菌内毒素检查实验室
设备、工具	恒温箱、旋涡混合器、试管
物料	鲎试剂、细菌内毒素检查用水、细菌内毒素工作标准品

五、评价标准

细菌内毒素检查评价标准

评价内容	分值	考核点及评分细则
职业素养与操作规范 20分	5	工作服穿着规范,双手洁净,不染指甲,不留长指甲,不披发得 5 分
	5	工作态度认真,遵守纪律得 5 分
	5	实验完毕后将工具等清理复位得 5 分
	5	规范清场并清理干净得 5 分
技能 80分	10	试验所用的器皿须经处理,以去除可能存在的外源性内毒素得 10 分
	15	确定最大有效稀释倍数(MVD)得 5 分
		取细菌内毒素工作标准品,用细菌内毒素检查用水溶解,混匀 15 分钟得 5 分
		配制成 2λ 浓度的内毒素标准溶液得 5 分
	10	配制溶液 A、溶液 B、溶液 C 和溶液 D 得 10 分
	15	鲎试剂原安瓿 8 支,分别加入 A、B、C、D 溶液得 5 分
		试管封闭管口,垂直放入(37±1)℃的恒温器中,保温(60±2)分钟得 10 分
	25	试管从恒温器中轻轻取出,缓缓倒转 180°判断结果得 10 分
		管内形成凝胶,并且凝胶不变形、不从管壁滑脱者为阳性得 10 分
		未形成凝胶或形成的凝胶不坚实、变形并从管壁滑脱者为阴性得 5 分
	5	记录结果并判断得 5 分

六、任务报告单

细菌内毒素检查任务报告单

任务名称			实训时间		
温度			湿度		
实训工具					
实训物料					
操作步骤					

结论	平行管号数		备注	
	1	2		
A			供试品溶液	
B			供试品阳性对照	
C			阳性对照	
D			阴性对照	
结论				
操作者				

项目四 小容量注射剂制备技术

小容量注射剂为无菌制剂,不仅要按照生产工艺流程进行生产,还要严格按照 GMP 进行生产管理,以保证注射剂的质量和用药安全。小容量注射剂一般生产工艺流程见图 4-6。

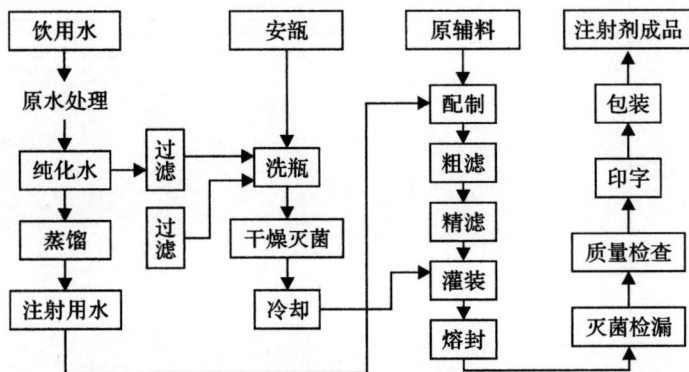

图 4-6 小容量注射剂生产工艺流程

任务 盐酸普鲁卡因注射剂制备操作

【知识目标】

(1)掌握安瓿注射剂的制备工艺流程及工序操作要点。

(2)掌握安瓿注射剂质量检查内容和方法。

【技能目标】

能按照小容量注射剂制备工艺流程方法制备盐酸普鲁卡因注射剂。

【基本知识】

一、注射剂容器和处理方法

1.安瓿种类和式样

注射剂容器一般指由硬质中性玻璃制成的安瓿或容器(如青霉素小瓶等),亦有塑料容器。

安瓿的式样目前采用有颈安瓿与粉末安瓿,其容积通常为 1 mL、2 mL、5 mL、10 mL、20 mL 等几种规格,此外还有曲颈安瓿。国标 GB2637—1995 规定水针剂使用的安瓿一律为曲颈易折安瓿。为避免折断安瓿瓶颈时造成玻璃屑、微粒进入安瓿污染药液,国家药品监督管理局(SDA)已强行推行曲颈易折安瓿。

易折安瓿有两种,色环易折安瓿和点刻痕易折安瓿。色环易折安瓿是将一种膨胀系数高于安瓿玻璃两倍的低熔点玻璃粉末熔固在安瓿颈部成为环状,冷却后由于两种玻璃的膨胀系数不同,在环状部位产生一圈永久应力,用力一折即可平整折断,不易产生玻璃碎屑。点刻痕易折安瓿是在曲颈部位可有一细微刻痕,在刻痕中心标有直径 2 mm 的色点,折断时,施力于刻痕中间的背面,折断后,断面应平整。

目前安瓿多为无色,有利于检查药液的澄明度。对需要遮光的药物,可采用琥珀色玻璃安瓿。琥珀色可滤除紫外线,适用于光敏药物。琥珀色安瓿含氧化铁,痕量的氧化铁有可能被浸取而进入产品中,如果产品中含有的成分能被铁离子催化,则不能使用琥珀色玻璃容器。

粉末安瓿供分装注射用粉末或结晶性药物使用。故瓶的颈口粗或带喇叭状,便于药物装入。该瓶的瓶身与颈同粗,在颈与身的连接处吹有沟槽,用时锯开,灌入溶剂溶解后注射。此种安瓿使用不便,近年来开发了一种可同时盛装粉末与溶剂的注射容器,容器分为两室,下隔室装无菌药物粉末,上隔室盛溶剂,中间用特制的隔膜分开,用时将顶部的塞子压下,隔膜打开,溶剂流入下隔室,将药物溶解后使用。此种注射用容器特别适用于一些在溶液中不稳定的药物。

2.安瓿处理方法

(1)安瓿切割与圆口:安瓿需先经过切割,使安瓿颈具有一定的长度,便于灌药与安装。切割后的安瓿应瓶口整齐,无缺口、裂口、双线,长短符合要求。切口不好,玻璃碎屑易掉入安瓿,增加洗瓶的难度,影响澄明度。安瓿割口后,颈口截面粗糙,再相互碰撞及洗涤时容易落入安瓿内,因此需要圆口。圆口系利用强烈火焰灼烧颈口截面,使熔融光滑。

(2)安瓿洗涤:安瓿一般使用离子交换水灌瓶蒸煮,质量较差的安瓿须用 0.5% 的醋酸水溶液,灌瓶蒸煮(100 ℃、30 分钟)热处理。蒸瓶的目的是使得瓶内的灰尘、沙砾等杂质经加热浸泡后落入水中,使之容易洗涤干净,同时这也是一种化学处理,让玻璃表面的硅酸盐水解,微量的游离碱和金属盐溶解,使安瓿的化学稳定性提高。目前国内使用的安瓿洗涤方法常用的有甩水洗涤法、加压气水喷射洗涤法和超声洗涤法。其中超声洗涤法是采用超声波洗涤与气水喷射洗涤相结合的方法,具有清洗洁净度高、速度快等特点。洗瓶效果与洗涤用水和空气的滤过质量密切相关,特别是空气的滤过。若压缩空气中所带有的尘埃及润滑油雾滤过不净,反而污染安瓿,出现"油瓶"。因此,压缩空气应先经过冷却,然后经过储气筒,使压力平衡,再经过焦炭(或木炭)、瓷圈、砂棒等滤过使空气净化。图 4-7 为超声波洗瓶机示意图。

(3)安瓿干燥与灭菌:安瓿洗涤后,一般置于 120~140 ℃ 烘箱内干燥。需无菌操作或低温灭菌的安瓿在 180 ℃ 干热灭菌 1.5 小时。大生产中多采用隧道式烘箱,主要由红外线发射装置和安瓿传送装置组成,温度为 200 ℃ 左右,有利于安瓿的烘干、灭菌连续化。若用煤气加热,易引起安瓿污染。为防止污染,有一种电热红外线隧道式自动干燥灭菌机,附有局部层流装置,安瓿经 350 ℃ 的高温洁净区干热灭菌后仍极为洁净。近年来,安瓿干燥已广泛采用远红外线加热技术,一般在碳化硅电热板的辐射源表面涂远红外涂料,如氧化钛、氧化锆等,便可辐射远红外线,温度可达 250~300 ℃。具有效率高、质量好、干燥速度快和节约能源等特点。

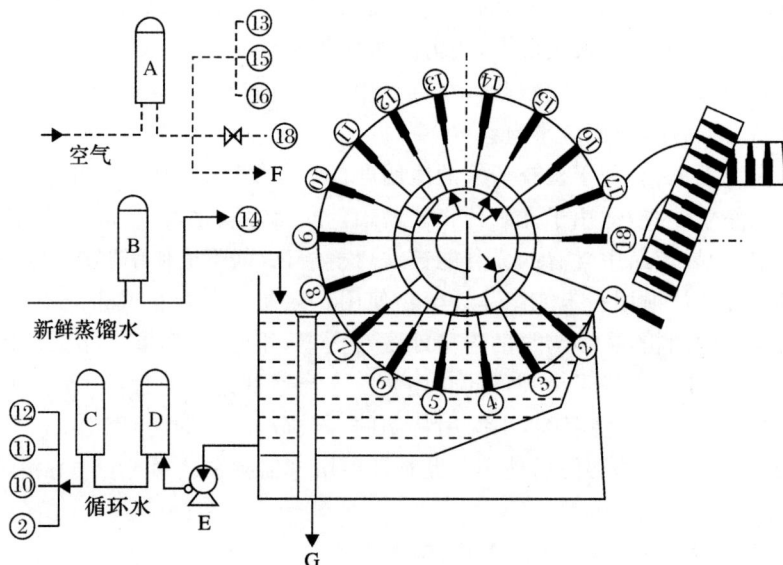

1.引瓶;2.注循环水;3～7.超声波空化清洗;8、9.空位;10～12.循环水清
洗;13.吹气排水;14.注新蒸馏水;15、16.吹净化气;17.空位;18.吹气送瓶;
A、B、C、D.过滤器;E.循环泵;F.吹除玻璃屑;G.溢流回收。

图 4-7 超声波洗瓶机示意图

二、注射剂配制

1.配制用具的选择与处理

常用装有搅拌器的夹层锅配液,以便加热或冷却。配制用具的材料有玻璃、耐酸碱搪瓷、不锈钢、聚乙烯等。配制浓的盐溶液不宜选用不锈钢容器;需加热的药液不宜选用塑料容器。配制用具用前要用硫酸清洁液或其他洗涤剂洗净,并用新鲜注射用水荡洗或灭菌后备用。操作完毕后立即刷洗干净。

2.配制方法

配制方法分为浓配法和稀配法两种。将全部药物加入部分溶剂中配成浓溶液,加热或冷藏后过滤,然后稀释至所需浓度,即为浓配法,此法可滤除溶解度小的杂质。将全部药物加入所需溶剂中,一次配成所需浓度,再行过滤,此为稀配法,可用于优质原料。

3.注意事项

(1)对不稳定的药物应注意调配顺序,先加稳定剂或通惰性气体等,有时要控制温度与避光操作。

(2)对于不易滤清的药液可加 0.1%～0.3%活性炭处理,小量注射液可用纸浆混炭处理。

三、注射剂滤过

滤过是制备注射剂的关键操作之一。注射液的过滤通常采用粗滤和精滤二级过滤,以保证最终产品的澄清度。粗滤多采用砂滤棒或垂熔玻璃过滤器,精滤多采用微孔滤膜过滤器。常见的过滤方式有高位静压过滤、减压过滤与加压过滤 3 种。注射剂生产中常用的滤器有如下几种。

（1）砂滤棒过滤器：国产主要有两种。一种是以硅藻土为主要原料烧结而成，另一种是多孔素瓷滤棒。砂滤棒价廉易得，滤速快适用于大生产中粗滤。

（2）垂熔玻璃过滤器：这种过滤器系用硬质玻璃细粉烧结而成。按过滤介质的孔径大小，分为6种，垂熔玻璃过滤器在注射剂生产中常做精滤或膜滤前的预滤。3号多用于常压过滤，4号多用于减压或加压过滤，6号用于除菌过滤。

（3）微孔滤膜过滤器：以微孔滤膜作过滤介质的过滤装置称为微孔滤膜过滤器。微孔滤膜是用高分子材料制成的薄膜过滤介质。在薄膜上分布有大量的穿透性微孔，孔径从 $0.25\sim14\ \mu m$，分成多种规格。

（4）其他过滤器：其他过滤装置有板框压滤机、钛滤器、超滤器等。

四、注射剂灌封

滤液经检查合格后进行灌装和封口，即灌封。封口有拉封与顶封两种，拉封对药液的影响小。如注射用水加甲红试液测 pH 值为 6.45，灌装于 10 mL 安瓿中，分别用拉封与顶封，再测 pH 值时，拉封 pH 值为 6.35，顶封 pH 值为 5.90。故目前都主张拉封。粉针用安瓿或具有广口的其他类型均采用拉封。

灌封操作分为手工灌封和机械灌封两种。手工灌封常用于小试，药厂多采用全自动灌封机，安瓿自动灌封机因封口方式不同而异，但它们灌注药液均由下列动作协调进行：安瓿传送至轨道，灌注针头上升，药液灌装并充气，封口，再由轨道送出产品。灌液部分装有自动止灌装置，当灌注针头降下而无安瓿时，药液不再输出而污染机器与浪费。我国已有洗、灌、封联动机和割、洗、灌、封联动机，生产效率有很大提高，见图4-8。但灭菌包装还没有联动化。

图4-8 安瓿洗、灌、封联动机组

灌装药液时应注意：①剂量准确，灌装时可按《中国药典》(2015年版)附录要求适当增加药液量，以保证注射用量不少于标示量。根据药液的黏稠程度不同，在灌装前，必须用精确的小量筒校正注射器的吸液量，试装若干支安瓿，经检查合格后再行灌装；②药液不沾瓶，为防止灌注器针头"挂水"，活塞中心常有毛细孔，可使针头挂的水滴缩回并调节灌装速度，过快时药液易溅至瓶壁而沾瓶；③通惰性气体时既不要使药液溅至瓶颈，又要使安瓿空间空气除尽。一般采用空安瓿先充惰性气体，灌装药液后再充一次效果较好。有些药厂在通气管路上装有报警器以检查充气效果，也可用CY-2型测氧仪检测残余氧气。

在安瓿灌封过程中可能出现的问题有剂量不准,封口不严(毛细孔),出现大头、焦头、瘪头、爆头等,应分析原由及时解决。焦头主要因安瓿颈部沾有药液,熔封时炭化而致。灌药时给药太急,溅起药液在安瓿瓶壁上;针头往安瓿里灌药时不能立即回缩或针头安装不正;压药与打药行程不配合等都会导致焦头的产生。充 CO_2 时容易发生瘪头、爆头。对于出现的各个问题,应逐一分析原因,然后予以解决。

五、注射液灭菌与检漏

1.灭菌

除采用无菌操作生产的注射剂外,一般注射液在灌封后必须尽快进行灭菌,以保证产品的无菌。注射液的灭菌要求是杀灭微生物,以保证用药安全;避免药物的降解,以免影响药效。灭菌与保持药物稳定性是矛盾的两个方面,灭菌温度高、时间长,容易把微生物杀灭,但却不利于药液的稳定,因此选择适宜的灭菌法对保证产品质量甚为重要。在避菌条件较好的情况下生产可采用流通蒸汽灭菌,1~5 mL 安瓿多采用流通蒸汽 100 ℃、30 分钟;10~20 mL 安瓿常用 100 ℃、45 分钟灭菌。要求按灭菌效果 F_0 大于 8 进行验证。

2.检漏

灭菌后的安瓿应立即进行漏气检查。若安瓿未严密熔合,有毛细孔或微小裂缝存在,则药液易被微生物与污物污染,或者因药物泄漏,污损包装,应检查剔除。检漏一般采用灭菌和检漏两用的灭菌锅将灭菌、检漏结合进行。灭菌后稍开锅门,同时放进冷水淋洗安瓿使温度降低,然后关紧锅门并抽气,漏气安瓿内气体亦被抽出,当真空度为 640~680 mmHg(85 326~90 657 Pa)时,停止抽气,开色水阀,至颜色溶液(0.05%曙红或亚甲蓝)盖没安瓿时止,开放气阀,再将色液抽回贮液器中,开启锅门,用热水淋洗安瓿后,剔除带色的漏气安瓿。也可在灭菌后,趁热立即放颜色水于灭菌锅内,安瓿遇冷内部压力收缩,颜色水即从漏气的毛细孔进入而被检出。深色注射液的检漏,可将安瓿倒置进行热压灭菌,灭菌时安瓿内气体膨胀,将药液从漏气的细孔挤出,使药液减少或成空安瓿而剔除。还可用仪器检查安瓿隙裂。

六、注射剂质量检查

1.澄明度检查

微粒注入人体后,较大的可堵塞毛细血管形成血栓,若侵入肺、脑、肾、眼等组织也可形成栓塞,并由于巨噬细胞的包围和增殖,形成肉芽肿等危害。澄明度检查不仅可保证用药安全,而且可以发现生产中的问题。如白点多可能由原料或安瓿产生;纤维多因环境污染所致;玻璃屑往往是圆口、灌封不当所致。《中国药典》(2015 年版)对澄明度检查规定,应按照卫健委关于注射剂澄明度检查的规定检查。对所用装置、人员条件、检查数量、检查方法、时限与判断标准等均有详细规定。目前工厂仍为目力检查法。国内外正在研究全自动检查机。

2.热原检查

由于家兔对热原的反应与人体相同,目前各国药典法定的热原检查方法仍为家兔法。对家兔的要求、试验前的准备、检查法、结果判断均有明确规定。该试验的关键是动物的状况、房屋条件和操作。鲎试验法灵敏度高,操作简单,实验费用少,可迅速获得结果,适用于生产过程中的热原控制,但易出现"假阳性"。

3.无菌检查

任何注射剂在灭菌后,均应抽取一定数量的样品进行无菌检查。通过无菌操作制备的成品更应检查其无菌状况,具体方法参阅《中国药典》(2015年版)。

4.其他检查

注射剂的装量检查可参阅《中国药典》(2015年版)四部制剂通则。此外,视品种不同,有的尚需进行有关物质检查、降压物质检查、异常毒性检查、pH测定、刺激性、过敏试验及抽针试验等。

【技能操作】

一、任务描述

处 方

盐酸普鲁卡因	10 g
氯化钠	7 g
注射用水	适量
共制	1000 mL

按照小容量注射剂制备工艺流程方法制备 2 mL 盐酸普鲁卡因注射剂。

二、操作步骤

要求在120分钟内完成下列任务。

1.课前准备

查到,检查工作服穿戴规范,清点相关设备,熟知任务报告单。

2.配液

取注射用水约800 mL,加氯化钠搅拌使溶解,加盐酸普鲁卡因,并加酸调整 pH 为 4.0～4.5,再加溶媒至足量,搅匀,精滤得澄明液。

3.空安瓿的洗涤处理

先灌满0.1%盐酸溶液煮洗,冲洗后再用水煮洗,烘干。

4.安瓿拉丝机的调试

按安瓿拉丝机的操作规程调试机器,先用手轮摇动机器,检查运转情况,检查管路、针头,先开燃气点火,再开助燃气调节火焰符合要求。

5.注射液的灌封

通电开机,按操作规程将配制好的药液灌封于安瓿瓶中,完成后关电源,再关助燃气,最后关燃气。

6.安瓿剂的灭菌与检漏

100 ℃流通蒸汽灭菌30分钟,并趁热放入有色溶液中检漏。

7.安瓿剂的质量检查

进行 pH 值和澄明度检查。

8.清场

按要求清场。

三、操作注意事项

(1)配液采用浓配法。

(2)灌注时注意不要将药液沾在安瓿颈上,以防焦头。

(3)盐酸普鲁卡因在酸性条件下不易变质,故调 pH 4.0~4.5。

(4)酸性条件不利于微生物的生长繁殖,2 mL 注射剂可用流通蒸汽 100 ℃加热 30 分钟灭菌。

(5)熔封时注意安全,避免事故发生。

四、实施条件

盐酸普鲁卡因注射剂制备实施条件

项目	基本实施条件
场地	50 m² 以上的药物制剂实训室
设备、工具	安瓿拉丝机、微孔滤膜滤器、灭菌器、烧杯等
物料	盐酸普鲁卡因、盐酸、注射用水、氯化钠、pH 试纸

五、评价标准

盐酸普鲁卡因注射剂制备评价标准

评价内容	分值	考核点及评分细则
职业素养与操作规范 20分	5	工作服穿着规范,双手洁净,不染指甲,不留长指甲,不披发得 5 分
	5	工作态度认真,遵守纪律得 5 分
	5	实验完毕后将工具等清理复位得 5 分
	5	规范清场并清理干净得 5 分
技能 80分	20	溶液的配制:用浓配法得 5 分
		调节 pH 值得 5 分
		正确过滤得 10 分
	10	安瓿瓶的处理得 10 分
	10	安瓿拉丝机调试操作正确 10 分
	10	安瓿拉丝机的使用操作正确 10 分
	10	正确使用流通蒸汽灭菌器灭菌得 10 分
	10	趁热放入有色溶液检漏得 10 分
	10	产品 pH 值和澄明度检查合格得 10 分

六、任务报告单

盐酸普鲁卡因注射剂制备任务报告单

任务名称		实训时间	
温度		湿度	
实训工具			
实训物料			
操作步骤			
结论			
操作者			

项目五   输液剂制备技术

输液指由静脉滴注输入体内的大剂量(一次给药在 100 mL 以上)注射液,是注射剂的一个分支,通常包装在玻璃或塑料的输液瓶或袋中,不含防腐剂或抑菌剂。使用时通过输液器调整滴速,持续而稳定地进入静脉。

输液在现代医疗中占有十分重要的地位,临床上已形成了独立的输液疗法。由于其用量大而且是直接进入血液,故质量要求高,生产工艺等亦与小容量注射剂有一定差异。

输液的分类及临床用途如下。

(1)电解质输液:用以补充体内水分、电解质,纠正体内酸碱平衡等,如氯化钠注射液、复方氯化钠注射液、乳酸钠注射液等。

(2)营养输液:用于不能口服吸收营养的患者,主要有糖类、氨基酸、维生素、脂肪乳等。糖类输液中最常用的为葡萄糖注射液。此外,还有果糖、木糖醇等。这些糖类糖尿病患者也能使用,因其在无胰岛素存在的情况下也可进行正常代谢,不致引起血糖升高。

(3)胶体输液:用于调节体内渗透压。胶体输液有多糖类、明胶类、高分子聚合物等,如右旋糖苷、淀粉衍生物、明胶、聚维酮等。

(4)含药输液:含有治疗药物的输液,如替硝唑输液、苦参碱输液等。

输液剂的质量要求与注射剂基本上是一致的,但由于这类产品注射量较大,故对无菌、无热原及澄明度这三项,更应特别注意。也是当前输液剂生产中存在的主要质量问题。含量、色泽、pH 也应符合要求。渗透压可为等渗或偏高渗,不能引起血象的任何异常变化。此外输液剂要求不能有产生过敏反应的异性蛋白及降压物质。输液剂中不得添加任何抑菌剂,并在贮存过程中质量稳定。

任务   葡萄糖输液剂制备操作

【知识目标】

(1)掌握输液剂的定义、分类。
(2)掌握输液剂的制备工艺流程、工序要点和质量检查。

【技能目标】

能按照输液剂制备流程制备葡萄糖输液剂。

【基本知识】

玻璃瓶包装输液剂的制备工艺流程,见图 4-9。

1.输液剂容器和其他包装材料处理方法

玻璃瓶是最传统的输液容器,其质量应符合国家标准。玻璃瓶具有透明、热稳定好、耐压、瓶体不变形等优点。塑料瓶亦称 PP 瓶,由医用聚丙烯塑料制成,现已广泛使用。软塑料袋吹

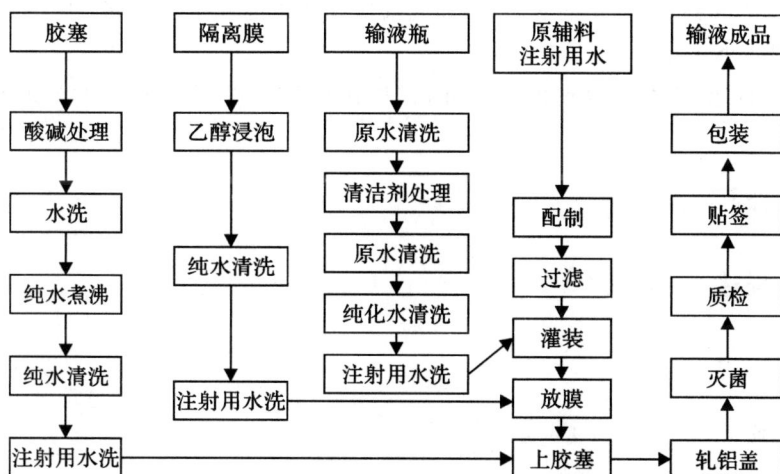

图 4-9 玻璃瓶包装输液剂制备工艺流程

塑成型后立即灌装药液,不仅减少污染,而且提高工效。它具有质轻、运输方便、不易破损、耐压等优点。输液瓶所用橡胶塞对输液的质量影响很大,因此对橡胶塞有严格的质量要求。橡胶塞先用酸碱法处理,水洗至 pH 呈中性,再用纯水煮沸 30 分钟,用注射用水洗净备用。我国规定使用合成橡胶塞,如丁基橡胶塞,具备诸多优异的物理和化学性能。

2. 输液剂配制

配液必须采用新鲜注射用水,原料应选用优质注射用原料。输液的配制,可根据原料质量,分别采用稀配法和浓配法。其操作方法与注射液的配制相同。配制输液时,常使用活性炭,具体用量视品种而异。活性炭有吸附热原、杂质和色素的作用,并可作助滤剂。

3. 输液过滤

同注射剂一样先预滤,然后用微孔滤膜精滤。预滤时,滤棒上应吸附一层活性炭,过滤开始,反复进行过滤至滤液澄明合格为止。过滤过程中,不要随便中断,以免冲动滤层,影响过滤质量,再用微孔滤膜精滤,滤膜孔径为 0.65 μm 或 0.85 μm。

4. 输液灌封

输液灌封由药液灌注、盖胶塞和轧铝三步连续完成。药液维持 50 ℃ 为好。目前药厂生产多用旋转式自动灌封机、自动翻塞机、自动落盖轧口机完成整个灌封过程,实现联动化、机械化生产。

5. 输液灭菌

灌封后的输液应立即灭菌,以减少微生物污染繁殖的机会。灭菌输液从配制到灭菌的时间间隔应尽量缩短,以不超过 4 小时为宜。输液通常采用热压灭菌,灭菌条件为 121 ℃、15 分钟或 116 ℃、40 分钟。塑料袋装输液常采用 109 ℃、45 分钟灭菌,且具有加压装置以防爆破。

6. 输液剂质量检查

输液剂由于其用量和给药方式与其他注射剂有所不同,故从生产工艺、设备、包装材料到质量要求等均有所区别。按照《中国药典》(2015 年版)规定需进行以下项目检查。

(1)可见异物与不溶性微粒检查:可见异物按《中国药典》(2015 年版)规定方法检查,应符合规定,如出现崩盖、歪盖、松盖、漏气、隔膜脱落的成品,应剔除。

(2)热原与无菌检查:对于输液,热原和无菌检查都非常重要,必须按《中国药典》(2015 年版)规定方法进行检查。

(3)含量、pH 及渗透压检查根据品种按《中国药典》(2015 年版)中该项下的各项规定进行。

【技能操作】

一、任务描述

处 方

注射用葡萄糖	125 g
1%盐酸	适量
注射用水	加至 500 mL

按照输液剂的制备流程和方法制备 25%葡萄糖输液剂。

二、操作步骤

要求在 120 分钟内完成下列任务。

1.课前准备

查到,检查工作服穿戴规范,清点相关设备,熟知任务报告单。

2.实验准备

(1)玻璃瓶的处理:用硫酸重铬酸钾清洁液洗涤,备用。

(2)垂熔玻璃滤器的处理:将垂熔玻璃滤器用纯化水冲洗干净,用 1%～2%硝酸钠硫酸液浸泡 12～24 小时,再用纯化水、注射用水反复抽洗至抽洗液中性且澄明,抽干、备用。

3.实训操作

(1)取葡萄糖加入已煮沸的注射用水 250 mL 中,搅拌使溶解。

(2)用盐酸调节 pH 至 3.8～4.0,加入活性炭 0.5 g,煮沸约 15 分钟。

(3)放冷至约 60 ℃,趁热用布氏漏斗抽滤除炭,滤液添加注射用水至 500 mL。

(4)用 3 号垂熔玻璃漏斗精滤至澄明,灌装 250 mL 输液瓶。

(5)再盖上丁基胶塞铝盖,用压盖机封固,116 ℃热压灭菌 40 分钟,检查包装,即得。

4.清场

按要求清场。

三、操作注意事项

(1)加入活性炭处理的目的在于吸附可能含有的菌体、热原、色素及蛋白质等,一般用量为浓配液量的 0.2%～1.0%,同时应选用符合注射用标准规格的活性炭。

(2)葡萄糖注射液的稳定性与 pH 密切相关,生产经验证明,pH 在 3.8～4.0 为最好。在 116 ℃热压灭菌 40 分钟,即可保证灭菌完全,又不致注射液颜色变黄或 pH 降低至不符合药典规定。

(3)本品采用浓配法制备,抽滤除炭时,药液温度不宜过高或过低,温度过高不利于杂质的凝聚析出而过滤除去,温度过低(如 40 ℃)时,又使滤过困难,故操作时应注意掌握。

四、实施条件

葡萄糖注射剂制备实施条件

项目	基本实施条件
场地	30 m² 以上的注射剂配制室
设备、工具	布氏漏斗、垂熔玻璃漏斗、灭菌器、压盖机
物料	注射用葡萄糖、盐酸、注射用水

五、评价标准

葡萄糖注射剂制备评价标准

评价内容	分值	考核点及评分细则
职业素养与操作规范 20 分	5	工作服穿着规范,双手洁净,不染指甲,不留长指甲,不披发得 5 分
	5	工作态度认真,遵守纪律得 5 分
	5	实验完毕后将工具等清理复位得 5 分
	5	规范清场并清理干净得 5 分
技能 80 分	10	输液瓶的处理,使用硫酸重铬酸钾洗涤得 10 分
	10	垂熔玻璃滤器的处理:使用硝酸钠硫酸浸泡洗涤得 10 分
	10	取葡萄糖加入已煮沸的注射用水 250 mL 中,搅拌使溶解得 10 分
	10	用盐酸调节 pH 至 3.8～4.0,加入活性炭 0.5g,煮沸约 15 分钟得 10 分
	10	放冷至约 60 ℃,趁热用布氏漏斗抽滤除炭,滤液添加注射用水至 500 mL 得 10 分
	25	用 3 号垂熔玻璃漏斗精滤至澄明,灌装 250 mL 输液瓶得 10 分
		再盖上丁基胶塞铝盖,用压口机封固得 5 分
		116 ℃ 热压灭菌 40 分钟,检查包装得 10 分
	5	澄明度检查合格得 5 分

六、任务报告单

葡萄糖注射剂制备任务报告单

任务名称		实训时间	
温度		湿度	
实训工具			
实训物料			
操作步骤			
结论			
操作者			

项目六　注射用无菌粉末制备技术

注射用无菌粉末亦称粉针剂,指药物制成的供临用前用适宜的无菌溶液配制成澄清溶液或均匀混悬液的无菌粉末或无菌的块状物,可用适宜的注射用溶剂配制后注射,也可用静脉输液配制后静脉滴注。注射用无菌粉末在标签中应标明所用溶剂。

在水溶液中不稳定的药物,特别是一些对湿热十分敏感的抗生素类药物及酶或血浆等生物制品,如青霉素 G 的钾盐和钠盐、头孢菌素类及一些酶制剂(胰蛋白酶、辅酶 A 等),用一般药剂学稳定化技术尚难得到满意的注射剂产品时,可制成固体形态的注射剂。

根据生产工艺条件和药物性质不同,注射用无菌粉末分为两种:一种是用冷冻干燥工艺制得,称为注射用冷冻干燥制品(简称冻干粉针);另一种是用适宜方法制得的粉末无菌分装制得,称为注射用无菌分装制品。

粉针剂为非最终灭菌药品,其生产必须采用高洁净度控制技术工艺。注射用无菌粉末的质量应按照《中国药典》(2015 年版)附录的规定,进行装量差异、不溶性微粒、无菌、含量均匀度等项目检查,并符合规定。

任务　注射用细胞色素 C 制备操作

【知识目标】

(1)掌握注射用无菌粉末的概念、分类。
(2)掌握注射用无菌粉末的制备工艺和质量检查。
(3)了解注射用冷冻干燥制品的制备原理。

【技能目标】

能按照注射用冷冻干燥制品工艺流程制备注射用无菌粉末。

【基本知识】

一、注射用无菌分装制品的生产

注射用无菌分装制品是将符合注射用要求的药物粉末,在高洁净度控制技术工艺条件下直接分装于洁净灭菌的西林小瓶中,密封制成的粉针剂。药物若能耐受一定的温度,则可进行补充灭菌。

1.原辅料准备

西林小瓶及胶塞均按规定方法处理,但均需灭菌。玻璃瓶可 180 ℃干热灭菌 1.5 小时,胶塞洗净后要用硅油进行硅处理,再用 125 ℃干热灭菌 2.5 小时。灭菌空瓶的存放柜应有净化空气保护,存放时间不超过 24 小时。无菌原料可采用无菌结晶法、喷雾干燥法精制或发酵法制备而成,必要时需进行粉碎、过筛等操作。

2.分装

分装必须在规定的清洁环境中按照无菌生产工艺操作进行。目前使用的分装机械有螺杆式分装机、气流式分装机等。进瓶、分装、压塞或封口在局部 A 级层流装置下进行;分装后应立即加塞、轧铝盖密封。

3.灭菌和异物检查

对于能耐热的品种如青霉素,可进行补充灭菌,以确保安全。对于不耐热的品种,必须严格高洁净度控制技术工艺操作。异物检查一般在传送带上,用目检视。

4.印字、贴签与包装

目前生产上均已实现机械化,印字或贴印有药物名称、规格、批号、用法等的标签,并装盒。

二、注射用冷冻干燥制品的生产

注射用冷冻干燥制品是将药物制成无菌水溶液,进行无菌灌装,再经冷冻干燥,在无菌生产工艺条件下封口制成的粉针剂。凡对热敏感、在水溶液中不稳定的药物,可采用此法制备。冷冻干燥的原理是将被干燥的物品先冻结到三相平衡点温度以下,然后在真空条件下,缓缓加热,使物品中的固态水分(冰)直接升华成水蒸气,从物品中排除达到干燥。注射用冷冻干燥制品的工艺流程,见图 4-10。

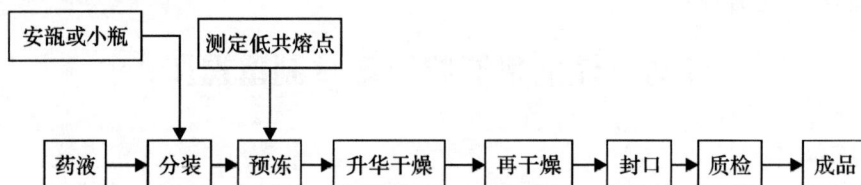

图 4-10　注射用冷冻干燥制品的工艺流程

1.测定产品低共熔点

新产品冻干时,先应预测出其低共熔点,然后控制冷冻温度在低共熔点以下,以保证冷冻干燥的顺利进行。低共熔点是在水溶液冷却过程中,冰和溶质同时析出结晶混合物(低共熔混合物)时的温度。

2.配液、滤过和分装

冻干前的原辅料、西林小瓶需按适宜的方法处理,然后进行配液、无菌过滤和分装,其制备应在 A 级洁净条件下操作。当药物剂量和体积较小时,需加适宜稀释剂(甘露醇、乳糖、山梨醇、右旋糖酐、牛白蛋白、明胶、氯化钠和磷酸钠等)以增加容积。溶液经无菌滤过($0.22~\mu m$ 微孔滤膜)后分装在灭菌西林瓶内,容器的余留空间应较水性注射液大,一般分装容器的液面深度为 $1\sim2~cm$,最深不超过容器深度的 1/2。

3.预冻

预冻指在恒压降温过程中,随着温度下降,药液形成固体,一般应将温度降至低于共熔点以下 10~20℃,以保证冷冻彻底无液体存在。预冻方法包括速冻法和慢冻法。速冻法降温速度快,易形成细微冰晶,制得产品疏松易溶,且对生物活性物质(如酶类、活菌、活病毒等)破坏小,但可能出现冻结不实;慢冻法降温速度慢,冻结较实,但形成的结晶较粗。在实际工作中应按药液性质采用不同的冷冻方法。

4. 升华干燥

首先将冷冻体系进行恒温减压,至一定真空度后关闭冷冻机,缓缓加热,以供给制品在升华过程中所需的热量,使体系中的水分基本除尽,进行再干燥。针对结构较复杂、黏度大及熔点低的制品,如蜂蜜、蜂王浆等,可采用反复预冻升华法。

5. 再干燥

升华完成后使体系温度升高,具体温度根据制品的性质确定,如0℃或25℃,保持一定的时间使残留的水分与水蒸气被进一步抽尽。

6. 加塞、封口

冷冻干燥完毕,从冷冻机中取出分装瓶,加塞、封口。国外有些设备已设计自动加塞装置,西林小瓶从冻干机中取出之前,能自动压塞,避免污染。为此还有专门设计的橡皮塞,在分装液体后,橡皮塞被放置于瓶口上,因橡皮塞下部分有一些缺口,可使水分升华逸出。

【技能操作】

一、任务描述

处方

细胞色素 C	15 mg
葡萄糖	15 mg
亚硫酸钠	2.5 mg
亚硫酸氢钠	2.5 mg
注射用水	0.7 mL

按照注射用冷冻干燥制品生产工艺制备注射用细胞色素 C。

二、操作步骤

要求在90分钟内完成下列任务。

1. 课前准备

查到,检查工作服穿戴规范,清点相关设备,熟知任务报告单。

2. 实验准备

(1)西林瓶的处理:分别使用纯化水、注射用水清洗西林瓶,然后120~140℃烘干、250℃灭菌,备用。

(2)胶塞的处理:分别使用纯化水、注射用水清洗胶塞,使用湿热121℃,30分钟灭菌,备用。

3. 实训操作

(1)在无菌操作室中,称取细胞色素 C、葡萄糖,置于适当的容器中,加注射用水,在氮气流下加热(75℃以下),搅拌并使之溶解。

(2)再加入亚硫酸钠与亚硫酸氢钠使溶解,用2 mol/L的 NaOH 溶液调节 pH 至7.0~7.2。

(3)加配制量的0.1%~0.2%的针用活性炭,搅拌数分钟,滤过。

(4)测定 pH 后精滤,分装于西林瓶中。

(5)开启冷冻干燥机,低温冷冻干燥。

(6)34 小时后停机,观察产品。

4.清场

按要求清场。

三、操作注意事项

(1)加热之前,要用氮气流置换完容器中的空气。

(2)预冻要完全,在共熔点以下 10～20 ℃,加热升温不超过共熔点。

四、实施条件

注射用细胞色素 C 制备实施条件

项目	基本实施条件
场地	30 m² 以上的无菌注射剂配制室
设备、工具	灌装机、微孔滤膜滤器、冷冻干燥机
物料	细胞色素 C、葡萄糖、氢氧化钠、注射用水、亚硫酸钠、亚硫酸氢钠

五、评价标准

注射用细胞色素 C 制备评价标准

评价内容	分值	考核点及评分细则
职业素养与操作规范 20分	5	工作服穿着规范,双手洁净,不染指甲,不留长指甲,不披发得 5 分
	5	工作态度认真,遵守纪律得 5 分
	5	实验完毕后将工具等清理复位得 5 分
	5	规范清场并清理干净得 5 分
技能 80分	10	西林瓶的处理,使用纯化水和注射用水洗瓶,140 ℃烘瓶,250 ℃灭菌得 10 分
	10	胶塞的处理:分别使用纯化水、注射用水清洗胶塞,使用湿热 121 ℃,30 分钟灭菌得 10 分
	10	称取细胞色素 C、葡萄糖,置于适当的容器中,加注射用水,在氮气流下加热(75 ℃以下),搅拌并使之溶解得 10 分
	10	加入亚硫酸钠与亚硫酸氢钠使溶解,用 2 mol/L 的 NaOH 溶液调节 pH 至 7.0～7.2 得 10 分
	10	加配制量的 0.1%～0.2%的针用活性炭,搅拌数分钟,滤过得 10 分
	20	测定 pH,合格后精滤,分装于西林瓶中得 10 分 真空冷冻干燥机的正确使用得 10 分
	10	34 小时后,停机,拿出产品得 5 分 产品外观符合要求得 5 分

六、任务报告单

注射用细胞色素 C 制备任务报告单

任务名称		实训时间	
温度		湿度	
实训工具			
实训物料			
操作步骤			
结论			
操作者			

项目七　滴眼剂制备技术

　　滴眼剂指由药物与适宜辅料制成的供滴入眼内的无菌液体制剂。以水溶液为主,包括少数水性混悬液,也有将药物做成片剂等固态形式,临用时配成水溶液。滴眼剂常用于消炎杀菌、散瞳缩睑、降低眼压、麻醉或诊断,也可用于润滑或代替泪液等。

一、滴眼剂要求

　　滴眼剂虽然是外用剂型,但质量要求类似注射剂,对 pH、渗透压、无菌、澄明度等都有一定的要求。

　　1. pH

　　pH 对滴眼剂有重要的影响,由 pH 不当而引起的刺激性,可增加泪液的分泌,导致药物迅速流失,甚至损伤角膜。正常眼可耐受的 pH 为 5.0~9.0。

　　2. 渗透压

　　眼球能适应的渗透压范围相当于浓度为 0.6%~1.5% 的氯化钠溶液,超过 2% 就有明显的不适。

　　3. 无菌

　　眼部有无外伤是滴眼剂无菌要求严格程度的界限。

　　4. 可见异物(澄明度)

　　滴眼剂的澄明度要求比注射剂要低些。

　　5. 黏度

　　滴眼剂的黏度适当增大可使药物在眼内停留时间延长,从而增强药物的作用,同时黏度增加后减少刺激作用,也能增加药效。合适的黏度为 4.0~5.0 Pa·s。

　　6. 稳定性

　　眼用溶液类似注射剂,也要注意稳定性问题。

二、滴眼剂附加剂

　　1. pH 调节剂

　　由于主药的溶解度、稳定性、疗效或改善刺激性等的需要,往往对滴眼剂的 pH 进行调整。滴眼剂的最佳 pH,应是刺激性最小、药物溶解度最大和制剂稳定性最强时的 pH。常用的 pH 缓冲液有磷酸盐缓冲液、硼酸盐缓冲液和硼酸溶液。

　　2. 等渗调节剂

　　滴眼剂应与泪液等渗,渗透压过高或过低对眼都有刺激性,常用的等渗调节剂有氯化钠、葡萄糖、硼酸、硼砂等。

　　3. 抑菌剂

　　一般滴眼剂是多剂量制剂,使用过程中无法始终保持无菌,因此需要加入适当抑菌剂。包括有机汞、季铵盐类、醇类、脂类和酸类。

4.**增稠剂**

常用的增稠剂是甲基纤维素。

5.**稳定剂、增溶剂与助溶剂**

对于不稳定药物,需加抗氧剂和金属整合剂;溶解度小的药物需加增溶剂或助溶剂;大分子药物吸收不佳时可加吸收促进剂。

任务 氯霉素滴眼液制备操作

【知识目标】

(1)掌握滴眼剂的概念、质量要求。

(2)掌握滴眼剂的附加剂。

【技能目标】

能按照滴眼剂生产工艺制备合格的氯霉素滴眼液。

【基本知识】

滴眼剂的制备一般有下列三种生产工艺:

(1)药物性质稳定者,采用下列生产工艺生产,见图4-11。

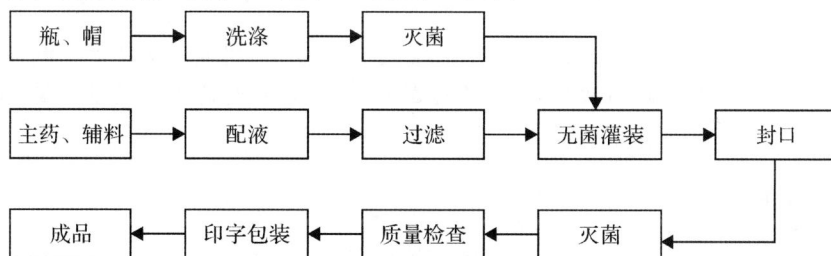

图4-11 滴眼剂制备工艺流程

(2)主药不耐热的品种,全部采用无菌操作法制备。

(3)对用于眼部手术或眼外伤的制剂,必须制成单剂量包装制剂。如用安瓿,按注射剂产工艺进行,保证完全无菌。

【技能操作】

一、任务描述

处 方

氯霉素	0.25 g
硼酸	1.9 g
硼砂	0.038 g
硫柳汞	0.004 g
注射用水	加至 100 mL

按照滴眼剂生产工艺制备氯霉素滴眼液。

二、操作步骤

要求在 90 分钟内完成下列任务。

1.课前准备

查到,检查工作服穿戴规范,清点相关设备,熟知任务报告单。

2.实验准备

塑料滴眼瓶切开封口,用真空灌装器将滤过注射用水灌入滴眼瓶中,然后用甩水机将瓶中的水甩干,如此反复三次,洗涤液经检查澄明度符合要求,甩干,必要时用气体灭菌,然后避菌存放备用。

3.实训操作

(1)取注射用水约 90 mL,加热至沸,加入硼酸、硼砂使溶。

(2)待冷却至约 40 ℃,加入氯霉素、硫柳汞搅拌使溶,加注射用水至 100 mL。

(3)精滤至澄明后,100 ℃流通蒸汽灭菌 30 分钟。

(4)无菌分装,质量检查,即得。

4.清场

按要求清场。

三、操作注意事项

(1)氯霉素易水解,但其水溶液在弱酸性时较稳定,本品选用硼酸缓冲液来调整 pH。

(2)氯霉素滴眼液在储藏过程中,效价常逐渐降低,故配液时适当提高投料量,使在有效储藏期间,效价能保持在规定含量以内。

四、实施条件

氯霉素滴眼剂制备实施条件

项目	基本实施条件
场地	30 m² 以上的无菌分装室
设备、工具	甩水机、微孔滤膜滤器、流通蒸汽灭菌器
物料	氯霉素、硼砂、硼酸、硫柳汞、注射用水

五、评价标准

氯霉素滴眼剂制备评价标准

评价内容	分值	考核点及评分细则
职业素养与操作规范 20分	5	工作服穿着规范,双手洁净,不染指甲,不留长指甲,不披发得 5 分
	5	工作态度认真,遵守纪律得 5 分
	5	实验完毕后将工具等清理复位得 5 分
	5	规范清场并清理干净得 5 分

评价内容	分值	考核点及评分细则
技能 80分	10	容器处理得当得10分
	10	注射用水约90 mL,加热至沸得10分
	10	硼酸、硼砂溶解得10分
	10	溶液冷却到40 ℃得10分
	10	氯霉素、硫柳汞搅拌使溶解,加注射用水至100 mL得10分
	10	精滤至澄明后得10分
	10	灌装得10分
	10	100 ℃流通蒸汽灭菌30分钟得10分

六、任务报告单

氯霉素滴眼剂制备任务报告单

任务名称		实训时间	
温度		湿度	
实训工具			
实训物料			
操作步骤			
结论			
操作者			

模块五　其他制剂技术

其他制剂主要包括栓剂、软膏剂、膜剂、中药丸剂、滴丸剂、气雾剂等剂型,在临床应用比较广泛。

项目一　栓剂制备技术

一、栓剂概述

栓剂指将药物和适宜的基质制成的具有一定形状供腔道给药的固体外用制剂。栓剂在常温下为固体,塞入人体腔道后,在体温下迅速软化,熔融或溶解于分泌液,逐渐释放药物而产生局部或全身作用。栓剂因使用腔道不同而有不同的名称,如肛门栓、阴道栓、尿道栓、喉道栓、耳用栓和鼻用栓等。

1.栓剂分类

目前,常用的栓剂有肛门栓、尿道栓和阴道栓。肛门栓有圆锥形、圆柱形、鱼雷形等形状(图5-1)。每颗重量约2g,儿童用约1g,长3~4cm。其中以鱼雷形较好,因塞入肛门后,易进入直肠内。阴道栓有球形、卵形、鸭嘴形等形状(图5-2),每颗重量3~5g,直径1.5~2.5cm,其中鸭嘴形较好,因相同重量的栓剂,鸭嘴形的表面积最大。尿道栓呈笔形、棒状。男性用尿道栓约4g,长4cm;女性用尿道栓约2g,长7cm。最近也出现了作为直肠用胶囊插入到肛门内的软胶囊。

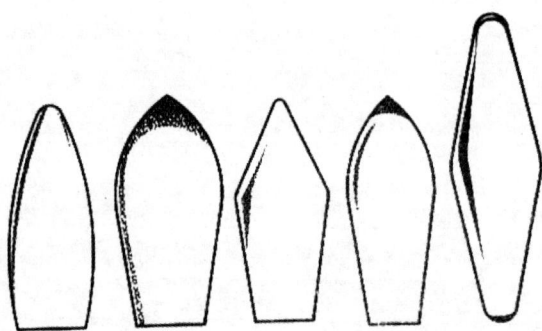

图5-1　肛门栓

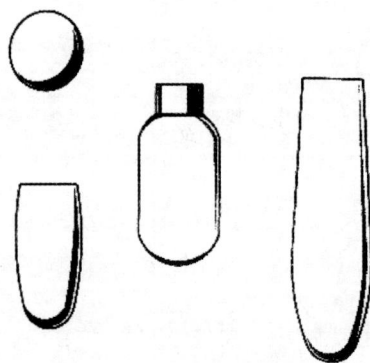

图5-2　阴道栓

2.栓剂作用特点

栓剂最初作为肛门、阴道等部位的用药主要以局部作用为目的,如润滑、收敛、抗菌、杀虫、局麻等。但是,后来研究发现通过直肠给药可以避免肝首过效应及不受胃肠道的影响,并且适合于对于口服片剂、胶囊、散剂有困难的患者用药,因此,栓剂的全身治疗作用越来越受到重视。由于新基质的不断出现和工业化生产的可行性，国外生产栓剂的品种和数量明显增加。目前，以局部作用为目的的栓剂有消炎药、局部麻醉药、杀菌剂等，以全身作用为目的的制剂有解热镇痛药、抗生素类药、肾上腺皮质激素药、抗恶性肿瘤药等。

3.栓剂质量要求

药物与基质应混合均匀，栓剂外形应完整光滑；塞入腔道后应无刺激性，应能融化、软化或溶解，并与分泌液混合，逐步释放出药物，产生局部或全身作用；并应有适宜的硬度，以免在包装、贮藏或使用时变形。

二、栓剂吸收途径及其影响因素

1.药物直肠吸收有三条途径

①通过门肝系统：塞入距肛门 6 cm 处，药物经直肠上静脉入门静脉，经肝脏代谢后，再进入血液循环；②不通过门肝系统：塞入距肛门 2 cm 处，有 50%～70% 药物经直肠中下静脉和肛管静脉进入下腔静脉，绕过肝脏直接进入血液循环；③药物经直肠黏膜进入淋巴系统，淋巴系统对直肠药物的吸收几乎与血液处于相同的地位。

2.影响药物直肠吸收的主要因素

①吸收途径：不同吸收途径，药物从直肠部位吸收的速率和程度亦不同。②生理因素：肠内容物少，药物有较大的机会接触直肠和结肠的表面，所以可在应用栓剂前先灌肠排便以获得较好的吸收效果。其他情况如腹泻及组织脱水等均能影响药物从直肠部位吸收的速率和程度。③pH 值及直肠液缓冲能力：直肠的缓冲能力较弱，直肠的 pH 值主要由溶解的药物决定。弱酸、弱碱比强酸、强碱、强电离药物更易吸收，分子型药物易透过肠黏膜，而离子型药物则不易透过。④药物的理化性质：溶解度、粒度、解离度等都可影响药物从直肠部位的吸收。⑤基质对药物作用的影响：基质不同释放药物的速度也不同，从而影响药物的吸收。

三、栓剂处方组成

栓剂中的药物：加入后可溶于基质中，也可混悬于基质中。供制栓剂用的难溶性固体药物，除另有规定外，应预先用适宜方法制成细粉，并全部通过六号筛。根据施用腔道和使用目的的不同，制成各种适宜的形状。

(一)栓剂基质

用于制备栓剂的基质应具备下列要求：①室温时具有适宜的硬度，当塞入腔道时不变形，不破碎。在体温下易软化、融化，能与体液混合和溶于体液；②具有润湿或乳化能力，水值较高；③不因晶形的软化而影响栓剂的成型；④基质的熔点与凝固点的间距不宜过大，油脂性基质的酸价在 0.2 以下，皂化值应在 200～245 间，碘价低于 7；⑤应用冷压法及热熔法制备栓剂，且易于脱模。基质不仅赋予药物成型，且可影响药物的作用。局部作用要求释放缓慢而持久，全身作用要求引入腔道后迅速释药。基质主要分油脂性基质和水溶性基质两大类。

1.油脂性基质

油脂性基质的栓剂中，如药物为水溶性的，则药物能很快释放于体液中，机体作用较快。如药物为脂溶性的，则药物必须先从油相中转入水相体液中，才能发挥作用。转相与药物的油水分配系数有关。

(1)可可豆脂：可可豆脂是梧桐科植物可可树种仁中得到的一种固体脂肪。主是含有硬脂酸、棕榈酸、油酸、亚油酸和月桂酸的甘油酯，其中可可碱含量可高达 2%。可可豆脂为白色或淡黄色、脆性蜡状固体。有 α、β、β′、γ 四种晶型,其中以 β 型最稳定,熔点为 34 ℃。通常应缓缓升温加热待熔化至 2/3 时,停止加热,让余热使其全部熔化,以避免产生上述多晶型混合物。每 100 g 可可豆脂可吸收 20～30 g 水,若加入 5%～10%吐温可增加吸水量,且还有助于药物混悬在基质中。

(2)半合成脂肪酸甘油酯:由椰子或棕榈种子等天然植物油水解、分馏所得 C_{12}～C_{18} 游离脂肪酸,经部分氢化再与甘油酯化而得的三酯、二酯、一酯的混合物,即称半合成脂肪酸酯。这类基质化学性质稳定,成形性能良好,具有保湿性和适宜的熔点,不易酸败,目前为取代天然油脂的较理想的栓剂基质。国内已生产的有半合成椰油酯、半合成山苍子油酯、半合成棕榈油酯等。

(3)全合成脂肪酸酯:常用硬脂酸丙二醇酯,系由硬脂酸和丙二醇经酯化而成,是硬脂酸丙二醇单酯和双酯的混合物,为乳白色或微黄色蜡状固体,略有脂肪臭,水中不溶,遇热水可膨胀。熔程为 36～38 ℃,对腔道黏膜无明显刺激性,安全无毒。

2.水溶性基质

(1)甘油明胶:甘油明胶系将明胶、甘油、水按一定的比例(70∶20∶10)在水浴上加热融合,蒸去大部分水,放冷后经凝固而制得。本品具有很好的弹性,不易折断,且在体温下不融化,但能软化、缓慢溶于分泌液中,缓慢释放药物。其溶解速度与明胶、甘油及水三者的用量有关,甘油与水的含量越高则越容易溶解,且甘油能防止栓剂干燥变硬。通常用量为明胶与甘油约等量,水分含量在 10%以下。水分过多成品变软。

本品多用做阴道栓剂基质,明胶是胶原的水解产物,凡与蛋白质能产生配伍变化的药物,如鞣酸、重金属盐等均不能用甘油明胶作基质。

(2)聚乙二醇(PEG):为结晶性载体,易溶于水,熔点较低,多用熔融法制备成形,为难溶性药物的常用载体。于体温不熔化,但能缓缓溶于体液中而释放药物。本品吸湿性较强,对黏膜有一定刺激性,加入约 20%的水,则可减轻刺激性。为避免刺激还可在纳入腔道前先用水湿润,也可在栓剂表面涂一层蜡醇或硬脂醇薄膜。PEG 栓剂基质中含 30%～50%的液体,其硬度为 2～2.7 kg/cm²,接近或等于可可豆脂的硬度,其硬度较为适宜。栓剂在水中的溶解度随液体 PEG 比例的增多而加速。如 PEG-4000 中加入 PEG-400 时,一般含 30% PEG-400 为最佳。PEG 基质不宜与银盐、鞣酸、奎宁、水杨酸、乙酰水杨酸、苯佐卡因、氯碘喹啉、磺胺类配伍。

(3)聚氧乙烯(40)单硬脂酸酯:聚乙二醇的单硬脂酸酯和二硬脂酸酯的混合物,并含有游离乙二醇,呈白色或微黄色,无臭或稍有脂肪臭味的蜡状固体。熔点为 39～45 ℃;可溶于水、乙醇、丙酮等,不溶于液体石蜡。商品名为 Myri52,商品代号为 S-40,S-40 可以与 PEG 混合使用,可制得崩解、释放性能较好的稳定的栓剂。

(4)泊洛沙姆:本品为乙烯氧化物和丙烯氧化物的嵌段聚合物(聚醚),为一种表面活性剂。易溶于水,能与许多药物形成空隙固溶体。本品型号有多种,随聚合度增大,物态从液体、半固体至蜡状固体,易溶于水,可用做栓剂基质。较常用的型号为 188 型,商品名为 Pluronic F68,熔点为 52 ℃。型号 188,编号的前两位数 18 表示聚氧丙烯链段分子量为 1800(实际为 1750),第三位 8 乘以 10%为聚氧乙烯分子量占整个分子量的百分比,即 8×10%＝80%。本品能促进药物的吸收并起到缓释与延效的作用。

(二)附加剂

栓剂的处方中,根据不同目的需加入一些附加剂。

1.硬化剂

若制得的栓剂在贮藏或使用时过软,可加入适量的硬化剂,如白蜡、鲸蜡醇、硬脂酸、巴西棕榈蜡等调节。

2.增稠剂

当药物与基质混合时,因机械搅拌情况不良或生理上需要时,栓剂制品中可加增稠剂,常用的增稠剂有氢化蓖麻油、单硬脂酸甘油酯、硬脂酸铝等。

3.乳化剂

当栓剂处方中含有与基质不能相混合的液相时,特别是在此相含量较高时(大于5%),可加入适量的乳化剂。

4.吸收促进剂

起全身治疗作用的栓剂,可加入吸收促进剂以增加直肠黏膜对药物的吸收。常用的吸收促进剂有表面活性剂、氮酮等,此外尚有氨基酸乙胺衍生物、乙酰醋酸酯类、β-二羧酸酯、芳香族酸性化合物、脂肪族酸性化合物也可作为吸收促进剂。

5.着色剂

可选用脂溶性着色剂,也可选用水溶性着色剂,但加入水溶性着色剂时,必须注意加水后对 pH 和乳化剂乳化效率的影响,还应注意控制脂肪的水解和栓剂中的色移现象。

6.抗氧剂

对易氧化的药物应加入抗氧剂,如叔丁基羟基茴香醚(BHA)、叔丁基对甲酚(BHT)、没食子酸酯类等。

7.防腐剂

当栓剂中含有植物浸膏或水性溶液时,可使用防腐剂及抗菌剂,如对羟基苯甲酸酯类。使用防腐剂时应验证其溶解度、有效剂量、配伍禁忌以及直肠对它的耐受性。

任务一　甘油直肠栓制备操作

【知识目标】

(1)掌握栓剂的概念、种类及质量要求。
(2)熟悉栓剂的处方组成,常用基质的种类及附加剂。
(3)掌握栓剂的制备工艺。

【技能目标】

能按热熔法的制备流程方法制备出合格的甘油直肠栓剂。

【基本知识】

栓剂的制备基本方法有二种:冷压法与热熔法。

一、冷压法

冷压法主要适用于油脂性基质的栓剂。制备时将药物与基质锉成粉末置于冷却的容器中混合均匀,然后装入制栓模型机内压成一定形状的栓剂。冷压法避免了加热对主药和基质定性的影响,不溶性药物也不会在基质中沉降,但生产效率不高,成品中往往夹带到气泡而不易控制重量。

二、热熔法

热熔法应用较广泛,适合小量和大量生产。先将计算量的基质粉末用水浴或蒸汽浴加热熔化,温度不易过高,然后按药物性质以不同方法加入,混合均匀,倾入冷却并涂有润滑剂的模型中至稍溢出模口为度。放冷,待完全凝固后,削去溢出部分,开模取出,即得。

小量生产时采用栓剂模型,见图5-3,一般用金属制成,表面镀铬或镍,以免金属与药发生作用。有的栓剂还需木制栓剂模型,如避孕栓因含醋酸苯汞,忌与金属接触。也有用硬质塑料、橡胶制成的。工厂生产一般均已采用机械自动化操作来完成,常用全自动栓剂灌装机生产,见图5-4。

图5-3　栓剂模型　　　　　　图5-4　全自动栓剂灌装机

栓剂模孔内涂的润滑剂通常有两类:①脂肪性基质的栓剂,常用软肥皂、甘油各一份与95%乙醇五份混合所得;②水溶性或亲水性基质的栓剂,则用油类为润滑剂,如液状石蜡或植物油等。有的基质不粘模,如可可豆脂或聚乙二醇类,可不用润滑剂。

栓剂制备中基质用量的确定:通常情况下栓剂模型的容量是固定的,但它会因基质或药物的密度不同容纳不同的重量。而一般栓模所容纳的重量(如1 g或2 g重)指以可可豆脂为代表的基质重量。加入药物会占有一定体积,特别是不溶于基质的药物。为保持栓剂原有体积,就要考虑引入置换价的概念。药物的重量与同体积基质重量的比值称为该药物对基质的置换价。可以用下述方法和公式求得某药物对某基质的置换价:

$$DV = \frac{W}{G-(M-W)}$$

式中,G为纯基质平均栓重;M为含药栓的平均重量;W为每个栓剂的平均含药重量。

测定方法:取基质作空白栓,称得平均重量为G,另取基质与药物定量混合做成含药栓,称得平均重量为M,每粒栓剂中药物的平均重量为W,将这些数据代入上式,即可求得某药物对某一新基质的置换价。

用测定的置换价可以方便地计算出制备这种含药栓需要基质的重量x:

$$x = (G - \frac{W}{DV}) \cdot n$$

式中,W为处方中药物的剂量;n为拟制备栓剂的枚数。

三、栓剂的质量评价与包装贮藏

1.栓剂质量评价

《中国药典》(2015 年版)规定,栓剂的一般质量要求:药物与基质应混合均匀,栓剂外形应完整光滑;塞入腔道后应无刺激性,应能融化、软化或溶解,并与分泌液混合,逐步释放出药物,产生局部或全身作用;并应有适宜的硬度,以免在包装、贮藏或用时变形。并应做重量差异和融变时限等多项检查。

(1)重量差异:检查方法为取栓剂 10 粒,精密称定总重量,求得平均粒重后,再分别精密称定各粒的重量。每粒重量与平均粒重相比较(有标示粒重的中药栓剂,每粒重量应与标示粒重比较),超出重量差异限度的药粒不得多于 1 粒,并不得超出限度 1 倍。栓剂重量差异限度见表 5-1。

表 5-1 栓剂重量差异限度表

平均重量/g	重量差异限度/%
1.0 以下至 1.0	±10
1.0 以上至 3.0	±7.5
3.0 以上	±5

(2)融变时限:除另有规定外,照融变时限检查法(通则 0922)检查,应符合规定。脂肪性基质的栓剂 3 粒均应在 30 分钟内全部融化、软化或触压时无硬心。水溶性基质的栓剂 3 粒在 60 分钟内全部溶解,如有 1 粒不合格应另取 3 粒复试,均应符合规定。

(3)微生物限度:除另有规定外,照非无菌产品微生物限度检查,即微生物计数法(通则 1105)、控制菌检查法(通则 1106)及非无菌药品微生物限度标准(通则 107)检查,应符合规定。

(4)药物溶出速度和吸收试验:药物溶出速度和吸收试验可作为栓剂质量检查的参考项目。

1)溶出速度试验:常采用的方法是将待测栓剂置于透析管的滤纸筒中或适宜的微孔滤膜中,于 37 ℃每隔一定时间取样测定,每次取样后需补充同体积的溶出介质,求出介质中的药物量,作为在一定条件下基质中药物溶出速度的参考指标。

2)体内吸收试验:可用家兔做实验,开始时剂量不超过口服剂量,以后再两倍或三倍地增加剂量。给药后按一定时间间隔抽取血液或收集尿液测定药物浓度。最后计算动物体内药物吸收的动力学参数和 AUC 等。

(5)稳定性和刺激性试验:①稳定性试验是将栓剂在室温(25±3)℃和 4 ℃下贮存,定期检查外观变化和软化点范围、主药的含量及药物的体外释放。②刺激性试验对黏膜刺激性检查,一般用动物实验。即将基质检品的粉末、溶液或栓剂,施于家兔的眼黏膜上,或塞入动物的直肠、阴道,观察有何异常反应。在动物实验基础上,临床验证多在人体肛门或阴道中观察用药部位有无灼痛、刺激以及不适感觉等反应。

2.栓剂包装贮藏

栓剂包装的形式很多,通常是将栓剂逐个嵌入无毒塑料硬片的凹槽中,再将另一张配对的塑料硬片盖上,然后用高频热合器将两张硬塑料片热合在一起。采用自动制栓包装的联动线,使制栓与包装联动在一起,能更好地保证栓剂质量。常用的包装材料是铝箔或塑料。除另有规定外,栓剂应在 30 ℃以下密闭储存,防止因受热、受潮而变形、发霉和变质等。油脂性基质的栓剂应避热,最好在冰箱〔(0±2)℃〕中储存。甘油明胶类水溶性基质的栓剂,既要防止受潮软化和变形,又要避免干燥失水、变硬或收缩,所以应密闭、低温储存。

【技能操作】

一、任务描述

处 方

甘油	32 g
硬脂酸	3.2 g
干燥碳酸钠	0.8 g
蒸馏水	4.0 g
制成肛门栓	12 粒

按热熔法的制备流程方法将处方物料制成合格的甘油直肠栓剂。

二、操作步骤

要求在 45 分钟内完成下列任务。

1.课前准备

查到,检查工作服穿戴规范,清点仪器、药品、试剂,熟知任务报告单。

2.称量

根据所给的任务,选择符合要求的天平,按称量标准操作称量药品。

3.粉碎

硬脂酸用研钵研细,过 6 号筛。

4.选择正确的栓模

选择直肠栓栓模,洗净并烘干,用适当的润滑剂进行润滑。

5.溶解

加处方量的水,搅拌完全溶解碳酸钠。

6.混合

碳酸钠完全溶解后加入甘油混合,100 ℃水浴加热 5 分钟后,缓慢加入硬脂酸细粉,并边加边搅拌,去除气泡,成澄清液体。

7.注模

将加入药物的基质迅速的倾入已涂脱模剂的栓模中,至稍溢出模口。

8.冷却

放冷后用刀片削去溢出部分,脱模,即得。

9.清场

任务完成后,将量器、试剂、药品等归还于原位并清理实验桌面。

三、操作注意事项

(1)欲求外观透明,皂化必须完全,加酸搅拌不宜太快,以免搅入气泡。制备甘油栓时,水浴要保持沸腾,硬脂酸细粉应少量分次加入,与碳酸钠充分反应,直至泡沸停止,溶液澄明,皂化反应完全才能停止加热。

(2)碱量比理论量超过 10％～15％,皂化快,成品软而透明。

(3)水分含量不宜过多,否则成品浑浊,也有主张不加水的。

(4)栓模预热至 80 ℃ 左右,注模后应缓慢冷却,成品硬度更适宜。

四、实施条件

甘油直肠栓制备实施条件

项目	基本实施条件
场地	50 m² 以上的药物制剂室
设备、工具	栓模、恒温水浴锅、电子天平、烧杯、蒸发皿、药匙、玻棒、纱布、镊子、刀片等
物料	甘油、硬脂酸、干燥碳酸钠、纯化水

五、评价标准

甘油直肠栓制备评价标准

评价内容		分值	考核点及评分细则
职业素养与操作规范 20 分		5	工作服穿着规范,双手洁净,不染指甲,不留长指甲,不披发得 5 分
		5	爱护仪器,不浪费药品、试剂,及时记录实验数据得 5 分
		5	实验完毕后将仪器、药品、试剂等清理复位得 5 分
		5	清场得 5 分
技能 80 分	制备前操作	5	正确使用天平并称出处方物料得 5 分
		10	正确选用栓模得 5 分
			洗净烘干得 5 分
	药液制备	5	硬脂酸的粉碎得 5 分
		5	碳酸钠的正确溶解得 5 分
		10	甘油的加入顺序(待碳酸钠完全溶解后加入甘油混合)正确得 5 分
			甘油加入后置水浴 100 ℃ 加热得 5 分
		5	缓慢加入硬脂酸细粉,并边加边搅拌得 5 分
		5	水浴中保温,直至溶液澄明得 5 分
	注模	5	栓模涂抹润滑剂得 5 分
		10	趁热将药液灌装入栓模得 10 分
		5	灌装至药液稍稍溢出栓模得 5 分
		10	待栓模和栓孔栓剂冷却、用刀片刮去多余部分得 10 分
		5	从栓模中正确取出栓剂且栓剂内无气泡,透明得 5 分

六、任务报告书

甘油直肠栓制备任务报告单

任务名称		实训时间	
温度		湿度	
实训工具			
实训物料			
操作步骤			
结论			
操作者			

任务二 克霉唑阴道栓制备操作

【知识目标】

(1)掌握栓剂的概念、种类及质量要求。

(2)熟悉栓剂的处方组成,了解栓剂常用基质的种类、特点及选用。

(3)掌握栓剂的制备工艺。

【技能目标】

能按热熔法的制备流程方法制备合格的阴道栓剂。

【技能操作】

一、任务描述

处方

克霉唑	3 g
聚乙二醇-400	24 g
聚乙二醇-4000	24 g
制成阴道栓	20 粒

按热熔法的制备流程方法将处方物料制成合格的克霉唑阴道栓。

二、操作步骤

要求在 45 分钟内完成下列任务。

1. 课前准备

查到,检查工作服穿戴规范,清点仪器、药品、试剂,熟知任务报告单。

2. 称量

根据所给的任务,选择符合要求的天平,按称量标准操作称量药品。

3. 粉碎与过筛

取克霉唑用研钵研细,过 6 号筛。

4. 选择正确的栓模

选择阴道栓栓模,洗净烘干后用液体石蜡涂抹栓模。

5. 基质溶解

取聚乙二醇-400 和聚乙二醇-4000,置于水浴中加热熔化。

6. 药物加入

在熔化的基质中加入研细的克霉唑,搅拌至溶解。

7. 注模

将加入药物的基质迅速地倾入已涂脱模剂的栓模中,至稍溢出模口。

8. 冷却

放冷后用刀片削去溢出部分,脱模,即得。

9.清场

任务完成后,将量器、试剂、药品等归还于原位并清理实验桌面。

三、操作注意事项

(1)聚乙二醇混合后熔点 45~50 ℃,加热温度不宜过高,防止混入水分。
(2)栓模预热至 80 ℃左右,注模后应缓慢冷却,成品硬度更适宜。

四、实施条件

克霉唑阴道栓制备实施条件

项目	基本实施条件
场地	50 m² 以上的药物制剂室
设备、工具	阴道栓模、肛门栓模、恒温水浴锅、电子天平、烧杯、蒸发皿、药匙、玻棒、纱布、镊子、刀片等
物料	聚乙二醇-400、聚乙二醇-4000、克霉唑、液体石蜡

五、评价标准

克霉唑阴道栓制备评价标准

评价内容		分值	考核点及评分细则
职业素养与操作规范 20 分		5	工作服穿着规范,双手洁净,不染指甲,不留长指甲,不披发得 5 分
		5	爱护仪器,不浪费药品、试剂,及时记录实验数据得 5 分
		5	实验完毕后将仪器、药品、试剂等清理复位得 5 分
		5	清场得 5 分
技能 80 分	制备前操作	5	正确使用天平并称出处方物料得 5 分
		10	正确选用栓模得 5 分
			洗净烘干得 5 分
	药液制备	5	克霉唑粉碎得 5 分
		5	过筛得 5 分
		10	聚乙二醇-400 和聚乙二醇-4000,置于水浴中加热熔化得 10 分
		10	加入药物搅拌溶解得 5 分
	注模	5	正确选用栓模润滑剂并涂抹得 5 分
		10	趁热将药液灌装入栓模得 10 分
		5	灌装至药液稍稍溢出栓模得 5 分
		10	待栓模和栓孔、栓剂冷却,用刀片刮去多余部分得 10 分
		5	从栓模中正确取出栓剂且栓剂内无气泡,透明得 5 分

六、任务报告书

克霉唑阴道栓制备任务报告单

任务名称		实训时间	
温度		湿度	
实训工具			
实训物料			
操作步骤			
结论			
操作者			

项目二 软膏剂制备技术

一、概述

软膏剂指药物与适宜基质均匀混合制成具有适当稠度的半固体外用制剂。其中用乳剂型基质制成易于涂布的软膏剂称乳膏剂。软膏剂具有热敏性和触变性,热敏性反映遇热熔化而流动,触变性反映施加外力时黏度降低,静止时黏度升高,不利于流动。这些性质可以使软膏剂能在长时间内紧贴、黏附或铺展在用药部位,既可以起局部治疗作用,也可以起全身治疗作用。软膏剂主要用于局部疾病的治疗,如抗感染、消毒、止痒、止痛和麻醉等。这些作用要求药物作用于表皮或经表皮渗入表皮下组织,一般并不期望产生全身性作用。

软膏剂的类型按分散系统分为三类:溶液型、混悬型和乳剂型;按基质的性质和特殊用途分为油膏剂、乳膏剂、凝胶剂、糊剂和眼膏剂等,其中凝胶剂为较新的半固体制剂。

一般软膏剂应具备下列质量要求:①均匀、细腻,涂于皮肤上无刺激性;并应具有适当的黏稠性,易涂布于皮肤或黏膜上;②应无酸败、异臭、变色、变硬和油水分离等变质现象;③应无刺激性、过敏性及其他不良反应;④当用于大面积烧伤时,应预先进行灭菌。眼用软膏的配制需在无菌条件下进行。

二、软膏剂基质

软膏剂主要由药物和基质组成,软膏剂的基质是形成软膏的重要组成部分,除此以外处方组成中还经常加入抗氧剂、防腐剂等用以防止药物及基质的变质,特别是含有水、不饱和烃类、脂肪类基质时加入这些稳定剂更为重要。

基质是软膏剂形成和发挥药效的重要组成部分。软膏基质的性质对软膏剂的质量影响很大,如直接影响药效、流变性质、外观等。软膏剂的基质要求:①润滑无刺激,稠度适宜,易于涂布;②性质稳定,与主药不发生配伍变化;③具有吸水性,能吸收伤口分泌物;④不妨碍皮肤的正常功能,具有良好释药性能;⑤易洗除,不污染衣服。目前还没有一种基质能同时具备上述要求。在实际应用时,应对基质的性质进行具体分析,并根据软膏剂的特点和要求采用添加附加剂或混合使用等方法来保证制剂的质量,以适应治疗要求。常用的基质主要有油脂性基质、乳剂型基质及亲水或水溶性基质。

(一)油脂性基质

油脂性基质指以动植物油脂、类脂、烃类及硅酮类等疏水性物质为基质。此类基质涂于皮肤能形成封闭性油膜,促进皮肤水合作用,对表皮增厚、角化、皲裂有软化保护作用,主要用于遇水不稳定的药物制备软膏剂。一般不单独用于制备软膏剂,为克服其疏水性常加入表面活性剂或制成乳剂型基质来应用。

油脂性基质中以烃类基质凡士林为常用,固体石蜡与液状石蜡用以调节稠度,类脂中以羊毛脂与蜂蜡应用较多,羊毛脂可增加基质吸水性及稳定性。植物油常与熔点较高的蜡类熔合成适当稠度的基质。

1. 烃类

烃类指从石油中得到的各种烃的混合物，其中大部分属于饱和烃。

(1)凡士林：又称软石蜡，是由多种分子量的烃类组成的半固体状物，熔程为 38~60 ℃，有黄、白两种，后者由前者漂白而成，化学性质稳定，无刺激性，特别适合用于遇水不稳定的药物。凡士林仅能吸收约 5% 的水，故不适用于有多量渗出液的患处。凡士林中加入适量羊毛脂、胆固醇或某些高级醇类可提高其吸水性能。水溶性药物与凡士林配合时，还可加适量表面活性剂，如非离子型表面活性剂聚山梨酯类于基质中以增加其吸水性，吸水性能可用水值来表示，水值是指常温下每 100 g 基质所能吸收水的克数，可供估算药物水溶液以凡士林为基质配制软膏时吸收药物水溶液的量。

(2)石蜡与液状石蜡：石蜡为固体饱和烃混合物，熔程为 50~65 ℃，液体石蜡为液体饱和烃，与凡士林为同类烃，最宜用于调节凡士林基质的稠度，也可用于调节其他类型基质的油相。

2. 类脂类

类脂类指高级脂肪酸与高级脂肪醇化合而成的酯及其混合物，有类似脂肪的物理性质，但化学性质较脂肪稳定，且具一定的表面活性作用而有一定的吸水性能，多与油脂类基质合用，常用的有羊毛脂、蜂蜡、鲸蜡等。

(1)羊毛脂：一般指无水羊毛脂。为淡黄色黏稠微具特臭的半固体，是羊毛上脂肪性物质的混合物，主要成分是胆固醇类的棕榈酸酯及游离的胆固醇类，游离的胆固醇和羟基胆固醇等约占 7%，熔程为 36~42 ℃，具有良好的吸水性，为取用方便常吸收 30% 的水分以改善黏稠度，称为含水羊毛脂，羊毛脂可吸收二倍的水而形成 W/O 型乳剂型基质，由于本品黏性太大而很少单用作基质，常与凡士林合用，以改善凡士林的吸水性与渗透性。

(2)蜂蜡与鲸蜡：蜂蜡的主要成分为棕榈酸蜂蜡醇酯，鲸蜡主要成分为棕榈酸鲸蜡醇酯，两者均含有少量游离高级脂肪醇而具有一定的表面活性作用，属较弱的 W/O 型乳化剂，在 O/W 型乳剂型基质中起稳定作用。蜂蜡的熔程为 62~67 ℃，石蜡的熔程为 42~50 ℃。两者均不易酸败，常用于取代乳剂型基质中部分脂肪性物质以调节稠度或增加稳定性。

(3)油脂类：从动物或植物中得到的高级脂肪酸甘油酯及其混合物。动物油脂易酸败，现在已经很少用。植物油脂由于分子结构中存在不饱和键，易氧化，需添加抗氧剂。植物油催化加氢制得的饱和或近饱和氢化植物油稳定性好，不易酸败，稠度大。

(4)合成(半合成)油脂性基质：由各种油脂或原料加工合成，不仅组成和原料油脂相似，保持其原有优点，且在稳定性、对皮肤刺激性和皮肤吸收性等各个方面都有明显的改善，常用的有硅酮、角鲨烷、羊毛脂衍生物、脂肪酸、脂肪醇、脂肪酸酯等。

此类基质中较为常用的是硅酮或称硅油，是一系列不同分子量的聚二甲基硅氧烷的总称。常用二甲硅油和甲苯基硅油，为一种无色或淡黄色的透明油状液体，无臭，无味。硅油优良的疏水性和较小的表面张力而使之具有很好的润滑作用且易于涂布。对皮肤无刺激性、无毒。常用于乳膏中作润滑剂，也常与其他油脂性原料合用制成防护性软膏。

(二)水溶性基质

水溶性基质是由天然或合成的水溶性高分子物质所组成。目前常见的水溶性基质主要是合成的 PEG 类高分子物，以其不同分子量配合而成。

聚乙二醇(PEG)是用环氧乙烷与水或乙二醇逐步加成聚合得到的水溶性聚醚。分子式为 $HOCH_2(CH_2OHCH_2)_nCH_2OH$。平均分子量在 300~6000。PEG - 700 以下均是液体，PEG - 1000、PEG - 1500 及 PEG - 1540 是半固体，PEG - 2000 至 PEG - 6000 是固体。固体

PEG与液体PEG适当比例混合可得半固体的软膏基质,且较常用,可随时调节稠度。此类基质易溶于水,能与渗出液混合且易洗除,能耐高温不易霉败。但由于其较强的吸水性,用于皮肤常有刺激感,且久用可引起皮肤脱水干燥感,不易用于遇水不稳定的药物的软膏,对季铵盐类、山梨糖醇及羟苯酯类等有配伍变化。

(三)乳剂型基质

乳剂型基质是将固体的油相加热熔化后与水相混合,在乳化剂的作用下乳化,最后在室温下成为半固体的基质。形成基质的类型及原理与乳剂相似。常用的油相多数为固体,主要有硬脂酸、石蜡、蜂蜡、高级醇(如十八醇)等,有时为调节稠度加入液状石蜡、凡士林或植物油等;水相多为纯化水、药物的水溶液及一些亲水性的物质。

乳剂型基质有水包油(O/W)型与油包水(W/O)型两类。乳化剂的作用对形成乳剂基质的类型起主要作用。O/W型基质又称为雪花膏,能与大量水混合,含水量较高。乳剂型基质不阻止皮肤表面分泌物的分泌和水分蒸发,对皮肤的正常功能影响较小。一般乳剂型基质特别是O/W型基质软膏中药物的释放和透皮吸收较快。由于基质中水分的存在,使其增强了润滑性,易于涂布。但是,O/W型基质外相含多量水,在贮存过程中可能霉变,常须加入防腐剂。同时水分也易蒸发而使软膏变硬,故常需加入甘油、丙二醇、山梨醇等作保湿剂,一般用量为5%~20%。遇水不稳定的药物不宜用乳剂型基质制备软膏。还值得注意的是O/W型基质制成的软膏在使用时多用于分泌物较多的皮肤病。如湿疹时,其吸收的分泌物可重新透入皮肤(反向吸收)而使炎症恶化,故需正确选择适应证。

W/O型乳剂基质比不含水的油脂性基质油腻性小、易涂布,由于水分的慢慢蒸发而具有冷却作用,故有"冷霜"之称。

乳剂型基质常用的乳化剂有以下几种类型。

1.皂类

皂类有一价皂、二价皂、三价皂等。

(1)一价皂:常为一价金属离子钠、钾、铵的氢氧化物、硼酸盐或三乙醇胺、三异丙胺等的有机碱与脂肪酸(如硬脂酸或油酸)作用生成的新生皂,HLB值一般在15~18,降低水相表面张力强于降低油相的表面张力,则易成O/W型的乳剂型基质,但若处方中含过多的油相时能转相为W/O型的乳剂型基质。一价皂的乳化能力随脂肪酸中碳原子数12到18而递增。但在18以上这种性能又降低,故碳原子数为18的硬脂酸为最常用的脂肪酸,其用量常为基质总量的10%~25%,主要作为油相成分,并与碱反应形成新生皂。未皂化的部分存在于油相中,被乳化而分散成乳粒,由于其凝固作用而增加基质的稠度。

新生皂法中碱性物质的选择对乳剂型基质的影响较大。新生钠皂为乳化剂,制成的乳剂型基质较硬。钾皂有软肥皂之称,以钾皂为乳化剂制成的成品也较软。新生有机铵皂为乳剂型基质,较为细腻、光亮美观。因此后者常与前二者合用或单用作乳化剂。新生皂作乳化剂形成的基质应避免用于酸、碱类药物制备软膏。特别是忌与含钙、镁离子类药物配方。

(2)多价皂:由二、三价的金属(钙、镁、锌、铝)氧化物与脂肪酸作用形成的多价皂。由于此类多价皂在水中解离度小,亲水基的亲水性小于一价皂,而亲油基为双链或三链碳氢化物,亲油性强于亲水端,其HLB值<6形成W/O型乳剂型基质。新生多价皂较易形成,且油相的比例大,黏滞度较水相高,因此,形成的乳剂型基质(W/O型)较一价皂为乳化剂形成的O/W型乳剂型基质稳定。

2.脂肪醇硫酸(酯)钠类

常用的有十二烷基硫酸(酯)钠,是阴离子型表面活性剂,常与其他 W/O 型乳化剂合用调整适当 HLB 值,以达到油相所需范围,常用的辅助 W/O 型的乳化剂有十六醇或十八醇、硬脂酸甘油酯、脂肪酸山梨坦类等。本品的常用量为 0.5%~2%。本品与阳离子型表面活性剂作用形成沉淀并失效,加入 1.5%~2%氯化钠可使之丧失乳化作用,其乳化作用的适宜 pH 值应为 6~7,不应小于 4 或大于 8。

3.高级脂肪酸及多元醇酯类

(1)十六醇及十八醇:十六醇,即鲸蜡醇,熔点 45~50 ℃;十八醇即硬脂醇,熔点 56~60 ℃,均不溶于水,但有一定的吸水能力,吸水后可形成 W/O 型乳剂型基质的油相,可增加乳剂的稳定性和稠度。新生皂为乳化剂的乳剂基质中,用十六醇和十八醇取代部分硬脂酸形成的基质,较细腻光亮。

(2)硬脂酸甘油酯:即单、双硬脂酸甘油酯的混合物,不溶于水,溶于热乙醇及乳剂型基质的油相中,本品分子的甘油基上有羟基存在,有一定的亲水性,但十八碳链的亲油性强于羟基的亲水性,是一种较弱的 W/O 型乳化剂,与较强的 O/W 型乳化剂合用时,制得的乳剂型基质稳定,且产品细腻润滑,用量为 15%左右。

(3)脂肪酸山梨坦与聚山梨酯类:均为非离子型表面活性剂,脂肪酸山梨坦,即司盘类,HLB 值在 4.3~8.6 之间,为 W/O 型乳化剂。聚山梨酯,即吐温类,HLB 值在 10.5~16.7 之间,为 O/W 型乳化剂。各种非离子型乳化剂均可单独制成乳剂型基质,但为调节 HLB 值而常与其他乳化剂合用,非离子型表面活性剂无毒性、中性,对热稳定,对黏膜与皮肤比离子型乳化剂刺激性小,并能与酸性盐、电解质配伍,但与碱类、重金属盐、酚类及鞣质均有配伍变化。聚山梨酯类能严重抑制一些消毒剂、防腐剂的效能,如与羟苯酯类、季铵盐类、苯甲酸等络合而使之部分失活,但可适当增加防腐剂用量予以克服。非离子型表面活性剂为乳化剂的基质中可用的防腐剂有、山梨酸、氯己定碘、氯甲酚等,用量约 0.2%。

4.聚氧乙烯醚的衍生物类

(1)平平加 O:即以十八(烯)醇聚乙二醇-800 醚为主要成分的混合物,为非离子型表面活性剂,其 HLB 值为 15.9,属 O/W 型乳化剂,但单用本品不能制成乳剂型基质,为提高其乳化效率,增加基质稳定性,可用不同辅助乳化剂,按不同配比制成乳剂型基质。

(2)乳化剂 OP:即以聚氧乙烯(20)月桂醚为主的烷基聚氧乙烯醚的混合物。亦为非离子 O/W 型乳化剂,HLB 值为 14.5,可溶于水,1%水溶液的 pH 值为 5.7,对皮肤无刺激性。本品耐酸、碱、还原剂及氧化剂,性质稳定,用量一般为油相重量的 5%~10%。常与其他乳化剂合用。本品不宜与酚羟基类化合物,如苯酚、间苯二酚、麝香草酚、水杨酸等配伍,以免形成络合物,破坏乳剂型基质。

(四)软膏剂附加剂

软膏剂中根据需要常可加入适宜的附加剂来改善其性能。增加稳定性或改善药物的透皮吸收,常用的附加剂有抗氧剂、抑菌剂、保湿剂、增稠剂和皮肤渗透促进剂等附加剂。

1.抗氧剂

在软膏剂的贮藏过程中,微量的氧就会使某些活性成分氧化而变质。因此。常加入一些抗氧剂来保护软膏剂的化学稳定性,见表 5-8。

表 5-8　软膏剂中常用的抗氧剂

种类	举例
水溶性抗氧剂	维生素 C、亚硫酸氢钠、硫代硫酸钠、亚硫酸钠、半胱氨酸、蛋氨酸等
油溶性抗氧剂	维生素 E、没食子酸酯、丁基羟基茴香醚(BHA)、丁羟基甲苯(BHT)等
金属离子螯合剂	枸橼酸、酒石酸、依地酸二钠(EDTA)等

2. 抑菌剂

软膏剂中的基质中通常有水性、油性物质,甚至有蛋白质,这些基质易受细菌和真菌的侵袭,微生物的滋生不仅可以污染制剂,而且有潜在毒性。对于破损及炎症皮肤,局部外用制剂不含微生物尤为重要。抑菌剂的一般要求:①与处方中组成物没有配伍禁忌;②抑菌剂对热应稳定;③在较长的贮藏时间及使用环境中稳定;④对皮肤组织无刺激性、无毒性、无过敏性。软膏剂中常用的抑菌剂见表 5-9。

表 5-9　软膏剂中常用的抑菌剂

种类	举例
醇	乙醇,异丙醇,三氯叔丁醇,三氯甲基叔丁醇
酸	苯甲酸,脱氢乙酸,丙酸,山梨酸,肉桂酸
芳香酸	茴香醚,香草醛,香兰酸酯
汞化物	醋酸苯汞,硫柳汞
酚	苯酚,苯甲酚,麝香草酚,煤酚,氯代百里酚,水杨酸
酯	对羟基苯甲酸(乙酸,丙酸,丁酸)酯
季铵盐	苯扎氯铵,溴化烷基三甲基铵
其他	葡萄糖酸洗必泰,氯己定碘

3. 保湿剂

保湿剂一般是一类具有强吸湿性的物质,其与水强力结合而达到阻止水分蒸发的效果,常用的有甘油、丙二醇、山梨醇等。

4. 增稠剂

增稠剂是为了提高软膏剂产品黏度或稠度,改善稳定性和改变流变形态的一类物质。常用的有月桂醇、肉豆蔻醇、鲸蜡醇、硬脂醇、山梨醇、月桂酸、亚油酸、亚麻酸、肉豆蔻酸、硬脂酸、纤维素及其衍生物、海藻酸及其(铵、钙、钾)盐、果胶、透明质酸钠、黄蓍胶、PVP(聚乙烯吡咯烷酮)等。

5. 皮肤渗透促进剂

在外用软膏剂中加入皮肤渗透促进剂可明显增加药物的释放、渗透和吸收。常用的有表面活性剂,月桂氮䓬酮(氮酮),二甲基亚砜类,丙二醇、甘油、聚乙二醇等多元醇,油酸、亚油酸、月桂酸,角质保湿剂如尿素、水杨酸等,萜烯类的挥发油如薄荷油、桉叶油等。另外,氨基酸及一些水溶性蛋白质也能通过增加角质层脂质的流动性促进药物的透皮吸收。

任务一 复方苯甲酸软膏制备操作

【知识目标】

(1)掌握软膏剂的概念、种类及质量要求。

(2)掌握油脂性基质软膏的制备方法。

(3)了解油脂性软膏剂常用基质的种类、特点及选用。

【技能目标】

能正确用研磨法制备合格的油脂性软膏。

【基本知识】

一、制备方法

软膏剂的制备,因软膏类型、制备量及设备条件不同,采用的方法也不同。油脂性软膏要首先对基质进行处理,若基质质地纯净可直接取用,若混有机械性异物或大量生产时应加热滤过。一般是将基质加热熔化后,用细布或120目铜丝筛网趁热滤过,然后加热至150 ℃约1小时,目的是灭菌并除去水分。如用直火加热应注意防火;蒸汽加热需用耐压夹层锅,一般蒸汽压力要达到4 kg/cm²(表压),锅内温度才能达到150 ℃左右。油脂性基质的软膏主要采用研磨法和熔融法制备。

1.研磨法

基质为油脂性的半固体时,可直接采用研磨法(水溶性基质和乳剂型基质不宜用)。一般在常温下将药物与基质等量递增混合均匀。此法适用于小量制备,且药物为不溶于基质者。用软膏刀在陶瓷或玻璃的软膏板上调制,也可在乳钵中研制。

2.熔融法

大量制备油脂性基质时,常用熔融法。特别适用于含固体成分的基质,先加热熔化点高的基质后,再加入其他低熔点成分熔合成均匀基质。然后加入药物,搅拌均匀冷却即可。药物不溶于基质,必须先研成细粉筛入熔化或软化的基质中,搅拌混合均匀,若不够细腻,需要通过研磨机进一步研匀,使无颗粒感,常用三辊筒软膏机,软膏受到滚辗与研磨,使软膏细腻均匀。

二、药物的加入方法

制备软膏的基本要求,必须使药物在基质中分布均匀、细腻,以保证药物剂量与药效,这与制备方法的选择,特别是加入药物方法的正确与否关系密切。药物加入的一般方法有以下几种情况。

（1）药物不溶于基质或基质的任何组分中时，必须将药物粉碎至细粉（眼膏中药粉细度为75 μm 以下）。若用研磨法，配制时取药粉先与适量液体组分，如液状石蜡、植物油、甘油等研匀成糊状，再与其余基质混匀。

（2）药物可溶于基质某组分中时，一般油溶性药物溶于油相或少量有机溶剂，水溶性药物溶于水或水相，再吸收混合或乳化混合。

（3）药物可直接溶于基质中时，则油溶性药物溶于少量液体油中，再与油脂性基质混匀成为油脂性溶液型软膏。水溶性药物溶于少量水后，与水溶性基质成水溶性溶液型软膏。

（4）具有特殊性质的药物，如半固体黏稠性药物（如鱼石脂或煤焦油），可直接与基质混合，必要时先与少量羊毛脂或聚山梨酯类混合再与凡士林等油性基质混合。若药物有共熔性组分（如樟脑、薄荷脑）时，可先共熔再与基质混合。

（5）中药浸出物为液体（如煎膏剂，流浸膏）时，可先浓缩至稠膏状再加入基质中。固体浸膏可加少量水或稀醇等研成糊状，再与基质混合。

三、常见问题及处理方法

1. 主药含量低

某些药物在高温下不稳定，易分解，在配制时需要根据主药的理化性质控制过程温度，以防止温度过高药物发生分解。

2. 主药含量不均匀

在制备软膏中，应考虑主药的性质，根据主药的溶解性，将主药与油或水相配合，或先将主药溶解于少量有机溶剂后，与少量基质混合，再加入到大量基质中。

3. 不溶性药物

应先研磨成细粉，过 100～120 目筛，再与基质混合，以免成品中药物粒度过大。

4. 软膏不够细腻

需通过胶体磨或研磨机继续研磨，使得软膏细腻均匀。

四、软膏剂质量评价

按照《中国药典》（2015 年版）对软膏剂质量检查的有关规定，除特殊规定外，应从以下方面进行质量检查。

1. 粒度

除另有规定外，混悬型软膏剂取适量的供试品（含饮片细粉的软膏剂），置于载玻片上涂成薄片层，薄层面积相当于盖玻片面积，共涂 3 片，照粒度和粒度分布测定法（通则 0928，第一法）测定，均不得检出大于 180 μm 的粒子。

2. 装量

照最低装量检查法（通则 0942）检查，应符合规定。

3. 无菌

用于烧伤或严重创伤的软膏剂，照无菌检查法（通则 1101）检查，应符合规定。

4. 微生物限度

除另有规定外,照微生物限度检查:微生物计数法(通则 1105)、控制菌检查法(通则 1106)及非无菌药品微生物限度标准(通则 1107)检查,应符合规定。

除了按照《中国药典》(2015 年版)规定的检查项目进行控制检查外,还可对主药含量测定、物理性质(熔程、黏度及流变性)、刺激性、稳定性、药物的释放度及吸收等方面进行检查控制。

【技能操作】

一、任务描述

处 方

苯甲酸	12 g
水杨酸	6 g
液状石蜡	10 mL
羊毛脂	10 g
石蜡	3 g
凡士林	加至 100 g

按研磨法制备工艺将处方物料制成合格的软膏。

二、操作步骤

要求在 45 分钟内完成下列任务。

1. 课前准备

查到,检查工作服穿戴规范,清点仪器、药品、试剂,熟知任务报告单。

2. 选择天平

根据所给的任务,选择符合要求的量器。

3. 称量

按称量标准操作称量药品。

4. 熔融法制备

取苯甲酸、水杨酸细粉(过 100 目筛),加液状石蜡研成糊状;另将羊毛脂、凡士林、石蜡加热熔化,经细布滤过,温度降至 60 ℃以下时加入上述药物,搅匀并至冷凝。

5. 清场

任务完成后,将量器、试剂、药品等归还于原位并清理实验桌面。

三、操作注意事项

(1)本品用熔融法制备,处方中石蜡的用量根据气温而定,以使软膏有适宜稠度。

(2)苯甲酸、水杨酸在过热基质中易挥发,冷却后会析出粗大的药物结晶,因此,配制温度宜控制在 50 ℃以下。

(3)水杨酸与铜、铁离子可生成有色化合物,因此,配制时应避免与铜、铁器皿接触。

四、实施条件

复方苯甲酸软膏制备实施条件

项目	基本实施条件
场地	50 m² 以上的药物制剂室
设备、工具	电子天平(百分之一)、水浴锅、药匙、研钵、药筛(1 到 9 号筛)等
物料	苯甲酸、水杨酸、液状石蜡、羊毛脂、凡士林、石蜡等

五、评价标准

复方苯甲酸软膏制备评价标准

评价内容		分值	考核点及评分细则
职业素养与操作规范 20 分		5	工作服穿着规范,双手洁净,不染指甲,不留长指甲,不披发得 5 分
		5	爱护仪器,不浪费药品、试剂,及时记录实验数据得 5 分
		5	实验完毕后将仪器、药品、试剂等清理复位得 5 分
		5	清场得 5 分
技能 80 分	制备前操作	10	天平、量筒、研钵选择正确得 5 分
			清洁处理得 5 分
	制备操作	10	苯甲酸、水杨酸研细得 10 分
		10	分别过 100 目筛得 10 分
		10	上述细粉加液状石蜡研成糊状得 10 分
		10	将羊毛脂、凡士林、石蜡加热熔化,经细布滤过得 10 分
		10	温度降至 60 ℃以下时加入苯甲酸、水杨酸、石蜡等药物得 10 分
		10	结果判断(均匀细腻)10 分
		10	在规定时间内完成任务得 10 分

六、任务报告书

复方苯甲酸软膏制备任务报告单

任务名称		实训时间	
温度		湿度	
实训工具			
实训物料			
操作步骤			
结论			
操作者			

任务二　空白乳膏剂制备操作

【知识目标】

(1)掌握乳膏剂的定义、特点、分类。

(2)掌握乳膏剂的制备方法。

(3)了解乳膏剂常用基质的种类、特点及选用。

【技能目标】

能正确用乳化法制备合格的乳膏剂。

【基本知识】

乳膏剂的制备采用乳化法,通常包括熔化过程和乳化过程。将处方中的油脂性和油溶性组分一起加热至80 ℃左右成油溶液(油相),另将水溶性组分溶于水后一起加热至80 ℃成水溶液(水相),使温度略高于油相温度,然后将水相逐渐加入油相中,边加边搅至冷凝,最后加入水、油均不溶解的组分,搅匀即得。大量生产时由于油相温度不易控制,使冷却不均匀,或二相混合时搅拌不匀而使形成的基质不够细腻。因此可在温度降至30 ℃时通过使用胶体磨等使基质更加细腻均匀。也可使用旋转型热交换器的连续式乳膏机。

乳化中应注意油、水两相的混合方法:①分散相逐渐加入到连续相中,适用于含小体积分散相的乳剂。②连续相逐渐加到分散相中,适用于多数乳剂。此种混合方法在混合过程中乳剂会发生转型,从而使分散相粒子更细小。③两相同时掺和,适用于连续或大批量机械生产,需要输送泵、连续混合装置等设备。

【技能操作】

一、任务描述

处 方

硬脂酸	4 g
凡士林	2.5 g
单硬脂酸甘油酯	2 g
甘油	2 g
吐温-80	1 g
山梨酸	0.25 g
纯化水	适量
共制	25 g

按乳化法制备工艺流程方法将处方物料制成合格的乳剂型软膏基质。

二、操作步骤

要求在 45 分钟内完成下列任务。

1. 课前准备
查到,检查工作服穿戴规范,清点仪器、药品、试剂,熟知任务报告单。

2. 选择天平
根据所给的任务,选择符合要求的量器。

3. 称量
按称量标准操作称量和量取药品。

4. 油相制备
称取硬脂酸、凡士林、单硬脂酸甘油酯加热至 80 ℃,熔化为油相。

5. 水相制备
取甘油、吐温-80、山梨酸、纯化水适量加热至 80 ℃,溶解为水相。

6. 乳化
然后将水相缓缓加入已加热至同温度的油相中,随加随向一个方向搅拌,至乳化凝结即得到乳剂型基质。

7. 清场
任务完成后,将量器、试剂、药品等归还于原位并清理实验桌面。

三、操作注意事项

(1)水相与油相两者混合的温度一般应控制在 80 ℃以下,且二者温度应基本相等,以免影响乳膏的细腻性。

(2)乳化法中两相混合的搅拌速度不宜过慢或过快,以免乳化不完全或因混入大量空气使成品失去细腻和光泽并易变质。

四、实施条件

空白乳膏剂制备实施条件

项目	基本实施条件
场地	50 m² 以上的药物制剂室
设备、工具	电子天平(百分之一)、水浴锅、烧杯、量筒、玻棒、玻璃瓶、称量纸、温度计(0～100 ℃)、药匙、研钵、药筛(一到九号筛)、拖把、抹布、毛刷等
物料	硬脂酸、凡士林、单硬脂酸甘油酯、甘油、吐温-80、山梨酸、纯化水

五、评价标准

空白乳膏剂制备评价标准

评价内容		分值	考核点及评分细则
职业素养与操作规范 20分		5	工作服穿着规范,双手洁净,不染指甲,不留长指甲,不披发得5分
		5	爱护仪器,不浪费药品、试剂,及时记录实验数据得5分
		5	实验完毕后将仪器、药品、试剂等清理复位得5分
		5	清场得5分
技能 80分	制备前操作	10	设备选择正确得5分
			清洁处理得5分
		10	正确使用天平得6分
			取药时注意手握瓶标签得2分
			多余药品妥善处理得2分
	制备操作	10	水浴锅的使用:加水得5分
			温度设定正确得5分
		10	药物加入方法:正确得10分
		10	水相制备:处方水相的选择得5分
			混合得5分
		10	油相制备:处方油相的选择得5分
			混合得5分
		10	乳化操作:温度的控制得5分
			搅拌方向一致得5分
		10	结果判断(均匀细腻)5分
			在规定时间内完成任务得5分

六、任务报告书

空白乳膏剂制备任务报告单

任务名称		实训时间	
温度		湿度	
实训工具			
实训物料			
操作步骤			
结论			
操作者			

任务三　双氯芬酸钠凝胶制备操作

【知识目标】

(1)掌握凝胶剂和眼膏剂的定义。
(2)掌握凝胶剂和眼膏剂的制备方法。
(3)了解凝胶剂和眼膏剂常用基质的种类、特点及选用。

【技能目标】

能制备出合格的凝胶剂。

【基本知识】

一、凝胶剂

凝胶剂指药物与适宜的辅料制成的均一、混悬或乳状液型的稠厚液体或半固体制剂。主要供外用。除另有规定外,凝胶剂限局部用于皮肤及体腔,如鼻腔、阴道和直肠等。乳液型凝胶剂又称乳胶剂。由天然高分子基质如西黄蓍胶制成的凝胶剂也可称胶浆剂。

凝胶剂有单相凝胶与两相凝胶之分。两相凝胶,亦称混悬型凝胶,是由小分子药物胶体小粒子以网状结构存在于液体中,具有触变性,如氢氧化铝凝胶剂。单相凝胶是由有机化合物形成的凝胶剂,又分为水性凝胶和油性凝胶。水性凝胶的基质一般由西黄蓍胶、明胶、淀粉、纤维素衍生物、聚羧乙烯、卡波普和海藻酸钠等加水、甘油或丙二醇等制成;油性凝胶的基质常由液状石蜡与聚氧乙烯或脂肪油与胶体硅或铝皂、锌皂构成。在临床上应用较多的是以水凝胶为基质的凝胶剂。

水性凝胶剂是近年来发展较快的剂型,具有美观、易涂展、不油腻、生物利用度高、易洗除、不污染衣物等许多优点。其缺点是易失水和霉变,常需添加保湿剂和防腐剂,且用量较大。另外可根据需要加入抗氧剂、增溶剂、透皮促进剂等附加剂。

1. 凝胶剂基质

水性凝胶基质大多在水中溶胀成水性凝胶而不溶解。本类基质一般易涂展和洗除,无油腻感,能吸收组织渗出液不妨碍皮肤正常功能。还由于黏滞度较小而利于药物,特别是水溶性药物的释放。

本类基质缺点是润滑作用较差,易失水和霉变,常需添加保湿剂和防腐剂,且量较其他基质大。

(1)卡波姆:丙烯酸与丙烯基蔗糖交联的高分子聚合物,按黏度不同常分为卡波姆934、卡波姆940、卡波姆941等,本品是一种引湿性很强的白色松散粉末。由于分子中存在大量的羧酸基团,与聚丙烯酸有非常类似的理化性质,可以在水中迅速溶胀,但不溶解。其分子结构中的羧酸基团使其水分散液呈酸性,1%水分散液的 pH 值约为 3.11,黏性较低。

当用碱中和时,随大分子逐渐溶解,黏度也逐渐上升,在低浓度时形成澄明溶液,在浓度较大时形成半透明状的凝胶。在 pH 值 6～11 有最大的黏度和稠度,中和使用的碱以及卡波姆的浓度不同,其溶液的黏度变化也有所区别。一般情况下,中和 1 g 卡波姆约消耗

1.35 g三乙醇胺或 400 mg 氢氧化钠,本品制成的基质无油腻感,涂用润滑舒适,特别适宜于治疗脂溢性皮肤病。与聚丙烯酸相似,盐类电解质可使卡波普凝胶的黏性下降,碱土金属离子以及阳离子聚合物等均可与之结合成不溶性盐,强酸也可使卡波姆失去黏性,在配伍时必须避免。

(2)纤维素衍生物:纤维素经衍生化后成为在水中可溶胀或溶解的胶性物。调节适宜的稠度可形成水溶性软膏基质。此类基质有一定的黏度,随着分子量、取代度和介质的不同而具不同的稠度。因此,取用量也应根据上述不同规格和具体条件来进行调整。常用的品种有甲基纤维素(MC)和羧甲基纤维素钠(CMC-Na),两者常用的浓度为 2%～6%。本类基质涂布于皮肤时有较强黏附性,较易失水,干燥有不适感,常需加入 10%～15%的甘油调节。

制成的基质中均需加入防腐剂,常用 0.2%～0.5%的羟苯乙酯。在 CMC-Na 基质中不宜加硝(酯)酸苯汞或其他重金属盐作防腐剂。也不宜与阳离子型药物配伍,否则会与 CMC-Na 形成不溶性沉淀物,从侧面影响防腐效果或药效,对基质稠度也会有影响。

(3)海藻酸钠:为黄白色粉末,缓缓溶于水形成黏稠凝胶,常用浓度为 1%～10%。加入少量可溶性钙盐后,能使溶液变稠,但浓度高时则可沉淀。这类钙盐可以是葡萄糖酸钙盐、酒石酸盐、枸橼酸钙盐,加入 30%的枸橼酸钙可形成稳定的水溶性的凝胶基质。

2.凝胶剂的制备

凝胶剂制备时,处方中药物溶于水者,常先将其溶于部分水或甘油中,必要时加热,其余处方成分按基质配制方法制成水凝胶基质,再与药物溶液混匀加水至足量搅匀即得。药物不溶于水者,可先用少量水或甘油研细,分散,再混于基质中搅匀即得。

3.凝胶剂质量评价

《中国药典》(2015 年版)规定,凝胶剂的一般质量要求:混悬型凝胶剂中胶粒应分散均匀,不应下沉、结块;凝胶剂应均匀、细腻,在常温时保持胶状,不干稠或液化;凝胶剂应避光、密闭贮存,并应防冻,并应做粒度和微生物等多项检查。

(1)粒度:除另有规定外,混悬型软膏剂取适量的供试品(含饮片细粉的软膏剂),置于载玻片上涂成薄片层,薄层面积相当于盖玻片面积,共涂 3 片,照粒度和粒度分布测定法(通则 0928 第一法)测定,均不得检出大于 180 μm 的粒子。

(2)装量:照最低装量检查法(通则 0942)检查,应符合规定。

(3)无菌:除另有规定外,用于烧伤(除轻度烧伤外)或严重创伤的软膏剂,照无菌检查法(通则 1101)检查,应符合规定。

(4)微生物限度:除另有规定外,照微生物限度检查。微生物计数法(通则 1105)和控制菌检查法(通则 1106)及非无菌药品微生物限度标准(通则 1107)检查,应符合规定。

除了按照《中国药典》(2015 年版)规定的检查项目进行控制检查外,还可对主药含量测定、物理性质(熔程、黏度及流变性)、刺激性、稳定性、药物的释放度及吸收等方面进行检查控制。

二、眼膏剂

眼膏剂指由药物与适宜基质均匀混合,制成无菌溶液型或混悬型膏状的眼用半固体制剂。

眼膏剂较一般滴眼剂在用药部位滞留时间长,疗效持久,可减少给药次数,并能减轻眼睑对眼球的摩擦,但使用后一定程度上会造成视物模糊,所以多以睡觉前使用为主。

眼膏剂在生产与储存期间应符合下列有关规定：①眼膏剂的基质应过滤并灭菌,不溶性药物应预先制成极细粉;眼膏剂、眼用乳膏剂、眼用凝胶剂应均匀、细腻、无刺激性,并易涂布于眼部,便于药物分散和吸收;②包装容器应不易破裂,并清洗干净、灭菌,每个包装的装量应不超过 5 g;③供手术、伤口、角膜损伤的眼膏剂不得添加抑菌剂或抗氧剂,且应包装于无菌容器内供一次性使用;④眼膏剂还应符合相应剂型制剂通则项下的有关规定,如眼用凝胶剂还应符合凝胶剂的规定;⑤眼膏剂的含量均匀度等应符合要求;⑥眼膏剂应遮光密封储存,开启后可保存 4 周。

1.眼膏剂基质

眼膏剂常用的基质,一般用凡士林 8 份,液状石蜡、羊毛脂各 1 份混合而成。根据气候季节可适当增减液状石蜡的用量。基质中羊毛脂有表面活性作用,具有较强的吸水性和黏附性,使眼膏与泪液容易混合,并易附着于眼黏膜上,使基质中药物容易穿透眼膜。

眼膏基质应加热融合后用适当滤材保温滤过,并在 150 ℃干热灭菌 1～2 小时,备用。也可将各组分分别灭菌供配制用。

2.眼膏剂制备

眼膏剂的制备与一般软膏剂制法基本相同,但必须在净化条件下进行,一般可在净化操作室或净化操作台中配制。所用基质、药物、器械与包装容器等均应严格灭菌,以避免污染微生物而致眼睛感染的危险。配制用具经 70％乙醇擦洗,或用水洗净后再用干热灭菌法灭菌。包装用软膏管,洗净后用 70％乙醇或 12％苯酚溶液浸泡,应用时用蒸馏水冲洗干净,烘干即可。也有用紫外线灯照射进行灭菌。

眼膏配制时,如主药易溶于水而且性质稳定,先配成少量水溶液,用适量基质研合吸尽水后,再逐渐递加其余基质制成眼膏剂,灌装于灭菌容器中,封严。

3.眼膏剂质量评价

根据《中国药典》(2015 年版)的有关规定,眼膏剂的质量控制主要从以下几个方面进行。

(1)粒度:取供试品的眼膏剂 3 个,将内容物全部挤合适的容器中,搅拌均匀,取适量(相当于主药 10 μg)置于载玻片上,涂成两层,薄层面积相当于盖玻片面积,共 3 片,照粒度和粒度分布测定法(通则 0982 第一法)测定,每个涂片中大于 50 μm 的粒子不得超过 2 个(含饮片原粉的除外),且不得检出大于 90 μm 的粒子。

(2)金属性异物:除另有规定外,眼用半固体制剂照下述方法检查,金属性异物应符合规定,即取供试品 10 个,分别将全部内容物置于底部平整光滑,无可见异物和气泡,直径为 6 cm 的平底培养皿中,加盖。除另有规定外,在 85 ℃保温 2 小时,使供试品摊布均匀,室温放冷至凝固后,倒置于适宜的显微镜台上,用聚光灯从上方以 45°角的入射光照射皿底,放大 30 倍,检视不小于 50 μm 且具有光泽的金属性异物数。10 个供试品中每个内含金属性异物超过 8 粒者,不得过 1 个,且其总数不得过 50 粒。如不符合上述规定,应另取 20 个复试。初试、复试结果合并计算,30 个中每个内含金属性异物超过 8 粒者,不得过 3 个,其总数不得过 150 粒。

(3)装量差异:取单剂量包装的供试品 20 个,分别称定内容物重量,计算平均重量,每个装量与平均装量相比较(有标示装量的应与标示装量相比较),超过平均装量±10％的,不超过 2 个,并不得有超过平均装量±20％者。多剂量包装的眼膏剂,照最低装量检查法(通则 0942)检查,应符合规定。

(4)无菌:除另有规定外,按照无菌检查法(通则 1101)检查,应符合规定。

【技能操作】

一、任务描述

处 方

双氯芬酸钠	5 g
卡波姆 940	5 g
丙二醇	50 g
三乙醇胺	7.5 g
乙醇	150 mL
羟苯乙酯	0.5 g
纯化水	加至 1000 g

将以上处方量的物料,按凝胶剂的制备方法制备出合格的双氯芬酸钠凝胶。

二、操作步骤

要求在 45 分钟内完成下列任务。

1. 课前准备

查到,检查工作服穿戴规范,清点仪器、药品、试剂,熟知任务报告单。

2. 称量

根据所给的任务,选择符合要求的天平和量器,按称量标准操作称量药品。

3. 水凝胶基质的制备

卡波姆 940 加入适量纯化水中,放置过夜,使其充分溶胀,加入三乙醇胺,边加边搅拌,使其成为凝胶基质。

4. 药物的加入

取双氯芬酸钠、羟苯乙酯溶于丙二醇及乙醇中,在搅拌下加入凝胶基质中,加水至足量,搅匀即得。

5. 清场

任务完成后,将量器、试剂、药品等归还于原位并清理实验桌面。

三、操作注意事项

(1)双氯芬酸钠为主药,三乙醇胺为 pH 调节剂,使卡波姆形成凝胶基质,羟苯乙酯为防腐剂。

(2)卡波姆为高分子材料,溶解不同于小分子物料,首先要浸泡溶胀,再溶解。

四、实施条件

双氯芬酸钠凝胶制备实施条件

项目	基本实施条件
场地	50 m² 以上的药物制剂室
设备、工具	电子天平(百分之一)、水浴锅、烧杯、量筒、玻棒、玻璃瓶、称量纸、温度计(0～100 ℃)、药匙、研钵、药筛(1 到 9 号筛)、拖把、抹布、毛刷等
物料	双氯芬酸钠、卡波姆 940、丙二醇、三乙醇胺、乙醇、羟苯乙酯、纯化水

五、评价标准

双氯芬酸钠凝胶制备评价标准

评价内容		分值	考核点及评分细则
职业素养与操作规范 20分		5	工作服穿着规范,双手洁净,不染指甲,不留长指甲,不披发得 5 分
		5	爱护仪器,不浪费药品、试剂,及时记录实验数据得 5 分
		5	实验完毕后将仪器、药品、试剂等清理复位得 5 分
		5	清场得 5 分
技能 80分	制备前操作	10	设备选择正确得 5 分
			清洁处理得 5 分
		10	正确使用天平得 6 分
			取药时注意手握瓶标签得 2 分
			多余药品妥善处理得 2 分
	制备操作	10	卡波姆 940 加入适量纯化水中得 5 分
			放置过夜得 5 分
		10	加入三乙醇胺,边加边搅拌正确成为凝胶基质得 10 分
		20	药物加入双氯芬酸钠、羟苯乙酯溶于丙二醇及乙醇得 10 分
			在搅拌下加入到凝胶基质中得 10 分
		10	加水到足量得 10 分
		10	结果判断(均匀细腻)5 分
			在规定时间内完成任务得 5 分

六、任务报告书

双氯芬酸钠凝胶制备任务报告单

任务名称		实训时间	
温度		湿度	
实训工具			
实训物料			
操作步骤			
结论			
操作者			

项目三　膜剂制备技术

一、膜剂

(一)概述

1. 膜剂的定义与特点

膜剂指药物溶解或均匀分散于成膜材料中加工成的薄膜制剂。膜剂可供口服、口含、舌下给药,也可用于眼结膜囊内或阴道内;外用可作皮肤和黏膜创伤、烧伤或炎症表面的覆盖。膜剂的形状、大小和厚度等视用药部位的特点和含药量而定。一般膜剂的厚度为 $0.1\sim0.2~\mu m$,面积为 $1~cm^2$ 的可供口服,$0.5~cm^2$ 的供眼用。

膜剂的特点:工艺简单,生产中没有粉末飞扬;成膜材料较其他剂型用量小;含量准确;稳定性好;吸收快;膜剂体积小,质量轻,应用、携带及运输方便。采用不同的成膜材料可制成不同释药速度的膜剂,既可制备速释膜剂又可制备缓释或恒释膜剂。缺点是载药量小,只适合于小剂量的药物,膜剂的重量差异不易控制,收率不高。

2. 膜剂分类

通常可按结构特点或给药途径对膜剂进行分类,按结构特点可将膜剂分为单层膜剂、多层膜剂(又称复合膜剂)和夹心膜剂(缓释或控释膜剂)等;按给药途径可将膜剂分为内服膜剂、口腔用膜剂(包括口含、舌下给药及口腔内局部贴敷)、眼用膜剂、皮肤用膜剂及腔道黏膜用膜剂等。

3. 膜剂质量要求

《中国药典》(2015 年版)对膜剂的质量有明确的规定。

(1)成膜材料及辅料应无毒、无刺激性、性质稳定,与药物不起作用。

(2)水溶性药物应溶于成膜材料中;水不溶性药物应粉碎成极细粉,并与成膜材料均匀混合。

(3)膜剂应完整光洁,厚度一致,色泽均匀,无明显气泡;多剂量膜剂的分格压痕应均匀清晰,并能按压痕撕开。

(4)除另有规定外,膜剂宜密封贮存,防止受潮、发霉、变质,卫生学检查也应符合规定。

(5)重量差异应符合规定。

(二)成膜材料及附加剂

成膜材料的性能、质量不仅对膜剂的成形工艺有影响,而且对膜剂的质量及药效产生重要影响。理想的成膜材料应具有下列条件:①生理惰性,无毒、无刺激;②性能稳定,不降低主药药效,不干扰含量测定,无不适臭味;③成膜、脱膜性能好,成膜后有足够的强度和柔韧性;④用于口服、腔道、眼用膜剂的成膜材料应具有良好的水溶性,能逐渐降解、吸收或排泄;外用膜剂应能迅速、完全释放药物;⑤来源丰富,价格便宜。

常用的成膜材料有以下几种。

1. 天然高分子化合物

天然的高分子材料有明胶、虫胶、阿拉伯胶、琼脂、淀粉、糊精等。此类成膜材料多数可降解或溶解，但成膜性能较差，故常与其他成膜材料合用。

2. 聚乙烯醇（PVA）

PVA 是由聚醋酸乙烯酯经醇解而成的结晶性高分子材料，为白色或黄白色粉末状颗粒。根据其聚合度和醇解度不同，有不同的规格和性质。国内采用的 PVA 有 05-88 和 17-88 等规格，平均聚合度分别为 $500\sim600$ 和 $1700\sim1800$，分别以"05"和"17"表示。两者醇解度均为 $88\%\pm2\%$，以"88"表示。两种成膜材料均能溶于水，PVA05-88 聚合度小，水溶性大，柔韧性差；PVA17-88 聚合度大，水溶性小，柔韧性好。两者以适当比例（如 $1:3$）混合使用则能制得很好的膜剂。经验证明成膜材料中在成膜性能、膜的抗拉强度、柔韧性、吸湿性和水溶性等方面，均以 PVA 为最好。PVA 对眼黏膜和皮肤无毒、无刺激，是一种安全的外用辅料。口服后在消化道中很少吸收，80% 的 PVA 在 48 小时内随大便排出。PVA 在体内不分解亦无生理活性。

3. 乙烯-醋酸乙烯共聚物（EVA）

EVA 是乙烯和醋酸乙烯在过氧化物或偶氮异丁腈引发下共聚而成的水不溶性高分子聚合物，为透明、无色粉末或颗粒。EVA 的性能与其分子量及醋酸乙烯含量有很大关系。随分子量增加，共聚物的玻璃化温度和机械强度均增加。在分子量相同时，则醋酸乙烯比例越大，材料溶解性、柔韧性和透明度越大。EVA 无毒、无臭、无刺激性，对人体组织有良好的相容性，不溶于水，能溶于二氯甲烷、氯仿等有机溶剂。本品成膜性能良好，膜柔软，强度大，常用于制备眼、阴道、子宫等控释膜剂。

4. 其他

成膜材料还有聚乙烯醇缩醛、甲基丙烯酸酯-甲基丙烯酸共聚物、羟丙基纤维素、羟丙甲纤维素、聚维酮等。

5. 附加剂

（1）增塑剂：具有改善成膜材料的成膜性，增加柔韧性的作用。如甘油、三醋酸甘油酯、丙二醇、山梨醇、苯二甲酸酯等。

（2）着色剂：为增加膜剂的美观及识别度，可添加着色剂，如食用色素、TiO_2 等。

（3）矫味剂：可对膜剂中的苦味成分进行矫味，如蔗糖、甜叶菊糖苷等。

（4）表面活性剂：有时加入表面活性剂，可使不溶性药物均匀分散，并增加药物的生物有效性。

（5）其他：还可添加稳定剂、增稠剂及乳化剂等辅料。

二、涂膜剂

1. 定义

涂膜剂指药物溶解或分散于含成膜材料的溶剂中，涂搽患处后形成薄膜的外用液体制剂。用时涂于患处，有机溶剂迅速挥发，形成薄膜保护患处，并缓慢释放药物起治疗作用。一般用于慢性无渗出液的皮损、过敏性皮炎、牛皮癣和神经性皮炎等。如治疗神经性皮炎的 0.5% 氢化可的松涂膜剂、烫伤涂膜剂、冻疮涂膜剂等。涂膜剂制备工艺简单，制备过程中不需要特殊的机械设备,使用方便,不易脱落,易洗除。

涂膜剂应符合以下规定:无毒、无局部刺激性;无酸败、变色现象,根据需要可加入防腐剂或抗氧剂;遮光,密闭保存;通常在开启后最多使用4周。

2.涂膜剂处方组成

涂膜剂由药物、成膜材料和挥发性有机溶剂三部分组成。常用成膜材料有聚乙烯醇缩甲乙醛、聚乙烯醇缩甲丁醛、火棉胶、聚乙烯醇等;挥发性溶剂有乙醇、丙酮、乙酸乙酯、乙醚等,或将上述成分以不同比例混合后使用。涂膜剂中一般还要加入增塑剂,常用的有邻苯二甲酸二丁酯、甘油、丙二醇、山梨醇等。

3.涂膜剂制备

涂膜剂一般用溶解法制备。如药物能溶解于溶剂中,则直接加入溶解;如药物不溶于溶剂中,则用少量溶剂充分研磨后再分散于成膜材料的浆液中;如为中药,则应先制成乙醇提取液或提取物的乙醇-丙酮溶液,再加入到成膜材料中。

4.涂膜剂质量控制

按照《中国药典》(2015年版)对涂膜剂的质量检查有关规定,涂膜剂用时涂布患处,有机溶剂迅速挥发,形成薄膜保护患处,并缓慢释放药物起治疗作用;涂膜剂应无毒、无局部刺激性。除另有规定外,涂膜剂需要进行如下方面的质量检查。

(1)装量:除另有规定外,照最低装量检查法(通则0942)检查,应符合规定。

(2)无菌:除另有规定外,用于烧伤或严重创伤的涂膜剂,用于烧伤〔除轻度烧伤(Ⅰ°或浅Ⅱ°)外〕或严重创伤的软膏剂,照无菌检查法(通则1101)检查,应符合规定。

(3)微生物限度:除另有规定外,照微生物限度检查。微生物计数法(通则1105)和控制菌检查法(通则1106)及非无菌药品微生物限度标准(通则1107)检查,应符合规定。

任务　硝酸甘油膜制备操作

【知识目标】

(1)掌握膜剂的定义、特点及分类。

(2)掌握膜剂制备方法。

(3)了解膜剂常用材料及附加剂的种类、特点。

【技能目标】

能正确用匀浆制膜法制备合格的膜剂。

【基本知识】

膜剂的制备方法有三种:匀浆制膜法、热塑制膜法和复合制膜法。

1.匀浆制膜法

匀浆制膜技术又称涂膜技术,此技术是目前国内制备膜剂常用的技术。先将成膜材料溶解于适当溶剂中,再将药物及附加剂溶解或分散在上述成膜材料溶液中制成均匀的药浆,静置除去气泡,经涂膜、干燥、脱膜、主药含量测定、剪切包装等,最后制得所需膜剂。其工艺流程如图5-5所示。

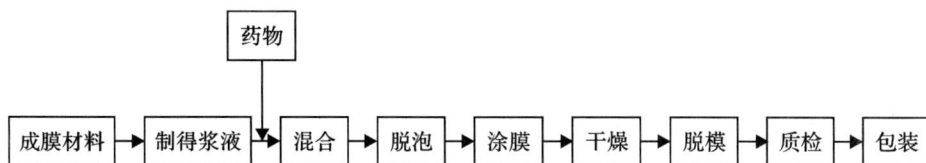

图 5-5 匀浆涂膜法工艺流程

大量生产可用涂膜机涂膜（图 5-6），小量制备时倾于平板玻璃上涂成宽厚一致的涂层（图 5-7）。烘干后根据主药含量计算单剂量膜的面积，剪切成单剂量的小格。

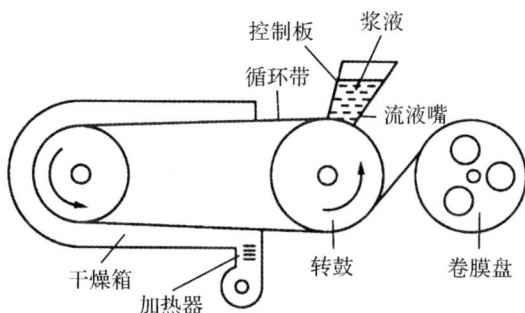

图 5-6 匀浆涂膜机示意图

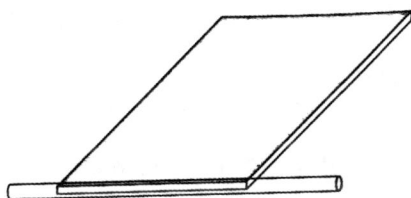

图 5-7 挂板法制膜示意图

2.热塑制膜法

将药物细粉和成膜材料（如 EVA 颗粒）相混合，用橡皮滚筒混炼，热压成膜；或将热融的成膜材料，如聚乳酸、聚乙醇酸等在热熔状态下加入药物细粉，使溶入或均匀混合，在冷却过程中成膜。

3.复合制膜法

以不溶性的热塑性成膜材料（如 EVA）为外膜，分别制成具有凹穴的底外膜带和上外膜带，另用水溶性的成膜材料（如 PVA 或海藻酸钠）以匀浆制膜法制成含药的内膜带，剪切后置于底外膜带的凹穴中。也可用易挥发性溶剂制成含药匀浆，以间隙定量注入的方法注入底外膜带的凹穴中。经吹风干燥后，盖上上外膜带，热封即成。这种方法一般用机械设备制作。此法一般用于缓释膜的制备，如眼用毛果芸香碱膜剂（缓释一周）在国外即用此法制成。与单用匀浆制膜法制得的毛果芸香碱眼用膜剂相比具有更好的控释作用。复合膜的简便制备方法是先将 PVA 制成空白覆盖膜后，将覆盖膜与药膜用 50％乙醇粘贴，加压，(60 ± 2)℃烘干即可。

【技能操作】

一、任务描述

处 方

硝酸甘油乙醇溶液(10%)	10 mL
PVA17-88	7.8 g
甘油	0.5 g
吐温-80	0.5 g
二氧化钛	0.3 g
纯化水适量	100 mL

将处方物料,按匀浆制膜法的工艺流程制备出合格的硝酸甘油膜。

二、操作步骤

要求在45分钟内完成下列任务。

1.课前准备

查到,检查工作服穿戴规范,清点仪器、药品、试剂,熟知任务报告单。

2.选择工具

根据所给的任务,选择符合要求的量器。

3.称量

按称量标准操作称量处方药品。

4.浸泡

PVA17-88按高分子溶解的方法溶解物料,先用适量的水浸泡。

5.混合

加入吐温-80、甘油,加热搅拌溶解,再将二氧化钛研细混合。

6.消泡

在搅拌下逐渐加入硝酸甘油乙醇溶液,静置超声以消除气泡。

7.匀浆制膜法制备

涂膜在有脱膜剂的玻璃板上,干燥,脱膜。

8.清场

任务完成后,将量器、试剂、药品等归还于原位并清理实验桌面。

三、操作注意事项

(1)PVA应充分吸水膨胀后才加热溶解,以免溶解不完全。

(2)涂膜时,浆液中的气泡应尽可能除尽,以免成品中出现气泡。

(3)玻璃板要涂有脱模剂,同时进行预热处理。

四、实施条件

硝酸甘油膜制备实施条件

项目	基本实施条件
场地	50 m² 以上的药物制剂室
设备、工具	电子天平(百分之一)、烧杯、量筒、玻棒、玻璃板、超声波清洗机、玻璃瓶、称量纸、水浴锅等
物料	PVA、硝酸甘油乙醇、甘油、吐温-80、二氧化钛等

五、评价标准

硝酸甘油膜制备评价标准

评价内容		分值	考核点及评分细则
职业素养与操作规范 20分		5	工作服穿着规范,双手洁净,不染指甲,不留长指甲,不披发得5分
		5	爱护仪器,不浪费药品、试剂,及时记录实验数据得5分
		5	实验完毕后将仪器、药品、试剂等清理复位得5分
		5	清场得5分
技能 80分	制备前操作	10	玻璃板的清洁与烘干正确得10分
		10	正确选择天平,按标准操作称出处方物料得10分
	制备操作	10	PVA浸泡5分 加热搅拌溶解5分
		10	加入二氧化钛研磨后过滤得10分
		10	冷却下加入硝酸甘油乙醇溶液得5分 超声消除气泡得5分
		10	玻璃板涂脱模剂得5分 涂膜前预热玻璃板得5分
		10	涂膜后干燥得5分 脱模完整得5分
		10	成品结果外观好得5分 在规定时间内完成任务得5分

六、任务报告书

硝酸甘油膜制备任务报告单

任务名称		实训时间	
温度		湿度	
实训工具			
实训物料			
操作步骤			
结论			
操作者			

项目四　丸剂制备技术

一、概述

(一)丸剂概念

丸剂指原料药物与适宜的辅料以适当方法制成的球形或类球形固体制剂。中药丸剂是古老的传统剂型。丸剂释药缓慢,作用缓和持久,毒副作用较轻;能较多地容纳半固体或液体药物;可通过包衣来掩盖药物的不良嗅味,提高药物的稳定性;制法简便。但是,丸剂的服用量大、小儿吞服困难、生物利用度低。

(二)丸剂分类

丸剂可分为蜜丸、水蜜丸、水丸、糊丸、蜡丸、浓缩丸和微粒丸等。

1.蜜丸

蜜丸指饮片细粉以炼蜜为黏合剂制成的丸剂。其中每丸重量在 0.5 g(含 0.5 g)以上的称大蜜丸,每丸重量在 0.5 g 以下的称小蜜丸。

2.水蜜丸

水蜜丸指饮片细粉以炼蜜和水为黏合剂制成的丸剂。

3.水丸

水丸指饮片细粉以水(或根据制法用黄酒、醋、稀药汁、糖液、含 5% 以下炼蜜的水溶液等)为黏合剂制成的丸剂。

4.糊丸

糊丸指饮片细粉以米糊或面糊等为黏合剂制成的丸剂。

5.蜡丸

蜡丸指饮片细粉以蜂蜡为黏合剂制成的丸剂。

6.浓缩丸

浓缩丸指饮片或部分饮片提取浓缩后,与适宜的辅料或其余饮片细粉,以水、炼蜜或炼蜜和水为黏合剂制成的丸剂。根据所用黏合剂的不同,分为浓缩水丸、浓缩蜜丸和浓缩水蜜丸。

7.微粒丸

微粒丸指饮片或部分饮片提取浓缩后,与适宜的辅料或其余饮片细粉,以水或其他黏合剂制成的丸重小于 35 mg 的丸剂。

二、中药丸剂常用辅料

中药丸剂常用的辅料如下。

(一)黏合剂

蜂蜜、米糊或面糊、药材清(浸)膏、糖浆等。

1.蜂蜜

蜂蜜是蜜丸常用的辅料,是蜜丸的重要组成部分,不仅起着黏合剂的作用,还兼有滋补、润肺、润肠、解毒、调味等作用。使用蜂蜜时一般需炼制,称炼蜜,目的是除去杂质、破坏酵素、杀死微生物、蒸发水分和增强黏性。小量生产可用文火炼制,大量生产可用蒸汽夹层锅炼制,最后滤除杂质。按炼制的程度可将炼蜜分为以下几种。

(1)嫩蜜:将蜂蜜加热至105～115℃所得制品,含水量18％～20％,相对密度约1.34,用于黏性较强的药物。

(2)中蜜:将蜂蜜加热至116～118℃所得制品,含水量10％～13％,相对密度约1.37,用于黏性适中的药物。

(3)老蜜:将蜂蜜加热至119～122℃所得制品,含水量10％以下,相对密度约1.4,用于黏性较差的药物。

2.米糊或面糊

米糊或面糊是以黄米、糯米、小麦及神曲等的细粉制成的糊,用量为药材细粉的40％左右,可用调糊法、煮糊法、冲糊法制备。所制得的丸剂一般较坚硬,胃内崩解较慢,常用于含毒性和刺激性药物的制丸。

3.药材清(浸)膏

植物性药材用浸出方法制备得到的清(浸)膏,大多具有较强的黏性。因此,可以同时兼作黏合剂使用,与处方中其他药材细粉混合后制丸。

4.糖浆

糖浆常用蔗糖糖浆或液状葡萄糖,既具黏性,又具有还原作用,适用于黏性弱、易氧化药物的制丸。

(二)润湿剂

润湿剂有水、黄酒、米醋、水蜜、药汁等。

1.水

水指纯化水。能润湿药粉中的黏液质、糖及胶类,诱发药粉的黏性。

2.酒

酒常选用白酒与黄酒两种。酒能溶解药材中的树脂、油脂而增加药材细粉的黏性,但其黏性比经水润湿后的黏性程度低,若用水作润湿剂黏性太强、制丸有困难时,可以酒代之。此外,酒兼有一定的药理作用,具有舒筋活血功效的丸剂常用酒作润湿剂。

3.醋

醋常用米醋(含醋酸量为3％～5％)。具有散瘀止痛功效的丸剂常用醋作润湿剂。醋还有助于药材中碱性成分的溶解,提高药效。

4.水蜜

水蜜一般以炼蜜1份加水3份稀释而成,兼具润湿与黏合作用。

5.药汁

处方中某些药材不易制粉,可将其煎汁或榨汁作为其他药粉成丸的辅料,既有利于保存药性、提高药效,又节省了其他辅料的用量。

(三)吸收剂

中药丸剂中,外加其他稀释剂或吸收剂的情况较少,一般是将处方中出粉量高的药材制成细粉,作为浸出物、挥发油的吸收剂,这样可避免或减少其他辅料的用量。亦可用惰性无机物如氢氧化铝、碳酸钙、甘油磷酸钙、氧化镁或碳酸镁等作吸收剂。

三、中药丸剂包装与贮藏

中药丸剂制成后由于包装储存条件不当,会引起丸剂的霉烂、虫蛀及挥发性成分散失等变质现象。各类丸剂性质不同,其包装储存方法亦不相同。大、小蜜丸及浓缩丸常装于塑料球壳内,壳外再用蜡层固封或用蜡纸包裹,装于蜡浸过的纸盒内,盒外再浸蜡,密封防潮。含芳香挥发性或贵重、细料药可采用蜡壳固封,再装入金属、帛或纸盒中。大蜜丸也可选用泡罩式铝塑材料包装。一般小丸常用玻璃瓶或塑料瓶密封,水丸,糊丸及水蜜丸等如为按粒服用,应以数量分装;如为按重量服用,则以重量分装。含芳香性药物或较贵重药物的微丸,多用瓷制的小瓶密封。

除另有规定外,丸剂应密封储存,蜡丸应密封并置阴凉干燥处储存,以防止吸潮、微生物污染以及丸剂中所含挥发性成分损失而降低药效。

任务 六味地黄丸制备操作

【知识目标】

(1)掌握丸剂的定义、特点及分类。
(2)掌握丸剂的制备方法。
(3)掌握蜂蜜的炼制。

【技能目标】

能用塑制法制备合格的丸剂。

【基本知识】

中药丸剂的制备方法主要包括塑制法和泛制法。

一、塑制法

塑制法是将药材粉末与适宜的辅料(主要是润湿剂或黏合剂)混合制成可塑性的丸块,再经搓条、分割及搓圆制成丸剂的方法。塑制法主要用于蜜丸、糊丸等的制备。生产中使用捏合机、出条机和轧丸机、中药自动制丸机等机械设备。塑制法的工艺流程见图5-8。

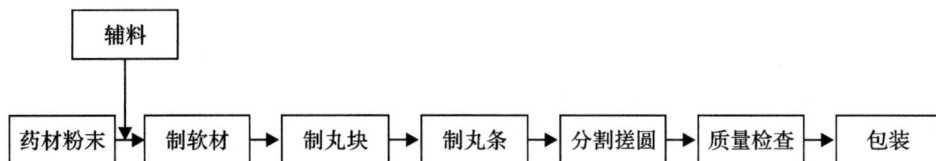

图5-8 塑制法中药丸剂流程图

1.原辅料处理

按处方将已炮制合格的药材称好、配齐。通过粉碎、过筛(除另有规定外,供制丸剂用的药粉应为细粉或最细粉)、混合均匀后备用。

2. 合药

将已混合均匀的药粉,加入适量炼蜜,充分混匀,使成软硬适宜、可塑性好的丸块的操作过程称为合药。

丸块的软硬程度及黏稠程度直接影响丸粒的成型和在贮存中是否变形,优良的丸块应软硬适宜、里外一致、无可见性粉末、不黏手、不黏附器壁为宜。

影响丸块质量的因素如下。

(1)炼蜜程度:应根据处方中药材的性质、粉末粗细、含水量高低、当时的气温及湿度,决定所需黏合剂的黏性强度,炼制蜂蜜。蜜过嫩则粉末黏合不好,丸粒表面不光滑;过老则丸块发硬,难以搓圆。

(2)下蜜温度:应根据处方中药物性质而定。除另有规定外,炼蜜应趁热加入药粉中;处方中含有树脂类、胶类及挥发性成分药物时,炼蜜应在 60 ℃左右加入。

(3)药粉与炼蜜的比例:它是影响丸块质量的重要因素,一般比例是 1∶1~1∶1.5,但也有偏高或偏低的,主要取决于下列因素:①药粉的性质,黏性强的药粉用蜜量宜少;含纤维较多,黏性极差的药粉,用蜜量宜多;②气候季节,夏季用蜜量应少,冬季用蜜量宜多;③合药方法,手工合药用蜜量较多,机械合药用蜜量较少。

3. 搓丸条

丸块软材制成后必须放置一定时间,使炼蜜渗透到药粉内,诱发丸块的黏性和可塑性,有利于搓条和成丸。丸条一般要求粗细均匀,表面光滑,无裂缝,内面充实而无孔隙,以便分粒和搓圆。

4. 成丸

小量生产时,可将丸条等量裁切后用搓丸板做圆周运动,使丸粒搓圆或用带沟槽的切丸板分割、搓圆,也可用小型制丸机进行制备(图 5-9)。

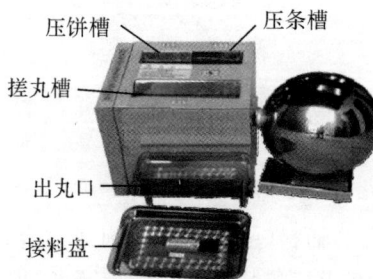

图 5-9 小型制丸机

大量生产用的滚筒式轧丸机由两个或三个表面有半圆形切丸槽钢制滚筒组成,滚筒的转速快慢不一,丸条在两滚筒之间切断并搓圆,必要时干燥即得。

目前,大生产多采用中药制丸机,可以直接将丸块制成丸剂,整个过程全封闭操作,减少药物的染菌概率,并且性能稳定,操作简单,一次成丸无须筛选,无须二次整形。中药自动制丸机(图 5-10)主要由加料斗、推进器、自控轮、导轮、制丸刀轮等组成。操作时,将混合均匀的药料投入到具有密封装置的药斗内,以不溢出加料斗又不低于加料斗高度的 1/3 为宜,通过进药腔的压药翻板,在螺旋推进器的挤压下,推出多条相同直径的药条,在导轮控制下,丸条同步进入相对方向转动的制丸刀轮中,由于制丸刀轮的径向和轴向运动,将丸条切割并搓圆,连续制成大小均匀的药丸。

图5-10 中药制丸机设备图

二、泛制法

泛制法主要用于水丸、水蜜丸、糊丸、浓缩丸等的制备,生产时使用包衣锅和小丸连续成丸机等设备。泛制法的工艺流程为图5-11。

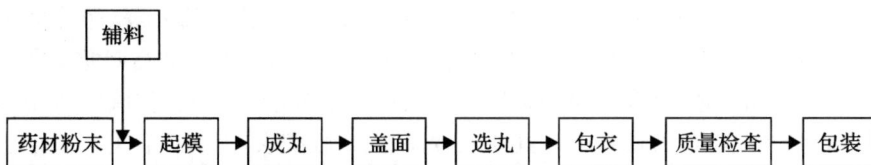

图5-11 泛制法中药丸剂流程图

1.原料处理

按要求将处方中药材粉碎成细粉,过5号筛或6号筛,混合均匀;需制成药汁的药材应按规定处理。

2.起模

起模是将部分药粉制成大小适宜丸模的操作过程,是制备水丸的关键环节,起模法是将少许粉末置泛丸匾或转动的包衣锅内,喷刷少量水或其他润湿剂,使药粉黏结形或小粒,再喷水、撒粉,配合揉、撞、翻等的泛丸动作,反复多次,使体积逐渐增大形成直径0.5～1 mm的圆球形小颗粒,经过筛分等即得丸模。也有使用软材过筛制粒的方法起模。

3.成丸

成丸是将丸模逐渐加大至接近成品的操作。操作时将丸模置包衣锅内,开动包衣锅,反复喷水润湿和加药粉,使丸粒的体积逐渐增大,直至形成外观圆整光清、坚实致密、大小适合的丸剂。

4.盖面

将成型后的丸剂经过筛选,剔除过大或过小的丸粒,置于包衣锅内转动,加入留出的药粉

（最细粉）或清水或浆头（即将药粉或废丸加水混合制成的稠厚液体），继续滚动至丸面光洁、色泽一致、外形圆整。

5.干燥

除另有规定外，水蜜丸、水丸、浓缩水蜜丸和浓缩水丸均应在 80 ℃以下进行干燥；含挥发性成分或淀粉较多的丸剂（包括糊丸）应在 60 ℃以下进行干燥；不宜加热干燥的应采用其他适宜的方法进行干燥。

6.筛选

泛丸法制备的水丸，大小常有差异，干燥后须经筛选，以保证丸粒圆整、大小均匀、剂量准确。

7.包衣与打光

需要进行包衣、打光的丸剂在转动的包衣锅内，不断滚动，经交替喷水或喷入适宜黏合剂、撒入包衣物料（如朱砂、滑石、雄黄、青黛、甘草、黄柏、百草霜以及礞石粉等），包衣物料可均匀黏附在丸面上。包衣完成后，撒入川蜡，继续转动 30 分钟，即完成包衣和打光工序。

三、中药丸剂包衣

除水丸外，蜜丸、水蜜丸、糊丸和浓缩丸等都可根据需要进行包衣。包衣材料有药物衣，也可选用糖衣、薄膜衣和肠溶衣。

1.药物衣

包衣材料是丸剂处方的组成部分，有药理作用。药物衣包衣既可以发挥药效，又可以保护丸粒、增加美观。常见的药物衣：①朱砂衣，如痧药、七珍丸、梅花点活丸等；②甘草衣，如羊胆丸等；③黄柏衣，如四妙丸等；④雄黄衣，如痫气丹、化虫丸；⑤青黛衣，如当归龙荟丸、千金止带丸等；⑥百草霜衣，如六神丸、麝香保心丸等；⑦滑石衣，如分清五苓丸、防风通圣丸、茵陈五苓丸等；⑧其他，如礞石衣（礞石滚痰丸）、红曲衣（烂积丸）、牡蛎衣（海马保肾丸）、金箔衣（局方至宝丹）等。

2.保护衣

保护衣指选取处方以外，不具明显药理作用，且性质稳定的物质作为包衣材料，使主药与外界隔绝而起保护作用。这一类主要有：①糖衣，如安神补心丸、安神丸等；②薄膜衣，如应用无毒的医用高分子材料丙烯酸甲酯和甲基丙烯酸甲酯等为原料，在沸腾床内将大蜜丸包薄膜衣，又如以干酪素为原料将蜜丸包薄膜衣等。

3.肠溶衣

选用适宜的材料将丸剂包衣后使之在胃液中不溶散而在肠液中溶散。丸剂肠溶衣主要材料有虫胶、邻苯二甲酸醋酸纤维素（CAP）等。

除水丸外，蜜丸、水蜜丸、糊丸和浓缩丸等都可根据需要进行包衣，包衣方法与片剂相同。

四、中药丸剂质量检查

《中国药典》（2015 年版）四部（通则 0108）规定了对丸剂的质量检查项目，主要内容如下。

1.外观

外观应圆整均匀、色泽一致。大蜜丸和小蜜丸应细腻滋润、软硬适中。蜡丸表面应光滑无裂纹，丸内不得有蜡点和颗粒。

2.**水分**

按照水分测定法(通则 0832)测定。除另有规定外,蜜丸和浓缩蜜丸中所含水分不得超过 15.0%;水蜜丸和浓缩水蜜丸不得超过 12.0%;水丸、糊丸、浓缩水丸不得超过 9.0%。蜡丸不检查水分。

3.**重量差异**

按丸数服用的丸剂照第一法检查,按重量服用的丸剂照第二法检查。需包糖衣的丸剂应在包衣前检查丸芯的重量差异,符合规定后,方可包糖衣。包糖衣后不再检查重量差异。

第一法 以一次服用量最高丸数为 1 份(丸重 1.5 g 及以上的丸剂以 1 丸为 1 份),取供试品 10 份,分别称定重量,再与每份标示总量(每丸标示量×称取丸数)相比较(无标识重量的丸剂,与平均重量相比较)或标示重量相比较,应符合表 5-1 规定。超出重量差异限度的不得多于 2 份,并不得有 1 份超出限度 1 倍。

表 5-1 按丸服用的丸剂重量差异限度

标示总量或标示重量(或平均重量)	重量差异限度
0.05 g 或 0.05 g 以下	±12%
0.05 g 以上至 0.1 g	±11%
0.1 g 以上至 0.3 g	±10%
0.3 g 以上至 1.5 g	±9%
1.5 g 以上至 3 g	±8%
3 g 以上至 6 g	±7%
6 g 以上至 9 g	±6%
9 g 以上	±5%

第二法 取供试品 10 丸为 1 份,共取 10 份,分别称定重量,求得平均重量,每份重量与平均重量相比较(有标示量的与标示量相比较),应符合表 5-2 规定。超出重量差异限度的不得多于 2 份,并不得有 1 份超出重量差异限度 1 倍。

表 5-2 按重量服用的九剂重量差异限度

每份标示重量或平均重量	重量差异限度
0.05 g 或 0.05 g 以下	±12%
0.05 g 以上至 0.1 g	±11%
0.1 g 以上至 0.3 g	±10%
0.3 g 以上至 1 g	±8%
1 g 以上至 2 g	±7%
2 g 以上	±6%

4.装量差异

除糖丸外,单剂量包装的丸剂,照下述方法检查应符合规定。装量差异限度应符合表 5 - 3 规定。

表 5 - 3 单剂量分装的丸剂重量差异限度

标示装量	装量差异限度
0.5 g 或 0.5 g 以下	±12%
0.5 g 以上至 1 g	±11%
1 g 以上至 2 g	±10%
2 g 以上至 3 g	±8%
3 g 以上至 6 g	±6%
6 g 以上至 9 g	±5%
9 g 以上	±4%

检查方法:取供试品 10 袋(瓶),分别称定每袋(瓶)内容物的重量,每袋(瓶)装量与标示装量相比较,应符合表 5 - 3 规定。超出装量差异限度的不得多于 2 袋(瓶),并不得有 1 袋(瓶)超出装量差异限度 1 倍。

5.装量

以重量标示的多剂量包装丸剂,照最低装量检查法(通则 0942)检查,应符合规定。以丸数标示的多剂量包装丸剂,不检查装量。

6.溶散时限

除另有规定外,取供试品 6 丸,选择适当孔径筛网的吊篮(丸剂直径在 2.5 mm 以下的用孔径约 0.42 mm 的筛网,在 2.5~3.5 mm 之间的用孔径 1.0 mm 的筛网,在 3.5 mm 以上的用孔径约 2.0 mm 的筛网),照《中国药典》(2015 年版)四部(通则 0921)崩解时限检查法片剂项下的方法加挡板进行检查。除另有规定外,小蜜丸、水蜜丸和水丸应在 1 小时内全部溶散;浓缩丸和糊丸应在 2 小时内全部溶散;微丸的溶散时限按所属丸剂类型的规定判定。如操作过程中供试品黏附挡板妨碍检查时,应另取供试品 6 丸,不加挡板进行检查。

上述检查应在规定时间内全部通过筛网,如有细小颗粒状物未通过筛网,但已软化无硬心者可作合格论。

蜡丸照崩解时限检查法(通则 0921)片剂项下的肠溶衣片检查法检查,应符合规定。

除另有规定外,大蜜丸及研碎、嚼碎后或用开水、黄酒等分散后服用的丸剂不检查溶散时限。

7.微生物限度

以动物、植物、矿物质来源的非单体成分制成的丸剂为生物制品丸剂,生物制品丸剂照非无菌产品微生物限度检查:微生物计数法(通则 1105)、控制菌检查法(通则 1106)及非无菌药品微生物限度标准(通则 1107)检查,应符合规定。生物制品规定检查杂菌的,可不进行微生物限度检查。

【技能操作】

一、任务描述

处方

熟地黄	16 g
山茱萸（制）	8 g
牡丹皮	6 g
山药	8 g
茯苓	6 g
泽泻	6 g
蜂蜜	适量

使用小型制丸机设备,将处方量的物料按照塑制法的工艺流程制备出合格的六味地黄丸。

二、操作步骤

1. 课前准备

查到,检查工作服穿戴规范,清点仪器、药品、试剂,熟知任务报告单。

2. 称量

按称量标准操作称量药品。

3. 细粉制备

除熟地黄、山茱萸外,将其余 4 味中药共研成粗粉,取其中一部分与熟地黄、山茱萸共研成不规则的块状,放入烘箱内于 60 ℃以下烘干,再与其他粗粉混合研成细粉,过 80 目筛混匀备用。

4. 炼蜜

蜂蜜置于适宜容器中,加入适量清水,加热至沸后,用 40～60 目筛过滤,除去死蜂、蜡、泡沫及其他杂质。然后,继续加热炼制,至蜜表面起黄色气泡,手拭之有一定黏性,但两手指离开时无长丝出现(此时蜜温约为 116 ℃)即可。

5. 制丸块

将药粉置于研钵中,每 10 g 药粉加入炼蜜(70～80 ℃)9 g 左右,混合揉搓制成均匀滋润的丸块。

6. 压饼、搓条、制丸

将制备好的丸块放入小型制丸机中,按压饼、搓条、制丸的顺序操作。

7. 清场

任务完成后,将量器、试剂药品等归还于原位并清理实验桌面。

三、操作注意事项

(1)蜂蜜炼制时应不断搅拌,以免溢锅。炼蜜程度应掌握恰当,过嫩含水量高,使粉末黏合不好,成丸易霉坏;过老丸块发硬,难以搓丸,成丸难崩解。

（2）药粉与炼蜜应充分混合均匀，以保证搓条、制丸的顺利进行。

（3）为避免丸块、丸条黏着搓条、搓丸工具及双手，操作前可在手掌和工具上涂擦少量润滑油。

四、实施条件

六味地黄丸制备实施条件

项目	基本实施条件
场地	50 m² 以上的药物制剂室
设备、工具	多功能小型制丸机、百分之一电子天平、电炉、药匙、称量纸、烧杯、研钵、玻棒、不锈钢方盘、拖把、抹布、喷壶等
物料	熟地黄、山茱萸(制)、牡丹皮、山药、茯苓、泽泻

五、评价标准

六味地黄丸制备评价标准

评价内容		分值	考核点及评分细则
职业素养与操作规范 20分		5	工作服穿着规范，双手洁净，不染指甲，不留长指甲，不披发得5分
		5	工作态度认真，遵守纪律得5分
		5	实验完毕后将工具等清理复位得5分
		5	规范清场并清理干净得5分
技能 80分	六味地黄丸制备	5	正确使用天平称药物得5分
		10	除熟地黄、山茱萸外四味一起粉碎得5分 熟地黄、山茱萸粉碎采用串研法粉碎得5分
		10	正确炼制蜂蜜得5分 正确判断蜂蜜炼制程度得5分
		10	揉搓制成均匀滋润的丸块得10分
		10	正确调试制丸机并在工作部位涂适量润滑油得10分
		10	按压饼、搓条、制丸的顺序操作得10分
		10	收集湿丸并干燥得10分
		10	整理干燥丸剂，大小一致、外观完整光洁，色泽均匀得10分
		5	在规定时间内完成任务得5分

六、任务报告书

六味地黄丸制备任务报告单

任务名称		实训时间	
温度		湿度	
实训工具			
实训物料			
操作步骤			
结论			
操作者			

项目五　滴丸制备技术

一、概述

滴丸剂指固体或液体药物与适宜的基质加热熔融后溶解、乳化或混悬在基质中,再滴入互不混溶、互不作用的冷凝液中,由于表面张力的作用使液滴收缩成球状而制成的制剂。主要供口服,亦可供外用和眼、耳、鼻、直肠、阴道等局部使用。

从滴丸剂的组成、制法看,它具有如下一些特点:①设备简单,操作方便,利于劳动保护,工艺周期短,生产率高;②工艺条件易于控制,质量稳定,剂量准确,受热时间短,易氧化及具挥发性的药物溶于基质后,可增加其稳定性;③基质容纳液态药物的量大,故可使液态药物固形化,如芸香油滴丸含油可达83.5%;④用固体分散技术制备的滴丸具有吸收迅速、生物利用度高的特点,如灰黄霉素滴丸有效剂量是细粉(粒径254 μm以下)的1/4,微粉(粒径5 μm以下)的1/2;⑤发展了耳、眼科用药的新剂型,五官科制剂多为液态或半固态剂型,作用时间不持久,做成滴丸剂可起到延效作用。

二、滴丸基质

滴丸剂中除药物以外的赋形剂称为基质,用于冷却滴出的液滴,使之收缩冷凝成为滴丸的液体称为冷凝液。基质与冷凝液对滴丸的形成,以及溶出速度、稳定性等密切相关。

1.基质

滴丸剂的基质应对人体无害,与药物不发生化学反应、不影响药物的作用与检测,熔点较低,在60~160 ℃时能熔化成液体,骤冷又能冷凝为固体,而且药物混合后仍能够保持以上物理形状。

滴丸剂的基质可分为水溶性及脂溶性两种。

(1)水溶性基质:有聚乙二醇类、硬脂酸钠、聚氧乙烯单硬脂酸酯(S-40)、甘油明胶等。

(2)脂溶性基质:有硬脂酸、单硬脂酸甘油酯、虫蜡、氢化植物油等。

2.冷凝液

冷凝液不是滴丸剂的组成部分,但参与滴丸剂制备的工艺过程,如果处理不彻底,仍可能产生毒性,因此冷凝液应具备下列条件:①安全无害,或虽有毒性、但易于除去;②与药物和基质不相混溶、不起化学反应;③有适宜的相对密度,应略高于或略低于滴丸的相对密度,使滴丸(液滴)缓缓上浮或下沉,便于充分凝固,丸形圆整。

常用的冷凝液有水溶性基质可用液状石蜡、植物油、甲基硅油等。非水溶性基质可用水、不同浓度的乙醇、酸性或碱性水溶液等。

三、滴丸剂包装与贮藏

滴丸剂包装应严密,一般采用玻璃瓶或瓷瓶包装,亦有用铝塑复合材料等包装的。除另有规定外,滴丸剂应密封储存,防止受潮、发霉、变质。

任务 水杨酸滴丸制备操作

【知识目标】

(1)掌握滴丸剂的定义、特点。
(2)掌握滴丸剂的制备工艺流程及方法。
(3)掌握滴丸剂的基质及冷凝液。

【技能目标】

能用滴制法制备合格的滴丸剂。

【基本知识】

一、滴丸剂制备

滴丸剂采用滴制法进行制备,其工艺流程如下图 5-12 所示。

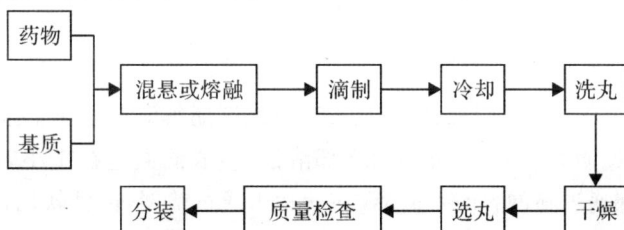

```
  药物 ┐
       ├→ 混悬或熔融 → 滴制 → 冷却 → 洗丸
  基质 ┘                              ↓
  分装 ← 质量检查 ← 选丸 ← 干燥
```

图 5-12 滴丸剂工艺流程图

将选好的基质加热熔化,将药物分散在已经熔化的基质当中,混匀。药液在 80～90 ℃保温。调整好冷凝液的温度,一般为 10～15 ℃,调节滴头的速度,将药液滴入冷凝液中。当丸粒冷却,从冷凝液中滤出滴丸,并剔除废丸,用纱布擦除冷凝液,冷风吹干,并在室温下晾置 4 小时。按规定进行质量检查,合格后对产品进行包装储存。

生产滴丸一般使用滴丸机。滴丸机的基本结构由滴瓶、保温装置、冷凝装置三部分组成。工业上使用的滴丸设备有多种型号,按滴头数量可分为单头、双头、6 头、20 头滴丸机,按滴丸(液滴)的移行方式可分为下沉式和上浮式滴丸机。制备时可根据滴丸与冷凝液相对密度差异、生产实际情况进行选择。

为保证滴丸剂质量符合规定,在制备滴丸时要注意:选择适宜的基质与冷凝液,确定合适的滴管内外口径,滴制过程中保持恒温,滴制液静压恒定,滴出口与冷凝液液面之间距离不超过 5 cm 等。

二、滴丸剂质量检查

1. 外观
滴丸应大小均匀,色泽一致,无粘连现象,表面无冷凝液黏附。

2.**重量差异**

滴丸剂重量差异限度,应符合表5-4的规定。

表5-4　滴丸剂重量差异限度

滴丸剂的平均重量	重量差异限度
0.03 g 或 0.03 g 以下	±15%
0.03 g 以上至 0.1 g	±12%
0.1 g 以上至 0.3 g	±10%
0.3 g 以上	±7.5%

检查方法:取滴丸20丸,精密称定总重量,求得平均丸重后,再分别精密称定各丸的重量。每丸重量与平均丸重相比较,超出重量差异限度的滴丸不得多于2丸,并不得有1丸超出限度的1倍。

包糖衣滴丸应在包衣前检查丸芯的重量差异,符合表中规定后方可包衣。包衣后不再检查重量差异。

3.**溶散时限**

按照《中国药典》(2015年版)四部(通则0921)片剂崩解时限项下的装置检查,不加挡板,除另外有规定外,普通滴丸应在30分钟内全部溶散,包衣滴丸应在1小时内全部溶散。检查应在规定时间内全部通过筛网,如有细小颗粒状物未通过筛网,但已软化且无硬心者可按符合规定论。以明胶为基质的滴丸,可在人工胃液中进行检查。

滴丸剂的含量均匀度和微生物限度等应符合要求。

【技能操作】

一、任务描述

处方

水杨酸	2 g
聚乙二醇-400	3.4 g
聚乙二醇-6000	4.6 g

使用实验室小型滴丸机,将处方量的药物按滴制法制备出合格的水杨酸滴丸。

二、操作步骤

1.**课前准备**

查到,检查工作服穿戴规范,清点仪器、药品、试剂,熟知任务报告单。

2.**称量**

按称量和量取的标准操作称量和量取药品。

3.基质与药物准备

将基质加热熔化后加入药物混匀,保温。

4.设备准备

调试设备,加入二甲硅油作冷凝液,设定温度。

5.滴制

将药液倒入保温容器中,等温度达到后开始滴制。

6.干燥及选丸

从冷凝液中滤出滴丸,选丸,纱布擦干后沥干晾置,即得。

7.清场

任务完成后,将量器、试剂、药品等归还于原位并清理实验桌面。

三、操作注意事项

(1)冷凝液加入量要足够,滴出口与液面之间距离不超过5 cm。
(2)待温度达到后才开始滴制。
(3)吹干需要冷风,防止温度过高,出现熔化或粘连。

四、实施条件

水杨酸滴丸制备实施条件

项目	基本实施条件
场地	50 m² 以上的药物制剂室
设备、工具	单滴头滴丸机(DWJ—2000型)、电子天平(百分之一)、水浴锅、温湿度表、烧杯、量筒、研钵、不锈钢方盘、不锈钢簸箕、润滑油枪、拖把、抹布、喷壶等
物料	水杨酸、聚乙二醇-400、聚乙二醇-6000

五、评价标准

水杨酸滴丸制备评价标准

评价内容	分值	考核点及评分细则
职业素养与操作规范 20分	5	工作服穿着规范,双手洁净,不染指甲,不留长指甲,不披发得5分
	5	工作态度认真,遵守纪律得5分
	5	实验完毕后将工具等清理复位得5分
	5	规范清场并清理干净得5分

评价内容		分值	考核点及评分细则
技能80分	生产前检查	10	温度、湿度检查得5分
			设备、仪器等检查与清洁得5分
	药液制备	5	正确使用天平并准确称取处方药物得5分
		10	水浴锅正确加水,设定温度并预热得10分
		20	基质处理:加热搅拌溶解得5分
			药物分批次加入得5分
			药物与基质混合均匀得5分
			药液的正确保温得5分
	滴丸的滴制	5	正确调试滴丸机并设定参数得5分
		5	正确选取二甲硅油冷凝液并灌注得5分
		5	待药液温度达到设定温度时开始滴制得5分
		10	生产一定数量的滴丸并正确收集得10分
		5	洗丸:用滤纸吸干药丸得5分
		5	滴丸大小一致、外观完整光洁、色泽均匀得5分

六、任务报告书

水杨酸滴丸制备任务报告单

任务名称		实训时间	
温度		湿度	
实训工具			
实训物料			
操作步骤			
结论			
操作者			

项目六　气雾剂、粉雾剂、喷雾剂制备技术

　　气雾剂、粉雾剂和喷雾剂指原料药物或原料药物和附加剂以特殊装置给药,经呼吸道、腔道、黏膜或皮肤等发挥全身或局部作用的制剂。该类制剂应对皮肤、呼吸道与腔道黏膜和纤毛无刺激性、无毒性。给药途径有吸入、非吸入和外用三种,吸入给药可以是单剂量也可是多剂量。

　　气(粉、喷)雾剂的各组成部件均应采用无毒、无刺激性、性质稳定、与药物不起作用的材料。根据需要,可加入溶剂、助溶剂、抗氧剂、防腐剂、表面活性剂等附加剂。吸入气雾剂中所有附加剂均应对呼吸道黏膜和纤毛无刺激性、无毒性,非吸入及外用气雾剂中附加剂均应对皮肤或黏膜无刺激性。气(粉、喷)雾剂在生产环境、用具和整个生产操作过程中,应防止微生物污染,用具、容器等须用适宜的方法清洁、消毒,烧伤、创伤所用气(粉、喷)雾剂应在无菌环境下配制。

一、气雾剂

(一)概述

　　气雾剂指原料药物或原料药物和附加剂与适宜的抛射剂共同装封于具有特制阀门系统的耐压容器中,使用时借助抛射剂的压力将内容物呈雾状物喷出,用于肺部吸入或直接喷至腔道黏膜、皮肤的制剂,可以是含药溶液、乳状液或混悬液。吸入气雾剂可以单剂量或多剂量给药,药物从装置中呈雾状释放出进入人体肺部。

　　气雾剂的主要优点:①气雾剂可直接到达作用部位或吸收部位,药物分布均匀,起效快;②药物密闭于容器内,不易被微生物污染,且由于容器不透明、避光且不易与空气中的氧或水分直接接触,提高了药物稳定性;③对皮肤、呼吸道与腔道黏膜和纤毛无局部用药的刺激性;④避免药物肝脏首过效应和胃肠道的破坏作用,生物利用度高;⑤可用定量阀门控制剂量,确保剂量准确。

　　但气雾剂需要耐压容器、阀门系统和特殊的生产设备,生产成本高;其次,抛射剂有高度挥发性因而具有制冷效应,多次使用于受伤皮肤上可引起不适;而且,氟氯烷烃类抛射剂在体内达一定浓度可致敏心脏,造成心律失常,故对心脏病患者不适宜。

(二)气雾剂分类

1.按给药途径分类

　　气雾剂按给药途径可分为吸入气雾剂和非吸入气雾剂,其中吸入气雾剂和鼻用气雾剂较常用。吸入气雾剂指经口吸入沉积于肺部的制剂,通常也被称为压力定量吸入剂;鼻用气雾剂指经鼻吸入沉积于鼻腔的制剂。

2.按分散系统分类

　　气雾剂按分散系统可分为溶液型气雾剂、混悬型气雾剂和乳状液型气雾剂。

　　(1)溶液型气雾剂:固体或液体药物溶于抛射剂中或在潜溶剂的作用下与抛射剂混合而形

成的溶液,喷射时抛射剂挥发,药物以液体或固体微粒形式到达作用部位。

(2)混悬型气雾剂:药物以固体微粒形式分散在抛射剂中形成的混悬液,喷射时抛射剂挥发,药物以固体微粒形式到达作用部位。

(3)乳状液型气雾剂:液体药物或药物溶液与抛射剂经乳化形成的乳状液,其类型有 O/W 型和 W/O 型。O/W 型乳状液在喷射时会随着内相抛射剂的气化而以泡沫形式喷出,故又称为泡沫型气雾剂;W/O 型乳状液在喷射时会随着外相抛射剂的气化而形成液流。

3.按相的组成分类

气雾剂按相的组成可分为二相气雾剂和三相气雾剂。

(1)二相气雾剂:一般指溶液型气雾剂,由气-液两相组成。气相是抛射剂部分气化产生的蒸汽,液相是药物与抛射剂形成的均相溶液。

(2)三相气雾剂:一般指混悬型气雾剂和乳状液型气雾剂。混悬型气雾剂由气-液-固三相组成:气相是抛射剂部分气化产生的蒸汽,液相是抛射剂,固相是不溶性药物微粒;乳状液型气雾剂由气-液-液三相组成:气相是抛射剂部分气化产生的蒸汽,药液与抛射剂形成液-液两相,有 O/W 型和 W/O 型。

4.按给药定量与否分类

气雾剂按给药定量可分为定量气雾剂和非定量气雾剂。

(三)气雾剂的组成

气雾剂是由抛射剂、药物与附加剂、耐压容器和阀门系统组成。

1.药物与附加剂

(1)药物:液体、固体药物均可用于制备气雾剂,目前应用较多的药物有呼吸系统用药、心血管系统用药、解痉药和烧伤用药等。

(2)附加剂:为制备质量稳定的气雾剂可加入适宜的附加剂。①溶液型气雾剂,可加入适量乙醇、丙二醇或聚乙二醇等作潜溶剂,使药物与抛射剂混合成均相溶液。②混悬型气雾剂,可加入固体润湿剂如滑石粉、胶体二氧化硅等,以使药物微粉易分散混悬于抛射剂中。有时还可加入适量的 HLB 值较低的表面活性剂及高级醇类作稳定剂,如三油酸山梨坦(司盘-85)、月桂醇类等,以使药物不聚集或重结晶,在喷射时不会阻塞阀门。③乳状液型气雾剂,应加入适当的乳化剂,如聚山梨酯、三乙醇胺硬脂酸酯或司盘类等,若药物不溶于水或在水中不稳定时,可用甘油、丙二醇代替水。

此外,根据药物的性质可加入适量的抗氧剂,如维生素 C、焦亚硫酸钠等。

2.抛射剂

抛射剂是喷射药物的动力,有时兼作药物溶剂或稀释剂,多为液化气体,常温常压下蒸汽压高于大气压,沸点低于室温。雾滴的大小决定于抛射剂的类型、用量、阀门和揿钮的类型,以及药液的黏度等。因此要根据气雾剂用药目的和要求合理选择抛射剂。抛射剂应无毒、无致敏性和刺激性,不与药物等发生反应,不易燃、不易爆炸,无色、无臭、无味,价廉易得,主要种类有氟氯烷烃、碳氢化合物及压缩气体。

3.容器

气雾剂的容器必须不与药物和抛射剂起作用,耐压、轻便、价廉等,常用的有搪塑的玻璃容器和铝、不锈钢等金属容器。

4.阀门系统

阀门是控制药物和抛射剂从容器射出量及速度的主要部件,其精密程度直接影响气雾剂给药剂量的准确性。目前药用气雾剂大多选用能控制剂量的定量阀门,见图 5-13,也有使用非定量的普通阀门。阀门系统应坚固、耐用,与内容物不发生反应,材质有塑料、橡胶、铝和不锈钢等,阀门系统大多由封帽、喷头、阀杆、固定盖、橡胶垫圈、弹簧、阀体、浸入管、推动钮等组成。定量吸入气雾剂的阀门系统与非定量吸入气雾剂的阀门系统的构造相仿,不同之处是还有一个塑料或金属制得的定量室或定量杯,用以保证每次用药的剂量。

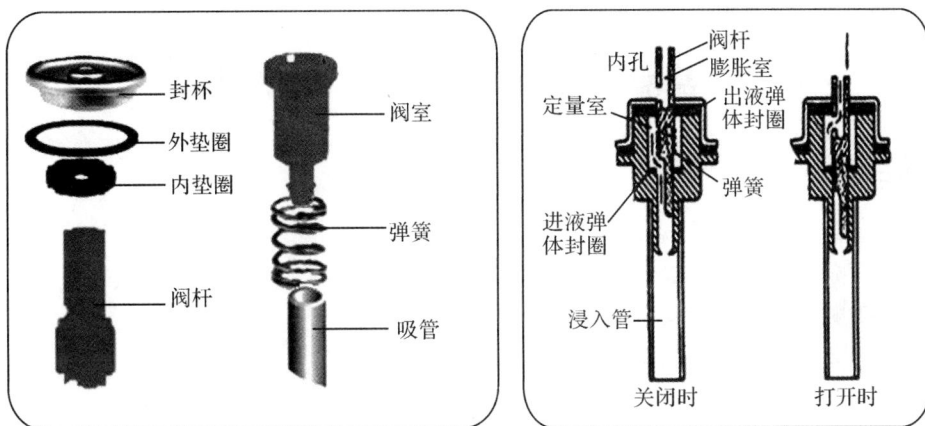

图 5-13 定量阀门

二、粉雾剂

粉雾剂按用途可分为吸入粉雾剂、非吸入粉雾剂和外用粉雾剂,应置凉暗处贮存,防止吸潮。吸入粉雾剂指固体微粉化药物单独或与合适载体混合后,以胶囊、泡囊或多剂量储库形式,采用特制的干粉吸入装置,由患者吸入雾化药物至肺部的制剂。非吸入粉雾剂指药物或与载体以胶囊或泡囊形式,采用特制的干粉给药装置,将雾化药物喷至腔道黏膜的制剂。外用粉雾剂指药物或与适宜的附加剂灌装于特制的干粉给药器具中,使用时借助外力将药物喷至皮肤或黏膜的制剂。除另有规定外,外用粉雾剂应符合散剂项下有关的各项规定。为改善粉末的流动性,可加入适宜的载体和润滑剂。胶囊型、泡囊型吸入粉雾剂应标明每粒胶囊或泡囊中的药物含量、有效期、贮藏条件,胶囊应置于吸入装置中吸入,而非吞服。多剂量贮库型吸入粉雾剂应标明每瓶装量、主药含量、每瓶总吸次和每吸主药含量。

三、喷雾剂

喷雾剂指原料药物或与适宜辅料填充于特制的装置中,使用时借助手动泵的压力、高压气体、超声振动或其他方法将内容物呈雾状物释放出,用于肺部吸入或直接喷至腔道黏膜及皮肤等的制剂。按用药途径可分为吸入喷雾剂、鼻用喷雾剂及用于皮肤、黏膜的非吸入喷雾剂。按给药定量与否,喷雾剂还可分为定量喷雾剂和非定量喷雾剂。供雾化器用的吸入喷雾剂指通过连续性雾化器产生供吸入用气溶胶的溶液、混悬液或乳液。定量吸入喷雾剂指通过定量雾化器产生供吸入用气溶胶的溶液、混悬液或乳液。

喷雾剂抛射药液的动力是压缩在容器内的气体,但并未液化。当阀门打开时,压缩气体膨胀将药液压出,挤出的药液呈细滴或较大液滴。一旦使用,容器内的压力随之下降,不能保持恒定压力。吸入喷雾剂大多采用氮气或二氧化碳等压缩气体为抛射药液的动力。喷雾剂制备施加压力较液化气体高,对容器牢固性的要求较高,喷雾剂的阀门系统与气雾剂相似,但阀杆的内孔一般有三个,并且比较大,便于物质的流动。

溶液型喷雾剂的药液应澄清;乳状液型喷雾剂的液滴在液体介质中应分散均匀;混悬型喷雾剂应将药物细粉和附加剂充分混匀、研细,制成稳定的混悬液。吸入喷雾剂的雾滴(粒)大小应控制在 $10\,\mu m$ 以下,其中大多数应为 $5\,\mu m$ 以下。

任务　盐酸异丙肾上腺素气雾剂制备操作

【知识目标】

(1)掌握气雾剂的定义、特点。
(2)掌握气雾剂的制备方法。
(3)掌握抛射剂的要求、种类。
(4)了解气雾剂质量评价。

【技能目标】

能使用半自动气雾剂灌装机制备合格的气雾剂。

【基本知识】

气雾剂的制备过程可分为容器阀门系统的处理与装配,药物的配制、分装和充填抛射剂三部分,最后经质量检查合格后为气雾剂成品。

一、容器、阀门系统处理与装配

1. 玻璃搪塑

先将玻璃瓶洗净烘干,预热至 $120\sim130\,℃$,趁热浸入塑料黏浆中,使瓶颈以下黏附一层塑料液,倒置,在 $150\sim170\,℃$ 烘干 15 分钟,备用。对塑料涂层的要求是能均匀地紧密包裹玻璃瓶,万一爆瓶不致玻片飞溅,外表平整、美观。

2. 阀门系统处理与装配

将阀门的各种零件分别处理:①橡胶制品可在 75% 乙醇中浸泡 24 小时,以除去色泽并消毒,干燥备用;②塑料、尼龙零件洗净再浸在 95% 乙醇中备用;③不锈钢弹簧在 1%~3% 碱液中煮沸 $10\sim30$ 分钟,用水洗涤数次,然后用蒸馏水洗二到三次,直至无油腻为止,浸泡在 95% 乙醇中备用。最后将上述已处理好的零件,按照阀门的结构装配。

二、药物配制与分装

1. 药物配制

应按照处方组成及所要求的气雾剂类型进行配制。

(1)溶液型气雾剂:为制成澄清溶液,常需加入适量潜溶剂,但应注意所加入的潜溶剂的量对肺部的刺激性及对气雾剂稳定性的影响,必要时需加入抗氧剂、防腐剂等。

(2)混悬型气雾剂:应将药物微粉化并保持干燥状态,严防药物微粉吸附水蒸气。制备时常需加入表面活性剂作为润湿剂、分散剂和助悬剂,以使药物微粒分散均匀并稳定,还应控制以下几个环节:①含水量,通常应控制在 0.005% 以下;②药物的粒度,应不得超过 10 μm;③药物的溶解度,在生理活性相同的条件下,应选用在抛射剂中溶解度最小的药物衍生物;④密度,应尽量使抛射剂和混悬固体的密度相等。

(3)乳状液型气雾剂:乳化剂是乳状液型气雾剂必需的组成部分,为制成稳定的乳状液型气雾剂,乳化剂的选择很重要。其选择原则:在振摇时,应完全乳化成很细的乳滴,外观为白色,较稠厚,至少在 1~2 分钟内不分离,并能保证抛射剂与药液同时喷出。

2. 药物分装

将配制好的合格药物分散系统定量分装于已准备好的容器内,安装阀门,轧紧封帽。

三、抛射剂填充

抛射剂的填充有压灌法和冷灌法两种。

1. 压灌法

先将配好的药液(一般为药物的乙醇溶液或水溶液)在室温下灌入容器内,再将阀门装上并轧紧,然后通过压装机压入定量的抛射剂(最好先将容器内空气抽去)。液化抛射剂经砂棒滤过后进入压装机。操作压力以 68~105 kPa 为宜。压力低于 41 kPa 时,充填无法进行。压力偏低时,可将抛射剂钢瓶用热水或红外线等加热,使达到工作压力。当容器上顶时,灌装针头伸入阀杆内,压装机与容器的阀门同时打开,液化的抛射剂即因自身膨胀压入容器内。

压灌法的设备简单,不需要低温操作,抛射剂损耗较少,目前我国多用此法生产。常用的设备有全自动气雾剂灌装机和半自动气雾剂灌装机,外形见图 5-14、5-15。

图 5-14 自动气雾剂灌装机

2. 冷灌法

冷灌法指药液借助冷却装置冷却至 -20 ℃左右,抛射剂冷却至沸点以下至少 5 ℃。先将冷却的药液灌入容器中,随后加入已冷却的抛射剂(也可两者同时进入)。立即将阀门装上并轧紧,操作必须迅速完成,以减少抛射剂损失。

冷灌法速度快,对阀门无影响,成品压力较稳定。但需制冷设备和低温操作,抛射剂损失较多。含水品不易用此法。

图 5-15 半自动气雾剂灌装机

气雾剂的质量评定按照《中国药典》(2015 年版)四部气雾剂质量检查的有关规定,进行下列方面的质量检查,如装量、每瓶总揿次、递送剂量均一性、每揿主药含量、喷射速率、喷出总量、每揿喷量、微生物限度等方面的检查。

【技能操作】

一、任务描述

处 方

盐酸异丙肾上腺素	2.5 g
维生素 C	1.0 g
乙醇	296.5 g
二氯二氟甲烷	适量

按半自动气雾剂灌装机操作规程,制备盐酸异丙肾上腺素气雾剂。

二、操作步骤

要求在 90 分钟内完成下列任务。

1. 课前准备

查到,检查工作服穿戴规范,清点仪器、药品、试剂,熟知任务报告单。

2. 称量

按处方要求,规范称量所需药品。

3. 药液配制

根据溶液剂制备方法,先将盐酸异丙肾上腺素和维生素 C 溶于乙醇中,过滤,配制出合格的溶液,灌入已处理好的容器中,装上阀门系统,轧口。

4. 调试机器

按照标准操作规程调试半自动气雾剂灌装机。

5. 压装抛射剂

调试好后灌装抛射剂。

6. 清场

任务完成后,将量器、试剂、药品等归还于原位并清理实验桌面及设备。

三、注意事项

(1)抛射剂有时可作抛射的动力也可作溶剂使用。

(2)二氯二氟甲烷属于氟利昂类物质,对大气、人体有一定影响。

四、实施条件

盐酸异丙肾上腺素气雾剂制备实施条件

项目	基本实施条件
场地	50 m² 以上的药物制剂室
设备、工具	半自动气雾剂灌装机、电子天平(百分之一)、温湿度表、烧杯、量筒、润滑油枪、拖把、抹布、喷壶等
物料	盐酸异丙肾上腺素、维生素 C、无水乙醇、二氯二氟甲烷

五、评价标准

盐酸异丙肾上腺素气雾剂制备评价标准

评价内容		分值	考核点及评分细则
职业素养与操作规范 20分		5	工作服穿着规范,双手洁净,不染指甲,不留长指甲,不披发得5分
		5	工作态度认真,遵守纪律得5分
		5	实验完毕后将工具等清理复位得5分
		5	规范清场并清理干净得5分
技能 80分	生产前检查	10	温度、湿度检查得5分
			设备、仪器等检查与清洁得5分
	药液制备	10	正确使用天平并准确称取处方药物得5分
		20	药物溶解得10分
			滤过操作规范得10分
	抛射剂的填充	10	正确调试半自动气雾剂灌装机得10分
		10	开机并灌注得10分
		10	任务完成正确停机得10分
	产品	10	在规定时间内完成任务得10分

六、任务报告书

盐酸异丙肾上腺素气雾剂制备任务报告单

任务名称		实训时间	
温度		湿度	
实训工具			
实训物料			
操作步骤			
结论			
操作者			

模块六　浸出制剂技术

　　浸出制剂指用适当的溶剂和方法,从药材(动、植物)中浸出有效成分所制成的供内服或外用的药物制剂。通常包括汤剂、酒剂、酊剂、流浸膏剂、浸膏剂、煎膏剂等,随着新技术、新方法、新工艺等运用,药材的浸出物也可作为原料制备成其他剂型,如冲剂、口服液、中药注射剂(包括粉针剂)、片剂、气雾剂、膜剂、滴丸等剂型。

一、浸出制剂的种类及特点

(一)浸出制剂的种类
　　浸出制剂按所用溶剂和制备技术的不同,可分为以下四类。

　　1.水浸出剂型

　　水浸出剂型指在一定加热条件下用水浸出的制剂,如汤剂、中药合剂等。

　　2.含醇浸出剂型

　　含醇浸出剂型指在一定条件下用适当浓度的乙醇或酒浸出的制剂,如酊剂、酒剂、流浸膏剂、浸膏剂。有些流浸膏虽是用水浸出的,但成品中一般加有适量乙醇。

　　3.含糖浸出剂型

　　含糖浸出剂型一般指在水浸出剂型的基础上,经浓缩等处理后,加入适量蔗糖(蜂蜜)或其他赋形剂制成,如内服膏剂(膏滋)、颗粒剂等。

　　4.精制浸出剂型

　　精制浸出剂型指采用适当溶剂浸出后,将浸出液经过适当处理(如大孔树脂洗脱、超临界萃取等)后而制成的制剂。如由中药材提取的有效部位制得的注射剂、片剂、气雾剂等。

　　浸出制剂多为复方制剂,药材的种类很多,成分比较复杂,药材的成分一般可分为有效成分、辅助成分和无效成分。有效成分指药材中起主要药效作用的化学成分,如生物碱、苷类、挥发油等。辅助成分是指本身没有药效,但能增加或缓和有效成分作用、有利于有效成分的浸出、增加制剂稳定性等作用的成分,如有机酸、鞣质、蛋白质、皂苷等。无效成分指本身没有药效,且影响浸出效果、制剂质量、稳定性、外观的成分。在浸出过程中有效成分应最大限度地浸出,而无效成分应尽量除去。

(二)浸出制剂的特点
　　浸出制剂一般具有以下特点。

　　1.具有药材各浸出成分综合作用,有利于发挥某些成分的多效性

　　浸出制剂与同一药材中提取的单体化合物相比,不仅疗效较好,而且在某些情况下能呈现单体化合物所不能起到的治疗效果。例如阿片酊中含有多种生物碱,除具有镇痛作用外,还有止泻功效,但阿片粉中提取的吗啡虽有强力的镇痛作用,却并无明显的止泻功效。又如白毛藤水浸膏有一定的抗癌作用,若将它们分离纯化,愈纯化却使得抗癌活性愈低。这也说明药材中多成分体系的综合作用。

2.作用缓和持久,毒性较低

例如莨菪浸膏中的东莨菪内酯可以提高莨菪碱对肠黏膜组织的亲和性,促进其吸收,同时尚能延长莨菪碱在肠管的停留时间。因而浸膏与莨菪碱比较,前者对肠管平滑肌的解痉作用缓和持久,毒性亦较低。

3.提高有效成分浓度,减少剂量,便于服用

由于在浸出过程中去除了组织物质和部分无效成分,提高了有效成分的浓度,不仅减少了剂量而且增加了制剂的有效性、稳定性和安全性。

4.质量、疗效不稳定

浸出制剂均不同程度地含有无效成分,如高分子物质、黏液质、多糖鞣质等,在储存时易发生沉淀、发霉或变质,影响浸出制剂的质量和药效。而且药材因产地、采收季节、储存条件差异,质量较难统一和稳定;同时很多浸出制剂药效物质不完全明确,影响了对提取、浓缩工艺条件合理性的判断,也影响了疗效。

二、浸出溶剂与浸出辅助剂

用于浸出药材中可溶性成分的液体称为浸出溶剂;浸出后所得到的液体叫浸出液;浸出后的残留物称药渣。浸出过程中,用不同的溶剂,从同一药材中可得到完全不同的浸出液。因此,选用适当的浸出溶剂对保证浸出药剂的质量非常重要。为保证浸出药剂的质量,浸出溶剂应达到以下要求:①能最大限度地溶解和浸出有效成分,而尽量避免浸出无效成分或有害成分;②对人体安全无害,无显著药理作用;③不与药材中有效成分发生不应有的化学反应,不影响含量测定;④价廉易得。

1.常用浸出溶剂

(1)水:最常用的浸出溶剂之一,它对极性物质,如生物碱盐、苷、水溶性有机酸、鞣质、糖类、氨基酸等都有较好溶解性能。一般应用蒸馏水或去离子水。当水质硬度大时,会影响上述有效成分的浸出。

(2)乙醇:常用溶剂之一,选用不同比例乙醇与水的混合物作浸出溶剂,有利于不同成分的浸出。一般乙醇含量在90%以上时,适于浸取挥发油、有机酸、内酯、树脂等。乙醇含量在50%～70%时,适于浸取生物碱、苷类等。含量在50%以下时,适于浸取蒽醌类化合物等。乙醇含量达40%时,能延缓某些苷、酯等水解作用。另外,乙醇含量在20%以上时,浸出液具有防腐作用。

(3)酒:一种良好的溶剂,而且酒性味甘、辛、大热,具通血脉、行药势、散风寒之功效。浸出一般采用黄酒、白酒。黄酒,也称米酒,一般以大米、黍米为原料酿造而成;含醇量为12%～15%(mL/mL),为低度酒,酒液黄色、混浊,有特异的醇香气。白酒是由黄酒蒸馏而得,含醇量为50%～70%(mL/mL);酒液清澈透明,无混浊,口味芳香浓郁、醇和柔绵,刺激性较强。

(4)其他溶剂:氯仿、丙酮、乙醚、石油醚等溶剂因有强烈的药理作用,对人体毒害作用大,一般仅用于提纯精制有效成分,在浸出液中也应尽量除去。乙酸乙酯、正丁醇也是比较常用的浸出溶剂。

2.常用浸出辅助剂

为了增加浸出效能和浸出成分的溶解度及制品的稳定性,并且除去或减少某些杂质等,常在浸出溶剂中加入一些浸出辅助剂。常用的浸出辅助剂有酸(如盐酸、硫酸、醋酸等)、碱(如氢氧化铵、碳酸钙、氢氧化钙、碳酸钠等)、甘油、石蜡和表面活性剂(如聚山梨酯类)。

(1)酸:浸出溶剂中加酸可促进生物碱的浸出;使有机酸游离,便于用有机溶剂浸提;并可除去酸不溶性杂质。常用硫酸、盐酸、乙酸、酒石酸、枸橼酸等。如在提取溶媒中加入适量盐酸可大大提高乌头总生物碱的提取率。

(2)碱:浸出溶剂中加碱可促进内酯、蒽醌、黄酮、有机酸、酚类成分的溶出,并可除去碱不溶性杂质。常用氢氧化铵(氨水)、碳酸钙、氢氧化钙、碳酸钠等。例如,制备甘草流浸膏时,在水中加入少许氨水,能使甘草酸形成可溶性铵盐,可保证甘草酸的完全浸出。

(3)甘油:甘油与水、醇均可任意混溶,为鞣质的良好溶剂。将甘油加入浸出溶剂(水或乙醇)中,可增加鞣质的浸出;将甘油加到以鞣质为主要成分的制剂中,可增强鞣质的稳定性。

(4)表面活性剂:在浸出溶剂中加入适宜的表面活性剂,能降低药材与溶剂间的界面张力,促使药材表面润湿,利于浸出。例如,用渗漉法提取颠茄,加入适量的聚山梨酯-20可大大提高生物碱的含量。

三、浸出原理

药材的浸出指利用适宜的溶剂和方法,从药材中将可溶性有效成分进行提取的过程。它实质上就是溶质由药材固相转移到液相中的传质过程,系以扩散原理为基础,一般药材浸出过程包括下列相互联系的几个阶段。

1.浸润、渗透阶段

当浸出溶剂加入到药材中时,溶剂首先附着于药材表面使之润湿,然后通过毛细管或细胞间隙渗入细胞内。这种润湿作用对浸出影响较大,如药材不能被浸出溶剂润湿,浸出则无法进行。浸出溶剂能否润湿药材主要取决于浸出溶剂和药材的性质及两者间的界面情况,其中界面张力起着主导作用。溶剂与药粉间的界面张力愈小,药材愈易被润湿。故溶剂中加入表面活性剂以降低界面张力,增加药材的润湿性,是提高浸出效果的有效方法之一。

植物性药材中有很多带极性基团的物质,如糖类、蛋白质、纤维素等,故易被极性溶剂所润湿。但含多量脂肪油或蜡质的药材,则不易被水或乙醇所润湿,须先行脱蜡或脱脂后,方可用水或乙醇浸出。反之,非极性溶剂也不易润湿含水量多的药材,只有将药材先行干燥后,非极性溶剂才能使之润湿而渗入细胞内。

2.脱吸附与溶解阶段

药材中有效成分往往被组织所吸附,故溶解前必须克服组织的吸附力才能使有效成分转入溶剂中,这种作用称脱吸附作用。浸出有效成分时,应选用对有效成分有更大吸附力的溶剂,才能起脱吸附作用,使之溶解。为了增加脱吸附作用,可加入适当的浸出辅助剂,如碱、甘油或表面活性剂作脱吸附剂。溶剂渗入细胞中后与经脱吸附的有效成分接触,使有效成分转入溶剂中,这是溶解阶段。溶剂种类不同,溶解的对象亦不同,水能溶解盐类、糖类、苷类、鞣质、氨基酸等极性化合物,胶质和蛋白质因胶溶作用亦溶于水,形成胶体溶液。乙醇浸出液中仅少量胶质,非极性溶剂浸出液则不含胶质。

3.扩散与置换阶段

药材细胞内可溶性成分经脱吸附、溶解和胶溶后,形成较浓的溶液,使之具有较高的渗透压。由于渗透压的作用,细胞外面的溶剂不断进入细胞内(内渗透),而细胞内溶质则不断透过细胞膜向外扩散(外渗透),并继续从高浓度处扩散至低浓度处,最后整个浸出体系中浓度相等而达到平衡。在此过程中浓度差是渗透和扩散的推动力。浸出的关键在于保持最大的浓度差,因此,在整个浸出过程中,浸出溶剂或稀浸出液应与置换药材周围的浓浸出液创造最大的浓度差,使浸出顺利进行并达到完全。

浸出过程由润湿、渗透、脱吸附、溶解、扩散及置换等几个相互联系的部分综合组成。

四、影响浸出因素

1.药材结构特性与粉碎度

药材结构疏松则利于溶剂浸润,易于浸出,反之则难以浸出。药材粉碎后,表面积增大,扩散速度加快。但是,粉碎过细并不利于浸出,原因:①粉末过细,吸附作用增强,不利于有效成分的溶解、扩散。②粉碎过细,药材中大量细胞破裂,致使细胞内大量不溶物及较多树脂、黏液质混入、浸出,浸出液的黏度增大,扩散减慢,并造成过滤困难。③过细粉给操作带来困难,如渗漉时易造成堵塞;煎煮时易发生糊化。因此,药材的粉碎度应视药材特性和溶剂而定。若用水作溶剂时,药材易膨胀,药材可粉碎得粗些,如切成薄片或小段;若用乙醇作溶剂时,因乙醇对药材膨胀作用小,可粉碎成细粉。通常叶、花、草等质地疏松的药材,宜用最粗粉甚至不粉碎;坚硬的根、茎、皮宜粉碎成较细粉。

2.浸出溶剂

溶剂的溶解性能、质量及理化性质对浸出影响较大。水是最常用的浸出溶剂,它对极性物质有较好溶解性能,一般采用蒸馏水或去离子水。乙醇也是常用的浸出溶剂,溶解性能介于极性与非极性之间,能与水以任意比例混溶,不同浓度的乙醇可以溶解不同性质的成分,如50%以下乙醇适于浸提皂苷类化合物等。另外,溶剂的pH、黏度也影响药材成分的浸出。

3.温度

温度升高,扩散加快,可溶性成分的溶解度加大,有利于加速浸出,一般药材的浸出在溶剂沸点温度下或接近于沸点温度进行比较有利;同时温度升高,使蛋白质凝固、酶破坏,有利于浸出和制剂的稳定性。但浸出温度过高能使某些药材中不耐热、挥发性的成分分解或挥散,故浸出时应控制适宜的温度。

4.浓度梯度

浓度梯度大,浸出快、效率高。浓度梯度大小主要取决于选择的浸出工艺和设备,例如,渗漉法较浸渍法浓度梯度大,浸出效率高。在浸渍法中强制浸出液循环或分次加入溶剂均可提高浓度梯度、浸出效果。

5.压力

提高浸出压力可加速浸润、渗透过程,使药材组织内更快地充满溶剂而形成浓溶液,较早发生溶质的扩散过程;加压下的渗透使部分组织细胞壁破裂,也有利于浸出成分的扩散。但加压对组织疏松、易浸润的药材浸出影响不显著;当药材组织内充满溶剂后,加大压力对扩散速度也没有什么影响。

6.浸出时间

一般浸出时间越长,浸提量越大。但当扩散达到平衡后,浸出时间即不起作用;而且长时间的浸出会使大量杂质的溶出增加、苷类水解,水性浸出液也易霉败。因此,浸出时间应适宜。

7.新技术的应用

应用超临界流体萃取法、半仿生提取法、超声波提取法等新技术有利于提高浸出效率、缩短浸出时间,如超声波浸提颠茄叶中生物碱,时间由原来渗漉法的 48 小时缩短到 3 小时。

项目一　汤剂制备技术

汤剂指中药材或饮片加水煎煮,去渣取汁制成的液体剂型。汤剂是中医应用最早、最多的一种剂型,主要供内服,少数外用作洗浴、熏蒸、含漱用。

汤剂的主要优点:①用药灵活,可根据患者病情的变化适当加减处方的组成及剂量,以适应中医辨证施治的需要;②汤剂多为复方,有利于发挥各药物成分的多效性和综合作用;③液体药剂容易吸收,能迅速发挥药效;④制备简单,溶媒价廉易得,适用性强。但汤剂也有不足之处,如使用时须临时煎煮,不宜大量制备,口服体积较大、味苦,携带不方便,久贮易发霉、发酵等。因此,近年来对汤剂进行了有效的剂型改革,例如中药合剂、颗粒剂、胶囊剂、片剂、口服液等都是在尽量保存汤剂优点和克服缺点的基础上发展起来的中药剂型。

任务　麻黄汤制备操作

【知识目标】

(1)掌握汤剂的定义、特点。
(2)掌握汤剂的制备方法和操作注意事项。
(3)了解制备汤剂时某些药材的特殊处理方法。

【技能目标】

能制备出合格的汤剂。

【基本知识】

汤剂的制备采用煎煮法。操作方法:取切制或粉碎成粗粉的药材,置适宜煎器中,加适量水浸泡一定时间后,加热至沸,沸前用武火,沸后用文火,并保持微沸一定时间,分出煎煮液,药渣依法煎煮 2～3 次,合并煎煮液,即得。其工艺流程见图 6-1。

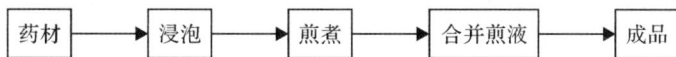

药材 → 浸泡 → 煎煮 → 合并煎液 → 成品

图 6-1　煎煮法工艺流程

为保证煎煮效果,提高汤剂的质量,确保疗效,在操作中应注意以下几点。

1.煎器选择

煎器时常选用材质为陶器、砂锅、不锈钢、搪瓷等化学性质稳定不影响药液质量的器具,不能选用铁器、铜器与铝器。尤其是铁器,它可与药材中的某些化学成分,如鞣质,发生化学反应,使药液外观呈深褐、墨绿或紫黑色,并含有一定量的铁离子,影响制剂质量。

2.药材加工

为了使药材有效成分易于煎出,一般应选用经过切制的饮片或粗末。对于质地坚实的药材宜切成薄片或粉碎成颗粒入煎;含黏液质较多的药材宜采用饮片煎煮;对质地软,结构疏松的药材切片应稍厚。总之,对粉碎度的要求应视药材性质而定。

3.水的选择

水的质量和用量对煎出液质量都有一定的影响,为此应采用经过净化或软化的饮用水,若煎出液经过精制供注射用时,应选用纯化水,以减少杂质混入;在第一次煎煮时,水的用量要适当,第二次煎煮用水量可减少。

4.浸泡药材

药材煎煮前应加冷水浸泡一段时间(15~30分钟),以利有效成分浸出。浸泡时不能用热水,否则药材表面蛋白质受热凝固,阻止水分渗入药材细胞内部而影响有效成分浸出。

5.煎药火候

通常用直火煎煮时,其火力控制非常重要。火力过强水分蒸发过快,容易烧焦而破坏有效成分,火力过弱不易达到加热浸出的目的。一般沸前用武火,沸后用文火,以增加煎出效果与减少水分蒸发。

6.煎煮时间与煎煮次数

煎煮时间的长短,应根据投料量多少和药材的性质而定。一般比较坚实及成分不易煎出的药材,可适当延长煎煮时间;含挥发性成分或质地疏松而有效成分易于煎出的药材,则可适当减少煎煮时间。通常第二煎的煎煮时间要比第一煎适当缩短。煎煮次数以2~3次适宜。

7.药材加入顺序与特殊处理

几种药材合并煎煮时,成分较为复杂,为提高煎出液的质量,以2~3次为适宜,减少有效成分的损失,同时应根据药材的性质适当处理。常见的特殊处理药材的方式见表6-1。

表6-1 特殊处理药材

特殊处理方法	药材性质	常见药材
先煎	1.质地坚硬,有效成分不易溶出 2.需要先煎降低毒性药材 3.先煎有效药材	1.介壳、矿石类药,如龟板、鳖甲、代赭石、石决明、龙骨、牡蛎、磁石、生石膏等 2.附子、乌头等 3.火麻仁、石斛等
后下	1.味芳香,久煎有效成分易于挥发 2.久煎,有效成分会被破坏	1.薄荷、青蒿、砂仁、白豆蔻等 2.钩藤、大黄、番泻叶、鸡内金等
包煎	1.疏松的粉末药材 2.淀粉、黏液较多药材 3.附绒毛药材	1.青黛、苏子、滑石等 2.车前子 3.旋覆花
烊化	含胶类药材	阿胶、龟胶、鹿角胶
另煎	贵重药品	人参、西洋参、鹿茸、羚羊角等
冲服	贵重而量小的药物或粉末药物	羚羊粉、三七粉、牛黄粉、珍珠粉、芒硝等

【技能操作】

一、任务描述

处 方

麻黄	9 g
桂枝	6 g
杏仁	9 g
甘草	3 g

根据煎煮法制备工艺流程方法和要求,将给定的处方物料制成合格的汤剂。

二、操作步骤

要求在 90 分钟内完成下列任务。

1. 课前准备

查到,检查工作服穿戴规范,清点相关设备,熟知任务报告单。

2. 药材浸泡

将处方量的药材放入洗净的器具中,用冷纯化水浸泡一段时间。

3. 先煎

开启电炉,将浸泡好的麻黄先用武火加热煎煮 15 分钟。

4. 合煎

将杏仁、甘草与前面的麻黄在微沸情况下合煎 20 分钟。

5. 后下

将桂枝最后加入再煎煮 15 分钟。

6. 再煎

倒出煎液后,再加水重新煎煮 25 分钟。

7. 合并及过滤

煎液合并,用纱布或棉花于漏斗中,滤过去渣,收集滤液。

8. 清场

任务完成后,将使用过的药材、设备等归还于原位并清理实验桌面,做好记录。

三、操作注意事项

(1)先煎药、后下药、袋装煎煮药、另煎药、烊化药均应按照要求处理。

(2)煎药的用具以瓦罐、搪瓷、不锈钢煎煮器为宜。

(3)应掌握煎煮量并控制加热时间和火候。

(4)先将第二煎、第三煎药液浓缩至一定体积,再加入第一煎药液,防止有效成分长时间加热而破坏。

四、实施条件

麻黄汤制备实施条件

项目	基本实施条件
场地	50 ㎡以上的药物制剂室
设备、工具	百分之一电子天平 1 台、铁架台、砂锅等
材料	麻黄、杏仁、甘草、桂枝

五、评价标准

麻黄汤制备评价标准

评价内容		分值	考核点及评分细则
职业素养与操作规范 20分		5	工作服穿着规范,双手洁净,不染指甲,不留长指甲,不披发得 5 分
		5	工作态度认真,遵守纪律得 5 分
		5	实验完毕后将工具等清理复位得 5 分
		5	规范清场并清理干净得 5 分
技能 80分	麻黄汤制备	10	药材浸泡得 10 分
		10	麻黄先煎得 10 分
		10	甘草和杏仁与麻黄合煎得 10 分
		10	桂枝最后加入得 10 分
		10	药材煎煮 2 次得 10 分
		5	滤液合并得 5 分
		10	过滤规范得 10 分
		10	合并收集的产品无沉淀、杂质等得 10 分
		5	在规定时间内完成任务得 5 分

六、任务报告单

麻黄汤制备任务报告单

任务名称		实训时间	
温度		湿度	
实训工具			
实训物料			
操作步骤			
结论			
操作者			

项目二　酒剂与酊剂制备技术

　　酒剂是饮片用蒸馏酒提取制成的澄清液体制剂,又称药酒,是我国传统剂型之一,多供内服,少数作外用,也有兼供内服和外用。酒本身具有行血通络的功效,通常酒剂用于治疗风寒湿痹、跌打损伤、血瘀作痛之症,但不适于小儿、孕妇、心脏病及高血压患者使用。药酒为了矫味或着色可酌加适量的糖或蜂蜜。《中国药典》(2015年版)一部收载有三两半药酒、冯了性风湿跌打药酒等6个酒剂品种。

　　酊剂是将原料药物用规定浓度的乙醇提取或溶解而制成的澄清液体制剂,亦可用流浸膏稀释制成,或用浸膏溶解制成,供口服或外用。酊剂可用稀释法、溶解法、浸渍法和渗漉法制备。酊剂的浓度除另有规定外,含有毒剧药品的酊剂,每100 mL相当于原药物10 g,其他酊剂,每100 mL相当于原药物20 g。含有毒剧药的酊剂,应对半成品测定其含量后加以调整,使符合含量规定。制备酊剂时,应根据有效成分的溶解性选用适宜浓度的乙醇,以减少酊剂中杂质含量,缩小剂量,便于使用。酊剂久贮会发生沉淀,可过滤除去,再测定乙醇含量,并调整乙醇至规定浓度,仍可使用。《中国药典》(2015年版)一部收载有姜酊、十滴水、消肿止痛酊等12个酊剂品种。

任务　三两半药酒制备操作

【知识目标】

(1)掌握酒剂的定义特点。

(2)了解酒剂和酊剂的区别。

(3)掌握酒剂的制备方法。

【技能目标】

能用渗漉法制备出合格的酒剂。

【基本知识】

酒剂用浸渍法和渗漉法制备。浸渍法工艺流程见图6-2,渗漉法工艺流程见图6-3。

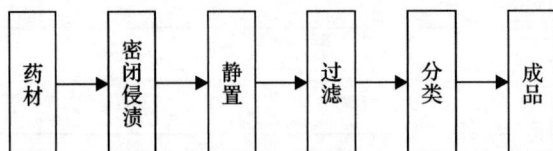

图6-2　浸渍法工艺流程

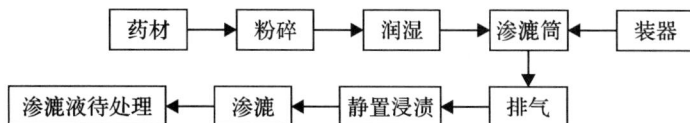

图 6-3　渗漉法工艺流程

一、浸渍法

浸渍法是将药材用适当的溶剂在常温或温热条件下浸泡,使其所含有效成分浸出的一种方法。浸渍法操作简便,设备简单。但操作时间较长,浸出溶剂用量较大,浸出液与药渣分离也较麻烦。此法适用于含黏性成分的药材、无组织结构的药材、新鲜及易于膨胀的药材的浸出,尤其适用于有效成分遇热易挥发或易破坏的药材。由于浸渍法的浸出效率差,有效成分不易完全浸出,故不适用于贵重药材和有效成分含量低的药材的浸出以及浓度较高的制剂的制备。

浸渍法的具体操作分为常温浸渍、加热浸渍和多次浸渍三种。常温浸渍法:取适当粉碎的药材,置于有盖容器中,加入规定量的溶剂密盖,搅拌或振摇,在室温下浸渍 3～5 天或规定的时间。倾取上清液,再加入溶剂适量,依法浸渍至有效成分充分浸出,合并浸出液,加溶剂至规定量后,静置 24 小时,滤过,即得。加热浸渍法:此法与常温浸渍法基本相同,其区别主要是浸渍温度较高,一般在 40～60 ℃进行浸渍,并且可缩短浸渍的时间,例如酒剂的制备,采用常温浸渍多在 14 天以上,加热浸渍一般为 3～7 天。多次浸渍法:为了提高浸出效果,克服由于药材吸液所引起的成分损失,可采用多次浸渍法(即重浸渍法),系将全部浸出溶剂分成几份,药材用第一份溶剂浸出后,药渣再用第三份溶剂浸出,如此重复 2～3 次,最后将各份浸出液合并处理即得。

二、渗漉法

渗漉法是将药材粉末装入渗漉器内,浸出溶剂从渗漉器上部添加,溶剂渗过药材粉末自下部流出浸出液的方法。流出的浸出液称为渗漉液。渗漉法在浸出过程中能始终保持良好的浓度差,使扩散能较好地自动连续进行,且溶剂较浸渍法少,并省去了浸出液与药渣的分离操作,所以浸出效果优于浸渍法。主要适用于高浓度浸出药剂的制备,如流浸膏剂、浸膏剂或酊剂的制备;亦用于有效成分含量低的药材、毒性药材或贵重药材的浸出。

渗漉器一般有圆柱形和圆锥形两种,材质有玻璃、不锈钢、陶瓷等,实验室和工厂常用的渗漉器见图 6-4、6-5。具体操作有以下 7 步。

(1)粉碎药材:药材应适当粉碎,药粉过细,溶剂流动阻力大,且易堵塞;药粉太粗,则不易压紧,且药粉与溶剂的接触面减少,浸出效果降低。一般用中粉或粗粉。

(2)润湿:加适量的溶剂润湿药粉,密闭放置一段时间;一般每 1000 g 药粉用 600～800 mL 溶剂润湿,放置 15 分钟至 6 小时。润湿能使药粉充分膨胀,以免在渗漉筒内膨胀,造成药粉过紧或浮,使渗漉不均匀。

(3)装筒:取适量脱脂棉,用浸出液润湿后,轻轻垫铺在渗漉器的底部,然后将已润湿膨胀的药粉分次装入渗漉器内,每次加入后压平;填装应均匀,松紧一致。装完后,用滤纸或纱布覆盖于药粉上面,并放入一些洁净的玻璃珠或小石块等重物,以防止加溶剂时药粉漂浮影响渗漉。

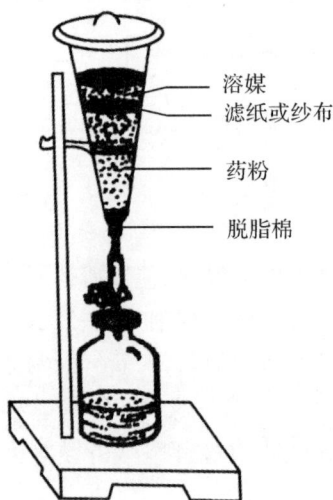

图 6-4 实验室简单渗漉器图   图 6-5 工厂渗漉罐

(4)排气:打开渗漉器下部浸出液出口的活塞,从上部缓缓加入溶剂,尽量排除药材间隙空气,待气体排尽、漉液自出口流出时,关闭活塞,然后将流出液倒回筒内。

(5)浸渍:添加溶剂至高出药粉面 2～3 cm,加盖放置浸渍 24～48 小时,使溶剂充分渗透扩散,利于有效成分充分溶解并浸出。

(6)渗漉:打开出口,进行渗漉,并收集渗漉液。渗漉速度应适当,漉速太快,则有效成分不能充分渗出和扩散,漉出液浓度低,耗用溶剂多;漉速太慢则影响设备利用率和产量。在渗漉过程中,不断添加溶剂,防止渗漉筒内药面干涸,从而影响药材中有效成分充分浸出。

(7)漉液收集和处理:收集 85％饮片量的初漉液另器保存,续漉液经低温浓缩后与初液合并,调整至规定量,静置,取上清液分装。

【技能操作】

一、任务描述

处 方

当归	10 g
黄芪(蜜炙)	10 g
牛膝	10 g
防风	5 g

以上 4 味,按照渗漉法的工艺流程方法,将给定的处方制成合格的酒剂。

二、操作步骤

在药材完成浸渍 48 小时前提下,要求在 90 分钟内完成下列任务。

1. **课前准备**

查到,检查工作服穿戴规范,清点相关设备,熟知任务报告单。

2. **渗漉装置搭建**

洗净渗漉筒和接收容器后,按照从下往上的顺序依次安装渗漉装置。

3. **装筒**

取适量脱脂棉,用浸出液润湿后,轻轻垫铺在渗漉器的底部,然后将已润湿膨胀的药粉分次装入渗漉器内,每次加入后压平,装筒完毕后用滤纸或纱布覆盖于药粉上面,并放入一些洁净或小石块等重物。

4. **排气**

打开渗漉器下部活塞,从上部缓缓加入溶剂,尽量排除药材间隙空气,待气体排尽、漉液自出口流出时,关闭活塞。

5. **渗漉**

打开出口,进行渗漉,并收集渗漉液。

6. **漉液处理**

渗漉液加入蔗糖 84 g 搅拌溶解后,静置,滤过,即得。

7. **清场**

任务完成后,将使用过的药材、设备等归还于原位并清理实验桌面,做好记录。

三、操作注意事项

(1)药材饮片要充分浸泡。

(2)据药材的性质和制备浓度的要求,控制渗漉速度,不能太快或太慢。

(3)渗漉液可作渗漉的溶剂,反复套用,获得高浓度的渗漉液。

四、实施条件

三两半药酒制备实施条件

项目	基本实施条件
场地	50 m² 以上的药物制剂室
设备、工具	百分之一电子天平、渗漉筒、漏斗等
材料	蒸馏酒、当归、黄芪(蜜炙)、牛膝、防风

五、评价标准

三两半药酒制备评价标准

评价内容	分值	考核点及评分细则
职业素养与操作规范20分	5	工作服穿着规范,双手洁净,不染指甲,不留长指甲,不披发得 5 分
	5	工作态度认真,遵守纪律得 5 分
	5	实验完毕后将工具等清理复位得 5 分
	5	规范清场并清理干净得 5 分

续表

评价内容		分值	考核点及评分细则
技能 80分	麻黄汤 制备	10	装置安装牢固,垂直得10分
		20	装筒放入脱脂棉得5分
			药材每次加入压平得10分
			装筒完毕后用滤纸或纱布覆盖于药粉,并加入重物压着得5分
		10	打开渗器下部浸活塞排气得10分
		10	按低速1~3 mL/min渗漉加入得10分
		10	收集渗漉液,加入蔗糖84 g搅拌溶解后,静置得10分
		10	过滤规范得10分
		5	产品无沉淀、杂质等得5分
		5	在规定时间内完成任务得5分

六、任务报告单

三两半药酒制备任务报告单

任务名称		实训时间	
温度		湿度	
实训工具			
实训物料			
操作步骤			
结论			
操作者			

项目三　流浸膏剂与浸膏剂制备技术

流浸膏剂、浸膏剂是指饮片用适宜的溶剂提取,蒸去部分或全部溶剂,调整至规定浓度而成的制剂,《中国药典》(2015年版)一部收载有甘草流浸膏、姜流浸膏、远志流浸膏等8种流浸膏剂和甘草浸膏、颠茄浸膏等6种浸膏剂。

流浸膏剂与浸膏剂只有少数品种可直接供临床应用,而绝大多数品种是作为配制其他制剂的原料。流浸膏剂一般用于配制合剂、酊剂、糖浆剂等液体制剂;浸膏剂一般多用于配制散剂、胶囊剂、颗粒剂、丸剂、片剂等固体制剂。

除另有规定外,流浸膏剂每1 mL相当于饮片1 g;浸膏剂分为稠膏和干膏两种,每1 g相当于饮片或天然药物2~5 g。流浸膏剂和浸膏剂可用多种方法制备,如煎煮法、浸渍法、渗漉法、回流法等方法浸出有效成分之后,再经过精制、浓缩、干燥、调整浓度获得。

任务　黄芪浸膏制备操作

【知识目标】

(1)掌握流浸膏剂与浸膏剂的定义。
(2)了解流浸膏剂与浸膏剂的区别。
(3)掌握回流法的操作方法。
(4)了解浸提液的分离、纯化、浓缩与干燥。

【技能目标】

回流法浸出有效成分,通过分离、纯化、浓缩与干燥得到合格黄芪浸膏。

【基本知识】

浸膏剂的制备工艺流程见图6-6,有效成分的浸出有煎煮法、渗漉法、回流法等多种方法。本任务的完成采用回流法提取有效成分。

备料 → 浸出 → 浓缩 → 干燥 → 调整浓度 → 成品

图6-6　浸膏剂制备工艺流程图

回流法指用乙醇等挥发性溶剂浸提药材有效成分,加热时挥发性溶剂气化变成蒸汽馏出,经冷凝后重新流回浸提器中浸提药材,如此循环往复,直至有效成分提取完全的方法。采用回流法浸出时,溶剂因反复利用,用量较少。但加热时间长,不适于有效成分受热易破坏的药材的浸出。实验室和工厂常用的回流装置见图6-7、6-8。

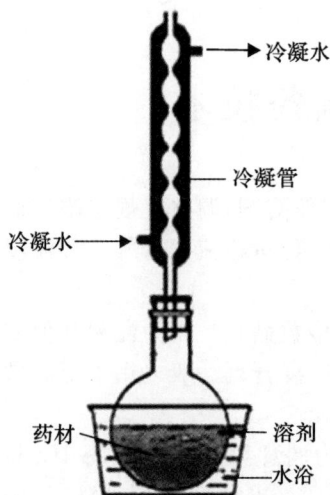

图 6-7 实验室回流装置图   图 6-8 工厂回流机组图

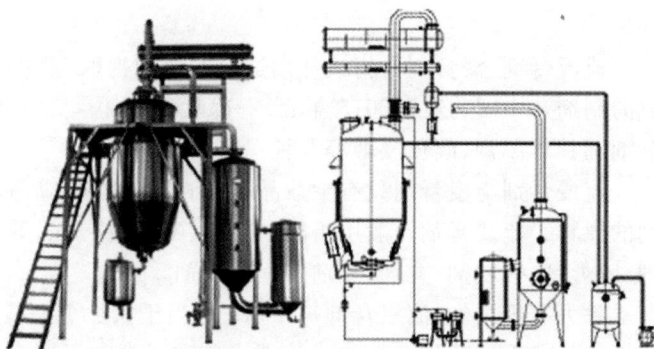

浸提后浸出液一般含有大量有用的固体物质,如无用的组织、提取的沉淀物等,需要进行固液分离操作,方法有沉降分离法、过滤分离法和离心分离法。中药浸提得到的是浸出溶媒可溶解成分的混合物,既含有有效成分,也含有无效成分。为除去提取液中的杂质,最大限度地富集有效成分,通常采用水提醇沉法、醇提水沉法、酸碱法、盐析法、透析法等技术纯化浸提液。近年来,大孔树脂法、澄清剂吸附法、超滤法等纯化新技术在生产上的应用也越来越多。

为了得到较高浓度的浸出液,需要经过蒸发、蒸馏或干燥等操作缩小体积、提高有效成分含量或得到固体原料以利于制剂的生产。

一、蒸发

蒸发是用加热的方法,使溶液中部分溶剂汽化并除去,从而提高溶液浓度的工艺操作。由于溶剂中的溶质通常是不挥发的,所以蒸发是一种挥发性溶剂与不挥发性溶质分离的过程。例如浸出液的浓缩与某些制剂的进一步精制等,均借蒸发来完成。

蒸发方式分为自然蒸发和沸腾蒸发两种,蒸发过程进行的必要条件是不断地向溶液供给热能和不断地去除所产生的溶剂蒸汽。蒸发在沸点温度下进行的称为沸腾蒸发,亦可在低于沸点温度下进行的蒸发称自然蒸发。由于前者的蒸发效率远超过后者,故一般多采用沸腾蒸发。

蒸发方法有常压蒸发、减压蒸发、薄膜蒸发和多效蒸发,见表 6-2。

表 6-2 蒸发方法

方法	常压蒸发	减压蒸发	薄膜蒸发	多效蒸发
含义	溶液在一个大气压下进行的蒸发	在减压下进行的蒸发	使溶液形成薄膜状态而进行快速蒸发	用多个减压蒸发器串联进行蒸发

方法	常压蒸发	减压蒸发	薄膜蒸发	多效蒸发
特点	温度高、成分易被破坏	溶液沸点降低,蒸发效率高	传热快且均匀,受热时间短、可连续操作、缩短生产周期率高	可节省能源,蒸发效率高
适用范围	有效成分耐热的浸出液	有效成分不耐热的浸出液	热敏性药液	广
常用设备	敞口式蒸发锅	减压蒸馏器、真空浓缩罐	升膜式蒸发器、降膜式蒸发器、刮板式蒸发器、离心薄膜蒸发器	多效浓缩器

二、蒸馏

通过加热使液体汽化,再经冷凝成液体的过程称为蒸馏。蒸馏对浸出液进行浓缩的同时回收溶剂,如乙醇可通过蒸馏被回收。常用的蒸馏方法有常压蒸馏、减压蒸馏、分段蒸馏(精馏),见表6-3。生产中多采用减压蒸馏法。

表6-3 常用蒸馏方法

方法	常压蒸馏	减压蒸馏	分段蒸馏
含义	在常压下进行的蒸馏	在减压条件下,使蒸馏液在较低温度下蒸馏	多次汽化与冷凝同时进行的蒸馏
特点	设备简单,易于操作	温度低,效率高,速率快	可提高回收溶剂的浓度
适用范围	有效成分耐热的浸出液	有效成分不耐热的浸出液	浸出溶剂可重复使用的浸出液
蒸馏装置	由蒸馏器、冷凝管、接收管等构成	减压蒸馏装置	由蒸馏器、冷凝管、分馏柱(塔)等构成

三、干燥

干燥是利用热能使湿物料中的湿分(水分或其他溶剂)汽化除去,从而获得干燥物品的工艺操作。在药剂生产中,新鲜药材的除水,浸膏剂、颗粒及丸剂的制备均需干燥操作过程。干燥方法有以下几种。

1.常压干燥

药材的浓缩液一般用常压干燥法。此法的缺点是干燥时间长,易因过热引起有效成分破坏,干燥后较难粉碎。滚筒干燥器是接触式干燥法的一种,将已浓缩到一定稠度的浸膏涂于滚筒加热面上使成膜,借热传导加热浸膏进行干燥,此法蒸发面及受热面都有显著增大,可缩短干燥时间。常用设备为厢式常压干燥器,见图6-9。

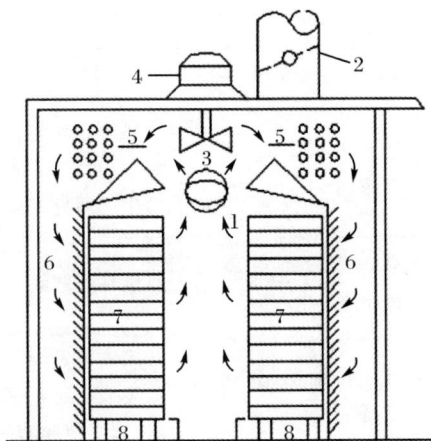

1.空气入口;2.空气出口;3.风机;4.电动机;5.加热器;6.挡板;7.架盘;8.移动轮

图6-9　厢式常压干燥器示意图

2.减压干燥

减压干燥是在负压条件下进行干燥的方法。此法减少了空气对产品的影响,温度较低,产品质松,易于粉碎,从而保证了产品的质量。减压干燥效果取决于负压的高低(真空度)和被干燥物的堆积厚度。对含热敏感成分的药材浸出物进行干燥时,可涂成薄层,能在更低的温度下进行。常用设备为厢式减压干燥器,见图6-10。

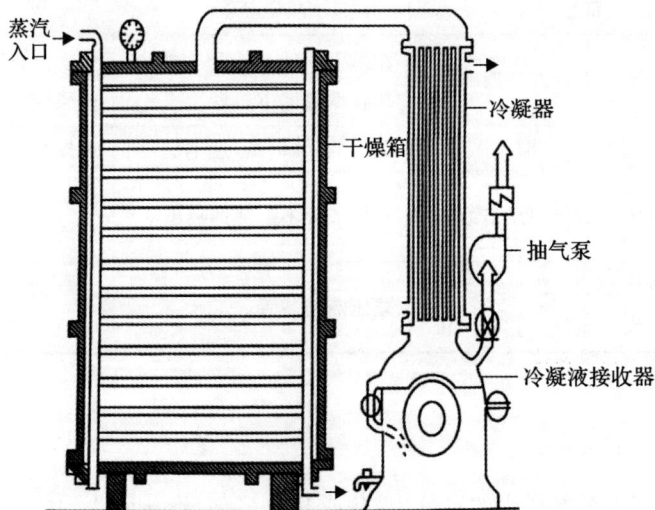

图6-10　厢式减压干燥器示意图

3.喷雾干燥

直接将浸出液喷雾于干燥器内,使之在与通入干燥器的热空气接触过程中,水分迅速汽化,从而获得干粉或颗粒的方法。该方法的最大特点是物料的受热表面积大,传热传质迅速,水分蒸发极快,几秒钟内完成雾滴的干燥,而且雾滴温度大约为热空气的湿球温度,一般约为50℃,特别适用于热敏性物料的干燥。此外,喷雾干燥后的制品,质地松脆,溶解性能好。目前该方法是浸膏液的固体化制剂中最常用的方法。常用设备为喷雾干燥器,见图 6-11。

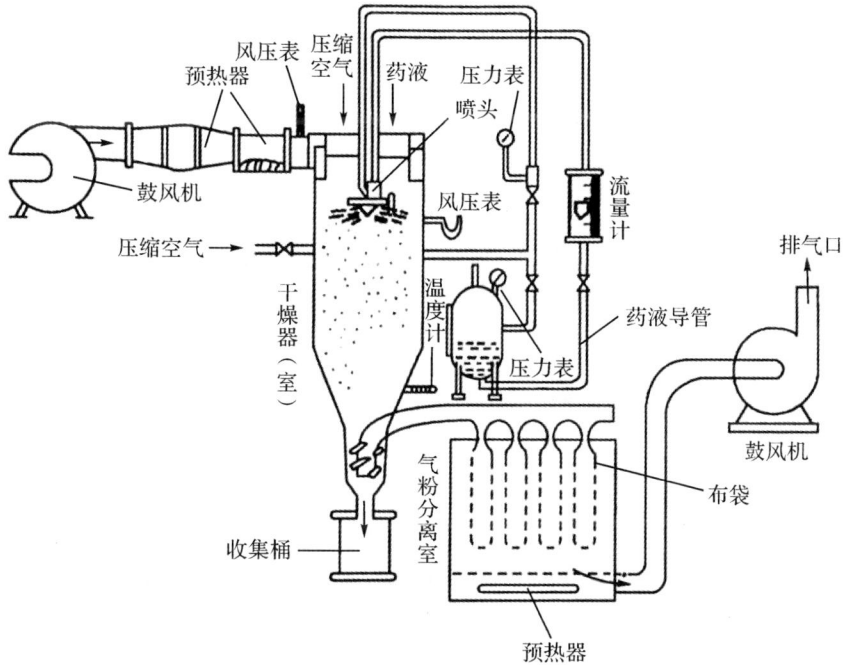

图 6-11 喷雾干燥器示意图

4.冷冻干燥

冷冻干燥是将浸出液浓缩成一定浓度后预先冻结成固体,并把水分直接升华除去的干燥方法。冷冻干燥后的干粉有以下特点:①可避免高热而分解变质;②质地疏松,加水后迅速溶解;③含水量低,一般在 1‰～3‰ 范围内;④外观优良。因为这些优点,所以近年来冷冻干燥有了较大发展,也是浸出液固体化的常用方法。但这些工艺需特殊设备,成本较高。常用设备为冷冻干燥器,见图 6-12。

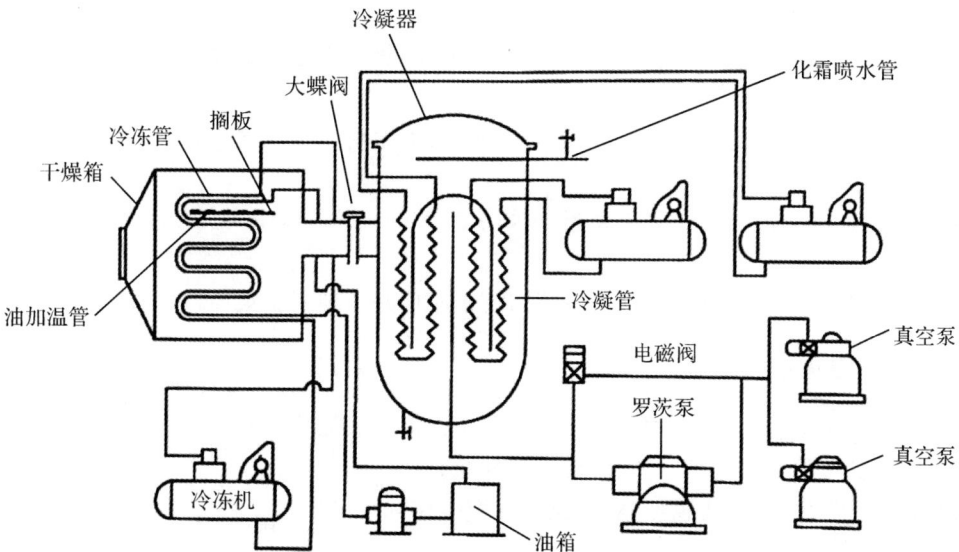

图 6-12 冷冻干燥器示意图

【技能操作】

一、任务描述

处方

黄芪	150 g
乙醇	300 mL

按照回流法的操作流程方法,将给定的处方制成合格的浸膏。

二、操作步骤

要求在 240 分钟内完成下列任务。

1. 课前准备

查到,检查工作服穿戴规范,清点相关设备,熟知任务报告单。

2. 回流装置搭建

按照从下往上的顺序。选择 500 mL 烧瓶,装上铁架台,然后装上球形冷凝管,检查整个装置正面和侧面是否垂直、平行。然后检查装置的接口气密性。接通冷凝水,水流方向是下进上出。

3. 药材粉碎

称量 150 g 黄芪饮片,使用小型粉碎机粉碎,将黄芪粉碎成粗粉,筛去不能粉碎的杂质。

4. 装瓶

将粉碎好的黄芪粗粉加入烧瓶中,然后将 300 mL 乙醇加入烧瓶中。

5. 回流

接通冷凝水,水流速度不可以太快,并且开水时必须缓慢打开水龙头进行回流,水浴温度缓慢升至 80 ℃,防止冲瓶。从回流第一滴开始计时,回流 45 分钟。

6. 离心过滤

将回流浸出液取出,使用低速离心机离心浸出液,然后通过滤纸过滤,最后收集滤液。

7. 回收乙醇及浓缩

利用旋转蒸发仪减压蒸发,回收乙醇,使浸出液浓缩至无乙醇气味。

8. 干燥

将浓缩好的浸出液使用普通干燥箱,干燥温度 80～90 ℃,即得到黄芪浸膏。

9. 清场

任务完成后,将使用过的药材、设备等归还于原位并清理实验桌面,做好记录。

三、操作注意事项

(1)注意冷凝水方向,从下端进,上端出,停止回流先关加热再断水。

(2)使用控温的加热设备,防止温度过高冲瓶。

(3)旋转蒸发仪易碎,价值较高,注意按标准操作规程操作。

四、实施条件

黄芪浸膏制备实施条件

项目	基本实施条件
场地	50 m² 以上的药物制剂室
设备、工具	百分之一电子天平、旋转蒸发仪、粉碎机、离心机、水浴锅、干燥箱
材料	黄芪、乙醇

五、评价标准

黄芪浸膏制备评价标准

评价内容		分值	考核点及评分细则
职业素养与操作规范 20分		5	工作服穿着规范,双手洁净,不染指甲,不留长指甲,不披发得5分
		5	工作态度认真,遵守纪律得5分
		5	实验完毕后将工具等清理复位得5分
		5	规范清场并清理干净得5分
技能 80分	黄芪浸膏制备	10	装置从下到上的顺序安装,牢固、垂直得10分
		15	药材粉碎得5分
			药粉装瓶无撒漏得5分
			先开冷凝水再加热5分
		15	先停加热再关水得5分
			装置拆下按从上到下的顺序得5分
			回流计时正确得5分
		10	按标准操作规程离心分离得10分
		10	正确使用旋转蒸发仪得10分
		10	干燥正确得10分
		10	产品符合要求且在规定时间内完成任务得10分

六、任务报告单

黄芪浸膏制备任务报告单

任务名称		实训时间	
温度		湿度	
实训工具			
实训物料			
操作步骤			
结论			
操作者			

项目四　煎膏剂制备技术

　　煎膏剂俗称膏滋,指饮片用水煎煮、取煎煮液浓缩,加炼蜜或糖(或转化糖)制成的半流体制剂,主要供内服。煎膏剂味甜、可口,利于服用;以滋补为主,兼有缓慢的治疗作用,多用于慢性疾病或体质虚弱者、小儿患者。止咳、活血通经、滋补性及抗衰老性方剂常制成膏滋。《中国药典》(2015年版)一部收载有川贝雪梨膏、龟鹿二仙膏等17种煎膏剂。

任务　二冬膏制备操作

【知识目标】

(1)掌握煎膏剂的定义及特点。
(2)掌握煎膏剂的制备方法。

【技能目标】

(1)能运用煎煮法制备出合格的煎膏剂。
(2)能对制备的煎膏进行质量评价。

【基本知识】

一、制法

煎膏剂用煎煮法制备。其生产工艺见图6-13。

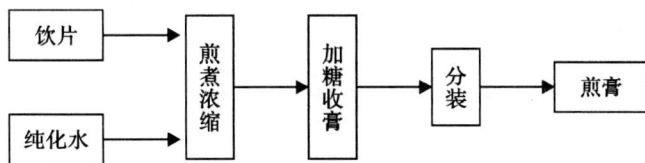

图6-13　煎膏剂生产工艺图

制备煎膏操作要点如下。

　　1.原料药物处理

　　一般饮片按处方要求炮制合格,准确称量配齐,备用;新鲜果品类药如梨、桑葚等,压榨取汁,另取容器保存,果渣与其他饮片一同煎煮;胶类饮片如阿胶、鹿角胶等应烊化后备用;细料药如川贝母等应粉碎成细粉备用;不耐久煎的饮片可用渗漉法浸出药用成分后备用,残渣与其他饮片一同煎煮。

　　2.煎煮浓缩要求

　　饮片按各品种项下规定的方法煎煮、滤过,滤液浓缩至规定的相对密度,即得清膏。

3.加药粉的规定

如需加入药粉,除另有规定外,一般应加入细粉。

4.煎膏剂辅料

辅料常用蜂蜜(用于制备补益润燥、解毒的处方)、蔗糖(用于制备寒凉清解的处方)、红糖(用于制备活血化瘀、祛风散寒、解肌发汗的处方)、冰糖(用于制备清咽、滋阴的处方)、怡糖(用于益脾健胃的处方)等。

5.清膏

按规定量加入炼蜜或糖(或转化糖)收膏;或加入饮片细粉,需待冷至 80 ℃左右加入,搅拌混匀。除另有规定外加炼蜜或糖(或转化糖)的量,一般不超过清膏量的 3 倍。

6.收膏标准

一般是夏天宜老、冬天宜嫩。收膏的标准经验判断:夏天挂旗、冬天挂丝;手捻现筋丝;滴于冷水中不散但不成珠状;滴于桑皮纸上周围不现水迹即可。《中国药典》(2015 年版)四部规定用相对密度控制煎膏剂的黏稠度。

7.煎膏剂外观

应无焦臭、无异味、无糖的结晶析出。

8.贮藏

除另有规定外,煎膏剂应密封,置阴凉处贮存。

二、质量评价

煎膏剂按照《中国药典》(2015 年版)四部煎膏剂质量检查的有关规定,需要进行以下方面的质量检查。

1.外观

煎膏剂应无焦臭、无异味、无糖的结晶析出。

2.相对密度

除另有规定外,取供试品适量,精密称定,加水约 2 倍,精密称定混匀,作为供试品溶液。照相对密度测定法(通则 0601)测定,按下式计算,应符合各品种项下的有关规定。

$$供试品相对密度 = \frac{W_1 - W_1 \times f}{W_2 - W_2 \times f}$$

式中,W_1 为比重瓶内供试品溶液的重量,g;W_2 为比重瓶内水的重量,g;

$$f = \frac{加入供试品中的水重量}{供试品重量 + 加入供试品中的水重量}$$

凡加饮片细粉的煎膏剂,不检查相对密度。

3.不溶物

取供试品 5 g,加热水 200 mL,搅拌使溶化,放置 3 分钟后观察,不得有焦屑等异物。加饮片细粉的煎膏剂,应在未加入药粉前检查,符合规定后方可加入药粉。加入药粉后不再检查不溶物。

4.装量

照最低装量检查法(通则 0942)检查,应符合规定。

5.微生物限度

照非无菌产品微生物限度检查:微生物计数法(通则 1105)、控制菌检查(通则 1106)及非无菌药品微生物限度标准(通则 1107)检查,应符合规定。

【技能操作】

一、任务描述

处 方

天冬　　　　50 g
麦冬　　　　50 g

通过给定的二冬膏处方,按照煎膏剂的制备工艺流程制备出相应的产品。

二、操作步骤

要求在 4 小时内完成下列任务。

1. 课前准备

查到,检查工作服穿戴规范,清点仪器、药品、试剂,熟知任务报告单。

2. 称量及浸泡

称取处方量的药材,使用自来水洗净药材,加入纯化水淹没药材后,分别浸泡 20 分钟。

3. 煎煮

将浸泡好的两味药材煎煮三次,第一次煎煮 30 分钟,第二次及第三次各煎煮 20 分钟。

4. 合并滤过

将三次的滤液合并,然后抽滤瓶减压抽滤。

5. 浓缩

通过烧杯加热常压浓缩成相对密度为 1.21~1.25(80 ℃)的清膏。

6. 炼蜜

将蜂蜜加热炼制,过滤除掉杂质。

7. 收膏

清膏趁热加入炼制好的蜂蜜,一般加入量不超过清膏量的 3 倍,继续缓慢加热,不断搅拌,捞出液面的泡沫,待膏汁低于桑皮纸上周围不现水迹,即可。

8. 清场

任务完成后,将使用过的药材、设备等归还于原位并清理实验桌面,做好记录。

三、操作注意事项

(1)蜂蜜要经过炼制,杀灭微生物,除掉杂质。
(2)浓缩要注意火候,不断搅拌,防止焦化。
(3)收膏时用小火,防止焦糊。

四、实施条件

二冬膏制备实施条件

项目	基本实施条件
场地	50 m² 实训室一间
设备、工具	烧杯、比重计、电炉、百分之一电子天平、桑皮纸、减压装置等
物料	纯化水、天冬、麦冬、蜂蜜

五、评价标准

二冬膏制备评价标准

评价内容		分值	考核点及评分细则
职业素养与操作规范 20分		5	工作服穿着规范,双手洁净,不染指甲,不留长指甲,不披发得5分
		5	清查给定的药品、试剂、仪器、药典、检验报告单得5分
		5	爱护仪器,不浪费药品、试剂,及时记录实验数据得5分
		5	检查完毕后按要求将仪器、药品、试剂等清理复位得5分
技能 80分	二冬膏制备	5	清洗容量仪器得5分
		5	取样、称量得5分
		10	煎煮方法正确得10分
		10	浓缩操作方法正确得10分
		10	清膏标准正确得10分
		10	炼蜜制备正确得10分
		10	收膏标准正确得10分
		10	容器清洁、干燥得10分
		10	清场记录填写准确完整得10分

六、任务报告单

二冬膏制备任务报告单

任务名称		实训时间	
温度		湿度	
实训工具			
实训物料			
操作步骤			
结论			
操作者			

模块七 制剂新技术

制剂新技术涉及范围广,内容多,本模块仅对目前在制剂中应用较成熟,且能改变药物的物理性质或释放性能的新技术进行学习。内容主要有经皮吸收制剂,固体分散技术,包合技术,微囊与微球,脂质体的制备技术。

项目一 经皮吸收制剂

一、经皮吸收制剂概述

经皮吸收制剂或称经皮给药系统(简称 TDDS,TTS)指经皮肤敷贴方式用药,药物由皮肤吸收进入全身血液循环并达到有效血药浓度,实现疾病治疗或预防的一类制剂,又称为贴剂或贴片。

1.经皮吸收制剂特点

该类制剂为一些长期性疾病和慢性疾病的治疗及预防创造了简单、方便和有效的给药方式,与常用普通剂型如口服片剂、胶囊剂或注射剂等比较,经皮吸收制剂具有一系列优点。

(1)避免了口服给药可能发生的肝脏首过效应及胃肠灭活,提高了治疗效果。药物可长时间持续扩散进入血液循环。

(2)维持恒定的血药浓度或生理效应,增强了治疗效果,减少了胃肠给药的副作用。普通剂型每天因多次用药,易产生血药浓度峰谷波动现象,而 TDDS 利用相对固定的皮肤部位给药,在用药期间吸收速度和吸收总量不会出现明显变化。

(3)延长作用时间,减少用药次数,改善患者用药顺应性,一般口服缓释或控释制剂,维持有效作用的时间少于 24 小时。TDDS 每次给药可维持 1 天或 1 天以上。

(4)患者可以自主用药,减少个体间差异和个体内差异。

(5)TDDS 也有其局限性,如起效较慢,且多数药物不能达到有效治疗浓度;TDDS 的剂量较小,一般认为,每天超过 5 mg 的药物就已经不容易制备成理想的 TDDS。对皮肤有刺激性和过敏性的药物不宜设计成 TDDS。另外,TDDS 的生产工艺和条件也较复杂。

2.经皮吸收制剂分类

经皮吸收制剂可大致分为以下四类。

(1)膜控释型:膜控释型 TDDS 的基本构造见图 7-1,该系统主要由背衬层、药物储库、控释膜层、黏胶层和防黏层(保护层)五部分组成。硝酸甘油和东莨菪碱、雌二醇、可乐定均为膜控释型的 TDDS。

背衬层通常以软铝塑材料或不透性塑料薄膜,如聚苯乙烯、聚乙烯、聚酯等制备,要求封闭性强,对药物、辅料、水分和空气均无渗透性,易于与控释膜复合,背面方便印刷商标、药名和剂

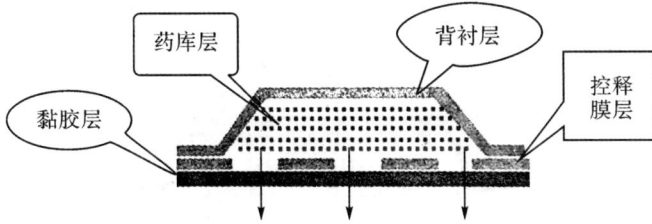

图 7 - 1 膜控释型 TDDS

量等文字。药物储库可以采用多种方法和多种材料制备,如将药物分散在聚异丁烯压敏胶中涂布而成,也可以混悬在对膜不渗透的黏稠流体(如硅油、半固体软膏基质)中,或直接将药物溶解在适宜溶剂中等;控释膜则是由聚合物材料加工而成的微孔膜或无孔膜,如乙烯-醋酸乙烯共聚物、聚丙烯都是常用的膜材;黏附层可以用各种压敏胶,如硅橡胶类、丙烯酸类或聚异丁烯类等。

膜控释型 TDDS 的释药速度与聚合物膜的结构、膜孔大小、组成、药物在其中的渗透系数、膜的厚度及黏胶层的组成及厚度有关,这类 TDDS 的释药速率一般符合零级动力学方程。

(2)黏胶分散型:黏胶分散型 TDDS 的药物储库层及控释层均由压敏胶组成,见图 7 - 2。

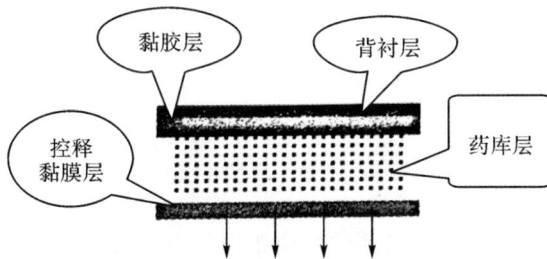

图 7 - 2 黏胶分散型 TDDS

药物分散或溶解在压敏胶中成为药物储库,均匀涂布在不渗透背衬层上。为了增强压敏胶与背衬层之间的黏结强度,通常先用空白压敏胶先涂布在背衬层上,然后复以含药胶,在含药胶层上再复以具有控释能力的胶层。由于药物扩散通过的含药胶层的厚度随释药时间延长而不断增加,故释药速度随之下降。为了保证恒定的给药速度,可以将黏胶层分散型系统的药库按照适宜浓度梯度制备成多层含不同药量及致孔剂的压敏胶层。

(3)骨架扩散型:药物均匀分散或溶解在疏水或亲水的聚合物骨架中,然后分剂量成固定面积大小及一定厚度的药膜,与压敏胶层、背衬层及防黏层复合即得,见图 7 - 3。压敏胶层可直接涂布在药膜表面,也可以涂布在与药膜复合的背衬层。该系统的释药速率符合 Higuchi 方程。Nitro-Dur 硝酸甘油 TDDS 即属该类型,其骨架系由聚乙烯醇、聚维酮和羟丙基纤维素等形成的亲水性凝胶,制备成圆形膜片,与涂布压敏胶的圆形背衬层黏合,加防黏层即得。

(4)微储库型:微储库型系统兼具膜控释型和骨架型的特点,见图 7 - 4。其一般制备方法是先把药物分散在水溶性聚合物(如聚乙二醇)的水溶液中,再将该混悬液均匀分散在疏水性聚合物中,在高切变机械力下,使形成微小的球形液滴,然后迅速交联疏水聚合物分子使之成为稳定的包含有球型液滴药库的分散系统,将此系统制成一定面积及厚度的药膜,置于黏胶层

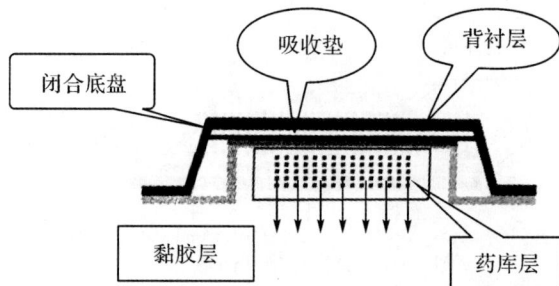

图 7-3　骨架扩散型 TDDS

中心,加防黏层即得。

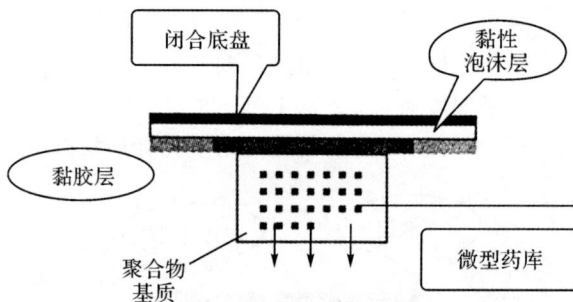

图 7-4　微储库型 TDDS

本系统中包括两类控释因素,即以药物在两相中的分配控释和以药物在聚合物骨架中的扩散控释。释药模式决定于两种控释因素的相对大小,符合零级动力学方程或 Higuich 方程。

二、促进药物经皮吸收的方法

尽管增加经皮吸收制剂的给药面积可增加给药剂量,但一般经皮制剂的面积不大于 60 cm^2。因此,除了少数剂量小和具适宜溶解特性的小分子药物,大部分药物的透皮速率都满足不了治疗要求,因此必须提高药物的透皮吸收速率。促进药物经皮吸收的方法有药物制剂方法、化学方法与物理方法,研究最多的是使用渗透促进剂。对药物进行化学结构改造,合成具有较大透皮速率的前体药物也是可行的化学方法。近年来,离子导入、超声波和电致孔等物理方法亦被用来促进水溶性大分子药物的经皮吸收。

(一)渗透促进剂在 TDDS 中的应用

渗透促进剂指那些能加速药物渗透穿过皮肤的物质。常用的经皮吸收促进剂可分为如下几类。

1.有机酸、脂肪醇类

一些脂肪酸与脂肪醇在适当的溶剂中,对很多药物的经皮吸收有促进作用。其促透作用与碳链长度和双键数目有关,12 个碳原子的脂肪酸或脂肪醇具有最大的促透作用,增加双键能增强促透作用。

油酸是应用较多的促透剂,为无色油状液体,微溶于水,易溶于乙醇、乙醚、氯仿和油类等。油酸能促进阳离子药物萘呋唑啉,阴离子型药物水杨酸及很多分子型药物如咖啡因、阿昔洛韦、氢化可的松、甘露醇和尼卡地平等药物的经皮渗透。

2. 表面活性剂

表面活性剂广泛用于各类剂型中,常用作增溶剂、乳化剂、湿润剂或稳定剂等。表面活性剂的浓度超过临界胶束浓度(CMC)时,其分子在溶剂中缔合形成胶束。低浓度的表面活性剂能干扰细胞膜的结构,增加药物的渗透速率。表面活性剂对皮肤的作用可分为对皮肤的脱脂作用和与角质层的作用两方面。

(1)阴离子表面活性剂:能渗透皮肤,与皮肤产生相互作用。它们的渗透量受结构影响,渗透能力为 10 个碳原子烃链>12 个碳原子烃链>14、16 和 18 个碳原子烃链。经皮渗透研究中应用较多的是十二烷基硫酸钠,它促进水、氯霉素、萘普生和纳洛酮等的经皮渗透。

(2)非离子型表面活性剂:对皮肤的刺激性比阴离子表面活性剂小,但对皮肤渗透性的影响亦较小。常用吐温类,如吐温-80 能增加氯霉素、氢化可的松和利多卡因的透皮速率。聚氧乙烯脂肪醇醚和聚氧乙烯脂肪酸酯能促进纳洛酮、灰黄霉素、醋酸双氟拉松、氟芬那酸的经皮吸收。

(3)卵磷脂:能促进一些药物的经皮渗透,卵磷脂是组成脂质体的主要成分,因此将药物制成脂质体后可在皮肤内保持较高浓度,且可降低药物的全身副作用。脂质体制剂作为皮肤局部用药的药物有米诺地尔、维 A 酸、地塞米松。

3. 月桂氮䓬酮

月桂氮䓬酮也称氮酮,国外商品名为 Azone,即 1-十二烷基氮杂环庚烷-2-酮,系国内批准应用的一种促进剂。Azone 的透皮作用具有浓度依赖性,有效浓度常为 $1\%\sim6\%$。Azone 与其他促进剂合用效果更佳,如与丙二醇、油酸等都可混合使用。

4. 醇类化合物

低级醇类在经皮给药制剂中用作溶剂,它们既可增加药物的溶解度,又常能促进药物的经皮吸收,如乙醇。其他直链醇类,如丙醇、丁醇、戊醇、己醇、辛醇、癸醇亦有透皮吸收促进作用,己醇具有最大的透皮促进作用,碳链如再增长促进作用下降。

5. 角质保湿剂

尿素能增加角质层的水化作用,与皮肤长期接触后引起角质溶解,制剂中用作渗透促进剂的尿素一般浓度降低。临床用的制剂中,如一些激素类霜剂,一般的浓度为 10%。

6. 其他渗透促进剂

精油的主要成分是一些萜烯类化合物,如薄荷油、桉叶油、松节油等。这些物质具有较强的渗透促进能力及刺激皮下毛细血管的血液循环。氨基酸及一些水溶性蛋白质能增加药物的经皮渗透。

(二)前体药物

为了增加药物透过皮肤的速率,可对药物进行化学修饰,制成前体药物。亲水性药物制成脂溶性大的前体药物,可增加药物在角质层内的溶解度;强亲脂性的药物引入亲水性基团,有利于药物从角质层向水性的活性皮肤组织分配。前体药物在透过皮肤的过程中,被活性表皮内酶分解成母体药物,亦可以在体内受酶作用转变成母体药物。药物制成前体药物后分子质量增大,会引起扩散系数的降低,但由于溶解性能的改变,可能会大大提高透皮速率。

(三)离子导入

离子导入是在电场作用下,离子型药物通过皮肤的过程。离子导入系统有 3 个基本组成部分,它们是电源、药物储库系统和回流储库系统。离子导入作为促进药物经皮吸收的物理方法,近来已较多地应用在多肽等大分子药物给药方法的研究上。离子导入除具有经皮给药的优点之外,还能程序给药,通过电流控制药物的释放速度及释放时间,达到消除血药浓度的峰谷、减少个体差异的目的。在实际应用中也可根据时辰药理学的需要,调节电场强度,满足不同时间的剂量要求。

(四)其他导入技术

1. 超声波导入

利用超声波可促进治疗药物的透皮吸收。

2. 电致孔导入

采用瞬时的高压脉冲电场在脂质双分子层产生暂时的、可逆的亲水性通道而增加细胞及组织膜的渗透性,从而有助于药物分子的迁移。

3. 激光皮肤导入

将皮肤反复(>100 次)暴露于激光中可使皮肤的渗透性增加 100 倍以上,由此发展了激光促进药物经皮转运技术。

任务　东莨菪碱经皮吸收制剂制备操作

【知识目标】

(1)掌握经皮吸收制剂的定义、特点及分类。
(2)了解促进药物经皮吸收的方法。
(3)掌握经皮吸收制剂的制备材料及制备工艺。

【技能目标】

能制备出合格的经皮吸收制剂。

【基本知识】

一、制备工艺

经皮吸收制剂根据其类型与组成有不同的制备方法,其制备工艺见图 7-5。

二、经皮吸收的常用材料

经皮吸收制剂中除了主药、经皮吸收促进剂和溶剂外,还需要控制药物释放速率的骨架材料、控释膜材料,使给药系统固定在皮肤上的压敏胶和背衬材料与保护膜上。

1. 骨架材料

(1)聚合物骨架材料:天然与合成的高分子材料都可作聚合物骨架材料,如疏水性的聚硅氧烷与亲水性聚乙烯醇。

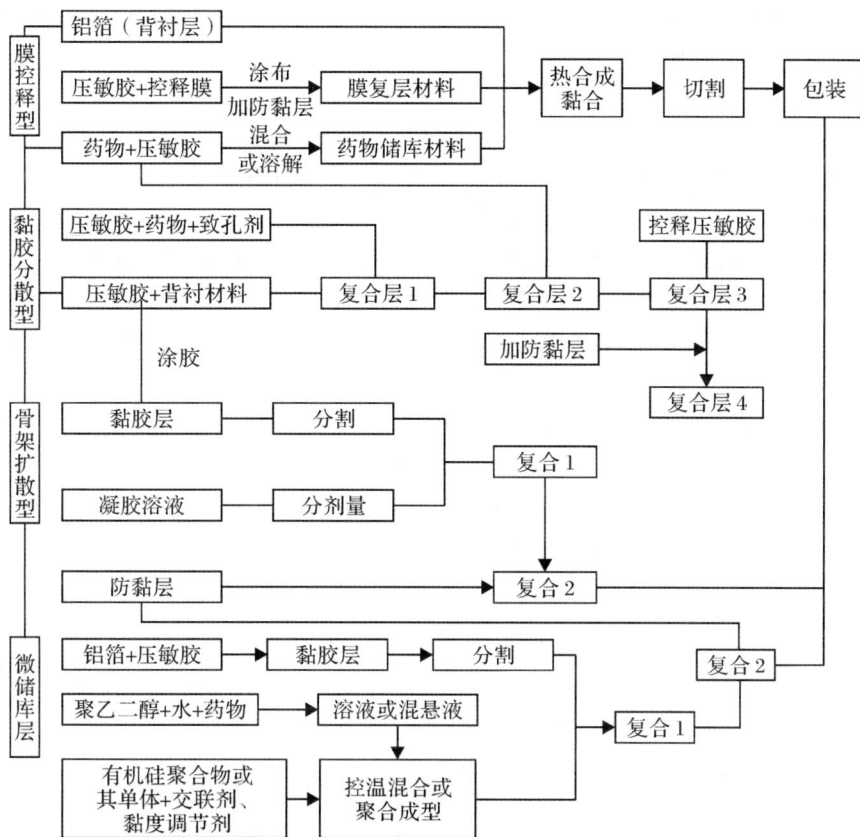

图 7-5 经皮吸收制剂制备工艺流程

聚乙烯醇(PVA)是白色或淡黄色的颗粒或粉末,有强亲水性与成膜性。聚乙烯醇的高浓度溶液在冷却后形成凝胶,这种凝胶机械强度差,浸渍于水中易膨胀,在温水中溶解。聚乙烯醇溶液加入硼砂或硼酸,形成水不溶性络合物,产生不可逆的凝胶。反复冷冻处理高聚合度的聚乙烯醇液,可得到水不溶性凝胶。经皮给药系统需要的是高含水率与高机械强度的凝胶。

(2)微孔骨架材料:合成的高分子材料均可作微孔骨架材料,其中醋酸纤维素有较多的研究报道。经皮给药系统中用三醋酸纤维素作微孔骨架材料或微孔膜材料。三醋酸纤维素为白色颗粒或细条,不溶于水、乙醇,能溶于丙酮和三氯甲烷等有机溶剂,三醋酸纤维微孔骨架可吸留各种液体,适应性广。药物的释放速率主要与骨架中的溶剂有关。

2.控释膜材料

经皮制剂的控释膜分均质膜与微孔膜。用作均质膜的高分子材料有乙烯-乙酸乙烯共聚物和聚硅氧烷等。

乙烯-乙酸乙烯共聚物(EVA)常用溶剂有氯仿和二氯甲烷等。乙烯-乙酸乙烯共聚物的M_r大,玻璃化温度高,机械强度大,可用热熔法或溶剂法制备膜材。无毒、无刺激性、柔性好,与人体组织有良好的相容性,性质稳定,但耐油性较差。乙酸乙烯(VA)含量比例降低,柔软性下降,渗透性也降低。工业上制备乙烯-乙酸乙烯共聚物控释膜,采用吹塑法,薄膜的厚度一般约为$50~\mu m$,少量制备亦可用溶剂浇铸或热压法。

微孔膜常用聚丙烯拉伸微孔膜,如国外的商品 Celgarl2400 用于可乐定透皮贴剂 Catapres TTS,亦有用醋酸纤维素膜的研究报道。

3.压敏胶

压敏胶(PSA)指那些在轻微压力下即可实现粘贴同时又容易剥离的一类胶黏材料,起着保证释药面与皮肤紧密接触及药库、控释等作用。药用 TDDS 压敏胶应适合皮肤应用,符合无刺激,不致敏,与药物相容,具防水性能等要求。

经皮给药制剂常用的压敏胶有三类:聚异丁烯类压敏胶、丙烯酸类压敏胶和硅橡胶压敏胶。

4.背衬材料与保护膜

(1)背衬材料:用于支持药库或压敏胶等的薄膜,应对药物、胶液、溶剂、湿气和光线等有较好的阻隔性能,同时应柔软舒适,并有一定强度。常用多层复合铝箔,即由铝箔、聚乙烯或聚丙烯等膜材复合而成的双层或三层复合膜,提高了机械强度及封闭性,同时适合热合、黏合等工艺。其他可以使用的背衬材料还有 PET、高密度 PE、聚苯乙烯等。

(2)保护膜:这类材料主要用于 TDDS 黏胶层的保护,为了防止压敏胶从药库或控释膜上转移到防黏材料上,材料的表面能应低于压敏胶的表面能,即压敏胶在其表面的黏基力应小于在控释膜表面的黏基力。常用的防黏材料有聚乙烯、聚氯乙烯、聚丙烯、聚苯乙烯、聚碳酸酯、聚四氟乙烯等高聚物的膜材,有时也使用表面经石蜡或甲基硅油处理过的光滑厚纸。

(3)药库材料:可以使用的药库材料很多,可以用单一材料,也可用多种材料配制的软膏、水凝胶、溶液等,常用的如卡波姆、聚维酮、HPMC 和 PVA 等,各种压敏胶和骨架膜材也同时可以是药库材料。

【技能操作】

一、任务描述

处方

	药库层	黏胶层
聚异丁烯 MML-100	29.2 g	31.8 g
聚异丁烯 LM-MS	36.5 g	39.8 g
液状石蜡	58.4 g	63.6 g
东莨菪碱	15.7 mg	4.6 mg
氯仿	860.2 mL	360.2 mL

采用膜控释系统的制备方法制备东莨菪碱经皮吸收制剂。

二、操作步骤

要求在90分钟内完成下列任务。

1.课前准备

查到,检查工作服穿戴规范,清点相关设备,熟知任务报告单。

2.称量及溶解

按药库层和黏附层处方称取各成分,溶解后分别制成药库层及黏附层基质。

3. **制备药库层**

将药库层基质铺在 65 μm 厚的铝塑膜上,烘干或自然干燥,形成约 50 μm 厚的药库层。

4. **制备黏附层**

将黏附层基质铺在 200 μm 厚的硅纸上,制成约 50 μm 厚的黏附层。

5. **复合**

将 25 μm 厚的聚丙烯控释膜复合到药库层上,后将黏附层复合到控释膜的另一面,切成 1 cm^2 的圆形贴片。所设计的释药量:初始量 150~250 $\mu g/(cm^2 \cdot h)$,维持量 3~3.5 $\mu g/(cm^2 \cdot h)$。

6. **清场**

按要求清场。

三、操作注意事项

(1)东莨菪碱为 M 胆碱受体阻断药,在临床上对晕动病有较好的效果,但其有口干、面红、散瞳、视物模糊、心率加快等副作用,且副作用与血药浓度有关,控制给药速度可使血药浓度保持在一定范围,可避免副作用的产生。

(2)东莨菪碱经皮吸收系统为膜控释型系统。第一层为背衬层,由铝塑膜或其他非渗透性聚合物构成,能防止挥发性成分的逸出,也是该制剂的支持层;第二层为药库层,药物以一定浓度溶于或以极小粒子分散于矿物油及高分子材料(如聚丙烯、聚异丁烯)胶浆中;第三层为控释膜层,控制药物从药库层中的释放速率;第四层为黏胶层,含有少量的药物,分布在与储库层相似的胶浆中,该层提供首剂量并能粘贴在皮肤上;第五层为保护层,在制剂的储存过程中起保护作用,使用时揭去,它常由防胶纸或玻璃纸等构成。

四、实施条件

东莨菪碱经皮吸收制剂制备实施条件

项目	基本实施条件
场地	50 m^2 以上的药物制剂室
设备、工具	天平、研钵、烘箱
物料	东莨菪碱、聚异丁烯 MML-100、聚异丁烯 LM-MS、液状石蜡、氯仿、铝塑膜、硅纸、聚丙烯膜

五、评价标准

东莨菪碱经皮吸收制剂制备评价标准

评价内容	分值	考核点及评分细则
职业素养与操作规范 20 分	5	工作服穿着规范,双手洁净,不染指甲,不留长指甲,不披发得 5 分
	5	工作态度认真,遵守纪律得 5 分
	5	实验完毕后将工具等清理复位得 5 分
	5	规范清场并清理干净得 5 分

评价内容	分值	考核点及评分细则
技能 80 分	10	能规范准确称取东莨菪碱、聚异丁烯 MML-100、聚异丁烯 LM-MS、液状石蜡、氯仿得 10 分
	10	能准确溶解药库层基质得 10 分
	10	能准确溶解黏附层基质得 10 分
	10	药库层基质铺在铝塑膜,烘干得 10 分
	10	黏附层基质铺在硅纸上得 10 分
	10	聚丙烯控释膜复合到药库层上,将黏附层复合到控释膜得 10 分
	10	切成 1 cm² 的圆形贴片得 10 分
	10	规定时间内完成得 10 分

六、任务报告单

东莨菪碱经皮吸收制剂制备任务报告单

任务名称		实训时间	
温度		湿度	
实训工具			
实训物料			
操作步骤			
结论			
操作者			

项目二　固体分散技术

固体分散技术是将难溶性药物高度分散在另一种固体载体中的新技术。难溶性药物通常是以分子、胶态、微晶或无定形状态分散在另一种水溶性或难溶性或肠溶性材料中呈固体分散体。固体分散体可看作是中间体,用以制备药物的速释或缓释制剂,也可制备肠溶制剂,可进一步制成胶囊、片剂、软膏剂、注射剂等剂型。

固体分散技术利用载体材料把药物高度分散,从而达到以下目的:①增加难溶性药物的溶解度和溶出速率,提高药物的生物利用度;②延缓或控制药物释放,如控制药物小肠释放;③延缓药物水解和氧化,增加药物稳定性;④掩盖药物不良嗅味和刺激性,增加患者依从性;⑤使液体药物固体化,减少挥发性药物的挥发。但由于固体分散体中药物处于高度分散状态,易产生结晶等老化现象,在制备成相应剂型和储存时应特别注意,以免影响药物的质量。

一、载体材料

固体分散体的溶出速率在很大程度上取决于所用载体材料的特性。载体材料应具有下列条件:无毒、无致癌性、不与药物发生化学变化、不影响主药的化学稳定性、不影响药物的疗效与含量检测、能使药物得到最佳分散状态或缓释效果、价廉易得。常用载体材料可分为水溶性、难溶性和肠溶性三大类。几种载体材料可联合应用,以达到要求的速释或缓释效果。

(一)水溶性载体材料

常用的水溶性载体材料有高分子聚合物、表面活性剂、有机酸、糖类以及纤维素衍生物等。

1. 聚乙二醇类

聚乙二醇类(PEG)具有良好的水溶性(1∶2～3),亦能溶于多种有机溶剂,可使某些药物以分子状态分散,可阻止药物聚集。最常用的是 PEG - 4000 和 PEG - 6000。它们的熔点低(50～63 ℃),毒性较小,化学性质稳定(但在 180 ℃以上分解),能与多种药物配伍。当药物为油类时,宜用 PEG - 12000 或 PEG - 6000 与 PEG - 20000 的混合物。采用滴制法成丸时,可加硬脂酸调整其熔点。

2. 聚维酮类

聚维酮类(PVP)为无定形高分子聚合物,熔点较高、对热稳定(150 ℃变色),易溶于水和多种有机溶剂,对许多药物有较强的抑晶作用,但贮存过程中易吸湿而析出药物结晶。PVP 类的规格有 PVP k_{15}(平均分子量 M_{av} 约 1000)、PVP k_{30}(M_{av} 约 4000)及 PVP k_{90}(M_{av} 约 360 000)等。

3. 表面活性剂类

作为载体材料的表面活性剂大多含聚氧乙烯基,其特点是溶于水或有机溶剂,载药量大,在蒸发过程中可阻滞药物产生结晶,是较理想的速效载体材料。常用泊洛沙姆-188、聚氧乙烯、聚羧乙烯等。

4.有机酸类

该类载体材料的分子量较小,如枸橼酸、酒石酸、琥珀酸、胆酸及脱氧胆酸等,易溶于水而不溶于有机溶剂。本类材料不适用于对酸敏感的药物。

5.糖类与醇类

作为载体材料的糖类常用的有壳聚糖、葡萄糖、半乳糖和蔗糖等,醇类有甘露醇、山梨醇、木糖醇等。它们的特点是水溶性强,毒性小,因分子中有多个羟基,可同药物以氢键结合生成固体分散体,适用于剂量小、熔点高的药物,尤以甘露醇为最佳。

6.纤维素衍生物

纤维素衍生物如羟丙纤维素、羟丙甲纤维素等,它们与药物制成的固体分散体难以研磨,需加入适量乳糖、微晶纤维素等加以改善。

(二)难溶性载体材料

1.纤维素类

纤维素类常用的如乙基纤维素,其特点是溶于有机溶剂,含有羟基能与药物形成氢键,有较大的黏性,作为载体材料其载药量大、稳定性好、不易老化。在 EC 中加入 HPC、PEG、PVP 等水溶性材料可调节释放速度,获得理想的释药效果。

2.聚丙烯酸树脂类

含季铵基的聚丙烯酸树脂 Eudragit(包括 E、RL 和 RS 等几种)在胃液中可溶胀,在肠液中不溶,不被吸收,对人体无害,广泛用于制备具有缓释性的固体分散体。有时为了调节释放速率,可适当加入水溶性载体材料如 PEG 或 PVP 等。如萘普生-Eudragit RL 和 RS 固体分散体,Eudragit RS 使萘普生缓慢释放符合 Higuchi 方程,而 Eudragit RL 可调节释放速率,释放速率常数的对数值与 RL 所占比例呈线性关系。

3.其他类

其他常用的有胆固醇、β-谷甾醇、棕榈酸甘油酯、胆固醇硬脂酸酯、蜂蜡、巴西棕榈蜡及氢化蓖麻油、蓖麻油蜡等脂质材料,均可制成缓释固体分散体,亦可加入表面活性剂、糖类、PVP 等水溶性材料,以适当提高其释放速率,达到满意的缓释效果。另有水微溶或缓慢溶解的表面活性剂如硬脂酸钠、硬脂酸铝、三乙醇胺和十二烷基硫代琥珀酸钠等,具有中等缓释效果。

(三)肠溶性载体材料

1.纤维素类

纤维素类常用的有邻苯二甲酸醋酸纤维素(CAP)、邻苯二甲酸羟丙甲纤维素(HPMCP,其商品有两种规格,分别为 HP-50、HP-55)以及羧甲乙纤维素(CMEC)等,均能溶于肠液中,可用于制备胃中不稳定的药物在肠道释放和吸收及生物利用度高的固体分散体。由于它们化学结构不同,黏度有差异,释放速率也不相同。CAP 可与 PEG 联用制成固体分散体,可控制释放速率。高桥保志等制得双异丙吡胺与几种肠溶性材料的固体分散体,其中以药物:EC:HPMCP(1:1:2)固体分散体具有理想的缓释肠溶作用。

2.聚丙烯酸树脂类

聚丙烯酸树脂类常用 Eudragit L100 和 Eudragit S100,分别相当于国产Ⅱ号及Ⅲ号聚丙烯酸树脂。前者在 pH 值 6 以上的介质中溶解,后者在 pH 值 7 以上的介质中溶解,有时两者联合使用,可制成较理想的缓释固体分散体。

二、分类

固体分散体主要有 3 种类型。

(一)简单低共熔混合物

药物与载体材料两者共熔后,骤冷固化时,如两者的比例符合低共熔物的比例,可以完全融合而形成固体分散体,此时药物仅以微晶形式分散在载体材料中成物理混合物,但不能或很少形成固体溶液。

(二)固态溶液

药物在载体材料中以分子状态分散时,称为固态溶液。按药物与载体材料的互溶情况,分完全互溶与部分互溶;按晶体结构,分为置换型与填充型。

(三)共沉淀物

共沉淀物(也称共蒸发物)是由药物与载体材料以适当比例混合,形成共沉淀无定形物,有时称玻璃态固熔体,因其有如玻璃的质脆、透明且无确定的熔点。

固体分散体的类型可因不同载体材料而不同,如联苯双酯与不同载体材料形成的固体分散体。经 X 射线衍射分析证明,联苯双酯与尿素形成的是简单的低共熔混合物,即联苯双酯以微晶形式分散于载体材料中。而联苯双酯与 PVP 的固体分散体中,联苯双酯的晶体衍射峰已消失,形成无定形粉末状共沉淀物。联苯双酯与 PEG－6000 形成的固体分散体中,联苯双酯的特征衍射峰较两者的物理混合物约小一半,认为有部分联苯双酯以分子状态分散,而另一部分是以微晶状态分散。固体分散体的类型还与药物同载体材料的比例以及制备工艺等有关。

任务　布洛芬－PVP 固体分散体制备及验证操作

【知识目标】

(1)掌握固体分散体的定义、特点及分类。
(2)了解制备固体分散体的常用材料。
(3)掌握固体分散体的制备方法。
(4)熟悉固体分散体的鉴定方法。

【技能目标】

能用适当方法制备出合格的固体分散体。

【基本知识】

一、制备

药物固体分散体的常用制备方法有 6 种。不同药物采用何种固体分散技术,主要取决于药物的性质和载体材料的结构、性质、熔点及溶解性能等。

（一）熔融法

将药物与载体材料混匀,加热至熔融,在剧烈搅拌下迅速冷却成固体,或将熔融物倾倒在不锈钢板上成薄层,用冷空气或冰水使之骤冷成固体。再将此固体在一定温度下放置变脆成易碎物,放置的温度及时间视不同的品种而定。如药物-PEG类固体分散体只需在干燥器内室温放置一到数日即可,而灰黄霉素-枸橼酸固体分散体需37℃或更高温度下放置多日才能完全变脆。为了缩短药物的加热时间,亦可将载体材料先加热熔融后,再加入已粉碎的药物(60～80目筛)。本法的关键是需由高温迅速冷却,以达到高的过饱和状态,使多个胶态晶核迅速形成而得到高度分散的药物,而非粗晶。本法简便、经济,适用于对热稳定的药物,多用熔点低、不溶于有机溶剂的载体材料,如PEG类、枸橼酸、糖类等。也可将熔融物滴入冷凝液中使之迅速收缩、凝固成丸,这样制成的固体分散体俗称滴丸。常用冷凝液有液状石蜡、植物油、甲基硅油以及水等。在滴制过程中能否成丸,取决于丸滴的内聚力是否大于丸滴与冷凝液的黏附力。冷凝液的表面张力小,丸形就好。

（二）溶剂法

溶剂法亦称共沉淀法。将药物与载体材料共同溶解于有机溶剂中,蒸去有机溶剂后使药物与载体材料同时析出,即可得到药物与载体材料混合而成的共沉淀物,经干燥即得。常用的有机溶剂有氯仿、无水乙醇、95%乙醇、丙酮等。本法的优点为避免高热,适用于对热不稳定或挥发性药物。可选用能溶于水或多种有机溶剂、熔点高、对热不稳定的载体材料,如PVP类、半乳糖、甘露糖、胆酸类等。PVP熔化时易分解,采用溶剂法较好。但使用有机溶剂的用量较大,成本高,且有时有机溶剂难以完全除尽。残留的有机溶剂除对人体有危害外,还易引起药物重结晶而降低药物的分散度。不同有机溶剂所得的固体分散体的分散度也不同,如螺内酯分别使用乙醇、乙腈和氯仿时,以乙醇所得的固体分散体的分散度最大,溶出速率也最高,而用氯仿所得的分散度最小,溶出速率也最低。

（三）溶剂-熔融法

将药物先溶于适当溶剂中,将此溶液直接加入已熔融的载体材料中均匀混合,按熔融法冷却处理。药物溶液在固体分散体中所占的量一般不超过10%(W/W),否则难以形成脆而易碎的固体。本法可适用于液态药物,如鱼肝油、维生素A、维生素D、维生素E等,但只适用于剂量小于50 mg的药物。凡适用于熔融法的载体材料均可采用。制备过程中一般不除去溶剂,受热时间短,产品稳定,质量好。但注意选用毒性小、易与载体材料混合的溶剂。将药物溶液与熔融载体材料混合时,必须搅拌均匀,以防止固相析出。

（四）溶剂-喷雾（冷冻）干燥法

将药物与载体材料共溶于溶剂中,然后喷雾或冷冻干燥,除尽溶剂即得。溶剂-喷雾干燥法可连续生产,溶剂常用C_1～C_4的低级醇或其混合物。而溶剂冷冻干燥法适用于易分解或氧化、对热不稳定的药物,如酮洛芬、红霉素、双香豆素等。此法污染少,产品含水量可低于0.5%。常用的载体材料为PVP类、PEG类、β-环糊精、甘露醇、乳糖、水解明胶、纤维素类、聚丙烯酸树脂类等。如布洛芬或酮洛芬与50%～70% PVP的乙醇溶液通过溶剂-喷雾干燥法,可得稳定的无定形固体分散体。又如双氯芬酸钠、EC与壳聚糖(重量比10：2.5：0.02)通过喷雾干燥法制备固体分散体,药物可缓慢释放,累积释放曲线符合 Higuchi 方程。

(五)研磨法

将药物与较大比例的载体材料混合后,强力持久地研磨一定时间,不需加溶剂而借助机械力降低药物的粒度,或使药物与载体材料以氢键相结合,形成固体分散体。研磨时间的长短因药物而异。常用的载体材料有微晶纤维素、乳糖、PVP 类、PEG 类等。

(六)双螺旋挤压法

本法将药物与载体材料置于双螺旋挤压机内,经混合、捏制而成固体分散体,无须有机溶剂,同时可用两种以上的载体材料,制备温度可低于药物熔点和载体材料的软化点,因此药物不易破坏,制得的固体分散体稳定。如硝苯地平与 HPMCP 制得黄色透明固体分散体,经 X 射线衍射与 DSC 检测显示硝苯地平以无定形存在于固体分散体中。

采用固体分散技术制备固体分散体应注意如下问题:①适用于剂量小的药物,即固体分散体中药物含量不应太高,如占 5%～20%。液态药物在固体分散体中所占比例一般不宜超过 10%,否则不易固化成坚脆物,难以进一步粉碎。②固体分散体在贮存过程中会逐渐老化。贮存时固体分散体的硬度变大、析出晶体或结晶粗化,从而降低药物的生物利用度的现象称为老化。老化与药物浓度、贮存条件及载体材料的性质有关,因此必须选择合适的药物浓度及载体材料。常采用混合载体材料以弥补单一载体材料的不足,积极开发新型载体材料,保持良好的贮存条件,如避免较高的温度与湿度等,以保持固体分散体的稳定性。

二、固体分散体的物相鉴定

固体分散体制备是否成功,可以选用以下一种或几种方法进行物相鉴定。

1.溶解度及溶出速率

将药物制成固体分散体后,溶解度和溶出速率会有改变。如药物亮菌甲素溶解度试验结果表明,亮菌甲素与 PVP(1:5)共沉淀物的药物溶解度为(249.97±13.53) mg/L,物理混合物时为(32.3±1.85) mg/L,纯原药为(37.9±4.17) mg/L,说明共沉淀物的药物溶解度大大增加($P<0.001$)。

2.热分析法

常用的有差示热分析法与差示扫描热法两种。差示热分析法(DTA)又称差热分析,是使试样和参比物在程序升温或降温的相同环境中,测量二者的温度差与温度(或时间)之间的变化关系。若固体分散体为测试物,主要测试其有否药物晶体的吸热峰,或测吸热峰面积的大小并与物理混合物比较,可考查药物在载体中的分散程度。差示扫描量热法(DSC)又称为差动分析,是使试样和参比物在程序升温或降温的相同环境中,用补偿器测量使两者的温度差保持为零所必需的热量对温度(或时间)的依赖关系。固体分散体中若有药物晶体存在,则有吸热峰存在;药物晶体存在越多,吸热峰面积越大。

3.X 射线衍射法

硫酸奎尼丁-EC 固体分散体的 X 射线衍射图中,硫酸奎尼丁在 8.2°、16.9°、18.8°、20.9°及 21.5°有强的晶体特征衍射峰,它与 EC 的物理混合物仍有这些峰,而形成固体分散体后这些峰均消失,说明药物以无定形存在于固体分散体中。

4.红外光谱法

布洛芬-PVP共沉淀物红外光谱图表明,布洛芬及其物理混合物均于1720 cm^{-1} 波数有强吸收峰,而共沉淀物中吸收峰向高波数位移,强度也大幅度降低。这是由于布洛芬与PVP在共沉淀物中以氢键结合。

5.核磁共振谱法

醋酸棉酚-PVP固体分散体,将醋酸棉酚、PVP、1∶7固体分散体及固体分散体经重水交换后分别测定核磁共振谱,发现醋酸棉酚图谱中 $\delta=15.2$ 有一个共振尖峰,这是由分子内氢键产生的化学位移。当利用PVP形成固体分散体后, $\delta=15.2$ 峰消失,但在 $\delta=14.2$ 和 $\delta=16.2$ 出现两个钝型化学位移峰,与重水交换后消失。这是PVP对醋酸棉酚氢键磁场干扰而出现的自旋分裂现象,提示PVP破坏醋酸棉酚分子内氢键,而形成了醋酸棉酚与PVP的分子间氢键,即形成了固体分散体。

【技能操作】

一、任务描述

处 方

布洛芬	0.5 g
PVP k_{30}	2.5 g

采用溶剂法制备布洛芬-PVP固体分散体(共沉淀物)。

二、操作步骤

要求在90分钟内完成下列任务。

1.课前准备

查到,检查工作服穿戴规范,清点相关设备,熟知任务报告单。

2.混合溶剂配制

配制无水乙醇-二氯甲烷(1∶1体积分数)混合溶剂10 mL。

3.溶解

取PVP k_{30} 2.5 g置蒸发皿中,加无水乙醇-二氯甲烷(1∶1体积分数)混合溶剂10 mL,50～60 ℃水浴上加热溶解。

4.布洛芬加入

加入0.5 g布洛芬,加热搅拌黏稠状。

5.干燥

置真空干燥器内,60 ℃真空度干燥1小时。

6.粉碎

用研钵粉碎过80目筛,即得。

7.清场

按要求清场。

三、操作注意事项

(1)制备布洛芬-PVP共沉淀物时,溶剂的蒸发速度是影响共沉淀物均匀性重要因素,搅拌下快速蒸发均匀性好。

(2)蒸去溶剂后倾入不锈钢板或玻璃板上,迅速冷凝固化,有利于提高共沉淀物的溶出速度。

四、实施条件

布洛芬-PVP固体分散体制备实施条件

项目	基本实施条件
场地	50 m² 以上的药物制剂室
设备、工具	天平、恒温水浴、蒸发皿、研钵、80目筛
物料	布洛芬、布洛芬片(市售)、PVP k₃₀、无水乙醇、二氯甲烷

五、评价标准

布洛芬-PVP固体分散体制备评价标准

评价内容	分值	考核点及评分细则
职业素养与操作规范 20分	5	工作服穿着规范,双手洁净,不染指甲,不留长指甲,不披发得5分
	5	工作态度认真,遵守纪律得5分
	5	实验完毕后将工具等清理复位得5分
	5	规范清场并清理干净得5分
技能 80分	10	能规范准确称量布洛芬、PVP得10分
	10	能准确配制并量取无水乙醇-二氯甲烷(1∶1)混合溶剂得10分
	10	水浴温度控制在50~60℃,溶解得10分
	10	加入布洛芬搅匀使溶解完全得10分
	10	搅拌下蒸去溶剂得10分
	10	真空干燥器的使用得10分
	10	研钵研碎,过80目筛得10分
	10	规定时间内完成得10分

六、任务报告单

布洛芬-PVP 固体分散体制备任务报告单

任务名称		实训时间	
温度		湿度	
实训工具			
实训物料			
操作步骤			
结论			
操作者			

项目三　包合技术

包合技术在制剂中的应用很广泛。包合技术指一种分子被包藏于另一种分子的空穴结构内,形成包合物的技术。这种包合物由主分子和客分子两种组分组成,主分子即是包合材料,具有较大的空穴结构,足以将客分子(药物)容纳在内,形成分子囊。

药物作为客分子经包合后,溶解度增大,稳定性提高,液体药物可粉末化,可防止挥发性成分挥发,掩盖药物的不良气味或味道,调节释放速率,提高药物的生物利用度,降低药物的刺激性与毒副作用等。

分子包合物的形成依赖于主、客分子结构的大小及两者的极性,稳定性主要取决于两组分间的范德华力。主分子应具有足够大的空穴和合适的形状,客分子的大小和形状应与主分子的空穴相适应,方能被包嵌于其中形成稳定的包合物。客分子太大,难于嵌入主分子空穴,但分子侧链可嵌入空穴,形成稳定差的包合物;客分子太小,则不能充满空穴、包合力弱,容易自由出入而脱落,包合物不稳定。包合过程为单纯的物理过程,主、客分子相互之间不发生化学反应,不存在离子键和共价键作用,无化学计量关系。

常用的主分子材料为环糊精,环糊精的空穴为碳-氢键和醚键构成的疏水区,非极性的脂溶性药物能以疏水键与环糊精中的疏水键相互作用,形成结合牢固的包合物,但其包合物的溶解度较小。而极性药物分子与环糊精的羟基形成氢键结合,嵌合在环糊精的洞口处的亲水区,形成水溶性较大的包合物。

包合物根据主分子的构成可分为多分子包合物、单分子包合物和大分子包合物;根据主分子形成空穴的几何形状又分为管形包合物、笼形包合物和层状包合物。

常用的包合材料有环糊精、胆酸、淀粉、纤维素、蛋白质、核酸等。

1. 环糊精

环糊精指淀粉用嗜碱性芽孢杆菌经培养得到的环糊精葡萄糖转位酶作用后形成的产物,是由 $6\sim12$ 个 D-葡萄糖分子以 $1,4$-糖苷键连接的环状低聚糖化合物,为水溶性的非还原性白色结晶性粉末,结构见图 7-6。

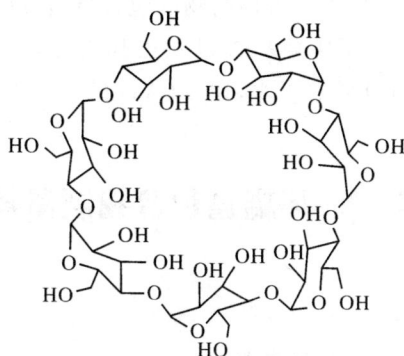

图 7-6　环糊精结构

经 X 射线衍射和核磁共振证实 CYD 的立体结构,经分析说明孔穴的开口处呈亲水性,空穴的内部呈疏水性。对酸不太稳定,易发生酸解而破坏圆筒形结构。常见有 α、β、γ 三种,它们的空穴内径与物理性质都有较大的差别,见表 7-1。

表 7-1　三种 CYD 的基本性质

项目	α-CYD	β-CYD	γ-CYD
葡萄糖单体数	6	7	8
分子量	973	1135	1297
分子空穴(内径)/nm	0.45~0.6	0.7~0.8	0.85~1.0
(外径)/nm	14.6±0.4	15.4±0.4	17.5±0.4
空穴深度/nm	0.7~0.8	0.7~0.8	0.7~0.8
$[\alpha]_D^{25}$ (H_2O)	+150.5°±0.5°	+162.5°±0.5°	+177.4°±0.5°
溶解度(20 ℃)/(g/L)	145	18.5	232
结晶形状(水中得到)	针状	棱柱状	棱柱状

三种 CYD 中以 β-CYD 最为常用,它在水中的溶解度最小,易从水中析出结晶,随着温度升高溶解度增大,温度为 20 ℃、40 ℃、60 ℃、80 ℃、100 ℃时,其溶解度分别为 18.5 g/L、37 g/L、80 g/L、183 g/L、256 g/L。CYD 包合药物的状态与 CYD 的种类、药物分子的大小、药物的结构和基团性质等有关。

2.环糊精衍生物

CYD 衍生物更有利于容纳客分子,并可改善 CYD 的某些性质。近年来主要对 β-CYD 的分子结构进行修饰,如将甲基、乙基、羟丙基、羟乙基、葡糖基等基团引入 β-CYD 分子中(取代羟基上的 H)。引入这些基团,破坏了 β-CYD 分子内的氢键,改变了其理化性质。

(1)水溶性环糊精衍生物:常用的是葡萄糖衍生物、羟丙基衍生物及甲基衍生物等。在 CYD 分子中引入葡糖基(用 G 表示)后其水溶性显著提高,如 β-CYD、G-β-CYD、2G1-β-CYD 溶解度(25 ℃)分别为 18.5 g/L、970 g/L、1400 g/L。葡糖基-β-CYD 为常用的包合材料,包合后可提高难溶性药物的溶解度,促进药物的吸收,降低溶血活性,还可作为注射用的包合材料。

(2)疏水性环糊精衍生物:常用作水溶性药物的包合材料,以降低水溶性药物的溶解度,使具有缓释性。常用的有 β-CYD 分子中羟基的 H 被乙基取代的衍生物,取代程度愈高,产物在水中的溶解度愈低。乙基-β-CYD 微溶于水,比 β-CYD 的吸湿性小,具有表面活性,在酸性条件下比 β-CYD 更稳定。

任务　β-环糊精包合物制备操作

【知识目标】

(1)掌握包合物的定义、特点及形成原理。

(2)熟悉包合物的常用材料。

（3）掌握包合物的制备方法。

（4）了解包合物的鉴定方法。

【技能目标】

能熟练制备β-环糊精包合物并对其进行鉴定。

【基本知识】

一、包合物制备

包合物的制备方法主要有饱和水溶液法、研磨法、冷冻干燥法和喷雾干燥法。

1. 饱和水溶液法

将 CYD 配成饱和水溶液,加入药物(难溶性药物可用少量丙酮或异丙醇等有机溶剂溶解)混合 30 分钟以上,使药物与 CYD 形成包合物后析出,且可定量地将包合物分离出来。在水中溶解度大的药物,其包合物仍可部分溶解于溶液中,此时可加入某些有机溶剂,以促使包合物析出。将析出的包合物过滤,根据药物的性质,选用适当的溶剂洗净、干燥即得。此法亦可称为重结晶法或共沉淀法。

2. 研磨法

取 β-CYD 加入 2～5 倍量的水混合,研匀,加入药物(难溶性药物应先溶于有机溶剂中),充分研磨成糊状物,低温干燥后,再用适宜的有机溶剂洗净,干燥即得。

维 A 酸 β-CYD 包合物的制备:维 A 酸易受氧化,制成包合物可提高稳定性。维 A 酸与β-CYD 按 1∶5 摩尔比称量,将 β-CYD 于 50℃水浴中用适量蒸馏水研成糊状,维 A 酸用适量乙醚溶解加入上述糊状液中,充分研磨,挥去乙醚后的糊状物成半固体物,将此物置于遮光的干燥器中进行减压干燥数日,即得。

3. 冷冻干燥法

此法适用于制成包合物后易溶于水,且在干燥过程中易分解、变色的药物。所得成品疏松,溶解度好,可制成注射用粉末。

如易被氧化的盐酸异丙嗪(PMH)可用此法制成 β-CYD 包合物。将 PMH 与 β-CYD 按1∶1摩尔比称量,β-CYD 用 60℃以上的热水溶解,加入 PMH 搅拌 0.5 小时,冰箱冷冻过夜再冷冻干燥,用氯仿洗去未包入的 PMH,最后除去残留氯仿,得白色包合物粉末,内含 PMH 28.1%±2.1%,包合率为 95.64%。经影响因素试验(如光照、高温、高湿度),稳定性均比原药 PMH 提高;经加速试验(37℃、RH 75%),2 个月时原药外观、含量、降解产物均不合格,而包合物 3 个月上述指标均合格,说明稳定性提高。

4. 喷雾干燥法

此法适用于难溶性、疏水性药物,如用喷雾干燥法制得的地西泮与环糊精包合物,增加了地西泮的溶解度,提高了其生物利用度。

二、包合物的验证

药物与 CYD 是否形成包合物,可根据包合物的性质和结构状态,采用下述方法进行验证,必要时可同时用几种方法。

1. X 射线衍射法

晶体药物在用 X 射线衍射时显示该药物结晶的衍射特征峰,而药物的包合物是无定形态,没有衍射特征峰。如萘普生与 β-CYD 的物理混合物显示萘普生与 β-CYD 的重叠衍射峰,而萘普生-β-CYD 包合物无此衍射峰。

2. 红外光谱法

红外光谱可提供分子振动能级的跃迁,这种信息直接和分子结构相关。如萘普生与 β-CYD 的物理混合物在 $1725 \sim 1685 \ cm^{-1}$ 有羰基峰,但包合物的此峰强度明显减弱。

3. 核磁共振法

如磷酸苯丙哌林-β-CYD 包合物的核磁共振谱,以 D_2O 为溶剂测定 ^1H-NMR 谱,包合物的图谱是 β-CYD 与磷酸苯丙哌林图谱的重叠,而与磷酸苯丙哌林波谱相比较,芳环结构(即苄基酚的质子)有明显的不同。

4. 荧光光度法

从荧光光谱曲线中峰的位置和强度来判断是否形成了包合物。如盐酸氯丙咪嗪与 β-CYD 包合物的荧光光谱,在波长 351 nm 处包合物的荧光强度明显增强。

5. 圆二色谱法

非对称的有机药物分子对组成平面偏振光的左旋和右旋圆偏振光的吸收系数不相等,称圆二色性,若将它们吸收系数之差对波长做图可得圆二色谱图,用于测定分子的立体结构,判断是否形成包合物。如维 A 酸-β-CYD 包合物,维 A 酸溶于二甲亚砜后有明显的圆二色性,由于 β-CYD 为对称性分子无圆二色性,包合物虽也有圆二色性,但与维 A 酸比有显著差异。

6. 热分析法

热分析法中以差示热分析法(DTA)和差示扫描量热法(DSC)较为常用,如陈皮挥发油-β-CYD 包合物,其中陈皮挥发油与 β-CYD 配比为 1∶1、1∶2、1∶4 时,DTA 均有一个 317 ℃ 的峰,表明形成了包合物,而混合物则具有两个峰,即 107 ℃ 与 317 ℃。

7. 薄层色谱法

此法以有无薄层斑点、斑点数和 R_f 值来验证是否形成包合物。如陈皮挥发油-β-CYD 包合物,用硅胶 G 板,展开剂为 40∶1 的正己烷∶氯仿,展距 15 cm,显色剂为 5% 香草醛-浓硫酸溶液,喷雾显色。以 5% 陈皮挥发油乙醚溶液为对照;将包合物用乙醚溶解,过滤,制成含 5% 陈皮油的乙醚溶液作供试品,两者的薄层色谱图一致,均显示一个斑点,R_f 值分别为 0.61 和 0.60,说明包合前后陈皮挥发油的主成分无差异。

8. 紫外分光光度法

从紫外吸收曲线中吸收峰的位置和峰高可判断是否形成了包合物。如萘普生-β-CYD 包合物的验证,配制一系列萘普生浓度相同、β-CYD 浓度不同的包合物溶液,以同浓度的 β-CYD 溶液为空白,测定其在波长 $200 \sim 300 \ nm$ 范围的吸光度,同时测定萘普生溶液在该范围的吸光度,得两者在各波长的吸光度差值(ΔA),以 ΔA 对波长做图,比较紫外吸收变化,可知随 β-CYD 的浓度升高 ΔA 值增大,当溶液中主、客分子浓度相等时 ΔA 最大,说明萘普生和 β-CYD 在水溶液中的摩尔比为 1∶1 时为形成包合物的最佳比例。

9. 溶出速率法

如诺氟沙星包合物的溶出度,按《中国药典》(2015 年版)溶出度测定法中第二法进行,分别取诺氟沙星胶囊与包合物胶囊,置 pH＝4 的缓冲液 750 mL 杯内,在(37±0.5)℃水浴中,50 r/min 速率搅拌,于不同时间取样,计算累积溶出量,包合物胶囊溶出明显加快,5 分钟内药物几乎完全溶出。

【技能操作】

一、任务描述

处 方

β-环糊精	4.0 g
薄荷油	1.0 mL(28 天)
蒸馏水	50 mL

采用饱和水溶液法制备薄荷油 β-环糊精包合物,并对该包合物进行验证。

二、操作步骤

要求在 200 分钟内完成下列任务。

1. 课前准备

查到,检查工作服穿戴规范,清点相关设备,熟知任务报告单。

2. 饱和溶液的制备

称取 β-CYD 4 g,置 100 mL 具带塞锥形瓶中,加入蒸馏水 50 mL,加热溶解。

3. 药物加入

降温至 50 ℃,精密滴加薄荷油 1 mL,恒温搅拌 2.5 小时。

4. 过滤

冷却至室温,有白色沉淀析出,待沉淀完全后过滤。

5. 洗涤

用无水乙醇 5 mL 分三次洗涤沉淀 3 次,至沉淀表面近无油渍。

6. 干燥

将包合物置干燥器中干燥,即得。

7. 检查

薄层色谱分析:取薄荷油 β-环糊精包合物 0.5 g,加入 95％乙醇 2 mL,振摇后滤过,滤液为样品 a;另取薄荷油 2 滴,加入 95％乙醇 2 mL 混合溶解,得样品 b。分别吸取样品 a、b 液各约 10 μL,点于同一硅胶 G 薄层板上,以石油醚：乙酸乙酯(85：15)为展开剂进行展开。取出晾干后喷以 1％香草醛-硫酸液,105 ℃烘至斑点清晰。样品 a 中未显现出薄荷油中相应的斑点。

8. 清场

按要求清场。

三、操作注意事项

(1)实验中包合温度，主客分子配比、搅拌时间等因素都会影响包合率，应按实验内容的要求进行操作。

(2)难溶于水的药物也可用少量有机溶剂如乙醇、异丙酮等溶解后加入。

(3)通过冷藏，可使 β-环糊精包合物溶解度下降而析出沉淀。

四、实施条件

β-环糊精包合物制备实施条件

项目	基本实施条件
场地	50 m² 以上的药物制剂室
设备、工具	量筒、锥形瓶、电热套、干燥器、硅胶薄层板等
物料	β-环糊精、薄荷油、蒸馏水、乙醇、石油醚、乙酸乙酯

五、评价标准

β-环糊精包合物制备评价标准

评价内容	分值	考核点及评分细则
职业素养与操作规范 20分	5	工作服穿着规范，双手洁净，不染指甲，不留长指甲，不披发得 5 分
	5	工作态度认真，遵守纪律得 5 分
	5	实验完毕后将工具等清理复位得 5 分
	5	规范清场并清理干净得 5 分
技能 80分	10	能准确称取 β-环糊精得 10 分
	10	能精密量取薄荷油得 10 分
	10	加热能使 β-环糊精完全溶解制成饱和溶液得 10 分
	10	降温时控制到 50 ℃，药物加入得 10 分
	10	恒温搅拌 2.5 小时得 10 分
	10	过滤操作得 10 分
	10	无水乙醇洗涤沉淀至沉淀表面近无油渍得 10 分
	10	能正确使用薄层色谱进行验证得 10 分

六、任务报告单

β-环糊精包合物制备任务报告单

任务名称		实训时间	
温度		湿度	
实训工具			
实训物料			
操作步骤			
结论			
操作者			

项目四　微囊与微球制备技术

一、微囊

微囊技术指利用成膜材料将固体、液体或气体囊于其中,形成直径几十微米至上千微米的微小容器的技术。微囊内部装载的物料称为芯材(或称囊心物质),外部包囊的壁膜称为囊材(或称为包囊材料)。微球是将药物溶解和(或)分散在高分子材料中,形成的骨架型微小球状实体。微囊和微球的粒径均为微米级。

药物微囊化的目的:①掩盖药物的不良气味及口味;②提高药物的稳定性;③防止药物在胃内失活或减少对胃的刺激;④使液态药物固态化便于应用与贮存;⑤减少复方药物的配伍变化;⑥可制备缓释或控释制剂;⑦使药物浓集于靶区,提高疗效,降低毒副作用;⑧可将活细胞或生物活性物质包囊。近年采用微囊化技术的药物已有30多种,如解热镇痛药、抗生素、多肽、避孕药、维生素、抗癌药以及诊断用药等。

值得注意的是,过去花费了巨大财力、人力筛选新药,而成百上千极有前途的药物落选,仅是因为口服的活性低或注射的半衰期短。如果采用微囊化这一新技术,将药物微囊化后通过口服或非胃肠道缓释给药,许多按过去标准认为不合格的落选药物,可能制成满意的新药。这对新药的开发具有特殊的意义。

微囊的囊心物除主药外还可以包括提高微囊化质量而加入的附加剂,如稳定剂、稀释剂、控制释放速率的阻滞剂、促进剂以及改善囊膜可塑性的增塑剂等。囊心物可以是固体,也可以是液体。通常将主药与附加剂混匀后微囊化;亦可先将主药单独微囊化,再加入附加剂。若有多种主药,可将其混匀再微囊化,亦可分别微囊化后再混合。这取决于设计要求,药物、囊材和附加剂的性质及工艺条件等。采用不同的工艺条件,对囊心物也有不同的要求。如用相分离凝聚法时囊心物一般不应是水溶性的,而界面缩聚法则要求囊心物必须是水溶性的。另外囊心物与囊材的比例应适当,如囊心物过少,易成无囊心物的空囊。

用于包囊所需的材料称为囊材。对囊材的一般要求:①性质稳定;②有适宜的释放速率;③无毒、无刺激性;④能与药物配伍,不影响药物的药理作用及含量测定;⑤有一定的强度及可塑性,能完全包封囊心物;⑥具有符合要求的黏度、穿透性、亲水性、溶解性、降解性等特性。

常用的囊材可分为下述三大类。

1. 天然高分子囊材

天然高分子材料是最常用的囊材,其性质稳定、无毒、成膜性好。常用的如明胶、阿拉伯胶、海藻酸盐和壳聚糖等。

2. 半合成高分子囊材

作囊材的半合成高分子材料多系纤维素衍生物,其特点是毒性小、黏度大、成盐后溶解度增大。常用的主要有羧甲基纤维素盐、醋酸纤维素酞酸酯(CAP)、乙基纤维素、甲基纤维素和羟丙甲纤维素。

3.合成高分子囊材

作囊材的合成高分子材料有生物不降解的和生物可降解的两类。生物不降解,且不受pH值影响的囊材有聚酰胺、硅橡胶等。生物不降解,但在一定pH条件下可溶解的囊材有聚丙烯酸树脂、聚乙烯醇等。近年来,生物可降解的材料得到了广泛的应用,如聚碳酯、聚氨基酸、聚乳酸(PLA)、丙交酯乙交酯共聚物(PLGA)、聚乳酸-聚乙二醇嵌断共聚物(PLA-PEG)、ε-己内酯与丙交酯嵌段共聚物等,其特点是无毒、成膜性好、化学稳定性高,可用于注射。

二、微球

微球指药物与高分子材料制成的基质骨架的球形或类球形实体。药物溶解或分散于实体中,其大小因使用目的而异,通常微球的粒径范围为$1\sim250\ \mu m$。目前国内产品有肌内注射用丙氨瑞林微球、植入用黄体酮微球、口服用阿昔洛韦微球、布洛芬微球等。

微球的制备方法与微囊的制备有相似之处。根据材料和药物的性质不同可以采用不同的微球制备方法。现将几种常见微球的制备方法简介如下。

1.明胶微球

用明胶等天然高分子材料,以乳化交联法制备微球。以药物和材料的混合水溶液为水相,用含乳化剂的油为油相,混合搅拌乳化,形成稳定的W/O型或O/W型乳状液,加入化学交联剂(如产生胺醛缩合或醇醛缩合反应),可得粉末状微球。其粒径通常在$1\sim100\ \mu m$范围内。油相可采用蓖麻油、橄榄油或液状石蜡等。油相不同,微球粒径亦不相同。不同交联剂对微球质量也有影响,如用甲醛交联形成的明胶微球表面光滑,而戊二醛交联形成的微球表面有裂缝。这可能会对释药产生不同的影响。现已成功制备米托蒽醌、盐酸川芎嗪、硫酸链霉素、卡铂、莪术油等明胶微球。

2.白蛋白微球

白蛋白微球可用液中干燥法或喷雾干燥法制备。制备白蛋白微球的液中干燥法以加热交联代替化学交联,使用的加热交联温度不同($100\sim180\ ℃$),微球平均粒径不同,在中间温度($125\sim145\ ℃$)时粒径较小。喷雾干燥法将药物与白蛋白的溶液经喷嘴喷入干燥室内,同时送入干燥室的热空气流使雾滴中的水分快速蒸发、干燥,即得微球。如将喷雾干燥法制得的微球再进行热变性处理,可得到缓释微球。目前国内已研制成功的白蛋白微球有顺铂、硫酸链霉素、米托蒽醌、左旋多巴、环磷酰胺等。

3.淀粉微球

淀粉微球系由淀粉水解再经乳化聚合制得。其微球在水中可膨胀而具有凝胶的特性,粒径$1\sim500\ \mu m$,降解时间从数分钟到几小时。用于动脉栓塞的淀粉微球商品名Spherex,可混悬于生理盐水中,在酶存在下水解半衰期为$20\sim30$分钟。淀粉微球可用甲苯、氯仿、液状石蜡为油相,以脂肪酸山梨坦-60为乳化剂,将20%的碱性淀粉分散在油相中,形成W/O型乳状液,升温至$50\sim55\ ℃$,加入交联剂环氧丙烷适量,反应数小时后,去除油相,分别用乙醇、丙酮多次洗涤干燥,得白色粉末状微球,粒径范围$2\sim50\ \mu m$。以亚甲蓝为模型药物,可用二步法将药物水溶液浸入空白微球中,亦可将药物混悬在碱性淀粉的油相中,再制成微球,但载药量以二步法为高。

4.聚酯类微球

聚酯类微球可用液中干燥法制备。以药物与聚酯材料组成挥发性有机相,加至含乳化剂的水相中搅拌乳化,形成稳定的 O/W 型乳状液,加水萃取(亦可同时加热)挥发除去有机相,即得微球。采用本法制备的有醋酸地塞米松聚丙交酯微球、利福平聚乳酸微球、氟尿嘧啶聚乳酸微球、胰岛素聚 β-羟基丁酸酯微球、疫苗(破伤风、白喉、痢疾、乙肝等)PLGA 微球、醋酸亮丙瑞林 PLGA 微球、霍乱疫苗 PLA-PEG 微球、左炔诺孕酮 PLA-PEG 微球、18-炔诺孕酮 PLA-PLGA 微球、盐酸醋丁洛尔纤维素微球等。

5.磁性微球

首先用共沉淀反应制备磁流体。取一定量 $FeCl_3$ 和 $FeCl_2$ 分别溶于适量水中,过滤后将两滤液混合,用水稀释,加入适量分散剂,置超声波清洗器中振荡,同时以 1500 r/min 搅拌,在 40 ℃下以 5 mL/min 滴速加适量 6 mol/L NaOH 溶液,反应结束后 40 ℃保温 30 分钟。将所得混悬液置于磁铁上使磁性氧化铁粒子沉降,弃去上清液后加适量分散剂搅匀,再在超声波清洗器中处理 20 分钟,过 1 μm 孔径筛,弃去筛上物,得黑色胶体,即为磁流体。其反应如下:

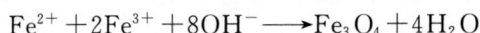

$$Fe^{2+} + 2Fe^{3+} + 8OH^- \longrightarrow Fe_3O_4 + 4H_2O$$

也有人用尿素代替 NaOH。最近报道在高 pH 值和 1‰PVA 条件下用类似的共沉淀法制备的磁流体 Fe_3O_4 特别稳定。

再制备含药磁性微球。如取一定量明胶溶液与磁流体混匀,滴加含脂肪酸山梨坦-85 的液状石蜡,经乳化、甲醛交联,用异丙醇洗脱甲醛、过滤,再用有机溶剂多次洗去微球表面的液状石蜡,真空干燥,^{60}Co 灭菌,得粒径为 8~88 μm 的无菌微球。最后在无菌操作条件下静态吸附药物,制得含药磁性微球。

任务　液体石蜡微囊制备操作

【知识目标】

(1)掌握微囊和微球的定义。

(2)掌握微囊的制备方法。

(3)掌握光学显微镜目测法测定微囊粒径的方法。

【技能目标】

能用物理化学法制备出液体石蜡微囊。

【基本知识】

微囊的制备方法可归纳为物理化学法、物理机械法和化学法三大类。根据药物、囊材的性质和微囊的粒径、释放要求以及靶向性要求,选择不同的制备方法。

一、物理化学法

本法在液相中进行,囊心物与囊材在一定条件下形成新相析出,故又称相分离法。其微囊化步骤大体可分为囊心物的分散、囊材的加入、囊材的沉积和囊材的固化四步。相分离工艺现已成为药物微囊化的主要工艺之一,它所用设备简单,高分子材料来源广泛,可将多种类别的药物微囊化。相分离法分为单凝聚法、复凝聚法、溶剂-非溶剂法、改变温度法和液中干燥法。

1.单凝聚法

单凝聚法是在高分子囊材溶液中加入凝聚剂以降低高分子材料的溶解度而凝聚成囊的方法,是在相分离法中较常用的一种方法。

(1)基本原理:如将药物分散在明胶材料溶液中,然后加入凝聚剂(可以是强亲水性电解质硫酸钠水溶液,或强亲水性的非电解质如乙醇),由于明胶分子水合膜的水分子与凝聚剂结合,使明胶的溶解度降低,分子间形成氢键,最后从溶液中析出而凝聚形成凝聚囊。这种凝聚是可逆的,一旦解除凝聚的条件(如加水稀释),就可发生解凝聚,凝聚囊很快消失。这种可逆性在制备过程中可加以利用,经过几次凝聚与解凝聚,直到凝聚囊形成满意的形状为止(可用显微镜观察)。最后再采取措施加以交联,使之成为不凝结、不粘连、不可逆的球形微囊。

(2)工艺:如以明胶为囊材的左炔诺孕酮-雌二醇微囊,将左炔诺孕酮与雌二醇混匀,再加到明胶溶液中混悬均匀,加入硫酸钠溶液(凝聚剂),形成微囊,再加入稀释液(Na_2SO_4溶液),其浓度由凝聚囊系统中已有的 Na_2SO_4 浓度(如为 a%)加 1.5%〔即(a+1.5)%〕,稀释液体积为凝聚囊系统总体积的 3 倍,稀释液温度为 15 ℃。所用稀释液浓度过高或过低,可使凝聚囊粘连成团或溶解。得粒径在 10~40 μm 的微囊占总重量 95% 以上,平均体积径为20.7 μm。

(3)成囊条件。

凝聚系统的组成:单凝聚法可以用三元相图来寻找该系统中产生凝聚的组成范围。

明胶溶液的浓度与温度:增加明胶的浓度可加速胶凝,浓度降低到一定程度就不能胶凝,同一浓度时温度愈低愈易胶凝,而高过某温度则不能胶凝,浓度愈高的可胶凝的温度上限愈高。如 5% 明胶溶液在 18 ℃ 以下才胶凝,而 15% 明胶可在 23 ℃ 以下胶凝。通常明胶应在 37 ℃ 以上凝聚成凝聚囊,然后在较低温度下黏度增大而胶凝。

药物及凝聚相的性质:单凝聚法在水中成囊,因此要求药物难溶于水,但也不能过分疏水,否则仅形成不含药物的空囊。成囊时系统含有互不溶解的药物、凝聚相和水三相。微囊化的难易取决于明胶同药物的亲和力,亲和力强的易被微囊化。

如果作为囊心物的药物过分亲水则易被水包裹,只存在于水相中而不能混悬于凝聚相中成囊,如淀粉或硅胶作囊心物都因过分亲水而不能成囊。如药物过分疏水,因凝聚相中含大量的水,使药物既不能混悬于水相中,又不能混悬于凝聚相中,也不能成囊。如双炔失碳酯,加入脂肪酸山梨坦-20 可增大双炔失碳酯的亲水性,就可以成囊。

凝聚囊的流动性及其与水相间的界面张力:为了得到良好的球形微囊,凝聚后的凝聚囊应有一定的流动性。如用 A 型明胶制备微囊时,可滴加少许醋酸使溶液的 pH 值在 3.2~3.8 之间,能得到更小的球形囊,因为这时明胶分子中有较多的 NH_3^+ 离子,可吸附较多的水分子,降低凝聚囊-水间的界面张力。凝聚囊的流动性好,使凝聚囊易于分散呈小球形。若调节溶液的pH 值至碱性则不能成囊,因接近等电点(pH=8.5),有大量黏稠块状物析出。B 型明胶则不调 pH 值也能成囊。

交联固化:欲制得不变形的微囊,必须加入交联剂固化,同时还要求微囊间的粘连愈少愈好。常用甲醛作交联剂,通过胺醛缩合反应使明胶分子互相交联而固化。交联的程度受甲醛的浓度、反应时间、介质的 pH 值等因素的影响,交联的最佳 pH 值是 8~9。

(4)成囊的影响因素。

凝聚剂的种类和 pH 值：常用凝聚剂有各种醇类和电解质。用电解质作凝聚剂时，阴离子对胶凝起主要作用，强弱次序为枸橼酸＞酒石酸＞硫酸＞醋酸＞氯化物＞硝酸＞溴化物＞碘化物；阳离子也有胶凝作用，其电荷数愈高胶凝作用愈强。明胶的分子量不同，使用的凝胶剂不同，其成囊 pH 值也不同。

药物的性质：药物与明胶要有亲和力，吸附明胶的量要达到一定程度才能包裹成囊。

增塑剂的影响：为了使制得的明胶微囊具有良好的可塑性，不粘连、分散性好，常加入增塑剂，如山梨醇、聚乙二醇、丙二醇或甘油等。

2.复凝聚法

复凝聚法指使用带相反电荷的两种高分子材料作为复合囊材，在一定条件下交联且与囊心物凝聚成囊的方法。复凝聚法是经典的微囊化方法，它操作简便，容易掌握，适合于难溶性药物的微囊化。

可作复合材料的有明胶与阿拉伯胶（或 CMC 或 CAP 等多糖）、海藻酸盐与聚赖氨酸、海藻酸盐与壳聚糖、海藻酸与白蛋白、白蛋白与阿拉伯胶等。

复凝聚法及单凝聚法对固态或液态的难溶性药物均能得到满意的微囊。但药物表面都必须为囊材凝聚相所润湿，从而使药物混悬或乳化于该凝聚相中，才能随凝聚相分散而成囊。因此可根据药物性质适当加入润湿剂。此外还应使凝聚相保持一定的流动性，如控制温度或加水稀释等，这是保证囊形良好的必要条件。

3.溶剂-非溶剂法

溶剂-非溶剂法是在囊材溶液中加入一种对囊材不溶的溶剂（非溶剂），引起相分离，而将药物包裹成囊的方法。常用囊材的溶剂和非溶剂的组合见表 7－2。使用疏水囊材，要用有机溶剂溶解，疏水性药物可与囊材溶液混合，亲水性药物不溶于有机溶剂，可混悬或乳化在囊材溶液中。然后加入争夺有机溶剂的非溶剂，使材料降低溶解度而从溶液中分离，除去有机溶剂即得。

表 7－2　常用囊材的溶剂与非溶剂

囊材	溶剂	非溶剂
乙基纤维素	四氯化碳（或苯）	石油醚
苄基纤维素	三氯乙烯	丙醇
醋酸纤维素丁酯	丁酮	异丙醚
聚氯乙烯	四氢呋喃（或环己烷）	水（或乙二醇）
聚乙烯	二甲苯	正己烷
聚醋酸乙烯酯	氯仿	乙醇
苯乙烯马来酸共聚物	乙醇	醋酸乙酯

4. 改变温度法

本法不加凝聚剂,而通过控制温度成囊。EC 作囊材时,可先在高温溶解,后降温成囊。使用聚异丁烯(PIB,$M_{av}=3.8\times10^5$)作稳定剂可减少微囊间的粘连。用 PIB 与 EC、环己烷组成的三元系统,在 80 ℃溶解成均匀溶液,缓慢冷至 45 ℃,再迅速冷至 25 ℃,EC 可凝聚成囊。

5. 液中干燥法

从乳状液中除去分散相中的挥发性溶剂以制备微囊的方法称为液中干燥法,亦称为乳化-溶剂挥发法。

液中干燥法的干燥工艺包括两个基本过程:溶剂萃取过程(两液相之间)和溶剂蒸发过程(液相和气相之间)。按操作可分为连续干燥法、间歇干燥法和复乳法。

采用连续干燥法制备微囊时,如囊材的溶剂与水不相混溶,多用水作连续相,加入亲水性乳化剂(如极性的多元醇),制成 O/W 型乳状液;亦可用高沸点的非极性液体,如液状石蜡作连续相,制成 W/O 型乳状液。如囊材的溶剂能与水混溶,则连续相可用液状石蜡,加入油溶性乳化剂(如脂肪酸山梨坦-80 或 85),制成 W/O 型乳状液。用 O/W 型乳状液的连续干燥法所得微囊表面常含药物微晶体。

但如果控制干燥速率,使初步干燥的微囊迅速萃取形成硬膜后再继续干燥,即可得满意的微囊,称间歇干燥法。连续干燥法或间歇干燥法如用水作连续相,不宜制作水溶性药物的微囊,因其中的药物易进入水相而降低包封产率和载药量,此时可用 O/W 型乳状液。

复乳法中常用的是 W/O/W 型复乳法。以阿拉伯胶和 EC 为囊材制备微囊时,可将阿拉伯胶水溶液分散在含 EC 的乙酸乙酯有机相中形成 W/O 型乳状液。阿拉伯胶与 EC 在分散相和连续相的界面分别形成两层吸附膜,乳状液进一步与阿拉伯胶溶液乳化,形成 W/O/W 型复乳。此时出现新的水/油界面,阿拉伯胶与 EC 再一次形成两层吸附膜。透析除去内、外 EC 膜中的乙酸乙酯有机溶剂,过滤,得内外层都是阿拉伯胶膜、中间是 EC 膜的具有三层膜的微囊,其粒径在 50 μm 以下。

二、物理机械法

本法是将固态或液态药物在气相中进行微囊化的方法,需要一定的设备条件。

1. 喷雾干燥法

喷雾干燥法可用于固态或液态药物的微囊化,粒径范围通常为 5~600 μm。工艺是先将囊心物分散在囊材的溶液中,再用喷雾法将此混合物喷入惰性热气流使液滴收缩成球形,进而干燥即得微囊。喷雾干燥法的工艺影响因素包括混合液的黏度、均匀性、药物及囊材的浓度、喷雾的速率、喷雾方法及干燥速率等。

2. 喷雾凝结法

将囊心物分散于熔融的囊材中,喷于冷气流中凝聚而成囊的方法。常用的囊材有蜡类、脂肪酸和脂肪醇等,在室温均为固体,而在较高温下能熔融。如以美西律盐酸盐为囊心物,用硬脂酸和 EC 为复合囊材,以 34.31~68.62 kPa 的压缩空气通过喷雾凝结法成囊,粒径为 8~100 μm。

3. 空气悬浮法

亦称流化床包衣法,系利用垂直强气流使囊心物悬浮在气流中,将囊材溶液通过喷嘴喷射于囊心物表面,热气流将溶剂挥干,囊心物表面便形成囊材薄膜而成微囊。本法所得的微囊粒径一般在 35～5000 μm 范围。囊材可以是多聚糖、明胶、树脂、蜡、纤维素衍生物及合成聚合物。

4. 多孔离心法

利用圆筒的高速旋转使囊心物产生离心力,另使囊材溶液形成液态膜,囊心物高速穿过液态膜形成微囊,再经过不同方法加以固化(用非溶剂、凝结或挥去溶剂等),即得微囊。

5. 锅包衣法

锅包衣法指利用包衣锅将囊材溶液喷在固态囊心物上挥干溶剂形成微囊,导入包衣锅的热气流可加速溶剂挥发。

上述几种物理机械法均可用于水溶性、脂溶性、固态或液态药物的微囊化,其中以喷雾干燥法最常用。通常,采用物理机械法时囊心物有一定损失且微囊有粘连,但囊心物损失在 5% 左右、粘连在 10% 左右,生产中都认为是合理的。

三、化学法

化学法指利用溶液中的单体或高分子通过聚合反应或缩合反应生成囊膜而制成微囊的方法。本法的特点是不加凝聚剂,先制成 W/O 型乳状液,再利用化学反应交联固化。

1. 界面缩聚法

界面缩聚法亦称界面聚合法,是在分散相(水相)与连续相(有机相)的界面上发生单体的缩聚反应。

2. 辐射交联法

该法系将明胶在乳化状态下,经 γ 射线照射发生交联,再处理制得粉末状微囊。该工艺的特点是工艺简单,明胶中不需引入其他成分。

3. 原位聚合法

将药物、溶剂、乳化剂及水混合后,均质机剪切成为 O/W 型乳液,加入水溶性树脂,再加入催化剂产生聚合物沉积,包覆于囊芯物表面形成微胶囊。该法要求单体可溶,生成的聚合物不溶。例如,NaOH 调节柠檬酸水溶液到 pH 4.0,加入聚苯胺,40～45 ℃搅拌 2 小时,再加入蜜胺甲醛树脂,继续加热搅拌,后经处理得聚苯胺微囊。

【技能操作】

一、任务描述

处方

液体石蜡($\rho = 0.91$)	6 mL
明胶	5 g
阿拉伯胶	5 g
10% 醋酸溶液	适量
20% 氢氧化钠溶液	适量

37%甲醛溶液	2.5 mL
蒸馏水	适量

能用物理化学法-复凝聚法制备出液体石蜡微囊,并能用光学显微镜观察其性状。

二、操作步骤

要求在 200 分钟内完成下列任务。

1.课前准备

查到,检查工作服穿戴规范,清点相关设备,熟知任务报告单。

2.明胶溶液的配制

称取明胶 5 g,用蒸馏水适量浸泡溶胀后,加热溶解,加蒸馏水至 100 mL,搅匀,50 ℃保温备用。

3.阿拉伯胶溶液的配制

取蒸馏水 80 mL 置小烧杯中,加阿拉伯胶粉末 5 g,加热至 80 ℃左右,轻轻搅拌使溶解,加蒸馏水至 100 mL。

4.液状石蜡乳剂的制备

取液状石蜡 6 mL 与 5%阿拉伯胶溶液 100 mL 于组织捣碎机中,乳化 10 秒,即得乳剂。

5.乳剂镜检

取液状石蜡乳剂一滴,置载玻片上镜检,绘制乳剂形态图。

6.混合

将液状石蜡乳转入 1000 mL 烧杯中,置 50~55 ℃水浴上加 5%明胶溶液 100 mL,轻轻搅拌使混合均匀。

7.微囊制备

不断搅拌下滴加 10%乙酸溶液于混合液中,调节 pH 至 3.8~4.0(广泛试纸)。

8.微囊的固化

在不断搅拌下,将约 30 ℃蒸馏水 400 mL 加至微囊液中,将含微囊液的烧杯自 50~55 ℃水浴中取下,不停搅拌,自然冷却,待温度为 32~35 ℃时,加入冰块,继续搅拌至温度为 10 ℃以下,加入 37%甲醛溶液 2.5 mL(用蒸馏水稀释 1 倍),搅拌 15 分钟,再用 20% NaOH 溶液调其酸碱度至 pH=8~9,继续搅拌 20 分钟,观察至析出为止,静置待微囊沉降。

9.镜检

显微镜下观察微囊的形态并绘制微囊形态图,记录微囊的大小(最大和最多粒径)。

10.过滤

待微囊沉降完全,倾去上清液,过滤(或甩干),微囊用蒸馏水洗至无甲醛味,抽干,即得。

11.清场

按要求清场。

三、操作注意事项

(1)复凝聚法制备微囊,用 10%乙酸溶液调节 pH 是操作关键。因此,调节 pH 时一定要把溶液搅拌均匀,使整个溶液的 pH 为 3.8~4.0。

（2）制备微囊的过程中，始终伴随搅拌，但搅拌速度以产生泡沫最少为度，必要时加入几滴戊醇或辛醇消泡，可提高收率。

（3）固化前勿停止搅拌，以免微囊粘连成团。

四、实施条件

液体石蜡微囊制备实施条件

项目	基本实施条件
场地	40 m² 药物制剂实训室
设备、工具	光学显微镜、天平、恒温水浴、研钵、电动搅拌器、烧杯、组织捣碎机、抽滤瓶、布氏漏斗等
物料	液体石蜡、明胶、甲醛、醋酸、NaOH、蒸馏水等

五、评价标准

液体石蜡微囊制备评价标准

评价内容	分值	考核点及评分细则
职业素养与操作规范 20分	5	工作服穿着规范，双手洁净，不染指甲，不留长指甲，不披发得5分
	5	工作态度认真，遵守纪律得5分
	5	实验完毕后将工具等清理复位得5分
	5	规范清场并清理干净得5分
技能 80分	10	明胶溶液的配制得10分
	10	阿拉伯胶溶液的配制得10分
	10	液状石蜡乳剂的制备得10分
	10	乳剂的镜检得10分
	10	两相混合得10分
	10	微囊制备得10分
	10	微固化得10分
	10	镜检与过滤得10分

六、任务报告单

液体石蜡微囊制备任务报告单

任务名称		实训时间	
温度		湿度	
实训工具			
实训物料			
操作步骤			
结论			
操作者			

项目五　脂质体制备技术

脂质体(类脂小球)是一种类似生物膜结构的双分子层微小囊泡。脂质体是将药物包封于类脂质双分子层形成的薄膜中间所得的超微型球状载体。脂质体根据其结构和所包含的双层磷脂膜层数,可分为单室脂质体和多室脂质体。凡由一层类脂质双分子层构成者,称为单室脂质体,它又分大单室脂质体(粒径在 $0.1\sim1~\mu m$ 之间)和小单室脂质体(粒径 $0.02\sim0.08~\mu m$,可称为纳米脂质体)。由多层类脂质双分子层构成的称为多室脂质体,粒径在 $1\sim5~\mu m$ 之间。单室脂质体中水溶性药物的溶液只被一层类脂质双分子层所包封,脂溶性药物则分散于双分子层中。多室脂质体中有几层脂质双分子层将被包含的水溶性药物的水膜隔开,形成不均匀的聚合体,脂溶性药物则分散于几层双分子层中。

当前脂质体的研究主要集中在三个领域:①模拟膜的研究;②制剂的可控释放和在体内的靶向给药;③作为基因的载体,提高基因治疗研究的安全性和有效性。20 世纪 80 年代中期,一些专门从事脂质体开发的公司相继成立,用脂质体包裹的抗癌药、新疫苗或其他各种药物已开始上市,如脱水脂质体、顺铂脂质体、两性霉素 B 脂质体和阿霉素脂质体等。

一、脂质体的组成与结构

脂质体由磷脂类和胆固醇组成。磷脂分子形成脂质体时,其两条疏水链指向内部,亲水基在膜的内外两个表面上,磷脂双层构成一个封闭小室,内部包含水溶液,磷脂双层形成囊泡又被水相介质分开。脂质体可以是单层的封闭双层结构,也可以是多层的封闭多层结构。在电镜下可观察到脂质体的球形或类球形。

二、脂质体理化性质

1.相变温度

脂质体的物理性质与介质温度有密切关系。当温度升高时,脂质体双分子层中酰基侧链可从有序排列变为无序排列,从而引起一系列变化,如由“胶晶”变为液晶态,膜的横切面增加、厚度减少、流动性增加等。转变时的温度称为相变温度,相变温度的高低取决于磷脂的种类。脂质体膜也可以由两种以上磷脂组成,它们各有特定的相变温度,在一定条件下它们可同时存在不同的相。

2.电性

含磷脂酸(PA)和磷脂酰丝氨酸(PS)等的酸性脂质体荷负电,含碱基(氨基)如十八胺等的脂质体荷正电,不含离子的脂质体显电中性。脂质体表面的电性对其包封率、稳定性、靶器官分布及对靶细胞的作用均有影响。

三、脂质体特点

脂质体是一种新型的药物载体,具有包裹脂溶性药物或水溶性药物的特性。药物被脂质体包裹后称为载药脂质体,它具有以下主要特点。

1.靶向性

载药脂质体进入体内可被巨噬细胞作为外界异物而吞噬,脂质体以静脉给药时,能选择地集中于网状内皮系统,70%～89%集中于肝、脾。可用于治疗肝肿瘤和防止肿瘤扩散转移,以及防治肝寄生虫病、利什曼病等网状内皮系统疾病。如抗肝利什曼原虫药锑酸葡胺被脂质体包裹后,药物在肝脏中的浓度可提高200～700倍。

2.缓释性

许多药物在体内作用时间短,被迅速代谢或排泄。将药物包封于脂质体中,可减少肾排泄和代谢而延长药物在血液中的滞留时间,使某些药物在体内缓慢释放,延长药物的作用时间。如按6 mg/kg剂量分别静注阿霉素和阿霉素脂质体,两者在体内的过程均符合三室模型,两者消除半衰期分别为17.3小时和69.3小时。又如Assil等比较了盐酸阿糖胞苷和盐酸阿糖胞苷脂质体在结膜下注射的眼内动力学,发现组织半衰期分别为0.2小时和52.5小时,盐酸阿糖胞苷经8小时后剩余量<1%,而其脂质体经72小时后还剩余30%药物,表明脂质体的缓释性好。

3.降低药物毒性

药物被脂质体包封后,主要被网状内皮系统的巨噬细胞所吞噬,在肝、脾和骨髓等网状内皮细胞较丰富的器官中集中,而使药物在心、肾的累积量比游离药物明显降低。因此如将对心、肾有毒性的药物或对正常细胞有毒性的抗癌药包封于脂质体中,可明显降低药物的毒性。如两性霉素B,它对多数哺乳动物的毒性较大,制成两性霉素B脂质体,可使其毒性大大降低而不影响抗真菌活性。

4.提高药物稳定性

不稳定的药物被脂质体包封后受到脂质体双层膜的保护,可提高稳定性。如青霉素G或V的钾盐是酸不稳定的抗生素,口服易被胃酸破坏,制成药物脂质体可防止其在胃中破坏,从而提高其口服的吸收效果。

四、脂质体膜材

脂质体膜材主要由磷脂与胆固醇构成,这两种成分是形成脂质体双分子层的基础物质,由它们所形成"人工生物膜"易被机体消化分解。

1.磷脂类

磷脂类包括卵磷脂、脑磷脂、大豆磷脂以及其他合成磷脂,如合成二棕榈酰磷脂酰胆碱、合成磷脂酰丝氨酸等都可作为脂质体的双分子层的基础物质。采用蛋黄卵磷脂为原料,以氯仿为溶剂提取,即得卵磷脂,但产品中氯仿难除尽,卵磷脂的成本也比豆磷脂高。豆磷脂的组成为卵磷脂与少量脑磷脂的混合物。磷脂可在体内合成,还可相互转化,如脑磷脂可转化为卵磷脂和丝氨酸磷脂,丝氨酸磷脂也可转化为脑磷脂。

2.胆固醇类

胆固醇与磷脂是共同构成细胞膜和脂质体的基础物质。胆固醇具有调节膜流动性的作用,故可称为脂质体"流动性缓冲剂"。当低于相变温度时,胆固醇可使膜减少有序排列,而增加流动性;高于相变温度时,可增加膜的有序排列而减少膜的流动性。

五、脂质体修饰

脂质体在体内主要分布到网状内皮系统的组织与器官(肝、脾)中,因此脂质体作为药物载体还不能像导弹一样将药物定向地运送到任何需要的靶区并分布于靶区。为此近年来,对脂质体表面进行修饰研究较多,以便提高脂质体的靶向性,目前已报道的有以下几种主要方法。

1.长循环脂质体

脂质体表面经适当修饰后,可避免网状内皮系统吞噬,延长在体内循环系统的时间,称为长循环脂质体。如脂质体用聚乙二醇(PEG)修饰,其表面被柔顺而亲水的 PEG 链部分覆盖,极性 PEG 基增强了脂质体的亲水性,减少了血浆蛋白与脂质体膜的相互作用,降低了其被巨噬细胞吞噬的可能,延长了在循环系统的滞留时间,因而有利于肝脾以外的组织或器官的靶向作用。将抗体或配体结合在 PEG 末端,既可保持长循环,又可保持对靶体识别。如胞质素基因(一种蛋白)通过羧基与 PEG 的末端结合,PEG 再同脂质体膜材料(二硬脂酸磷脂酰乙醇胺,DSPE)制成脂质体,具有长循环和对靶体纤维蛋白结合的双重性质。

2.免疫脂质体

在脂质体表面接上某种抗体,使具有对靶细胞分子水平上的识别能力,提高脂质体的专一靶向性。如以胃癌细胞 M_{85} 为靶细胞在脂质体上结合鼠抗胃癌细胞表面抗原的单克隆抗体 3G,将丝裂霉素(MMC)包入脂质体中,在体内观察其对靶细胞 M_{85} 的杀伤作用。结果包入免疫脂质体的 MMC 与相同剂量的游离 MMC 相比其抑制细胞 M_{85} 的活性提高 4 倍,细胞存活率由游离 MMC 的 27% 降至 9%。可见免疫脂质体可以提高人体免疫机能,加快免疫应答,增强脂质体结合靶细胞和释药的能力,且载药量大、体内滞留时间长、靶向性好。

3.糖基脂质体

糖基连接在脂质体表面,而不同的糖基有不同的靶向性。如带有半乳糖残基可被肝实质细胞所摄取,带有甘露糖残基可被 K 细胞摄取,氨基甘露糖的衍生物可集中于肺内。

4.温度敏感脂质体

将不同比例的膜材二棕榈酸磷脂(DPPC)和二硬脂酸磷脂(DSPC)混合得不同的相变温度,在相变温度时,脂质体中磷脂从胶态过渡到液晶态,可增加脂质体膜的通透性,此时包封的药物释放速率亦增大,而偏离相变温度时则释放减慢。如顺铂温度敏感脂质体静脉注射荷瘤小鼠,发现升温时脂质体选择性作用于荷瘤小鼠的肿瘤细胞,且加温可使肿瘤细胞集中更多的顺铂,加强抗肿瘤作用。温度敏感脂质体若加热时间过长可造成正常结缔组织损伤。

5.pH 敏感脂质体

肿瘤间质液的 pH 值比周围正常组织显著低,从而设计了 pH 敏感脂质体。这种脂质体在低 pH 值范围内可释放药物,通常采用对 pH 敏感的类脂(如 DPPC、十七烷酸磷脂)为膜材,其原理是 pH 值降低时,可导致脂肪酸羧基的质子化引起六方晶相(非相层结构)的形成而使膜融合。例如采用二油酰磷脂酰乙醇胺(DOPE)、胆固醇与油酸以比例 4:4:3 组成的 pH 敏感性脂质体,可将荧光染料导入 NIH_3T_3 细胞及人胚胎成纤维细胞,脂质体进入 NIH_3T_3 细胞后,在微酸环境中破裂,使荧光物质均匀分布到细胞介质中。

任务 盐酸小檗碱脂质体制备操作

【知识目标】

(1)掌握脂质体的定义、组成、特点和分类。
(2)掌握脂质体的制备方法。
(3)熟悉脂质体的质量评价。

【技能目标】

能制备载药脂质体,并能测定其包封率。

【基本知识】

一、脂质体制备方法

目前,脂质体的制备方法主要有以下五种:薄膜分散法、逆相蒸发法、冷冻干燥法、注入法和超声分散法。

1.薄膜分散法

将磷脂、胆固醇等类脂质及脂溶性药物溶于氯仿(或其他有机溶剂)中,然后将氯仿溶液在烧瓶中旋转蒸发,使其在内壁上形成一薄膜;将水溶性药物溶于磷酸盐缓冲液中,加入烧瓶中不断搅拌,即得脂质体。

例如氟尿嘧啶脂质体,系用磷脂(卵磷脂或脑磷脂)、胆固醇与磷酸二鲸蜡酯(混合摩尔比为7:2:1或4.8:2.8:1)配成氯仿溶液,真空蒸发除去氯仿,使在器壁上形成一薄膜,加入等渗的缓冲液(pH 6.0,0.01 mol/L 磷酸盐),其中含氟尿嘧啶 0.077 mol/L,类脂质在缓冲液中的浓度为 50~70 mmol/mL。加 0.5 mm 直径的玻璃珠数枚,搅拌 2 分钟,在 25 ℃放置 2 小时,使薄膜吸胀;再在 25 ℃搅拌 2 小时,得到脂质体,粒径为 0.5~5.0 μm。

2.逆相蒸发法

逆相蒸发法指将磷脂等膜材溶于有机溶剂,如氯仿、乙醚等,加入待包封的药物水溶液(水溶液:有机溶剂=1:3~1:6)进行短时超声,直到形成稳定 W/O 型乳状液。然后减压蒸发除去有机溶剂,达到胶态后,滴加缓冲液,旋转帮助器壁上的凝胶脱落,在减压下继续蒸发,制得水性混悬液,通过凝胶色谱法或超速离心法,除去未包入的药物,即得大单层脂质体。本法可包裹较大体积的水(约60%,大于超声分散法约30倍),它适合于包裹水溶性药物及大分子生物活性物质。如超氧化物歧化酶脂质体的制备:将卵磷脂 100 mg 和胆固醇 50 mg 溶于乙醚,加入 4 mmol/L PBS 配成的超氧化物歧化酶(SOD)溶液,超声处理 2 分钟(每处理 0.5 分钟,间歇 0.5 分钟),在水浴中减压旋转蒸发至凝胶状,旋涡振荡使凝胶转相,继续蒸发除尽乙醚,超速离心除去游离 SOD,沉淀用水洗涤,离心沉淀,用 10 mmol/L PBS 稀释,即得。

3.冷冻干燥法

冷冻干燥法指将磷脂分散于缓冲盐溶液中,经超声波处理与冷冻干燥,再将干燥物分散到含药物的水性介质中,即得。如维生素 B_{12} 脂质体,取卵磷脂 2.5 g 分散于 0.067 mmol/L 磷酸盐缓冲液(pH＝7)与0.9％氯化钠溶液(1：1)混合液中,超声处理,然后与甘露醇混合,真空冷冻干燥,用含12.5 mg维生素B_{12}的上述缓冲盐溶液分散,进一步超声处理,即得。

4.注入法

将磷脂与胆固醇等类脂质及脂溶性药物共溶于有机溶剂中(一般多采用乙醚),然后将此药液经注射器缓缓注入搅拌下的50℃磷酸盐缓冲液(可含有水溶性药物)中,加完后,不断搅拌至乙醚除尽为止,即制得大多孔脂质体,其粒径较大,不适于静脉注射。再将脂质体混悬液通过高压乳匀机二次,则所得的成品大多为单室脂质体。

5.超声波分散法

将水溶性药物溶于磷酸盐缓冲液,加至磷脂、胆固醇与脂溶性药物共溶于有机溶剂中制成的溶液中,搅拌蒸发除去有机溶剂,残液经超声波处理,然后分离出脂质体,再混悬于磷酸盐缓冲液中,即得。如肝素脂质体的制备:取肝素30～50 mg溶于pH 7.2磷酸盐缓冲液中,在氮气流下加入到由磷脂26 mg、胆固醇4.4 mg、磷酸二鲸蜡酯3.11 mg溶于5 mL氯仿制成的溶液中,蒸发除去氯仿,残液经超声波分散,分离出脂质体,重新混悬于磷酸盐缓冲液中。可供口服或注射给药。另外,多室脂质体经超声波处理可得单室脂质体。

二、脂质体质量评价

1.形态与粒径及其分布

脂质体的形态为封闭的多层囊状或多层圆球。其粒径大小可用光学显微镜或电镜测定(小于2 μm时须用扫描电镜或透射电镜),也可用电感应法(如Coulter计数器)、光感应法(如粒度分布光度测定仪)以及激光散射法。激光散射法又称尘粒计数法,将脂质体混悬液稀释(约50倍),取约30 mL放入雾化器内,在20 kPa压力下雾化喷出,混入氮气流干燥,经气溶胶取样管定量到计数仪散射腔,自动计数仪按键分档记录各档次粒子的粒径、数目,计算出分布概率或绘制粒径分布图。

2.包封率

测定脂质体中的总药量后,经色谱柱或离心分离,测定介质中未包入的药量,可得:

$$包封率=\frac{药物总量-介质中未包入的药量}{药物总量}\times100\%$$

3.渗漏率

渗漏率表示脂质体在贮存期间包封率的变化情况,是脂质体不稳定性的主要指标,在膜材中加一定量胆固醇以加固脂质双层膜,减少膜流动,可降低渗漏率。

$$渗漏率=\frac{贮存后渗漏到介质中的药量}{贮存前包封的药量}\times100\%$$

4.磷脂氧化程度

磷脂容易被氧化,这是脂质体的突出缺点。在含有不饱和脂肪酸的脂质混合物中,磷脂的氧化分3个阶段:单个双键的偶合;氧化产物的形成;乙醛的形成及键断裂。因为各阶段产物不同,氧化程度很难用一种试验方法评价。常用氧化指数的测定和氧化产物的测定来衡量。

5.有机溶剂残留量

测定有机溶剂残留量应符合《中国药典》(2015年版)或ICH要求。

6.脂质体体内分布试验

常用体内分布试验来评价脂质体能否导药于靶组织。试验多以小鼠也有用家兔等动物作实验对象,将药物用放射性核素标记或不标记包入脂质体后,通过静脉注射或腹腔注射等途径给药,测定不同时间血药浓度,并定时将受试动物处死。剖取脏器、组织,捣碎分离取样,用闪烁计数法或药物含量测定方法进行检测,与同剂量药物比较各组织药物的滞留量,进行药物动力学处理以此评价脂质体在体内的行为处置。

【技能操作】

一、任务描述

处 方

注射用豆磷脂	0.6 g
胆固醇	0.2 g
无水乙醇	1~2 mL
盐酸小檗碱溶液	30 mL
制成	30 mL 脂质体

采用薄膜分散法制备盐酸小檗碱脂质体。

二、操作步骤

要求在 200 分钟内完成下列任务。

1.课前准备

查到,检查工作服穿戴规范,清点相关设备,熟知任务报告单。

2.称量操作

按称量标准操作称量处方物质。

3.空白脂质体制备

将磷脂、胆固醇置于 50 mL 小杯中,加无水乙醇 1~2 mL,置于 65~70 ℃水浴中,搅拌使溶解,旋转烧杯使磷脂的乙醇液在杯壁上成膜,挥去乙醇。

4.盐酸小檗碱加热

取盐酸小碱溶液 30 mL 于小杯中,置于 65~70 ℃水浴中,保温,待用。

5.混合

取预热的盐酸小檗碱溶液 30 mL,加至含有磷脂和胆固醇脂质膜的小烧杯中,65~70 ℃水浴中搅拌水化 10 分钟。随后将小烧杯置于磁力搅拌器上,室温,搅拌 30~60 分钟,如果溶液体积减小,可补加水至 30 mL,混匀,即得。

6.形态检查

用光学显微镜观察形态与粒径。

7.清场

按要求清场。

三、操作注意事项

(1)磷脂和胆固醇的乙醇溶液应澄清,不能在水浴中放置过长时间,磷脂、胆固醇形成的薄膜应尽量薄。

(2)60～65℃水浴中搅拌水化10分钟时,一定要充分保证所有脂质水化,不得存在脂质块。

四、实施条件

盐酸小檗碱脂质体制备实施条件

项目	基本实施条件
场地	50 m² 药剂实训室
设备、工具	恒温水浴锅、磁力搅拌器
物料	盐酸小檗碱、注射用大豆卵磷脂、胆固醇、无水乙醇、水等

五、评价标准

盐酸小檗碱脂质体制备评价标准

评价内容	分值	考核点及评分细则
职业素养与操作规范 20分	5	工作服穿着规范,双手洁净,不染指甲,不留长指甲,不披发得5分
	5	工作态度认真,遵守纪律得5分
	5	实验完毕后将工具等清理复位得5分
	5	规范清场并清理干净得5分
技能 80分	10	能按照处方正确称量处方药物得10分
	10	磷脂、胆固醇溶解得10分
	10	旋转烧杯使磷脂的乙醇液在杯壁上成膜,挥去乙醇得10分
	10	盐酸小碱溶液30 mL于小杯中,置于65～70℃水浴中,保温,得10分
	10	取预热的盐酸小檗碱溶液30 mL,加至含有磷脂和胆固醇脂质膜的小烧杯中,65～70℃水溶中搅拌水化得10分
	10	水化后室温搅拌得10分
	10	加水至30 mL,混匀得10分
	10	形态检查得10分

六、任务报告单

盐酸小檗碱脂质体制备任务报告单

任务名称		实训时间	
温度		湿度	
实训工具			
实训物料			
操作步骤			
结论			
操作者			

模块八　药物制剂评价技术

项目一　药物制剂稳定性操作

药物制剂的稳定性指原料药及制剂保持其物理、化学、生物学和微生物学性质的能力。稳定性研究的目的是考察原料药或制剂的性质在温度、湿度、光线等条件的影响下随时间变化的规律,为药品的生产、包装、贮存、运输条件和有效期的确定提供科学依据。药物制剂的稳定性若出现变化,可能伴随着药物的分解变质,导致药效降低甚至产生毒副作用。故稳定的药物制剂是保证药品安全有效的基础条件。

稳定性研究是药品质量控制研究的主要内容之一,与药品质量研究和质量标准的建立紧密相关。稳定性研究贯穿药品研究与开发的全过程,一般始于药品的临床前研究,在药品临床研究期间和上市后还应继续进行稳定性研究。根据国家药品监督管理局规定新药申报资料项目中需要报送稳定性研究的试验资料。

药物制剂的稳定性变化一般包括化学、物理和生物三个方面。化学不稳定性指药物由于水解、氧化、光解以及与药物相互作用产生的化学反应,使药物含量(或效价)、色泽产生变化。物理不稳定性指制剂的物理性能发生变化,如混悬剂中药物颗粒结块、结晶生长、乳剂的分层、破裂,胶体制剂的老化,片剂崩解度、溶出速度的改变等。制剂物理稳定性能的变化,不仅使制剂质量降低,还可能引起化学变化或生物学变化。生物不稳定性指由于微生物污染滋生,引起药物的酸败分解变质。其原因可能是由于某些活性酶的作用引起药物的酶解;或由于制剂受到微生物污染,引起发霉、腐败和分解,其结果可能降低疗效甚至产生有毒物质,严重影响药品质量。此处主要介绍制剂的化学不稳定性。

一、药物稳定性化学动力学基础

化学动力学是研究化学反应速率、反应历程以及影响反应速率因素的学科,是药物制剂化学稳定性研究的理论基础。药剂学中主要应用其原理与方法来评价处方设计、生产工艺及包装选择等的合理性,并通过测定药物的降解速率来预测药物的有效期。

(一)反应级数

化学反应速率指单位时间内药物浓度的变化。药物的降解反应速率一般可用式(8-1)表示:

$$-\frac{\mathrm{d}C}{\mathrm{d}t} = kC^n \qquad (8-1)$$

式中,k 为反应速率常数;C 为反应物的浓度;t 为反应时间;n 为反应级数。当 $n=0$ 时,为零级反应;当 $n=1$ 时,为一级反应;当 $n=2$ 时,为二级反应,以此类推。反应级数是用来阐明反应物浓度与反应速率的关系。药物的降解反应机制十分复杂,但多数药物及其制剂的降解可按零级或一级(伪一级)反应处理。

1. 零级反应

当式(8-1)中的 $n=0$ 时,称为零级反应。零级反应速率与反应物浓度无关,而受其他因素的影响,如反应物的溶解度或某些光解反应中的光照度等。例如,有色糖衣片的褪色过程,其反应速率取决于光照的强度,而与反应物(染料)的浓度无关。通常将反应物降解一半所需要的时间定为半衰期 $t_{1/2}$;反应物降解 10% 所需的时间称为十分之一衰期,记作 $t_{0.9}$。

零级反应的特征如下:

(1)零级反应的半衰期($t_{1/2}$)为:

$$t_{1/2}=\frac{C_0}{2k} \tag{8-2}$$

表明起始浓度 C_0 越大,半衰期越长。

(2)零级反应的十分之一衰期($t_{0.9}$)为:

$$t_{0.9}=\frac{0.1C_0}{k} \tag{8-3}$$

2. 一级反应

当式(8-1)中的 $n=1$ 时,称为一级反应。一级反应速率与反应物浓度的一次方成正比。例如,维生素 C 注射液的氧化降解反应属于一级反应。一级反应的特征如下:

(1)一级反应的半衰期($t_{1/2}$)为:

$$t_{1/2}=\frac{0.693}{k} \tag{8-4}$$

表明温度不变时,一级反应的半衰期与反应物浓度无关。

(2)一级反应的十分之一衰期($t_{0.9}$)为:

$$t_{1/2}=\frac{0.1054}{k} \tag{8-5}$$

表明温度不变时,一级反应的十分之一衰期也与反应物浓度无关。

当反应速率与两种反应物浓度的乘积成正比时,称为二级反应。当其中一种反应物的浓度远远超过另一种反应物,或保持其中一种反应物的浓度恒定不变时,此反应会表现出一级反应的特征,故称为伪一级反应。例如在酸或碱催化下的酯的水解,可按伪一级反应处理。

(二)温度对反应物的影响

多数降解反应中温度对反应速率的影响比浓度更为显著,当温度升高时,降解反应速率增大。除光降解反应外,多数药物的化学降解反应遵循阿仑尼乌斯方程:

$$k=Ae^{-E/RT} \tag{8-6}$$

式中,k 为降解反应速率常数;A 为常数,称为频率因子;E 为反应活化能;R 为气体常数;T 为热力学温度。

积分式为:

$$\lg k=\frac{-E}{2.303RT}+\lg A \tag{8-7}$$

从式(8-7)中可以看出,药物的降解反应速率常数和温度有关。反应温度越高,药物降解反应速率越快。对不同的反应来说,活化能越大,其反应速率随温度升高增加得越多。

二、制剂中药物化学降解途径

制剂中药物的化学降解可能导致药物含量下降或有关物质增加,使疗效降低甚至产生有毒物质等。由于化学结构不同,药物的降解反应也不一样,水解和氧化是药物降解的两个主要途径。其他如异构化、聚合、脱羧等,在某些药物中也有发生。药物的降解过程比较复杂,有时一种药物还可能同时产生两种或两种以上的降解反应。

(一)水解

水解反应是药物最常见的降解途径之一,属于这类降解的药物主要有酯类(包括内酯)、酰胺类(包括内酰胺)等。

1.酯类药物水解

含有酯键的药物在水溶液中或吸收水分后,易发生水解反应,在 H^+ 或 OH^- 或广义酸碱的催化下,水解反应会加速。在酸碱催化下,酯类药物的水解常可用一级或伪一级反应处理。盐酸普鲁卡因的水解可作为这类药物的代表。水解时,盐酸普鲁卡因的酯键断开,生成对氨基苯甲酸与二乙胺基乙醇,此分解产物无明显的麻醉作用。

2.酰胺类药物水解

酰胺类药物水解后生成酸和胺,其水解速度通常低于酯类药物。属于这类水解的药物有青霉素类、头孢菌素类、氯霉素及巴比妥类等。有内酰胺结构的药物,水解后易开环失效。

青霉素和头孢菌素类药物的分子中存在着不稳定的 β-内酰胺环,在 H^+ 或 OH^- 影响下,容易裂环失效。氨苄西林在中性和酸性溶液中会水解生成 α-氨苄青霉酰胺酸。氨苄西林在水溶液中最稳定的 pH 为 5.8,在 pH 为 6.6 时,其 $t_{1/2}$ 为 39 天。本品只适宜制成固体剂型(注射用无菌粉末)。

氯霉素比青霉素类抗生素稳定,但其水溶液仍然易分解,在 pH 7 以下,主要是酰胺水解,生成氨基物与二氯乙酸。

巴比妥类药物在碱性溶液中容易水解。也有些酰胺类药物如利多卡因等,邻近酰胺基处有较大的基团,由于空间效应的影响而不易水解。

3.其他药物水解

阿糖胞苷在酸性溶液中,脱氨水解为阿糖脲苷。在碱性溶液中,嘧啶环破裂,水解速度加速。本品在 pH 6.9 时最稳定,水溶液经稳定性预测 $t_{0.9}$ 约为 11 个月,常制成注射用粉针剂使用。另外如维生素 B、地西泮、碘苷等药物的降解,也主要是水解作用。

(二)氧化

氧化也是药物降解的主要途径之一,药物的氧化分解通常是在空气中氧的影响下缓慢进行。药物的氧化过程与其化学结构有关,如酚类、烯醇类、芳胺类、吡唑酮类、噻嗪类药物均易发生氧化降解。药物被氧化后,可能导致效价损失、色泽变深或产生沉淀等,严重影响药品质量。

1.酚类药物

这类药物分子中具有酚羟基,如肾上腺素、左旋多巴、吗啡、水杨酸钠等。如肾上腺素氧化后生成肾上腺素红,进一步变成棕红色聚合物或黑色素。

2.烯醇类药物

维生素 C 是这类药物的代表,其分子中含有烯醇基,极易被氧化生成双酮化合物,进一步氧化可生成一系列有色的无效物质。

3.其他类药物

芳胺类药物如磺胺嘧啶钠;吡唑酮类药物如氨基比林、安乃近;噻嗪类药物如盐酸氯丙嗪、盐酸异丙嗪等,这些药物都容易被氧化,有些药物氧化过程极为复杂,常生成有色物质。对于易氧化的药物,要特别注意光线、氧、金属离子对它们的影响,以保证产品质量。

(三)其他反应

1.异构化

异构化可分为光学异构化和几何异构化两种。通常药物异构化后会出现生理活性降低甚至没有活性。如果一个药物的光学异构体或几何异构体之间的生理活性不同,在稳定性考察时应注意是否有异构化反应发生。

光学异构降解指化合物的光学特性发生了变化,一般指化合物的光学异构体之间发生了相互转变。如左旋肾上腺素具有生理活性,其水溶液在 pH 4 时产生外消旋化作用,使其活性降低了 50%。因肾上腺素也易氧化,故在选择 pH 时,还要从含量及色泽等质量要求方面考虑。

几何异构降解指药物的顺反式发生了转变,使原异构体的含量及生理活性发生了变化。如维生素 A 的活性形式是全反式,在 2、6 位形成顺式异构体后,生理活性降低。

2.聚合

聚合是两个或多个分子结合形成复杂分子的过程,其常伴随有氧化或光解。如氨苄西林的浓水溶液在贮存过程中能发生聚合反应,一个分子的 β-内酰胺环裂开与另一个分子反应形成二聚物,此过程可继续下去形成高聚物,此高聚物被认为是诱发氨苄西林产生过敏反应的重要原因之一。

3.脱羧

脱羧即一些含羧基的化合物,在光、热、酸、碱等一定的条件下,失去羧基而放出二氧化碳的过程。如对氨基水杨酸钠脱羧形成间氨基酚,并进一步生成有色氧化产物。普鲁卡因水解产物对氨基苯甲酸,可脱羧生成苯胺,并在光线影响下氧化生成有色物质,导致盐酸普鲁卡因注射液变黄。

三、影响制剂稳定性因素及稳定化方法

(一)处方因素

药物制剂的处方组成是确保其稳定性的重要因素。制剂处方中药物所处环境的 pH、溶剂、离子强度、表面活性剂、赋形剂及附加剂等因素,均可影响制剂的稳定性。

1.pH 影响

许多酯类、酰胺类药物常受 H^+ 或 OH^- 催化水解,这种催化作用也叫专属酸碱催化或特殊酸碱催化,此类药物的水解速度主要由 pH 决定。在 pH 很低时主要是酸催化,在 pH 较高

时主要是碱催化。表示反应速度常数 k 与 pH 关系的图形,叫 pH-速度图。pH-速度图有多种形状,其中一种是 V 形图,见图 8-1。在 pH-速度图最低点对应的横坐标,即为最稳定的 pH,以 pH_m 表示。

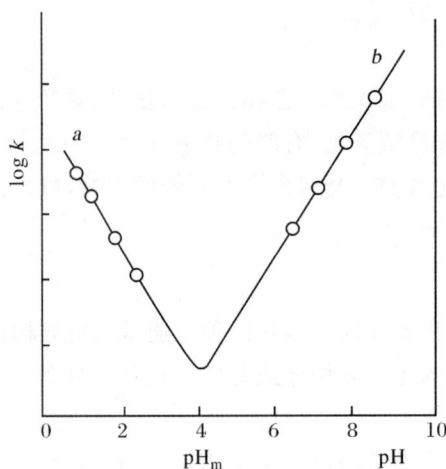

图 8-1 pH-速度图

pH 对易于水解及氧化的药物都有影响,必须将 pH 调整至一定范围,调整时应同时考虑药物的稳定性、药物的溶解度和药效等因素。对于液体制剂,可以用适当的酸、碱或缓冲剂调节至溶液的 pH_m。若固体制剂和半固体制剂中的药物对 pH 较敏感,在选择赋形剂或基质时应注意。

2.广义酸碱催化影响

能够给出质子的物质称为广义酸,能够接受质子的物质称为广义碱。有些药物也可被广义酸碱催化水解,这种催化作用称作广义酸碱催化或一般酸碱催化。在许多制剂处方中,往往加入缓冲剂来调节稳定的 pH,如醋酸盐、磷酸盐、枸橼酸盐、硼酸盐等,但这些广义酸碱,往往会催化药物的水解。如磷酸盐或醋酸盐缓冲剂对青霉素 G 水解的影响比枸橼酸盐大。

一般缓冲剂的浓度越大,催化作用越强。故在实际处方生产中,缓冲剂应用尽可能低的浓度或选用没有催化作用的缓冲系统。

3.溶剂影响

溶剂对药物稳定性的影响比较复杂,其对药物的水解影响较大。可用溶剂的介电常数来说明溶剂极性对稳定性的影响。对于离子-离子反应,若药物离子与攻击离子的电荷相同时,降低溶剂极性会使降解反应速度减小;反之亦然。如 OH^- 催化水解苯巴比妥阴离子,在处方中加入介电常数较低的丙二醇作溶剂可使苯巴比妥钠注射液稳定性提高。相反,若药物离子与攻击离子的电荷相反,则采取介电常数低的溶剂反而不能增加稳定性。若药物为中性分子,则溶剂对稳定性的影响比较复杂。

对于易水解的药物,有时采用非水溶剂,如乙醇、丙二醇、甘油等极性溶剂,或在水溶液中加入适量的非水溶剂可延缓药物的水解,提高稳定性。

4.离子强度影响

在制剂处方中,常常会加入一些无机盐,如加入电解质调节等渗,或加入一些抗氧剂防止氧化,或加入缓冲剂调节 pH 等,这些均会改变处方中的离子强度。

5.表面活性剂影响

表面活性剂应用广泛,是制剂处方中常用的辅料。一些容易水解的药物,加入表面活性剂可使其稳定性增加。如苯佐卡因易受碱催化水解,若加入 5% 的十二烷基硫酸钠的溶液中,其 30℃时的 $t_{1/2}$ 由原来的 64 分钟增加到 1150 分钟。这是因为表面活性剂在溶液中形成胶束,苯佐卡因增溶于胶束中,从而阻碍了 OH^- 进入胶束并减少其对酯键的攻击,增加了稳定性。但要注意,表面活性剂的浓度必须在临界胶束浓度以上,否则起不到增加稳定性的作用。

有时表面活性剂反而使某些药物降解速度加快,如聚山梨酯-80 会使维生素 D 的稳定性下降,故在设计处方时,必须通过实验考察,正确选用表面活性剂。

6.辅料影响

制剂处方中的基质或赋形剂等辅料也可能影响药物的稳定性。如栓剂中的基质聚乙二醇可促使乙酰水杨酸分解,产生水杨酸和乙酰聚乙二醇。片剂中常用的润滑剂硬脂酸镁可加速阿司匹林的水解,原因之一是硬脂酸镁具有弱碱性而有催化作用。故在制备阿司匹林片时,不能选择硬脂酸镁作润滑剂,而应选用硬脂酸或滑石粉,以保证药物的稳定性,有时原辅料中存在的金属离子也可能引入制剂中,催化药物的氧化降解。

(二)外界因素

除了制剂的处方因素外,外界因素如温度、光线、空气(氧)、金属离子、湿度和水分、包装材料等,也与制剂的稳定性关系密切。制剂在温度、光线、空气及湿度条件下的稳定性,将决定其处方工艺及生产贮存条件,也是确定制剂有效期的重要依据。对于外界因素,可采取相应的措施处理,如温度影响,可采用改变工艺或贮存条件等,减少温度影响;光线影响,可采用避光手段;空气(氧)影响,可通入惰性气体或加入抗氧剂;金属离子影响,避免使用金属器具或加入络合剂;湿度和水分影响,可改变工艺或控制生产环境的相对湿度等;包装材料影响,可选择稳定性强,对制剂成分无影响的材料。

除了上述处方或外界影响因素采取的提高制剂稳定性的方法外,还有其他的选择。如:①改进剂型或生产工艺。在水溶液中不稳定的药物。制成固体剂型如颗粒剂、胶囊剂、片剂、注射用粉针剂等,可显著改善其稳定性。②对药物采用包合技术或微囊化,可防止药物受环境中的光线、空气、湿度等影响而降解,或减少因挥发性药物的挥发而引起的损失。如将维生素 A、维生素 D、硫酸亚铁制成微囊,将盐酸异丙嗪或苯佐卡因制成环糊精包合物等,均可减少药物的氧化或水解。③对某些遇湿热不稳定的药物在压片时,可选择直接压片法或干法制粒压片法。④固体制剂也可通过包衣改善药物对光或温度的敏感性制成稳定的衍生物,药物的化学结构决定其稳定性。⑤对不稳定的成分进行结构改造,如制成难溶性盐类、酯类、酰胺类或高熔点衍生物;或将有效成分制成前体药物(指药物经过化学结构修饰后得到的在体外无活性或活性很小、在体内经酶或非酶的转化释放出活性药物而发挥药效的化合物),可提高制剂的稳定性。⑥加入干燥剂将某些易水解的药物与吸水性较强的辅料混合压片,辅料可起到干燥剂的作用,吸收药物吸附的水分,保证药物的稳定性,或可在包装材料中加入干燥剂,如 3% 的二氧化硅可提高阿司匹林的稳定性。

任务 维生素 C 注射剂稳定性考察操作

【知识目标】

(1)掌握制剂稳定性的类型及意义。

(2)了解制剂化学稳定性的反应级数、类型和影响因素。

(3)掌握药物稳定性的试验方法。

【技能目标】

能用恒温加速实验法测定维生素 C 注射液有效期。

【基本知识】

一、药物稳定性试验方法

稳定性试验的目的是考察原料药物或制剂在温度、湿度、光线的影响下随时间变化的规律,为药品的生产、包装、贮存、运输条件提供科学依据,同时通过试验建立药品的有效期。

稳定性试验的放置条件如温度、湿度、光照度等的选择应充分考虑药品在贮存、运输及使用过程中可能遇到的环境因素。考察时间点应依据药品的性质及对稳定性的趋势评价而设置。如长期试验中,总体考察时间应涵盖预期的有效期,中间取样点的设置应考虑药品的稳定性特点及剂型的特点。稳定性研究的考察项目应选择药品在贮存期间容易变化,并可能影响药品的质量及安全性和有效性的项目,以便客观全面地反映药品的稳定性。通常考察项目包括物理、化学、生物学及微生物学等几个方面,具体品种的考察设置应参考《中国药典》(2015年版)的规定。原料药物及主要剂型的重点考察项目见表 8-1,表中未列入的考察项目及剂型,可根据剂型及品种的特点制订。评价指标所采用的分析方法应经过充分的验证,能满足研究的要求,具有一定的专属性、准确度、精密度等。

表 8-1 原料药物及制剂稳定性重点考察项目参考表

剂型	稳定性重点考察项目
原料药	性状、熔点、含量、有关物质、吸湿性以及根据品种性质选定的考察项目
片剂	性状、含量、有关物质、崩解时限或溶出度或释放度
胶囊剂	性状、含量、有关物质、崩解时限或溶出度或释放度、水分,软胶囊要检查内容物有无沉淀
注射剂	性状、含量、pH、可见异物、不溶性微粒、有关物质,应考察无菌
栓剂	性状、含量、融变时限、有关物质
软膏剂	性状、含量、均匀性、粒度、有关物质
乳膏剂	性状、含量、均匀性、粒度、有关物质、分层现象
糊剂	性状、含量、均匀性、粒度、有关物质

续表

剂型	稳定性重点考察项目
凝胶剂	性状、含量、均匀性、粒度、有关物质,乳胶剂应检查分层现象
眼用制剂	如为溶液,应考察性状、可见异物、含量、pH、有关物质;如为混悬液,还应考察粒度、再分散性;洗眼剂还应考察无菌;眼丸剂应考察粒度与无菌
丸剂	性状、含量、色泽、有关物质、溶散时限
糖浆剂	性状、含量、澄清度、相对密度、有关物质、pH
口服溶液剂	性状、含量、澄清度、有关物质
口服乳剂	性状、含量、分层现象、有关物质
口服混悬剂	性状、含量、沉降体积比、有关物质、再分散性
散剂	性状、含量、粒度、外观均匀度、有关物质
气雾剂	递送剂量均一性、微细粒子剂量、有关物质、每瓶总揿次、喷出总量、喷射速率
吸入制剂	递送剂量均一性、微细粒子剂量
喷雾剂	每瓶总揿次、每喷喷量、每喷主药含量、递送速率和递送总量、微细粒子剂量
颗粒剂	性状、含量、粒度、有关物质、溶化性或溶出度或释放度
贴剂(透皮贴剂)	性状、含量、有关物质、释放度、黏附力
冲洗剂、洗剂、灌肠剂	性状、含量、有关物质、分层现象(乳状型)、分散性(混悬型),冲洗剂应考察无菌
搽剂、涂剂、涂膜剂	性状、含量、有关物质、分层现象(乳状型)、分散性(混悬型),涂膜剂还应考察成膜性
耳用制剂	性状、含量、有关物质,耳用散剂、喷雾剂与半固体制剂分别按相关剂型要求检查
鼻用制剂	性状、pH、含量、有关物质,鼻用散剂、喷雾剂与半固体制剂分别按相关剂型要求检查

注:有关物质(含降解产物及其他变化所生成的产物)应说明其生成产物的数目及量的变化,如有可能应说明有关物质中何者为原料中的中间体,何者为降解产物,稳定性试验中重点考察降解产物。

1. 影响因素试验

影响因素试验是在剧烈的条件下进行的。原料药要求进行此项试验,其目的是探讨药物的固有稳定性,了解影响其稳定性的因素及可能的降解途径与分解产物,为制剂生产工艺、包装、贮存条件和建立降解产物分析方法提供科学依据。药物制剂进行此项试验的目的是考察制剂处方的合理性与生产工艺及包装条件。

(1)高温试验:供试品开口置适宜和洁净容器,60℃温度下放置10天,于第5天和第10天取样,按稳定性重点考察项目进行检测。若供试品含量低于规定限度则在40℃条件下同法进行试验。若60℃无明显变化,不再进行40℃试验。

(2)高湿度试验:供试品开口置恒湿密闭容器中,在25℃分别于相对湿度90%±5%条件下放置10天,于第5天和第10天取样,按稳定性重点考察项目要求检测,同时准确称量试验前后供试品的重量,以考察供试品的吸湿潮解性能。若吸湿增重5%以上,则在相对湿度75%

±5%条件下,同法进行试验;若吸湿增重5%以下,其他考察项目符合要求,则不再进行此项试验。液体制剂可不进行此项试验。

恒湿条件可选择恒温恒湿箱或采用在密闭容器下部放置饱和盐溶液来实现。根据不同相对湿度的要求,可以选择 NaCl 饱和溶液(相对湿度75%±1%,15.5~60℃)或 KNO_3 饱和溶液(相对湿度 92.5%,25℃)。

(3)强光照射试验:供试品开口置于光照箱或其他适宜的光照装置内,于照度为 4500 ± 500 lx 的条件下放置 10 天,于第 5 天和第 10 天取样,按稳定性重点考察项目进行检测,特别要注意供试品的外观变化。

2.加速试验

加速试验是在超常的条件下进行的。其目的是通过加快市售包装中药品的化学或物理变化速度来考察药品的稳定性,为处方设计、工艺改进、质量研究、包装改进、运输及贮存提供必要的资料;并对药品在运输、贮存过程中可能遇到的短暂的超常条件下的稳定性进行模拟考察,以及初步预测药品在规定贮存条件下的长期稳定性。

原料药物与药物制剂均需进行加速试验,供试品取市售包装的三批样品,建议在比长期试验放置温度至少高 15℃ 的条件下进行。一般可选择在温度(40±2)℃,相对湿度 75%±5%的条件下放置六个月进行试验。所用设备应能控制温度±2℃,相对湿度±5%并能对真实温度与湿度进行监测。在试验期间第 0 个月、1 个月、2 个月、3 个月、6 个月末取样,按稳定性重点考察项目要求检测。

3.长期试验(留样观察法)

长期试验是在接近药品的实际贮存条件下进行的。目的是考察药品在运输、贮存、使用过程中的稳定性,能直接地反映药品稳定性特征,是确定有效期和贮存条件的最终依据。

原料药与药物制剂均需进行长期试验,供试品取市售包装的三批样品,在温度(25±2)℃、相对湿度 60%±10%的条件下放置 12 个月,或在温度(30±2)℃、相对湿度 65%±5%的条件下放置 12 个月,这是从我国南方与北方气候的差异考虑的,至于上述两种条件选择哪一种由研究者确定。每 3 个月取样一次,分别于 0 个月、3 个月、6 个月、9 个月、12 个月取样,按稳定性重点考察项目进行检测。12 个月以后,仍需继续考察,分别于 18 个月、24 个月、36 个月取样进行检测。将结果与 0 月比较以确定药品的有效期。对温度特别敏感的药品,长期试验可在温度(6±2)℃的条件下放置 12 个月,按上述时间要求进行检测,12 个月以后,仍需按规定继续考察,制订在低温贮存条件下的有效期。

二、药品有效期确定

1.药品有效期

某些药物的自身属性决定了其稳定性不佳,如抗生素、生物制品(如酶、胰岛素、血清、疫苗等)等,无论采用何种方法贮存,放置时间过久都会发生性质改变,导致疗效降低或毒副作用增加。因此,必须对药品规定有效期,以免失效的药物诱发不良反应。药品的有效期指一段时间内,市售包装药品在规定的贮存条件下放置,药品质量仍符合注册质量标准。有效期是该药品被批准的使用期限,表示该药品在规定的贮存条件下能够保证质量的期限,是控制药品质量的指标之一。药品的有效期常用药物降解 10%所需的时间来表示,又称作十分之一衰期,记

作 $t_{0.9}$。

2. 有效期确定

在新药研发过程中,为了初步预测药品的有效期,可以采用经典恒温法试验。特别对于水溶液的药物制剂,其预测结果有一定的参考价值。经典恒温法的理论依据是前述 Arrhenius 定律 $k = Ae^{-E/RT}$,其对数形式为:

$$\lg k = \frac{-E}{2.303RT} + \lg A \tag{8-8}$$

以 $\lg k$ 对 $1/T$ 做图得一直线,此图称阿仑尼乌斯图,直线斜率为 $-E/(2.303RT)$,由此可计算出活化能 E。若将直线外推至室温,就可求出室温时的速度常数(k_{25})。由 k_{25} 可求出降解 10% 所需的时间(即 $t_{0.9}$)或室温贮藏若干时间以后残余的药物的浓度。

基本试验过程如下:①确定药物的含量测定方法后,通过预试初步了解样品的稳定性;②设计合理的试验温度及取样时间;③将样品置于不同温度的恒温水浴中,定时取样检测,得出不同温度下药物的浓度变化;④依据药物浓度 C 与时间 t 的关系确定降解反应级数,求出速度常数 k。如以 $\lg C$ 对 t 做图得一直线,则为一级反应;⑤利用不同温度 T 下的 $\lg k$ 做图,将直线外推至室温,得出速度常数 k_{25},进一步求得 $t_{0.9}$,即样品的有效期。

【技能操作】

一、任务描述

对维生素 C 注射液进行加速试验,确定其反应级数,求得各试验温度下的 k 值,以 $\log k$ 对 $1/T$ 做线性回归,以求得室温时(25 ℃)的 k 值,最后得出室温下的有效期 $t_{0.9}$。

二、操作步骤

要求在 120 小时内完成。

1. 课前准备

查到,检查工作服穿戴规范,清点相关设备,熟知任务报告单。

2. 加速试验

(1)精密量取维生素 C 注射液 2 mL,加新鲜煮沸放冷的纯化水 85 mL,丙酮 2 mL,摇匀后放置 5 分钟,加入稀醋酸 4 mL、淀粉指示液 1 mL,用 0.1 mol/L 碘液滴定至溶液呈蓝色并持续 30 秒不褪,记录消耗碘液的毫升数(每毫升碘液相当于 8.806 mg 维生素 C)。

(2)将同一批号的维生素 C 注射液样品分别置于 4 个不同温度的恒温水浴中。每个温度的间隔取样为 5 次。样品取出后立即冷却或置冰箱保存,然后按(1)法进行含量测定。

3. 实验数据处理

(1)对在每个温度各加热时间内取出的样品与未经加热试验的原样品分别测定维生素 C 含量,记下消耗碘液的毫升数(P)。以未经加热的样品所消耗碘液的毫升数(P_0:即初始浓度)为 100% 相对浓度,将各加热时间内的样品所消耗碘液的毫升数与其相比较,求得各自的相对浓度百分数($C\%$):

$$C\% = P/P_0 \times 100\% \tag{8-9}$$

将实验数据记入任务报告单"维生素 C 注射液测定数据表"中。

（2）求各试验温度下维生素 C 氧化降解的速度常数 k。

1）以 $\log C\text{-}t$ 图。

2）根据一级反应公式，以 $\log C$ 对 t 进行线性回归得直线方程，从直线的斜率可求出各试验温度条件下的反应速度常数 K。

（3）预测室温时维生素 C 注射液的有效期。

1）将各试验温度的绝对温度值及其 K 值记入任务报告单"各温度下的反应速度常数表"中，并以 $\log K$ 为纵坐标，以 $(1/T)\times 10^3$ 为横坐标做图。

2）根据 Arrhenius 指数方程 $K=Ae^{-E/RT}$ 或 $\log K=-ERT/2.303+\log A$，用 $\log K$ 对 $(1/T)\times 10^3$ 求回归直线方程，并由斜率求得活化能 E，由截距求得频率因子 A。

3）将室温（25 ℃）的绝对温度的倒数值代入上述回归方程，可求得此时的反应速度常数 K_{25}，再按公式 $t_{0.9}=0.1054/K_{25}$，则可计算出维生素 C 注射液在室温（25 ℃）时的有效期（使用期）。

三、操作注意事项

（1）实验温度不应少于 4 个，以便提高有效期预测结果的准确性。同时，由于维生素 C 注射液低温条件下降解速度较慢，故低温时取样间隔时间可较长些，在高温时则短些，以 4～5 个取样点为宜。

（2）实验所使用的维生素 C 注射液应为同一批号。

（3）测定维生素 C 含量所用碘液的浓度应前后一致，若各次测定所用碘液相同，则碘液的浓度可不必精确标定，维生素 C 注射液含量也不必计算，只需比较各次碘液消耗的毫升数即可。

（4）维生素 C 注射液以亚硫酸氢钠为抗氧剂，其还原性比烯二醇基更强，能先和碘发生反应，因而对维生素 C 的含量测定有影响，应在滴定前加入丙酮，使之与亚硫酸氢钠反应生成加成物而掩蔽起来，可消除对测定的干扰。

（5）碘量法测定维生素 C 含量，多在酸性条件下进行，因为维生素 C 碱性下更易被氧化，故加入一定量的醋酸保持酸度，以减少碘以外的其他氧化剂的影响。

四、实施条件

维生素 C 注射液测定实施条件

项目	基本实施条件
场地	40 m² 实训室
设备、工具	恒温水浴箱、碘量瓶、移液管、滴定管
物料	维生素 C 注射液（2 mL：0.25 g）、0.1 mol/L 碘液、丙酮、稀醋酸、淀粉指示剂等

五、评价标准

维生素 C 注射液测定评价标准

评价内容		分值	考核点及评分细则
职业素养与操作规范 20 分		5	工作服穿着规范,双手洁净,不染指甲,不留长指甲,不披发得 5 分
		5	清查给定的药品、试剂、仪器、药典、检验报告单得 5 分
		5	爱护仪器,不浪费药品、试剂,及时记录实验数据得 5 分
		5	检查完毕后按要求将仪器、药品、试剂等清理复位得 5 分
技能 80 分	加速试验	15	正确取维生素 C 注射液溶解并反应,用碘液滴定并记录消耗数得 15 分
		15	正确按取样时间取样得 15 分
		10	分别得到各取样点的消耗碘液的消耗数得 10 分
	测定结果	10	代入公式求得相对浓度百分数(C %)10 分
		10	做 log C-t 图,线性回归后求得反应速度常数 K 得 10 分
		10	以 log K 为纵坐标,以($1/T$)$\times 10^3$ 为横坐标作图,截距求得频率因子 A 得 10 分
		10	求得反应速度常数 K_{25},公式 $t_{0.9} = 0.1054/K_{25}$ 求得有效期得 10 分

六、任务报告单

维生素 C 注射液测定数据表

温度/℃	取样时间/h	相对浓度 C/%	相对浓度/log C	消耗碘液数 P/mL
70	0			
	24			
	48			
	72			
	96			
	120			
80	0			
	24			
	48			
	72			
	96			
	120			

温度/℃	取样时间/h	相对浓度 C/%	相对浓度/logC	消耗碘液数 P/mL
90	0			
	24			
	48			
	72			
	96			
	120			
100	0			
	24			
	48			
	72			
	96			
	120			

各温度下的反应速度常数表

T(绝对温度)	$(1/T) \times 10^3$	K/h^{-1}	$\log k$
343			
353			
363			
373			

项目二 生物药剂技术与药物动力技术

一、生物药剂学

生物药剂学是研究药物在体内的吸收、分布、代谢与排泄的机制及过程,阐明药物因素、剂型因素和生理因素与药效之间关系的学科。着重于药物在体内的过程,结合药理学、药效学、生理学以及工业药剂学等多学科知识和理论研究用药的安全性、有效性、合理应用等,并利用药物在体内外的相关性,对剂型和制剂处方以及制备工艺等进行合理设计,使制剂产品的生物利用度最大限度地发挥。如某药物缓释制剂的体外释放速率直接影响药物在体内的生物利用度,而且具有相关性时,可根据体外释放度实验预测体内过程,为安全有效的处方设计与工艺设计提供科学依据。

(一)概述

生物药剂学主要研究在药效上已证明有效的药物,当被制成某种剂型,以某种途径给药后经过吸收与分布,以一定的浓度维持一定时间,最终发挥治疗作用的过程,其主要研究内容可归纳为以下几个方面。

1.药物剂型因素

这不仅是药剂学中的剂型概念(如片剂、胶囊剂、注射剂软膏剂等),还泛指与剂型因素有关的各种因素:①药物的结构与理化性质,如晶型、粒径、溶解度、化学稳定性等;②药物制剂的处方组成,如处方中所用辅料的性质、用量及其生物效应等;③药物的剂型与给药方法;④药物制剂的制备工艺过程、操作条件和贮存条件等。

2.机体生物因素

机体生物因素主要包括种族、性别、年龄、遗传及生理与病理条件的差异等。①种族差异:不同的生物种类,如兔、鼠、猫、犬等实验动物与人的差异以及同一生物在不同的地理区域和生活条件下形成的差异(如人种的差异)。②性别差异:动物的雌雄或人的性别差异。③年龄差异:新生儿、婴儿、青壮年和老年人的生理功能可能存在差异导致药物在不同年龄个体中的分布与对药物的反应可能不同。④遗传差异:体内参与药物代谢的各种酶的活性可能存在很大的个体差异,这些差异往往是由遗传因素引起的。⑤生理与病理条件的差异,如妊娠或各种疾病引起的病理因素导致的药物体内过程的差异。

3.药物效应

药物效应指药物作用的结果,是药物的治疗效果与机体的不良反应之间的总体评价。包括以下几个方面。

(1)吸收:药物从给药部位进入体循环的过程称为吸收。

(2)分布:药物吸收进入体循环后,随血液循环向组织、器官或者体液转运的过程称为分布。

(3)代谢:药物在吸收过程或进入体循环后,受体内酶系统的作用,发生结构转变的过程称为药物代谢,又称生物转化。

(4)排泄:药物及其代谢产物经排泄器官或分泌器官排出体外的过程称为排泄。

(5)转运、处置和消除:药物的吸收、分布和排泄过程统称为转运;药物的分布、代谢和排泄过程合称为处置;药物的代谢、排泄是使药理活性消失的过程,合称为消除。

(二)剂型影响

不同的剂型具有不同的释放特性,且药物剂型不同给药的部位及吸收的途径也会有所不同,因此可能影响药物在体内的吸收速率与量,从而影响药物的起效时间、作用强度、持续时间、毒副作用等。一般认为口服剂型生物利用度高低的顺序为溶液剂>混悬剂>散剂>颗粒剂>胶囊剂>片剂>包衣片。

1.溶液剂

由于药物以分子或离子状态分散在介质中,因此口服溶液剂的吸收是口服剂型中最快、较完全的,且生物利用度高。影响溶液中药物吸收的因素:溶液的黏度、渗透压、增溶作用、络合物的形成及药物稳定性等。

2.乳剂

乳剂具有分散好、表面积大的特点,且在乳化剂的促进作用下,有较高的生物利用度。如果乳剂的黏度不是限制吸收的主要因素,则乳剂吸收较混悬剂快,如果油相可以被消化吸收,则乳剂的吸收速率又可进一步增大。乳剂中的油脂可促进胆汁的分泌,油脂性药物可通过淋巴系统转运,这些作用都有助于药物的吸收。O/W 型乳剂中的油相有很大的表面积,能提高油相中药物在胃肠道的分配速率,有利于药物的溶解吸收。

3.混悬剂

在吸收前,药物颗粒必须先溶解。因此,混悬剂的吸收速率次于水溶液,但比胶囊剂、片剂等固体制剂有较好的吸收。例如,将青霉素 V(苯氧甲基青霉素)制成混悬剂、胶囊剂、片剂 3 种剂型口服后,发现混悬剂的吸收情况要优于胶囊剂和片剂。影响混悬剂中药物吸收的因素比溶液剂多,如混悬剂中的粒子大小、晶型、附加剂、分散溶媒的种类、黏度及各组分间的相互作用等因素都可影响其生物利用度。

4.散剂

散剂为固体制剂,与其他固体制剂相比(如片剂),散剂的比表面积大,且散剂服用后不经崩解和分散过程,因此吸收的速率较其他固体口服制剂快,生物利用度高。与混悬剂相类似,散剂的粒度、溶出速率、成分间的相互作用及储存的变化等影响药物的吸收及生物利用度的高低。

5.胶囊剂

胶囊剂制备时无须加压力,服用后可在胃中迅速崩解,只要囊壳破裂,药物可迅速分散,因此吸收较好,生物利用度也较高。胶囊中药物粒度、晶型、分散状态及稀释剂都可能影响其吸收。例如,磷酸氢钙用作四环素胶囊剂的稀释剂时,可生成难溶性的四环素钙盐,从而降低药物的吸收。此外,明胶胶囊壳对药物的溶出也有阻碍作用,通常有 10~20 分钟的滞后,要注意其对需要迅速起效药物的影响。

6.片剂

片剂是固体制剂中应用最广泛、生物利用度问题最复杂的剂型之一。主要原因是制备过程中加入黏合剂等辅料,并经加压成型,使得其有效表面积大大减小,从而减慢了药物从片剂中释放到胃肠液中的速度。片剂经口服,首先在胃肠道中崩解,分散成细小颗粒,待药物溶出后,才能被吸收。因此,片剂的崩解和溶出对药物的吸收起着重要作用。而影响片剂药物吸收的因素很多,除生物因素外,还有药物的粒度、晶型、pKa值、脂溶性、片剂的崩解度、溶出度、处方组成、制备工艺等剂型因素。

7. 辅料对吸收的影响

为增强药物的均匀性、有效性和稳定性,往往添加各种辅料,完全惰性的辅料几乎是不存在的。辅料可能会改变药物的理化性质,也可能会直接影响到制剂中药物在体内的吸收速率与程度。例如,弱碱性的硬脂酸镁会促使阿司匹林降解,因而不宜作为其片剂的润滑剂。乳糖作为苯巴比妥胶囊的稀释剂,可显著加快药物的吸收,提高吸收率。在盐酸四环素药液中加入吐温-80至接近临界胶团浓度,往往使药物吸收量显著增加,当浓度再高时,吸收量反而降低。此外,药物在制剂中可能与辅料发生相互作用,如络合物的形成、吸附作用及胶束形成等,都能使药物在吸收部位的浓度减小。因此,辅料的选用,不仅要考虑主药物理化学性质的稳定性及美观廉价,还应评价其是否影响药物的生物利用度,辅料与辅料之间是否存在相互作用而影响药物的吸收。

8. 注射给药

注射是一种重要的给药方法,一些口服不吸收或在胃肠道中易降解破坏的药物常以注射方式给药。注射方法包括静脉、肌内、皮下、鞘内与关节腔内注射等多种方式,除关节腔内注射及局部麻醉药外,注射给药一般产生全身作用,且血管内注射,主要包括静脉推注与静脉滴注,无吸收过程。由于注射部位的周围都有丰富的血液或淋巴液循环,且影响吸收的因素比口服要少,故一般注射给药吸收快,生物利用度也较高。

9. 吸入给药

吸入给药能产生局部或全身治疗作用,涉及的剂型有气雾剂、雾化剂和粉末吸入剂。呼吸道的结构较为复杂,因此药物到达作用部位的影响因素也较多。吸入给药途径其药物的吸收主要在肺泡中进行,肺泡总面积达 $100 \sim 200$ m²,与小肠黏膜绒毛总面积大致相等。肺泡壁由单层上皮细胞组成,并与血流丰富的毛细血管紧密相连。因此,药物能够在肺部十分迅速地吸收,可直接进入全身循环,不受肝首过效应的影响。

10. 口腔黏膜给药

口腔黏膜为脂质膜,一般以被动扩散的方式吸收。亲脂性药物由于分配系数大,膜渗透系数较高,吸收速率较快。口腔黏膜分布着丰富的血管,形成大血管网,药物经口腔吸收后,通过颈内静脉到达心脏,再随血液循环向全身分布,因此不存在胃肠道吸收后遇到的首过效应。例如,硝酸甘油是酯类药物,口服后会水解,以致到达循环之前即失效;另一方面也因硝酸甘油的脂溶性好,口腔吸收的速率快,能迅速起效解除心绞痛,故以口腔给药最为适宜。

二、药物动力学

药物动力学是采用数学的方法,研究药物在体内的吸收、分布、代谢与排泄过程与药效之间关系的学科,对指导制剂设计、剂型改革、安全合理用药等提供量化指标。

1.转运速率常数

速率常数(k)是描述速度过程的重要动力学参数。速率常数的大小可以定量地比较药物转运速率的快慢,速率常数越大,转运越快。速率常数常用"时间"的倒数为单位,如 $\min^{-1}$ 或 h^{-1}。

2.达峰时间和峰浓度

药物经血管外给药吸收后出现的血药浓度最大值称为峰浓度(C_{max}),达到峰浓度所需的时间为达峰时间(t_{max})。二者是反映药物在体内吸收的速率和程度的两个重要指标,常用于药物吸收速率的品质评价。与吸收速率常数相比,它们能更直观和准确地反映出药物的吸收速率,因此更具有实际意义。药物的吸收速率快,则峰浓度高,达峰时间短,反之亦然。

3.生物半衰期($t_{1/2}$)

生物半衰期指药物在体内的量或浓度降低 1/2 所需要的时间。生物半衰期是衡量一种药物从体内消除速率的指标。一般来说,代谢快、排泄快的药物,其生物半衰期短;代谢慢、排泄慢的药物,其生物半衰期长。

4.表观分布容积(V)

表观分布容积指药物在体内达到动态平衡时,体内药量与血药浓度相互关系的一个比例常数,不代表药物在体内真实的容积,无直接的生理学意义,仅反映药物在体内分布的程度,因而称为表观分布容积,单位为 L 或 L/g。对于单室模型的药物而言,分布容积 V 与体内药量 X 和血药浓度 C 之间的关系:$V=X/C$。

5.稳态血药浓度

按一定剂量,一定时间间隔,多次给药后,体内血药浓度将达到稳定状态,这时的血药浓度为稳态血药浓度 C_0。在达到稳态血药浓度的状态下,体内药物的消除速率等于药物的输入速率。

6.体内总清除率或清除率(CL)

体内总清除率指单位时间内,从体内消除的药物表观分布容积数或从体内消除的含药血浆体积。清除率表示从血液或血浆中清除药物的速率或效率,并不表示实际被清除的药物量。清除率与消除速率常数和表观分布容积之间的关系可用 $CL=k \cdot V$ 表示。清除率的单位为 L/h 或 L/(h·kg)。

7.生物利用度

生物利用度指制剂中的药物被吸收进入人体循环的速率与程度,它是评价药物吸收程度的重要指标。生物利用度用吸收速率常数 k_a 表示,用于衡量药物进入血液循环的快慢。生物利用度可用血药浓度-时间曲线下面积表示,以反映药物进入血液循环的多少,其达峰时间可用于比较制剂间的吸收快慢。

生物利用度分为绝对生物利用度和相对生物利用度,绝对生物利用度是以静脉注射制剂作为参比制剂,通常用于原料药及新剂型的研究,可比较两种给药途径的吸收差异。相对生物利用度主要用于比较同种药物不同剂型之间或同种制剂不同厂家之间的吸收差异,一般以吸收最好的剂型或制剂为参比标准。

任务一 血浆蛋白结合率测定操作

【知识目标】

(1)掌握平衡透析法测定血浆蛋白结合率的原理和方法。

(2)了解血浆蛋白结合率在临床药动学中的意义。

(3)了解血浆蛋白结合率测定法的特点、数据处理方法及实验设计。

【技能目标】

能够进行血浆蛋白结合率的测定。

【基本知识】

药物进入血液后一部分与血浆蛋白结合,称之为结合型药物,未结合的药物称之为游离型药物。通常结合型与游离型处于动态平衡状态。药物与血浆蛋白结合符合质量作用定律,即:

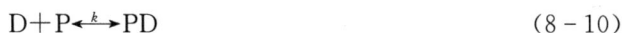

$$D+P \underset{k_2}{\overset{k_1}{\rightleftharpoons}} PD \tag{8-10}$$

$$K = \frac{k_1}{k_2} = \frac{[PD]}{[D][P]} \tag{8-11}$$

式中,[D]为游离药物浓度;[P]为血浆蛋白浓度;[PD]为结合型药物浓度;k_1和k_2分别表示结合常数和解离常数;K为平衡时的亲和力常数。在实际工作中通常用血浆蛋白结合率来反映药物与血浆蛋白亲和力的大小,即:

$$血浆蛋白结合率 = \frac{[PD]}{[D]+[PD]} \times 100\% \tag{8-12}$$

血浆蛋白结合率是反映药物分布的重要参数。常用的测定方法有平衡透析法和超滤法等。

平衡透析法原理:平衡透析法是利用与血浆蛋白结合的药物不透过半透膜的特性进行测定。此方法是将血浆蛋白置于一个隔室内,用半透膜将它与另一个隔室分开,另一隔室为缓冲液。此半透膜可以让系统中游离的药物自然透过,而不能让蛋白质等大分子物透过,见图 8-2。

平衡时,两室的游离药物浓度相等。测定两室药物浓度,就可以计算相应的血浆蛋白结合率,计算公式如下:

$$血浆蛋白结合率 = \frac{C_2 - C_1}{C_2} \times 100\% \tag{8-13}$$

图 8-2 平衡透析法的原理示意图

式中,C_1和C_2分别为血浆室和缓冲液室中药物浓度,其中血浆室药物浓度也可通过加入药物浓度与游离药物浓度换算得到。

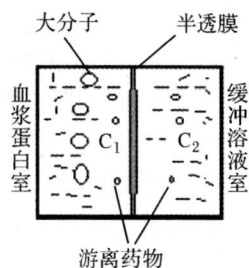

【技能操作】

一、任务描述

利用与血浆蛋白结合的药物不透过半透膜的特性对血浆蛋白结合率进行测定。

二、操作步骤

要求在规定时间完成下列任务。

1.课前准备

查到,检查工作服穿戴规范,清点仪器、药品、试剂,熟知任务报告单。

2.半透膜处理

用 50% 乙醇将醋酸纤维膜加热煮沸 1 小时,再用 50% 乙醇加热煮沸 1 小时后,用 0.01 mol/L NaHCO₃溶液煮沸 1 小时,加热水洗 3 次,用水浸泡过夜。

3.透析试验

将水杨酸标准品加入空白血浆中,使水杨酸血浆浓度分别为 100 μg/mL、200 μg/mL、400 μg/mL、600 μg/mL,每个浓度 5 份。将浸泡好的管状透析袋除去袋内外水分,一端用线扎紧,保证不漏。加入配好的水杨酸血浆 2 mL,折叠并扎紧袋口,使袋内保留少量空气,使透析袋悬浮在缓冲液中,不至沉底。将两端结扎的透析袋放入装有 8 mL 透析液的 20 mL 试管中,用袋两端残留线段调节袋内外液体,使保持同一水平,排除因液面差引起液体流动。把试管放到摇床上平衡透析 24 小时,整个系统在 37 ℃恒温水浴中进行。达到平衡后,吸出袋外透析液少许,加等量 3% 三氯醋酸试剂,检查有无血浆蛋白漏出,如有漏出,则该样本弃用。取袋外溶液测定水杨酸浓度,计算蛋白结合率。

4.水杨酸浓度测定

(1)标准曲线制备:精密称取于 105 ℃干燥至恒重的水杨酸对照品 20 mg,用蒸馏水溶解、稀释并定容于 100 mL 量瓶中作为储备液,精密量取适量,用透析液稀释至浓度分别为 5、10、25、50、100、200(μg/mL)的标准溶液,用透析液作空白,在 296 nm 波长处测定水杨酸的吸收度。以吸收度 A 为纵坐标,水杨酸浓度 C 为横坐标,进行线性回归,求回归方程。

(2)样品浓度测定:以不加药物血浆的透析液为空白试液,测定不同浓度药物血浆透析液中水杨酸的吸光度,代入标准曲线计算游离药物浓度。

5.填写

根据测定值,将结果填于相应表格中。

6.清场

任务完成后,将装置、试剂、药品等归还于原位并清理实验桌面。

三、操作注意事项

1.采血

根据动物不同,取样部位各异,如家兔一般可从耳缘静脉多次采血;大鼠可通过眼眶静脉丛或断尾取血,也可由颈动脉插管取血;犬一般从四肢静脉取血;对于患者或健康受试者,通常采集上肢静脉血。采集血样后,应及时分离血浆或血清,并立即进行分析。如不能立即测定时,应完全密塞后冷冻(−20 ℃)保存。

2.血浆的制备

将采取的血液置含有抗凝剂(如肝素、EDTA − Na_2等)的试管中,混合后,离心,分离血细胞,上清液即为血浆。肝素最常使用其钠盐、钾盐为抗凝剂,能阻止凝血酶原转化为凝血酶,从而抑制纤维蛋白原形成纤维蛋白。一般 1 mL 的全血需加 0.1~0.2 mg 的肝素,加入血样后立即轻轻振摇,但勿太猛烈,以免导致溶血。实验室肝素化管的制备方法常应用肝素注射液 2 mL加蒸馏水至 10 mL,摇匀后倒入干净采血管中润过管壁后倒出,烘干即可使用。

四、实施条件

血浆蛋白结合率测定实施条件

项目	基本实施条件
场地	40 m² 实训室
设备、工具	离心机、紫外分光光度计
物料	大鼠、水杨酸、乙醇、三氯醋酸、$NaHCO_3$等

五、评价标准

血浆蛋白结合率测定试验评价标准

评价内容		分值	考核点及评分细则
职业素养与操作规范 20分		5	工作服穿着规范,双手洁净,不染指甲,不留长指甲,不披发得 5 分
		5	清查给定的药品、试剂、仪器、药典、检验报告单得 5 分
		5	爱护仪器,不浪费药品、试剂,及时记录实验数据得 5 分
		5	检查完毕后按要求将仪器、药品、试剂等清理复位得 5 分
技能 80分	测定操作	5	清洗容量仪器得 5 分
		10	半透膜处理正确得 10 分
		10	血浆制备得 10 分
		10	配制各种水杨酸血浆浓度得 10 分
		10	平衡透析得 10 分
	数据处理	10	测定吸光度得 10 分
		10	数值记录得 10 分
		10	数据处理得 10 分
		5	结果计算正确得 5 分

六、任务报告单

(1)将标准曲线数据记录于"血浆蛋白结合率测定数据表",并求出回归方程。

血浆蛋白结合率测定数据表

水杨酸浓度/($\mu g/mL$)	5	10	25	50	100	200
吸收度 A						
回归方程						

(2)血浆蛋白结合率测定结果记录于"血浆蛋白结合率结果表"。

血浆蛋白结合率结果表

加入的血浆浓度/($\mu g/mL$)	透析液 A	游离药物浓度/($\mu g/mL$)	结合药物浓度/($\mu g/mL$)	血浆蛋白结合率/%
100				
200				
400				
600				

任务二　单室模型模拟实训操作

【知识目标】

(1)掌握用血药浓度法测定药物在体内的消除速率常数 k、消除半衰期 $t_{1/2}$ 等动力学参数的原理与方法,并加深对这些参数的理解。

(2)了解血药浓度法的特点、数据处理方法及实验设计。

【技能目标】

能够采用血药浓度法测定药物在体内的动力学参数。

【基本知识】

药物进入体内后,能够迅速向全身的组织及器官分布,使药物在各组织、器官中很快达到分布上的动态平衡,此时整个机体可视为一个隔室,这种模型称为单室模型。单室模型是最基本、最简单的模型,具有该分布特征的药物称为单室模型药物。

单室模型药物静脉注射给药后,药物从体内按一级过程消除,血药浓度-时间曲线呈现出典型的指数函数的特征,即血药浓度的半对数与时间呈直线关系。

单室模型静脉注射的三个特点:①药物瞬间在机体分布平衡;②体内药物只有消除,无吸收、分布过程;③消除速率和体内在该时的浓度呈正比。

若药物在体内的分布符合单室模型,且按表观一级动力学从体内消除,则快速静脉注射时,药物从体内消失的速度为:

$$\frac{\mathrm{d}X}{\mathrm{d}t} = -KX \tag{8-14}$$

用血药浓度表示为:

$$C = C_0 e^{-kt} \tag{8-15}$$

两边取对数得:

$$\log C = \log C_0 - \frac{kt}{2.303} \tag{8-16}$$

式中,C_0 为 t=0 时反应物的浓度,mol/L;C 为 t 时反应物的浓度,mol/L;k 为一级速率常数,s^{-1},min^{-1} 或 h^{-1},d^{-1} 等。以 $\log C$ 与 t 作图呈直线,直线的斜率为 $-k/2.303$,截距为 $\log C_0$。

通常将反应物消耗一半所需的时间为半衰期,记作 $t_{1/2}$,恒温时,一级反应的 $t_{1/2}$ 与反应物浓度无关。根据半衰期的定义,当 $t = t_{1/2}$ 时,$C = C_0/2$,代入血药浓度计算公式,可得生物半衰期:

$$t_{1/2} = 0.693/k \tag{8-17}$$

【技能操作】

一、任务描述

模拟单室模型采用血药浓度法测定药物在体内的消除速率常数 k、消除半衰期 $t_{1/2}$ 等动力学参数的原理与方法。

二、操作步骤

要求在 90 分钟内完成下列任务。

1. **课前准备**

查到,检查工作服穿戴规范,清点仪器、药品、试剂,熟知任务报告单。

2. **模拟血液(含药)的制备**

将纯水盛满三角瓶中,开动磁力搅拌器,以每分钟 6~8 mL 的流速将纯水注入三角瓶中,调试稳定后,用移液管吸取 0.1% 的酚红供试液 10 mL 加入三角瓶底部,并瞬间搅匀,此时间记为 0 时刻,以后每隔 10 分钟自三角瓶内同一位置吸取 2 mL 供试液作为血药浓度测定用。

3. **定量方法**

取 2 mL 供试液,加 0.2 mol/L 的 NaOH 溶液至 10 mL,在波长为 555 nm 处测定酚红的吸光度,并求出浓度。如果吸光度超过测量范围,可在此 10 mL 基础之上,进一步稀释一定倍数,直至测定出该吸光度为止。

4. **填写**

根据测定值,将结果填于相应表格中。

5.清场

任务完成后,将磁力搅拌器、试剂、药品等归还于原位并清理实验桌面。

三、操作注意事项

(1)移液管吸取 0.1‰的酚红供试液 10 mL 加入三角瓶底部的过程就相当于静脉注射。

(2)移液管的操作要规范,准确量取。

四、实施条件

单室模型模拟试验实施条件

项目	基本实施条件
场地	40 m² 实训室
设备、工具	磁力搅拌器 1 台、N752 型紫外分光光度计 1 台
物料	固体药品、液体试剂

五、评价标准

单室模型模拟试验评价标准

评价内容		分值	考核点及评分细则
职业素养与操作规范 20 分		5	工作服穿着规范,双手洁净,不染指甲,不留长指甲,不披发得 5 分
		5	清查给定的药品、试剂、仪器、药典、检验报告单得 5 分
		5	爱护仪器,不浪费药品、试剂,及时记录实验数据得 5 分
		5	检查完毕后按要求将仪器、药品、试剂等清理复位得 5 分
技能 80 分	测定操作	5	清洗容量仪器得 5 分
		10	流速控制得 10 分
		10	加入酚红试剂得 10 分
		10	取样得 10 分
		10	紫外分光光度计的调试得 10 分
		10	分别每 10 分钟测定吸光度得 10 分
	数据处理	10	数值记录得 10 分
		10	数据处理得 10 分
		5	结果计算正确得 5 分

六、任务报告单

血药浓度数据

取样时间/分钟	10	20	30	40	50	60	70
吸光度 A							
浓度 C							
$\lg C$							

血药浓度数据处理：$\lg C = \lg C_0 - Kt/2.303$，求 K、$t_{1/2}$ 等参数。

参 考 文 献

[1] 崔福德. 药剂学[M]. 7 版.北京:人民卫生出版社,2011.

[2] 方亮. 药剂学[M].8 版:北京:人民卫生出版社,2016.

[3] 国家药品监督管理局执业药师认证中心. 国家执业药师资格考试应试指南:药学专业知识:一[M]. 北京:中国医药科技出版社,2019.

[4] 国家药典委员会. 中华人民共和国药典(2015 年版)[M]. 北京:中国医药科技出版社,2015.

[5] 张炳盛,黄敏琪. 中药药剂学 [M]. 北京:中国医药科技出版社,2013.

[6] 高宏. 药剂学 [M].3 版.北京:人民卫生出版社,2011.

[7] 方亮. 药剂学[M]. 3 版.北京:中国医药科技出版社,2016.

[8] 张健泓. 药物制剂技术 [M].2 版.北京:中国医药科技出版社,2013.

[9] 朱照静,贾雷.药剂学 [M]. 北京:中国医药科技出版社,2015.

[10] 朱照静,张荷兰. 药剂学 [M]. 北京:中国医药科技出版社,2017.

[11] 平其能,屠锡德,张钧寿,等. 药剂学[M].4 版. 北京:人民卫生出版社,2013.

[12] 龙晓英,房志仲. 药剂学 [M]. 北京:科学出版社,2009.

[13] 王泽. 药物制剂设备[M].3 版.北京:人民卫生出版社,2018.

[14] 邓才彬,王泽. 药物制剂设备[M].2 版.北京:人民卫生出版社,2017.